커니핸 교수의
Hello, Digital World

Understanding the Digital World

UNDERSTANDING THE DIGITAL WORLD

Copyright © 2017

커니핸 교수의
Hello, Digital World

1쇄 발행 2017년 8월 8일

지은이 브라이언 W. 커니핸
옮긴이 하성창
펴낸이 장성두
펴낸곳 제이펍

출판신고 2009년 11월 10일 제406-2009-000087호
주소 경기도 파주시 회동길 159 3층 3 – B호
전화 070 – 8201 – 9010 / **팩스** 02 – 6280 – 0405
홈페이지 www.jpub.kr / **원고투고** jeipub@gmail.com
독자문의 readers.jpub@gmail.com / **교재문의** jeipubmarketer@gmail.com
편집부 이민숙, 황혜나, 이 슬, 이주원 / **소통·기획팀** 민지환, 현지환 / **회계팀** 김유미
교정·교열 배규호 / **본문디자인** 북아이 / **표지디자인** 미디어픽스
용지 에스에이치페이퍼 / **인쇄** 한승인쇄 / **제본** 광우제책사

ISBN 979-11-85890-99-9 (93560)
값 23,000원

제이펍은 독자 여러분의 아이디어와 원고 투고를 기다리고 있습니다. 책으로 펴내고자 하는 아이디어나 원고가 있으신 분께서는 책의 간단한 개요와 차례, 구성과 저(역)자 약력 등을 메일로 보내주세요. **jeipub@gmail.com**

커니핸 교수의
Hello, Digital World

Understanding the Digital World

브라이언 W. 커니핸 지음 | 하성창 옮김

Tech Learning 04

Jpub
제이펍

TECH LEARNING 시리즈는
대학이나 학원에서의 강의에 알맞은 구성과
적절한 난이도의 내용으로 이루어져 있습니다.
이는 여러분의 학습 여정에 분명한 이정표가 되어줄 것입니다.

강의를 위한 안내

이 책의 원서는 프린스턴 대학에서 'COS 109 – Computers in Our World' 과목의 교재로 활용되고 있다. 이 과목은 비이공계 전공자들에게 컴퓨터 기술과 그 파급 효과를 폭넓게 소개하는 과정으로서, 기술적인 개요뿐만 아니라 컴퓨터 기술의 변천사를 알려 주고 현시대에서 컴퓨터 사용으로 인해 발생하는 사회적 이슈에 대해서 논의하는 기회를 제공한다. 이러한 맥락에서 이 책은 컴퓨터 공학이나 전산학에 대한 개론 수업 교재로 적합하다고 볼 수 있다.

이 책은 크게 세 부분으로 구성되어 있다. 1부(1~3장)에서는 하드웨어 관점에서 컴퓨터가 어떻게 구성되고, 내부적으로 정보가 어떻게 표현되고 처리되는지에 대해 다룬다. 2부(4~7장)에서는 소프트웨어를 알고리즘과 프로그램으로 나누어 설명하고, 프로그래밍 언어, 소프트웨어 시스템으로 확장해 나간 다음, 오픈 소스, 버그 등 소프트웨어 개발 과정에서 실질적으로 알아두어야 할 정보까지 다룬다. 3부(8장~12장) 통신 부분에서는 네트워크, 인터넷, 웹 기술에 대해 알아본 후 데이터와 정보의 수집과 분석, 그리고 이것이 프라이버시와 보안에 미치는 영향에 관해 설명한다.

이 책의 각 장은 일련의 컴퓨터 공학 전공과목에 대한 기초 지식 및 연관된 정보를 제공한다. 특정 영역에 대해 더 깊게 다루고자 한다면 강의 자료를 보강하거나 과제나 토론 형태로 학생들의 참여를 이끌어 낼 수 있을 것이다.

이 책은 한 학기의 강의 교재로 사용되기에 적합하다. 강의는 vi페이지에 있는 강의 계획표 예시를 참고하여 진행할 수 있다. 이 또한 더 많은 시간을 할애하고자 하는 부분에 따라 자유롭게 구성할 수 있다. 다만 3장 'CPU 속으로'와 7장 '프로그래밍 배우기'의 수업은 학생들의 이해를 높이기 위해 실습과 병행할 것을 권장한다(3장의 경우 저자 웹 사이트인 kernighan.com에 링크된 'Toy simulator'를 실습에 활용할 수 있다).

강의 계획표
(한 학기용)

강의 보조자료

다음의 강의 보조자료는 교수 및 강사에게만 별도로 제공됩니다. 강의 보조자료를 제공받길 원하는 분께서는 제이펍 출판사(jeipubmarketer@gmail.com)로 연락주시길 바랍니다.

- **강의노트**　　pptx 형태의 강의교안
- **그림과 표**　　본문에 사용된 그림과 표 모음(pdf 파일)

차 례

PART 1

CHAPTER 1

하드웨어

컴퓨터 안을 들여다보자 7

CHAPTER 2

비트, 바이트, 정보의 표현 25

CHAPTER 3

CPU 속으로 45

장별 안내

PART I 하드웨어

CHAPTER 1 **컴퓨터 안을 들여다보자** 컴퓨터를 구성하는 요소를 논리적인 측면과 물리적인 측면 두 가지 관점으로 나누어 설명한다. CPU, RAM, 저장 장치, 사용자 인터페이스로 이루어지는 논리적 구성은 1940년대 이래 거의 바뀌지 않았지만, 물리적으로는 전기, 전자, 소재 기술의 발달에 힘입어 수많은 변화와 함께 엄청난 성능 향상이 일어났다. 이러한 물리적 변화의 동력으로 작용한 '무어의 법칙'에 대해서도 알아본다.

CHAPTER 2 **비트, 바이트, 정보의 표현** 아날로그와 디지털의 차이는 무엇인지, 아날로그에서 디지털로 변환하는 데 어떤 과정이 필요한지 다양한 예시와 함께 설명한다. 이어서 디지털 정보 표현의 기본 단위인 비트와 바이트의 개념에 대해 알아보고, 비트 연산의 기본이 되는 이진수를 십진수와 견주어 살펴본다.

CHAPTER 3 **CPU 속으로** 컴퓨터 내부에서 디지털 방식으로 표현된 정보를 처리하기 위해 CPU가 어떻게 작동하는지를 보여 준다. 모형 컴퓨터라는 가상의 컴퓨터를 이용해서 CPU가 명령어 레퍼토리를 운용하는 방법과 디지털 데이터를 대상으로 계산을 수행하는 과정을 설명한다. 실제 CPU를 설계할 때 고려할 사항, 캐싱 기법 등에 대해서도 알아본다.

PART II 소프트웨어

CHAPTER 4 **알고리즘** 소프트웨어 부분의 첫 장에서는 알고리즘에 대해 살펴본다. 알고리즘은 주어진 과제를 해결하기 위한, 간략화되고 명확한 절차를 의미한다. 몇 가지 검색과 정렬 알고리즘을 중심으로 설명하고, 실행 시간을 기준으로 하는 알고리즘 복잡도의 의미에 대해 알아본다.

CHAPTER 5 **프로그래밍과 프로그래밍 언어** 알고리즘을 실제 프로그램으로 구현하기 위해 사용되는 프로그래밍 언어에 대해 살펴본다. 어셈블리 언어에 이어 대표적인 고수준 프로그래밍 언어 몇 가지의 역사와 특징을 간단한 코드 예제와 함께 설명한다. 또한, 실제 소프트웨어 개발과 관련된 라이브러리, API, SDK뿐만 아니라 개발 과정에서 필연적으로 발생하는 버그란 무엇인지 알아본다. 이외에도 소프트웨어를 둘러싼 지적 재산권, 표준, 오픈 소스에 대해서 살펴본다.

CHAPTER 6 **소프트웨어 시스템** 컴퓨터 소프트웨어 시스템에서 핵심적인 역할을 하는 운영 체제와 그 위에서 다양한 응용 기능을 수행하는 애플리케이션에 대해 알아본다. 운영 체제에서 핵심적인 요소인 시스템 콜과 디바이스 드라이버에 관해 설명하고, 파일 시스템의 작동 방식에 대해 살펴본다. 이어서 애플리케이션과 소프트웨어 계층 구조에 관해 설명한다.

CHAPTER 7 **프로그래밍 배우기** 이제 실제로 프로그래밍을 해 볼 차례. 이 장에서는 자바 스크립트(JavaScript)를 사용해서 프로그래밍 언어의 구성 요소와 작동 방식, 프로그램 개발 시 테스트를 비롯한 주의 사항에 대해 몇몇 예제와 함께 실습해 본다.

PART III **통신**

CHAPTER 8 **네트워크** 통신 시스템에서 공통으로 사용되는 대역폭, 범위와 같은 속성에 관해 설명한 다음, 우리가 일상생활에서 접하는 다양한 유선, 무선 네트워크 기반 기술을 발전 양상에 따라 살펴본다. 이어서 정보 이론의 기본 개념인 압축, 오류 검출 및 수정 기법에 대해 알아본다.

CHAPTER 9 **인터넷** 인터넷의 개념과 역사에 대해 간략히 살펴보고, 인터넷을 구성하기 위한 핵심 메커니즘을 알아본다. 인터넷상의 컴퓨터에 이름과 주소를 붙이는 방법, 네트워크 계층별 프로토콜의 역할과 특성에 관해 설명한다. 이외에도 인터넷상의 저작권 문제, '사물 인터넷'이 프라이버시에 미칠 수 있는 영향에 대해 살펴본다.

CHAPTER 10 **월드 와이드 웹** 흔히 '웹'으로 불리는 월드 와이드 웹이 어떻게 태어났고 인터넷과 어떻게 다른지 알아본다. 웹을 구성하는 요소인 URL, HTTP, HTML, 브라우저 각각의 특성과 함께 웹의 근본적인 작동 원리를 설명하고, 웹으로 연결된 컴퓨팅 환경에서 발생할 수 있는 다양한 보안 문제의 실제 사례와 유형별 방어 전략에 대해 살펴본다.

CHAPTER 11 **데이터와 정보** 데이터가 수집되고, 분석되고, 사용되는 경로와 메커니즘에 대해 살펴본다. 검색 엔진과 SNS에서 사용자 정보가 수집되는 방식, 웹상에서 사용되는 주요 추적 기법에 대해서 상세하게 설명한다. 다음으로, 수집된 데이터를 종합해서 한 차원 더 높은 의미를 찾아내는 데이터 마이닝과 집계에 이어, 데이터의 저장과 처리를 위임하는 클라우드 컴퓨팅에 대해 알아본다.

CHAPTER 12 **프라이버시와 보안** 프라이버시 침해를 최소화하고 보안 수준을 높이기 위한 암호 기법과 디지털 익명성 사례에 대해 알아본다. 먼저 암호 기법의 역사, 유형, 실제 적용 시나리오에 관해 설명한다. 디지털 익명성과 관련해서는 개인이 취할 수 있는 기술적 대안을 제시하고, 비트코인으로 대표되는 가상 화폐가 익명성 관점에서 갖는 의미에 대해 조명해 본다.

CHAPTER 13 **마무리** 디지털 세상을 이해하기 위한 네 가지 범용적인 요소에 대해 정리하고, 기술 시스템에서 현존하는 문제들이 어떤 모습으로 나타나고 있는지 알아본 다음, 앞으로 어떻게 영향을 미칠 것인지에 대한 예상을 제시한다.

옮긴이 머리말

이 책을 처음으로 접한 것은 한 외국 웹 사이트 게시판에서였다. "영문학을 전공했는데 IT 기업에 입사해서 소프트웨어 기술 문서를 작성하게 됐습니다. 컴퓨터에 대한 전반적인 이해를 높이는 데 도움이 되면서 너무 무겁지 않은 입문서가 있으면 추천해 주세요."라는 요청에 달린 댓글 중에서 처음 들어 보는 책이 있었고, 나의 호기심을 자극했다.

과연 어떤 책일까 하는 궁금증이 생겨서 아마존에서 책의 머리말을 확인했고, 저자인 커니핸 교수가 프린스턴 대학교에서 인문학, 사회 과학 전공자들을 대상으로 컴퓨터에 관해 강의한 내용을 정리한 책이란 것을 알게 됐다.

문득 이런 생각이 들었다. '내가 대학 신입생일 때 이 책을 만났더라면 좋은 길잡이가 되어 주지 않았을까?' 컴퓨터 과학을 전공하면서 따라가기 벅차다는 느낌을 자주 받은 데는 대부분 원서인 데다 생소한 용어로 가득 찬 전공 서적이 한몫했으리라. 이 책을 먼저 읽었다면 컴퓨터에 대한 흥미를 한층 더 키우고 전공 과정을 전체적인 관점에서 파악하는 안목을 기를 수 있었을 것이다.

물론 일반 독자들에게도 이러한 책은 큰 도움이 되리라고 본다. 우리가 일상생활에서 스마트 기기와 인터넷에 의존하는 비중은 갈수록 더 커지고 있다. 회사 업무에서도 컴퓨터를 이용하지 않는 것을 찾아보기 힘들 정도다. 따라서 기획, 마케팅, 디자인 등 다른 분야 종사자도 컴퓨터에 대해 잘 이해할수록 업무 효율을 빨리 높일 수 있을 것이다.

얼마 지나지 않아 원서를 구매해서 읽어 보면서 '저자가 일반 독자의 눈높이에 맞추려고 정말 세심한 주의를 기울였구나. 그러면서도 컴퓨터에 대한 다양한 이야기를 참 적절하게 풀어서 잘 전달해 주고 있구나.'라는 생각이 들었고 이내 번역해야겠다고 마음을 먹었다.

이 책의 특징을 꼽자면, 우선 비전공자들에게 강의한 내용인 만큼 전공자들만 익숙한 표기법이나 복잡한 수식을 최대한 배제하고 친숙한 표현과 예제를 사용해서 누구나 쉽게 이해할 수 있게 되어 있다.

또한, 컴퓨터 과학의 핵심 개념들뿐만 아니라 역사적 인물과 사건들을 함께 이야기해 줘서 한 편의 소설이나 다큐멘터리처럼 느껴지기도 한다. 디지털 컴퓨터의 탄생부터 근래의 구글 대 오라클의 자바 API 소송 현황에 이르기까지 곳곳에 다양한 이야깃거리가 있는데, 주석에 있는 참고 서적들을 보면 저자가 방대한 자료를 모으고 조사했음을 알 수 있다.

독자들은 이 책을 통해 하드웨어, 소프트웨어, 통신 각 영역에서 본질적인 개념을 명확히 이해하고 각종 용어에 익숙해질 수 있을 것이다. 컴퓨터를 많이 다루는 독자들은 알고 있던 내용을 재확인하는 동시에, 쉽게 접할 수 없었던 컴퓨터의 역사와 사회적 의미를 알게 되는 재미를 느낄 수 있을 것이다.

이 책을 강의 교재로 이용할 경우 kernighan.com에 링크된 'Computers in Our World' 과목 사이트가 강의 계획을 짜는 데 도움이 될 테니 참고하기 바란다.

저자인 커니핸 교수는 우리가 프로그래밍 언어를 배울 때 통과 의례처럼 거치는 "Hello, World!"를 출력하는 코드를 처음으로 작성한 사람이기도 하다. 이 코드와 번역서의 제목처럼 여러분도 이 책을 통해서 디지털 세상을 새롭게 만나서 더 폭넓게 이해하고, 이 세상에 열려 있는 기회를 더 잘 포착하고 도처에 숨어 있는 위협 요소를 슬기롭게 극복하는 지혜를 얻기 바란다.

역자에게 이 책은 첫 번역서인데, 한 권의 책이 완성되는 데 많은 사람의 노력과 수고가 든다는 사실을 다시금 일깨워 주었다. 도움을 주신 여러분께 감사의 말을 전하고자 한다. 번역서 출간을 결정해 주시고 여러 작업을 도와주신 제이펍의 장성두 대표님, 원고 교정을 진행해 주신 배규호 선생님, 그리고 편집 디자이너를 비롯한 기타 관계자 여러분과 베타리더 분들에게 감사의 뜻을 전한다. 항상 격려의 말씀을 전해 주시는 부모님을 비롯한 가족들과 응원의 메시지를 보내 주시는 효중이 형에게 감사드린다. 무엇보다도 곁에서 응원해 주고 번역과 관련해서 다양한 의견을 제시해 준 사랑하는 아내에게도 고맙다는 말을 전하고 싶다.

하성창

머리말

나는 1999년 가을부터 프린스턴 대학에서 '우리 세상의 컴퓨터들(Computers in Our World)'이라는 과목을 가르치고 있다. 과목명이 이처럼 모호한 이유는 어느 날 갑자기 과목명을 정해야만 하는 상황에서 생각해 낸 이름이고, 나중에 바꿀 수 없었기 때문이라고 해 두자. 하지만 이 과목을 가르치는 것은 하루하루 즐거운 강의와 연구 활동 중에서 가장 재미있는 일이 됐다.

이 강의는 우리 주변이 온통 컴퓨터와 컴퓨팅으로 뒤덮여 있다는 사실에 바탕을 두고 있다. 어떤 종류의 컴퓨팅은 확연히 눈에 띈다. 학생 대부분은 컴퓨터를 가지고 있는데, 그 성능은 내가 대학원생이었던 1964년 당시 프린스턴 대학 캠퍼스 전체의 업무를 처리하던 한 대의 IBM 7094 컴퓨터(가격이 수백만 달러에 달했고, 부피는 냉방 시설이 있는 매우 큰 방을 채울 정도였다)에 비해 월등히 높다. 누구나 가지고 있는 휴대 전화의 성능 또한 1964년에 사용되던 그 컴퓨터보다 훨씬 더 좋다. 모든 학생은 고속 인터넷에 접속할 수 있고, 세계 인구의 상당수도 이와 마찬가지다. 모든 사람이 온라인으로 검색과 쇼핑을 하고, 친구나 가족과 연락을 하기 위해 이메일, 문자 메시지, SNS를 이용한다.

하지만 이는 컴퓨팅이라는 거대한 빙산의 일부일 뿐이며, 그 대부분은 수면 아래에 숨어 있다. 우리는 가전제품, 자동차, 항공기뿐만 아니라 카메라, DVD 플레이어, 태블릿, 내비게이션, 게임기처럼 우리가 당연하게 여기는 보편적인 전자 기기에 숨어 있는 컴퓨터를 보지 못할뿐더러 이것의 정체가 무엇인지 궁금해하지도 않는다. 또한 전화 네트워크, 케이블 TV, 항공 교통 관제, 전력망, 은행과 금융 서비스와 같은 인프라가 컴퓨팅에 얼마나 의존하는지도 생각하지 않는다.

사람들 대부분은 그러한 시스템을 만드는 데 직접 관여하지 않지만, 모든 사람이 시스템의 영향을 크게 받고 있고, 어떤 이들은 시스템과 관련된 중요한 결정을 내려야 할 것이다. 사람들이 컴퓨터에 대해 더 잘 이해한다면 좋지 않을까? 교육을 받은 사람이라면 최소한 컴퓨팅의 기본 개념은 알아야 한다. 즉, 컴퓨터가 무엇을 할 수 있고 기능을 어떻게 수행하는지, 컴퓨터가 전혀 할 수 없는 일과 당장 하기 어려운 일은 무엇인지, 컴퓨터끼리는 어떻게 대화하는지, 컴퓨터끼리 대화를 하면 어떤 일이 일어나는지, 컴퓨팅과 통신이 우리를 둘러싸고 있는 세상에 어떤 영향을 미치는지 등을 알아둘 필요가 있다.

우리 일상생활의 곳곳에 스며들어 있는 컴퓨팅은 예상치 못한 방식으로 우리에게 영향을 미치고 있다. 우리는 여러 매체를 통해 감시 시스템의 증가, 프라이버시 침해, 신분 도용의 위험성에 대해 들으면서도 그러한 일들이 컴퓨팅과 통신으로 인해 어느 정도까지 가능해졌는지는 깨닫지 못하는 것 같다.

2013년 6월, 미국 국가안보국(NSA)에서 계약직으로 일하던 에드워드 스노든(Edward Snowden)은 NSA가 일상적으로 전화 통화, 이메일, 인터넷 사용 등 전자 매체를 이용한 통신을 감시하고 정보를 수집해 왔음을 폭로하는 문건을 언론인들에게 제공했다. 전 세계 거의 모든 사람이 감시 대상이었는데, 자국에 그 어떤 위협도 되지 않는 미국에 사는 미국 시민도 예외는 아니었다. 스노든의 문서에 따르면 다른 국가도 자국의 시민들을 감시하고 있었고, 그중에는 영국의 NSA에 해당하는 정부통신본부(GCHQ)도 포함되어 있었다. 정보기관들은 일상적으로 정보를 공유하지만, 모든 정보를 공유하는 것은 아니었다. 그래서 독일 정보기관은 NSA가 앙겔라 메르켈(Angela Merkel) 독일 총리의 휴대 전화도 도청하고 있다는 사실을 알고 조금은 놀랐을 것이다.

기업 또한 우리가 온라인과 현실에서 무엇을 하는지 추적하고 감시하며, 그로 인해 누구도 익명으로 지내기 어려워졌다. 방대한 데이터를 사용할 수 있게 되면서 음성을 인식하고 그 의미를 이해하거나, 이미지를 인식하거나, 언어를 번역하는 기술이 크게 발전했지만, 그 대가로 우리의 프라이버시를 보호하기는 더 어려워졌다.

데이터 저장소를 노리는 범죄자의 공격은 예전보다 더욱 정교해졌다. 최근 들어 기업과 정부 기관이 전자 매체를 통해 침입을 받는 일이 자주 발생한다. 범죄자는 고객과 직원에 대한 정보를 대량으로 훔쳐 사기와 신원 도용의 목적으로 사용한다. 개인을 노리는 공격도 흔히 발생한다. 예전에는 나이지리아의 왕자나 그 친척으로 추정되는 사람에게서 온 메일을 무시하기만 하면 온라인 신용 사기로부터 안전할 수 있었다. 하지만 이제는 표적 공격이 훨씬 더 교묘해졌고, 기업용 컴퓨터의 보안 위반을 일으키는 가장 흔한 방법 중 하나가 됐다.

법적 관할권 문제도 까다롭다. 유럽 연합(EU)은 일반인들이 검색 결과에서 자신의 온라인 기록을 제외할 수 있도록 주요 검색 엔진 업체에 '잊힐 권리'와 관련된 메커니즘을 제공하라고 요구했다. 또한, EU는 시민에 대한 데이터를 저장하는 회사에 이러한 작업을 미국이 아닌 EU에 있는 서버에서 수행하도록 요구하는 규칙을 제정했다. 물론 이 규칙은 EU에서만 적용되며, 나머지 지역에서는 관련 법규에 차이가 있다.

클라우드 컴퓨팅, 즉 개인과 회사가 아마존(Amazon), 구글(Google), 마이크로소프트(Microsoft) 등과 같은 업체가 소유한 서버에 데이터를 저장하고, 그곳에서 컴퓨팅을 수행하는 방식이 빠르게 채택되면서 문제가 한층 더 복잡해졌다. 데이터는 더 이상 그 소유자가 직접 보유하지 않고, 다른 현안과 책임 및 취약성을 지니고 법적 관할권 관련 요구 사항에 직면할 수 있는 제3자가 보유한다.

또한, 모든 종류의 장치가 인터넷에 연결되는 '사물 인터넷'이 급속도로 성장하고 있다. 분명히 스마트폰도 그런 장치 중 하나라고 할 수 있지만 이에는 자동차, 보안 카메라, 가전제품 및 주택 제어 장치, 의료 장비 같은 장치들뿐만 아니라 항공 교통 관제, 전력망과 같은 많은 인프라도 포함된다. 앞으로도 시야 내에 있는 모든 것을 인터넷에 연결하는 경향은 계속되리라 예상되는데, 이는 인터넷에 연결함으로써 얻는 이점을 뿌리치기 어렵기 때문이다. 불행하게도 이러한 장치의 보안성은 더 성숙한 시스템보다 훨씬 약하기 때문에 많은 위험이 존재한다.

암호 기법은 이 모든 것에 대한 몇 가지 효과적인 방어책 중 하나다. 그 이유는 통신 내용과 저장된 데이터를 비공개로 유지할 방법을 제공하기 때문이다. 그러나 강력한 암호 기법조차도 끊임없이 공격받고 있다. 정부는 개인, 회사, 테러리스트가 진짜로 비공개로 통신할 수도 있다는 생각을 좋아하지 않기 때문에 정부 기관이 암호화를 깰 수 있도록 암호 기법 메커니즘에 대한 백도어를 자주 요구한다. 물론 이렇게 요구할 때 '적절한 안전장치 마련'이나 단지 '국가 보안을 위해' 같은 말을 내세우기는 한다. 아무리 좋은 의도로 하는 일이라도 이것은 나쁜 발상인데, 약화된 암호 기법은 아군뿐만 아니라 적군에게도 도움이 되기 때문이다.

이상은 내 강의를 듣는 학생들이나 거리를 오가는 갑남을녀 같은 보통 사람이 각자의 배경과 교육 수준과는 무관하게 걱정해야 하는 문제와 쟁점 중 일부다. 내 강의를 듣는 학생들은 과학 기술에 대한 지식이 깊지 않다. 즉, 공학, 물리학, 수학 전공자가 아니다. 그 대신 그들은 영문학, 정치학, 역사학, 고전학, 경제학, 음악, 미술 전공자들로, 인문학도와 사회과학도가 모여 있는 매우 좋은 표본이다. 종강 무렵에는 이 똑똑한 젊은이들이 컴퓨팅에 관한 신문 기사를 읽고 이해하게 되고, 이전보다 많은 것을 알게 됨으로써 어쩌면 틀린 부분을 지적하게 될지도 모른다. 좀 더 범위를 넓혀 얘기하자면, 나는 학생들과 이 책의 독자들이 기술에 대한 현명한 의문 제기를 통해 기술이 좋은 것이기는 하지만 만병통치약은 아니라는 사실을 깨닫게 되기를 바란다. 기술이 때로는 나쁜 영향을 미치지만, 유해하지만은 않다는 점도 알았으면 한다.

리처드 뮐러(Richard Muller)의 저서인 《대통령을 위한 물리학(Physics for Future Presidents)》은 지도자들이 고심해야 하는 주요 이슈들, 즉 핵 위협, 테러 공격, 에너지 문제, 지구 온난화 등의 바탕이 되는 과학 기술적 배경을 설명하고 있다. 대통령이 되려는 열망이 없더라도 박식한 사람이라면 이 주제에 대해 어느 정도는 알고 있는 것이 좋다. 뮐러의 접근법은 내가 전달하려는 바에 부합하는 좋은 비유인데, 그것은 바로 '미래의 대통령을 위한 컴퓨팅'이다.

미래의 대통령은 컴퓨팅에 대해 무엇을 알고 있어야 할까? 박식한 사람은 컴퓨팅에 대해 어떤 것을 알아야 할까? 다들 나름대로 생각하는 바가 있겠지만, 내 생각은 다음과 같다.

컴퓨팅에는 하드웨어, 소프트웨어, 통신이라는 세 가지 핵심 기술 영역이 있으며, 이 책은 이 세 가지 영역을 중심으로 구성하였다.

하드웨어(Hardware)는 가시적인 부분으로, 우리가 보고 만질 수 있고, 우리의 가정과 사무실에 있으며, 우리가 늘 가지고 다니는 휴대 전화에 들어 있는 컴퓨터를 의미한다. 컴퓨터 내부에는 무엇이 있으며, 컴퓨터는 어떻게 작동하고 어떻게 만들어질까? 어떻게 정보를 저장하고 처리할까? 비트와 바이트는 무엇이고, 음악, 영화, 그 밖의 모든 것을 표현하기 위해 어떻게 사용될까?

소프트웨어(Software), 즉 컴퓨터에 무엇을 해야 하는지를 알려 주는 명령어는 하드웨어와 달리 전혀 눈에 띄지 않는다. 우리는 무엇을 계산할 수 있고, 얼마나 빨리 계산할 수 있을까? 컴퓨터에 무엇을 해야 하는지 알려 주는 방법은 무엇일까? 컴퓨터가 제대로 작동하게 하는 것은 왜 그토록 어려울까? 컴퓨터는 왜 자주 사용하기 어려울까?

통신(Communication)은 컴퓨터, 휴대 전화, 다른 장치가 우리를 대신하여 서로 대화함으로써 사람들이 서로 이야기할 수 있게 해 주는 것을 의미하며, 인터넷, 웹, 이메일, SNS가 이에 해당한다. 이것들은 어떻게 작동할까? 우리가 직면하게 되는 위험 요소에는 어떤 것이 있을까? 특히 프라이버시와 보안에는 어떤 위험이 있으며, 이를 어떻게 완화할 수 있을까?

이 세 가지 핵심 영역에 덧붙여 데이터(data)를 살펴봐야 한다. 여기서 데이터는 하드웨어와 소프트웨어가 수집, 저장, 처리하고 통신 시스템이 전 세계에 전송하는 모든 정보를 말한다. 이 중 일부는 우리가 신중하게 또는 별생각 없이 글이나 사진과 비디오를 업로드하여 자발적으로 제공하는 데이터다. 일부는 우리에 관한 개인 정보로, 대개 우리가 동의하기는커녕 모르는 상태에서 수집되고 공유된다.

대통령이든 아니든, 컴퓨팅 세계는 여러분에게 직접적인 영향을 미치므로 이에 대해 알아야 한다. 여러분의 생활과 업무가 기술과 동떨어져 보이더라도 기술 및 기술과 관련된 사람들과 상호작용을 해야만 한다. 장치와 시스템이 작동하는 방식을 어느 정도 아는 것은 큰 이점이 될 수 있는데, 판매원이나 전화 상담사가 사실을 있는 그대로 얘기하지 않을 경우를 가려내는 것 같은 간단한 일에서조차 도움이 된다. 실제로, 모르고 있다가는 직접 해를 입을 수 있다. 바이러스, 피싱 및 유사한 위협에 대해 이해하지 못하면 좀 더 쉽게 위험에 빠질 수 있다. SNS가 어떻게 여러분이 비공개라고 생각했던 정보를 유출하거나 심지어 널리 알리는지를 모른다면 여러분은 자신이 알아차리는 것보다 훨씬 더 많은 정보를 드러내게 될 가능성이 있다. 사업 관계자들이 여러분의 생활에 대해 알아낸 정보를 이용하기 위해 무턱대고 달려드는 것을 인식하지 못하면 사소한 이익을 대가로 개인 정보를 포기하는 결과를 초래한다. 커피숍이나 공항에서 개인 인터넷 뱅킹을 이용하는 것이 왜 위험한지를 모르면 돈이나 신원 정보를 도용당하기 쉽다. 그리고 우리는 미래에 닥칠 위험을 각오하고 정부가 프라이버시를 침해하는 것을 모르는 척한다.

이 책은 처음부터 순서대로 읽도록 구성되어 있지만, 관심이 있는 주제부터 먼저 읽고 앞부분을 나중에 읽고 싶어하는 독자도 있을 것이다. 예를 들어, 8장부터 나오는 네트워크, 휴대 전화, 인터넷, 웹, 프라이버시 이슈에 대해 먼저 읽으면서 시작할 수 있다. 몇몇 부분을 이해하기 위해 이전 장들을 봐야 할 수도 있지만, 대부분은 내용을 이해하는 데 무리가 없을 것이다. 숫자가 많이 나오는 부분, 예를 들어 2장에 있는 이진수의 작동 원리 부분은 그냥 넘어가도 무방하며, 몇 개의 장에서 설명된 프로그래밍 언어의 세부 사항은 무시해도 된다. 마지막에 있는 주석에는 내가 특별히 좋아하는 책들을 열거했고, 내용의 출처와 도움이 될 만한 보충 자료에 대한 링크도 포함되어 있다. 용어 정리 부분은 중요한 기술 용어와 약어에 대한 간략한 정의와 설명을 제공한다.

컴퓨팅에 관한 모든 책은 금세 구식이 되어 버릴 수 있고, 이 책도 예외는 아니다. 초판은 NSA 가 개인을 어느 정도로 감시하는지 알게 되기 훨씬 이전에 출간됐다. 나는 이러한 몇 가지 중요한 새로운 이야기와 함께 책을 업데이트했는데, 많은 부분이 프라이버시와 보안과 관련된 것이다. 이는 지난 몇 년 동안 그 문제에 큰 변화가 일어났기 때문이다. 또한, 불분명한 설명을 명확히 하려고 노력했으며, 일부 오래된 자료는 삭제하거나 새것으로 대체했다. 그런데도 여러분이 이 책을 읽을 즈음이면 몇몇 세부 사항은 틀리거나 지나간 정보가 되었을 것이다. 초판과 마찬가지로, 앞으로도 계속 중요한 내용은 명확하게 밝히고자 노력했다. 그 나머지는 책의 웹 사이트인 kernighan.com을 통해 업데이트, 수정 사항, 추가 자료 등을 확인하기 바란다.

이 책의 목표는 여러분이 놀라운 기술에 감사하는 마음을 가지고, 기술이 어떻게 작동하는지, 어디서 왔는지, 미래에 어디로 갈 것인지를 이해하게 되는 것이다. 이 과정에서 어쩌면 세상을 바라보는 유용한 방법을 찾을 수 있을 것이다. 부디 그렇게 되기를 희망한다.

브라이언 W. 커니핸

감사의 글

나는 친구와 동료들에게 아낌없는 도움과 충고를 받은 데 대해 깊이 감사한다. 존 벤틀리(Jon Bentley)는 초판과 마찬가지로 세심하고 주의 깊게 모든 페이지를 읽고 유용한 의견을 주었다. 이 책은 그가 기여해 준 덕분에 훨씬 나아졌다. 나는 스와티 바트(Swati Bhatt), 지오바니 데 페라리(Giovanni De Ferrari), 피터 그라보우스키(Peter Grabowski), 제라드 홀즈만(Gerard Holzmann), 비키 컨(Vickie Kearn), 폴 커니핸(Paul Kernighan), 에렌 쿠어선(Eren Kursun), 데이비드 맬런(David Malan), 데이비드 모스코프(David Mauskop), 디파 무랄리드하르(Deepa Muralidhar), 매들린 플라넥스-크로커(Madeleine Planeix-Crocker), 아놀드 로빈스(Arnold Robbins), 하워드 트리키(Howard Trickey), 재닛 베르테시(Janet Vertesi), 존 웨이트(John Wait)로부터 전체 원고에 대한 소중한 제안, 비판, 교정을 받았다. 그리고 데이비드 도브킨(David Dobkin), 앨런 도노반(Alan Donovan), 앤드류 저드키스(Andrew Judkis), 마크 커니핸(Mark Kernighan), 엘리자베스 린더(Elizabeth Linder), 재클린 미슬로우(Jacqueline Mislow), 아르빈드 나라야난(Arvind Narayanan), 조나 사이노위츠(Jonah Sinowitz), 피터 와인버거(Peter Weinberger), 토니 워스(Tony Wirth)부터는 유용한 조언을 받았다. 프린스턴 대학 출판부의 제작팀, 마크 벨리스(Mark Bellis), 로레인 도네커(Lorraine Doneker), 드미트리 카레트니코프(Dimitri Karetnikov), 비키 컨(Vickie Kearn)과 함께 일할 수 있어 즐거웠다. 이들 모두에게 감사한다.

이와 아울러 따뜻한 환대와 대화, 주 1회 무료 점심을 제공해 준 프린스턴 대학 정보 기술 정책 센터에 감사드린다. 그리고 계속 나를 놀라게 하고 영감을 주는 COS 109 학생들의 재능과 열정에 대해 감사한다.

초판에 대한 감사의 글

나는 친구와 동료들에게 관대한 도움과 충고를 받은 데 대해 깊이 감사한다. 특히 존 벤틀리(Jon Bentley)는 여러 초안의 거의 모든 페이지에 상세한 의견을 주었다. 아울러 클레이 바보르(Clay Bavor), 댄 벤틀리(Dan Bentley), 힐도 비에르스마(Hildo Biersma), 스투 펠드먼(Stu Feldman), 제라드 홀즈만(Gerard Holzmann), 조슈아 카츠(Joshua Katz), 마크 커니핸(Mark Kernighan), 멕 커니핸(Meg Kernighan), 폴 커니핸(Paul Kernighan), 데이비드 맬런(David Malan), 탈리 모어셋(Tali Moreshet), 존 리에커(Jon Riecke), 마이크 쉬(Mike Shih), 비야네 스트롭스트룹(Bjarne Stroustrup), 하워드 트리키(Howard Trickey), 존 웨이트(John Wait)는 완성된 초안을 매우 세심하게 읽고 많은 유용한 제안을 해 주었고, 몇 가지 주요한 실수로부터 나를 구해 주었다. 또한, 제니퍼 첸(Jennifer Chen), 더그 클라크(Doug Clark), 스티브 엘거스마(Steve Elgersma), 아비 플램홀즈(Avi Flamholz), 헨리 라이트너(Henry Leitner), 마이클 리(Michael Li), 휴 린치(Hugh Lynch), 패트릭 매코믹(Patrick McCormick), 재클린 미슬로우(Jacqueline Mislow), 조너선 로쉘(Jonathan Rochelle), 코리 톰슨(Corey Thompson), 크리스 밴 윅(Chris Van Wyk)은 소중한 의견을 주었고, 이에 대해 감사한다. 나는 모쪼록 그들이 내가 조언을 반영한 많은 부분은 알아보고, 반영하지 않은 몇 부분은 알아채지 못하기를 희망한다.

데이비드 브레일스퍼드(David Brailsford)는 자신이 어렵게 얻은 경험을 바탕으로 자가 출판과 텍스트 서식의 설정에 대한 유용한 조언을 많이 제공했다. 그렉 도엔치(Greg Doench)와 그렉 윌슨(Greg Wilson)은 출판에 대한 조언을 해 주었다. 사진을 제공해 준 제라드 홀즈만(Gerard Holzmann)과 존 웨이트(John Wait)에게도 감사한다.

해리 루이스(Harry Lewis)는 처음 몇 개의 초안이 작성된 2010~2011학년도에 나를 하버드 대학에 초대해 주었다. 비슷한 과목을 가르친 경험에서 우러나온 해리의 조언은 여러 개의 초안에 대한 그의 의견과 더불어 매우 소중했다. 하버드 대학의 공학 및 응용 과학 학부(School of Engineering and Applied Sciences)와 인터넷 및 사회를 위한 버크먼 센터(Berkman Center for Internet and Society)는 사무 공간과 편의 시설, 우호적이면서 고무적인 환경, 정기적인 무료 점심(정말로 그런 것이 있다!)을 제공해 주었다.

나는 특히 COS 109, '우리 세상의 컴퓨터들(Computers in our World)'을 수강한 수백 명의 학생들에게 감사한다. 그들의 관심, 열정, 우정은 끊임없는 영감의 원천이 됐다. 나는 그들이 지금부터 몇 년 후에 세상을 살아갈 때 어떤 식으로든 이 과목을 들은 것에 감사하게 되기를 바란다.

베타리더 후기

강대원(줌인터넷)

학부생 시절에 배웠던 것들이나 들었던 것들을 다시 되짚어 볼 기회를 가져서 좋았고, 개발자라면 모두 관심 있을 만한 분야에 대해서 어느 정도 이해가 된 것 같아 만족한 독서였습니다. 컴퓨터를 잘 모르더라도 관심이 있는 사람이라면 모두 읽어 봤으면 좋겠습니다. 'Hello, Digital World'라는 제목 때문에 가볍게 책을 대했지만, CPU라든지 네트워크, 마이닝 기법 등 다양한 지식을 확인할 수 있어서 좋았습니다.

김예리(링크잇)

컴퓨터학과 신입생, IT에 관심 있는 학생들, 비전공 개발자, 다시 기본을 다지고 싶은 전공자들에게 추천합니다! 하드웨어/소프트웨어를 전반적으로 넓게 다루고 있어서 책상 옆에 두고 궁금할 때마다 다시 펼쳐 보면 좋을 것 같습니다. 개인적으로는 IT 분야의 다양한 용어, 개념 등을 탄생 배경부터 곁들여 설명하고 있어서 재미있게 읽었습니다.

김용현(Microsoft MVP)

액셀러레이터를 밟았을 때 스로틀이 열리면서 동력계가 돌아가는 모습이 머릿속에 그려진다면 단순히 운전으로 얻는 재미보다 더 큰 감동을 느낄 수 있습니다. 마찬가지로, 복잡한 컴퓨터가 돌아가고 그 역사가 어떻게 되었는지 알아가는 과정은 궁금할 때마다 검색을 통해 지식을 축적해야 하는 과정이 필요합니다. 이 책은 그러한 근본적인 물음에 대해 쉽고 재미있는 지식을 담고 있습니다. 검색으로 알아내기 힘든 좋은 배경 지식을 전반적으로 잘 녹여 낸 책이었습니다. 정말 즐거운 베타리딩이었습니다.

🦋 심상용(이상한모임)

이 책은 컴퓨터와 인터넷 환경에 대한 교양 수준의 지식을 제공합니다. 컴퓨터의 구조나 역사에 관심이 있는 비전공자를 위한 입문서, 또는 배운 지 오래된 분들을 위한 좋은 복습 교재가 될 수 있을 것 같네요. 또한, 정보화 시대에서 언제나 강조해도 지나치지 않는 프라이버시에 대해서도 과거의 흥미로운 사건들을 통해 다루고 있습니다.

🦋 이상현(SI 개발자)

잘 쓴 '컴퓨터 개론'을 만났네요. 가볍지 않은 내용을 전반적으로 쉽게 설명해 준 좋은 책이라 생각합니다. 다만, 컴퓨터 관련 전공자보다는 비전공자들(특히 제가 아끼는 동생들)이 꼭 읽기를 권하고 싶네요. 정말 좋은 책이란 느낌을 받았고 재미나게 읽었습니다. 이쁜 책으로 만나길 바랍니다.

🦋 이정훈(SK주식회사)

컴퓨터 공학의 다양한 분야를 잘 정리하여 소개한 책입니다. 그래서 개인적으로도 공부하는 학생이 다시 된 듯해 좋았습니다. 이 분야가 빠르게 변하긴 하지만, 책을 읽다 보니 몇십 년 전의 설계를 아직도 사용하고 있는 부분이 의외로 많다는 생각을 했습니다. 책에는 IT의 사회적인 부분에 대해 저자의 생각이 잘 표현되어 있는데, 여러 개의 좋은 칼럼을 읽는 것 같았습니다. IT와 관련이 있는 분이라면 꼭 읽어 보시기를 추천합니다.

제이펍은 책에 대한 애정과 기술에 대한 열정이 뜨거운 베타리더들로 하여금
출간되는 모든 서적에 사전 검증을 시행하고 있습니다.

시작하며

2015년 여름, 우리 부부는 영국과 프랑스에서 거의 석 달 동안 긴 휴가를 보냈다. 이 휴가를 보내기 위해 웹 사이트를 이용해 렌터카를 빌리고, 열차표를 구매했으며, 대도시에는 호텔을 예약하고 외딴곳에는 작은 집을 예약했다. 숙소 예약을 마무리하기 전에 온라인 지도와 구글 스트리트 뷰(Google Street View)를 이용하여 주변과 명소를 자세히 살폈다. 여행 중에는 낯선 장소에서 길을 찾기 위해 휴대 전화를 사용했고, 이메일과 스카이프(Skype)로 친구들이나 가족과 연락을 취했으며, 사진이나 동영상을 보냈고, 거의 매일 몇 시간씩 뉴욕에 있는 공동 저자와 함께 책을 쓰는 작업을 했다. 우리가 대서양의 한가운데에 떠 있는 배에 있는 동안 하루에 한두 번씩 메일을 확인하기도 했다.

이에 대해 여러분은 아마도 '그래서 뭐? 다들 그렇지 않나?'라고 생각할 것이다. 긴 휴가와 배를 제외하면 여러분 말이 맞다. 이는 오늘날 세계적으로 일상화된 생활 방식이다. 중개인 없이 여행 준비를 하거나 집에서 멀리 떨어져 있더라도 계속 연락을 취하기가 얼마나 간단하고 편리한지는 여러분도 잘 알고 있을 것이다. 이러한 기술 시스템은 매우 흔해져서 그로 인해 우리의 삶이 크게 변화됐음에도 우리가 이에 대해 깊게 생각하지 않는 경향이 있다.

숙소를 찾고자 에어비앤비(Airbnb)를 사용할 수도 있었지만 그러지 않았다. 에어비앤비는 2008

년에 설립됐다. 지금은 190개국에서 운영되고 있으며, 150만 개의 숙소 목록을 보유하고 있다. 에어비앤비는 전 세계 많은 도시에서 호텔 산업에 큰 영향을 미쳤다. 에어비앤비의 가격은 일반적인 호텔보다 낮은 편이고, 기술을 사용하여 적응 속도가 느린 기존의 규제 환경을 회피한다.

택시를 두세 번밖에 타지 않았기 때문에 우버(Uber)를 이용하지도 않았지만, 물론 사용할 수도 있었을 것이다(런던에서 이용했던 택시의 운전기사는 주변 사람들 몰래 우버 운전자로 부업을 한다고 했다). 우버는 2009년에 설립되었고, 현재 60개국 이상에서 운영되고 있다. 우버는 많은 도시에서 택시 산업에 커다란 영향을 미치고 있다. 우버 또한 에어비앤비와 마찬가지로 다른 택시에 비해 가격이 더 낮고, 기술을 사용하여 적응 속도가 느린 기존의 규제 환경이 미치는 영향을 거의 받지 않는다.

연락을 주고받을 때는 익숙한 스카이프를 사용하느라 왓츠앱(WhatsApp)을 사용하지 않았지만, 물론 사용할 수도 있었을 것이다. 왓츠앱도 2009년에 설립되었으며, 2014년에 페이스북(Facebook)이 190억 달러에 인수했다. 왓츠앱은 가장 많은 사용자를 확보한 휴대 전화용 인스턴트 메시징 시스템으로, 9억 명의 사용자를 보유하고 있다. 2015년 말, 그리고 2016년 5월과 7월에 다시 브라질의 한 판사가 왓츠앱에 서비스를 중단하도록 명령했는데, 그 이유는 범죄 수사의 일환으로 데이터를 넘기라는 법원의 명령을 거부했기 때문이다. 매번 이어진 항소 공판에서 법원은 결정을 뒤집었고, 1억 명의 브라질 사용자들은 대형 통신 회사의 서비스 대신 왓츠앱을 다시 사용하기 시작했다.

이는 전혀 독특한 이야기가 아니지만, 기술의 범위, 기술이 변화하는 속도는 어떠한지, 얼마나 혁신적일 수 있는지, 그리고 각자의 삶에 얼마나 깊게 영향을 미치고 있는지, 우리의 삶이 기술로 인해 어떻게 나아지고 있는지를 상기시켜 준다.

하지만 이 이야기의 이면을 들여다보면 그다지 유쾌하고 낙관적이지 않다. 무수히 많은 컴퓨터 시스템은 방금 언급한 모든 종류의 상호 작용을 조용히 지켜보고 있었다(여러분과 내가 상대한 사람, 우리가 지급한 금액, 당시 우리의 위치 등). 이러한 데이터 수집은 주로 상업적 이용을 위한 것인데, 기업이 우리에 관해 더 많이 알수록 우리를 더욱 정확하게 타깃팅할 수 있기 때문이다. 대부분의 독자는 그러한 데이터가 수집된다는 사실을 알고는 있지만, 실제로 수집되고 있는 데이터의 양과 그 상세 정도를 알면 많은 이들이 놀랄 것이다.

그리고 우리가 얼마 전에 알게 된 것과 같이 기업만이 유일한 관찰자는 아니다.

에드워드 스노든이 폭로한 NSA 이메일, 내부 보고서, 파워포인트 프레젠테이션은 디지털 시대의 감시 활동에 대한 많은 사실을 드러냈다. 폭로된 내용의 요점은 NSA가 모든 사람을 대규모로 감시하고 있다는 것이다. 스노든은 자신의 안전을 염려하여 홍콩에 있는 소수의 언론인에게 매우 조심스럽게 자료를 제공한 후 모스크바로 피신해 러시아 정부의 보호를 받고 있다. 반역자 또는 영웅으로 불리는 그는 오랫동안 그곳에 머물러 있을 가능성이 크다. 그가 어떻게 정보를 입수하고 무사히 공개했는지에 대한 이야기는 글렌 그린월드(Glenn Greenwald)의 2014년도 책 《더 이상 숨을 곳이 없다(No Place to Hide)》와 2015년 아카데미 장편 다큐멘터리 영화상을 받은 로라 포이트러스(Laura Poitras)의 영화 〈시티즌포(Citizenfour)〉를 보면 알 수 있다.

스노든이 폭로한 내용은 충격적이었다. NSA가 시인한 것보다 많은 사람을 감시했다고 널리 알려져 있었지만, 그 감시의 규모는 모든 사람의 상상을 뛰어넘었다. NSA는 일상적으로 미국 내에서 있었던 모든 전화 통화에 대한 메타데이터를 기록했다. 누가 누구한테 전화했는지, 언제 통화했는지, 얼마 동안 통화했는지를 기록했다. 아마 통화의 내용도 기록했을 것이다. 내가 스카이프로 나눈 대화와 이메일 연락을 기록했고, 메일 내용도 기록했을 것이다(물론 여러분의 것도 마찬가지다). NSA는 세계 지도자들의 휴대 전화를 도청하고 있었다. 다양한 위치에 있는 장비에 기록 장치를 설치하여 엄청난 양의 인터넷 트래픽을 가로채고 있었고, 주요 통신 회사와 인터넷 회사에 사용자에 대한 정보를 수집하고 전달하도록 협조를 요청하거나 강요하고 있었다. 또한, 필요 이상으로 오랫동안 많은 양의 데이터를 저장하고 있으면서 그중 일부를 다른 국가의 정보기관과 공유하고 있었다.

상업적 영역에서 살펴보더라도 거의 매일 어떤 회사나 기관에서 또 다른 보안 위반 사고가 일어났다는 사실을 알게 되는데, 신원이 불명확한 해커가 수백만 명의 이름, 주소, 신용카드 번호 같은 정보를 훔친다. 이 정보들은 대개 범죄에 이용되지만, 때로는 값진 정보를 찾는 다른 국가의 간첩 행위에 이용되기도 한다. 가끔은 정보를 관리하는 누군가의 어리석은 행동으로 인해 우발적으로 비공개 데이터가 노출되기도 한다. 어떤 경로를 거치든 간에, 수집된 데이터는 자주 노출되거나 도용되어 우리에게 나쁜 방향으로 사용될 수 있다. 따라서 이 모든 것이 생각만큼 멋지고 마법 같은 일은 아니다.

이 책의 목적은 여러분이 이러한 시스템이 어떻게 작동하는지를 이해하는 데 도움을 주기 위해 이 모든 것의 배후에 있는 컴퓨팅과 통신 기술을 설명하는 것이다. 사진, 음악, 영화, 여러분 사생활의 은밀한 상세 정보가 어떻게 금방 전 세계로 전송될 수 있을까? 이메일과 문자 메시지는 어떻게 작동하며, 어느 정도로 프라이버시를 보호해 줄까? 스팸 메일은 왜 그렇게 보내기는 쉽고 없애기는 어려운 것일까? 휴대 전화는 정말로 항상 여러분이 어디에 있는지를 보고할까? 아이폰(iPhone)과 안드로이드(Android)폰은 어떻게 다르며, 근본적으로 똑같은 이유는 무엇일까? 누가 여러분을 온라인과 휴대 전화를 이용하여 추적하고 있으며, 그것이 왜 문제가 되는 것일까? 해커가 자동차의 제어권을 뺏을 수 있을까? 자율 주행차의 경우는 어떨까? 프라이버시와 보안을 조금이라도 지킬 수 있을까?

이 책이 끝날 무렵 여러분은 컴퓨터와 통신 시스템이 어떻게 작동하는지, 그것이 여러분에게 어떤 영향을 미치는지, 유용한 서비스를 사용하는 일과 프라이버시를 보호하는 일 사이에 어떻게 균형을 유지할 수 있는지를 제대로 이해하게 될 것이다.

핵심적인 아이디어는 다음과 같이 소수에 불과하며, 책의 나머지 부분에서 훨씬 더 자세히 설명할 것이다.

첫 번째는 **정보의 범용 디지털 표현**(universal digital representation of information)이다. 20세기 대부분에 걸쳐 문서, 사진, 음악, 영화 등을 저장하는 데 사용된 복잡하고 정교한 기계 시스템은 하나의 균일한 메커니즘으로 대체됐다. 이와 같은 일이 가능한 이유는 정보가 플라스틱 필름에 입혀진 염료나 비닐 테이프의 자성 패턴과 같은 전문화된 형태가 아닌 디지털 방식으로 표현되기 때문이다. 종이 편지는 디지털 메일로 대체되고, 종이 지도는 디지털 지도로 대체되며, 종이 문서는 온라인 데이터베이스로 대체된다. 정보의 다양한 아날로그 표현은 단일 디지털 표현으로 대체된다.

두 번째는 **범용 디지털 처리 장치**(universal digital processor)다. 이 모든 정보는 단일 범용 장치인 디지털 컴퓨터로 처리할 수 있다. 정보의 균일한 디지털 표현을 처리하는 디지털 컴퓨터는 정보의 아날로그 표현을 처리하는 복잡한 기계 장치를 대체했다. 차차 살펴보겠지만, 컴퓨터는 계산할 수 있는 대상 면에서는 모두 동등하고, 작동 속도와 데이터 저장 용량 면에서만 차이가 있다. 스마트폰은 상당히 정교한 컴퓨터로, 불과 몇 년 전 노트북만큼의 컴퓨팅 성능을 갖추고 있다. 따라서 데스크톱이나 노트북 컴퓨터에 국한되었던 일들이 휴대 전화로도 가능해졌고, 이러한 융합 과정은 가속화되고 있다.

세 번째는 **범용 디지털 네트워크**(universal digital network)다. 인터넷은 디지털 표현을 처리하는 디지털 컴퓨터들을 연결한다. 즉, 컴퓨터와 휴대 전화를 메일, 검색, SNS, 쇼핑, 은행 업무, 뉴스, 엔터테인먼트 및 기타 모든 분야와 연결해 준다. 여러분은 상대방의 위치나 메일 접근 방법과 무관하게 어떤 사람과도 이메일을 주고받을 수 있다. 휴대 전화, 노트북, 태블릿을 이용하여 상품 및 서비스를 검색하고 가격이나 품질을 비교한 후 구매할 수 있다. SNS를 이용하면 휴대 전화나 컴퓨터로 친구나 가족에게 연락할 수 있다. 이 모든 서비스가 작동하도록 해 주는 많은 인프라가 우리 주변에 존재한다.

어마어마한 양의 **디지털 데이터**(digital data)도 계속 수집, 분석되고 있다. 세계 대부분의 지역에 대한 지도, 항공 사진, 스트리트 뷰는 무료로 이용할 수 있다. 검색 엔진은 쿼리에 효율적으로 대답할 수 있도록 끊임없이 인터넷을 조사한다. 수백만 권의 책도 디지털 형식으로 이용할 수 있다. SNS와 공유 사이트는 우리를 위한, 그리고 우리에 대한 엄청난 양의 데이터를 유지, 관리한다. 온라인 상점과 서비스는 자신들의 상품에 대한 접근을 제공하면서 검색 엔진과 SNS의 도움과 사주를 받아 우리가 방문했을 때 하는 모든 일을 조용히 기록한다. 인터넷 서비스 제공 업체는 우리가 온라인으로 행하는 모든 상호 작용을 기록한다. 정부는 항상 우리를 감시하는데, 그 정도는 상상을 초월한다.

이렇게 모든 것들이 급속히 변하고 있는 이유는 디지털 기술 시스템이 기하급수적인 속도로 작아지고, 빨라지며, 저렴해지고 있기 때문이다. 장치들은 1~2년마다 같은 가격에 성능이 2배로 높아지거나 가격이 절반으로 낮아진다. 소비자가 원하는 다양한 기능에 더 나은 화면이 장착되고 더 흥미로운 애플리케이션을 실행할 수 있는 새로운 휴대 전화가 계속 출시되고 있다. 새로운 기기가 계속 등장하고 있고, 시간이 지남에 따라 가장 유용한 기능들은 계속 휴대 전화로 흡수될 것이다. 이는 디지털 기술의 자연스러운 부산물로, 기술적 발전이 일어남에 따라 디지털 장치가 전반적으로 개선된다. 어떤 변화가 데이터를 보다 저렴하고 빠르게 대량으로 처리할 수 있게 한다면 모든 장치가 그 혜택을 입을 것이다. 결과적으로, 디지털 시스템은 곳곳에 스며들어 있으며 우리 생활의 전면과 이면에서 필수적인 요소가 되고 있다.

이러한 발전은 분명히 매우 멋져 보일 것이고 실제로도 대부분 그렇다. 하지만 밝은 면의 반대 편에는 어둠이 있기 마련이다. 개인 사용자에게 가장 명백하고 가장 우려되는 것 중 하나는 기술이 개인 프라이버시에 미치는 영향이다. 휴대 전화를 사용하여 일부 제품을 검색한 후 온라인 매장의 사이트를 방문할 경우, 모든 관련자는 여러분이 어디를 방문했고, 무엇을 클릭했는지 기록해 둔다. 여러분의 휴대 전화는 여러분을 고유하게 식별하는 수단이기 때문에 그들은 여러분이 누구인지 알고 있다. 휴대 전화가 자신의 위치를 '항상' 보고하기 때문에 그들은 여러분이 지금 어디에 있는지를 알고 있다. GPS(Global Positioning System, 위성 항법 시스템)를 함께 사용하면 통신 회사에서 5~10m 이내의 범위까지 여러분의 위치를 찾아낼 수 있고, GPS가 없더라도 약 100m 이내의 범위까지 여러분의 위치를 찾아낼 수 있다. 그리고 그들은 그 정보를 팔 수 있다. 오프라인 상점도 점점 더 많이 여러분을 지켜보고 있다. 얼굴 인식 기술은 밖에서나 매장 내에서 여러분을 충분히 식별할 수 있다. 교통 카메라는 여러분의 자동차 번호판을 훑어보고, 자동차의 위치를 알아낸다. 우리가 오늘날 생각조차 해 보지 않고 허용하는 추적은 조지 오웰(George Orwell)의 소설 《1984》에 나오는 감시 활동을 가볍고 얄팍하게 느껴지도록 한다.

우리가 어디에서 무엇을 하는지에 대한 기록은 아마도 매우 오랫동안 남아 있을 것이다. 디지털 저장 장치는 저렴한데 데이터의 가치는 높아서 정보는 좀처럼 폐기되지 않는다. 부끄러운 내용을 온라인에 게시하거나 나중에 후회할 만한 메일을 보냈다면 이미 늦은 것이다. 여러분에 관한 정보는 여러분의 삶에 대한 상세한 그림을 만들기 위해 다양한 출처로부터 결합되고, 여러분이 알거나 허용하지 않은 상태에서 상업적, 행정적, 범죄적 이익 집단에 이용될 수 있다. 이러한 정보는 무기한으로 이용할 수 있는 상태로 유지될 가능성이 크고, 향후 언제든 여러분을 난처하게 만들 수 있다.

우리는 범용 네트워크와 범용 디지털 정보로 인해 10년 전이나 20년 전에는 결코 상상조차 할 수 없을 정도로 낯선 이들의 공격에 노출되어 있다. 브루스 슈나이어(Bruce Schneier)는 2015년에 나온 《데이터와 골리앗(Data and Goliath)》에서 다음과 같이 이야기한다.

"우리의 프라이버시는 지속적인 감시로 인해 맹공격을 받고 있다. 이 현상이 어떻게 발생하는지 이해하는 것은 무엇이 위태로운지 이해하는 데 매우 중요하다."

우리의 프라이버시와 재산을 보호하는 사회 메커니즘은 기술의 급속한 발전에 보조를 맞추지 못했다. 30년 전에 나는 지방 은행과 다른 금융 기관에 실제로 우편을 보내고 가끔은 직접 방문하면서 거래했다. 내 돈에 접근하는 데는 시간이 걸렸고, 많은 문서 흔적을 남겨야 했기 때문에 누군가가 내 돈을 훔치기가 어려웠을 것이다. 오늘날 나는 대부분 인터넷을 이용해 금융 기관과 거래한다. 나는 쉽게 계좌에 접근할 수 있지만, 유감스럽게도 내 쪽에서 어떤 실수가 있거나 기관 중 하나가 일을 엉망으로 처리하는 경우에는 지구 저편에 있는 누군가가 내 계좌를 말소하거나 내 신용 등급을 망칠 수 있다. 또 어떤 문제가 발생할 것인지 아무도 모르고, 이러한 일은 눈 깜짝할 사이에 일어나며, 의지할 만한 수단도 거의 없다.

이 책에는 이러한 시스템들이 어떻게 작동하는지, 어떻게 우리 삶을 변화시키고 있는지 이해하는 데 도움이 될 내용이 담겨 있다. 이는 현재에 대한 스냅숏이므로, 10년 후에는 오늘날의 시스템이 투박하고 낡은 것처럼 보일 것이라 확신해도 좋다. 기술 변화는 고립된 사건이 아니라 계속 진행 중인 과정으로, 빠르고 지속적이며 가속화되고 있다. 다행스럽게도 디지털 시스템의 기본 아이디어는 동일하게 유지될 것이므로 여러분이 이를 이해하면 훗날의 시스템도 이해할 수 있을 것이고, 미래의 시스템이 제시하는 도전과 기회에 대처하는 데 더욱 유리한 위치에 서게 될 것이다.

하드웨어

하드웨어는 형체가 있으면서 눈에 보이는 부분을 말한다. 즉, 여러분이 직접 보고 조작할 수 있는 기기와 장비를 뜻한다. 컴퓨팅 장치의 역사는 분명 흥미로운 주제이지만, 여기서는 그중 일부만 언급할 것이다. 하지만 어떤 경향은 주목할 만한 가치가 있다. 특히, 주로 고정된 가격으로 일정량의 공간에 채워 넣을 수 있는 회로의 양과 소자의 수가 기하급수적으로 증가하는 현상이 그러하다. 디지털 장비의 성능이 더욱 높아지고 저렴해지면서, 크게 이질적이었던 기계적 시스템들은 훨씬 더 균일한 전자 시스템들로 대체됐다.

컴퓨팅 기계는 오랜 역사를 가지고 있지만, 초기 계산 장치의 대부분은 주로 천문 현상과 위치를 예측하는 데 전문화된 것이었다. 예를 들어, 아직 증명되지는 않았지만 스톤헨지(Stonehenge)가 천문 관측소라고 주장하는 이론이 있다. 기원전 100년경부터 유래한 안티키테라(Antikythera) 메커니즘은 기계적으로 정교한 천문학용 컴퓨터다. 주판과 같은 계산 기구는 아시아를 위주로 수천 년 동안 사용됐다. 계산자(slide rule)는 존 네이피어(John Napier)가 로그에 관해 설명한 지 얼마 되지 않은 1600년대 초에 발명됐다. 나도 1960년대에 학부를 졸업하고 엔지니어로 일하면서 계산자를 사용한 바 있다. 계산자는 계산기와 컴퓨터로 대체되면서 이제 진기한 유물로 전락했고, 힘들게 얻은 전문 기술은 무용지물이 되고 말았다.

오늘날의 컴퓨터에 가장 근접한 모습을 미리 보여 준 장치는 자카르 직기(Jacquard's loom)로, 1800년경 프랑스에서 조제프 마리 자카르(Joseph Marie Jacquard)가 발명했다. 자카르 직기는 직조 패턴을 지정하는 여러 줄의 구멍이 있는 직사각형 모양의 카드를 이용했다. 그래서 이러한 천공 카드가 제공하는 명령으로 매우 다양한 패턴을 짜도록 '프로그래밍'될 수 있었다. 즉, 카드를 바꾸면 직물이 다른 패턴으로 만들어졌다. 직물을 만드는 데 필요한 노동력을 절감하는 기계가 만들어지고, 직조공들이 일자리를 잃게 되면서 사회적 혼란이 발생했다. 1811년부터 1816년까지 영국에서 일어난 러다이트 운동(Luddite movement)은 기계화에 반대하는 폭력 시위

그림 **찰스 배비지가 설계한 차분 기관(Difference Engine)의 현대적 구현**

였다. 현대의 컴퓨팅 기술도 이와 비슷한 혼란을 가져왔다.

오늘날과 같은 의미를 지닌 컴퓨팅은 19세기 중반 영국에서 찰스 배비지(Charles Babbage)의 작업과 함께 시작됐다. 배비지는 항해술과 천문학에 관심이 많은 과학자였고, 두 분야 모두 위치 계산용 수치를 담은 표가 필요했다. 배비지는 수작업으로 하던, 지루하고 오류가 발생하기 쉬운 산술 연산을 기계화할 컴퓨팅 장치를 개발하기 위해 일생 중 많은 시간을 투자했다. 앞에 나온 인용문에서 수작업 산술 연산에 대한 그의 심한 짜증을 느낄 수 있다. 재정적 후원자들이 떨어져 나가는 등 여러 이유로 인해 그의 포부는 실현되지 못했지만, 그의 설계 방식은 타당했다. 그가 살던 당시의 도구와 재료를 사용하여 그가 설계한 기계 중 일부를 현대적으로 구현한 것은 런던의 과학박물관(Science Museum)과 캘리포니아 마운틴 뷰(Mountain View)에 있는 컴퓨터 역사 박물관(Computer History Museum)에서 볼 수 있다(위 그림 참조).

배비지는 시인인 조지 고든 바이런 경(George Gordon, Lord Byron)의 딸이자 나중에는 러브레이스 백작 부인(Countess of Lovelace)이 된 오거스타 에이다 바이런(Augusta Ada Byron)이라는 젊은 여성이 수학과 그의 계산 장치에 흥미를 느끼도록 격려해 주었다. 러브레이스는 배비지의 해석

기관(Analytical Engine, 그가 구상한 장치 중에 가장 발전된 형태)을 과학적인 계산에 사용하는 방법에 관해 상세한 설명을 작성했으며, 기계가 음악을 작곡하는 것 같은 비(非)수치 계산도 할 수 있을 것이라 추측했다.

"예를 들어, 어떤 음들의 화성학적 의미와 음악 작곡 간의 근본적인 관계를 그러한 방식으로 표현하고 조정할 수 있다고 가정하면, 아무리 복잡하고 방대하더라도 정교하고 체계적인 음악을 해석 기관이 작곡할 수 있을 것이다."

에이다 러브레이스는 종종 세계 최초의 프로그래머라고 불린다. 에이다(Ada) 프로그래밍 언어는 그녀에 대한 경의를 표하고자 지어진 이름이다.

그림 에이다 러브레이스. 마거릿 사라 카펜터(Margaret Sarah Carpenter)가 그린 초상화(1836) 중 일부

허먼 홀러리스(Herman Hollerith)는 1800년대 후반에 미국 인구 조사국(US Census Bureau)과 협력하여 인구 조사 정보를 손으로 하는 것보다 훨씬 더 빠르게 집계할 수 있는 기계를 설계하고 제작했다. 홀러리스는 자카르 직기의 발상을 활용해서 종이 카드에 뚫린 구멍을 이용하여 인구 조사 데이터를 자신의 기계에서 처리할 수 있는 형태로 인코딩했다. 잘 알려진 바와 같이 1880년의 인구 조사를 집계하는 데는 총 8년이 걸렸지만, 홀러리스의 천공 카드와 집계 기계를 이용한 1890년의 인구 조사는 불과 1년 만에 끝났다. 홀러리스는 회사를 설립했고, 그 회사는 인수 합병을 통해 1924년에 'International Business Machines'가 되었는데, 이 회사가 바로 우리가 알고 있는 IBM이다.

배비지의 기계는 기어, 휠, 지렛대, 막대가 기계적으로 복잡하게 조립된 형태였다. 20세기에는 전자 기술이 발전하면서 기계 부품에 의존하지 않는 컴퓨터를 구상할 수 있게 됐다. 이렇게 전체가 전자 부품으로 된 컴퓨터 중 첫 번째로 중요한 것은 에니악(ENIAC), 즉 전자식 수치 적분 및 계산기(Electronic Numerical Integrator and Computer)로, 1940년대에 필라델피아에 있는 펜실베이니아 대학에서 프레스퍼 에커트(Presper Eckert)와 존 모클리(John Mauchly)의 설계로 만들어졌다. 에니악은 넓은 공간을 차지하고 많은 양의 전력이 필요했으며, 1초에 약 5,000번의 덧셈을 할 수 있었다. 에니악은 탄도 계산 등을 위해 개발됐지만, 제2차 세계대전이 끝나고 1946년에 이르러서야 완성됐다(에니악의 일부는 펜실베이니아 대학 무어 공과 대학(Moore School of Engineering)에 전시되어 있다).

배비지는 컴퓨팅 장치가 작동하는 데 사용할 명령어와 데이터를 같은 형식으로 저장할 수 있다는 것을 분명히 예상했지만, 에니악은 명령어를 데이터와 함께 메모리에 저장하지 않았다. 그 대신 스위치를 이용해 연결을 설정하고 전선을 다시 연결하여 프로그래밍했다. 프로그램과 데이터를 함께 저장한 최초의 컴퓨터는 영국에서 만들어졌는데, 이 중 대표적인 것으로는 1949년에 제작된 에드삭(EDSAC), 즉 전자식 지연 저장 자동 계산기(Electronic Delay Storage Automatic Calculator)를 들 수 있다.

초기 전자식 컴퓨터의 컴퓨팅 부품으로는 진공관을 사용했다. 진공관은 원통형 전구와 크기나 모양이 비슷한 전자 장치(그림 1.6 참조)로, 비싸고 부서지기 쉬웠으며 부피가 크고 전력을 많이 소모했다. 1947년에 트랜지스터가 발명되고, 1958년에 집적 회로가 발명되면서 현대 컴퓨팅 시대가 본격적으로 시작됐다. 전자 시스템은 이러한 기술에 힘입어 점점 작아지고 저렴해지고 빨라졌다.

이어지는 세 개의 장에서는 컴퓨터 하드웨어에 관해 설명하며, 어떻게 만들어지는지에 대한 물리적 세부 사항보다는 컴퓨팅 시스템의 논리적 아키텍처에 초점을 맞추어 설명한다. 이 아키텍처는 수십 년 동안 거의 바뀌지 않은 반면, 하드웨어는 놀라울 정도로 변모했다. 첫 번째 장은 컴퓨터의 구성 요소에 대해 개략적으로 설명한다. 두 번째 장은 컴퓨터가 비트, 바이트, 이진수를 이용하여 정보를 표현하는 방법을 보여 준다. 세 번째 장은 실제로 컴퓨터가 어떻게 계산을 수행하는지, 즉 어떤 일이 일어나도록 만들기 위해 비트와 바이트를 어떻게 처리하는지를 설명한다.

1

컴퓨터 안을 들여다보자

"완성된 장치가 범용 컴퓨팅 기계가 되려면 산술 연산, 기억-저장, 제어, 운용자와의 연결과 관련된 특정 주요 기관을 포함해야 한다."

"Inasmuch as the completed device will be a general-purpose computing machine it should contain certain main organs relating to arithmetic, memory-storage, control and connection with the human operator."

아서 벅스(Arthur W. Burks), 허먼 골드스타인(Herman H. Goldstine),
존 폰 노이만(John von Neumann), 〈전자식 컴퓨팅 기구의 논리적 설계에 관한 예비 논고
(Preliminary discussion of the logical design of an electronic computing instrument)〉, 1946.

컴퓨터 내부에 무엇이 있는지에 대한 개요와 함께 하드웨어에 대한 논의를 시작해 보자. 컴퓨터는 적어도 논리적 구성과 물리적 구조라는 두 가지 관점에서 바라볼 수 있다. 첫째, 논리적 구성(또는 기능적 구성)은 컴퓨터의 각 부분이 무엇이고 무슨 일을 하고 어떻게 연결되는지에 대한 것이다. 둘째, 물리적 구조는 각 부분이 어떻게 생겼고 어떻게 만들어지는지에 대한 것이다. 이 장에서는 컴퓨터 속에 무엇이 들어 있는지를 살펴본 후, 각 부분이 무슨 일을 하는지에 대해 간략하게 배운 다음, 무수히 많은 약어와 숫자의 의미에 대해 어느 정도 감을 잡고자 한다.

여러분이 사용하는 컴퓨팅 장치를 생각해 보자. 많은 독자는 일종의 'PC'를 가지고 있을 텐데, 이는 IBM이 1981년에 처음 판매한 IBM PC로부터 이어져 내려오는 노트북 또는 데스크톱 컴

퓨터로, 마이크로소프트(Microsoft)가 만든 윈도우(Windows) 운영 체제의 특정 버전을 실행하고 있다. 다른 사람들은 맥오에스(macOS)[1] 운영 체제의 특정 버전을 실행하는 애플(Apple) 매킨토시(Macintosh) 컴퓨터를 가지고 있을 것이다. 또 다른 이들은 저장과 계산을 인터넷에 의존하는 크롬북(Chromebook)이나 이와 비슷한 노트북을 가지고 있을 것이다. 좀 더 전문화된 장치인 스마트폰, 태블릿, 전자책 단말기도 성능이 좋은 컴퓨터라고 할 수 있다. 이러한 장치들은 모두 달라 보이고 사용할 때도 다르게 느껴지지만, 한 꺼풀 벗겨 보면 근본적으로 똑같다. 이제 왜 그런지 생각해 보자.

딱 맞아떨어지지는 않지만 자동차에 비유해 보자. 기능 면에서 보면 자동차는 100년 이상 똑같이 유지됐다. 자동차는 특정 연료를 사용하여 작동되며, 차를 움직이게 하는 엔진이 포함되어 있다. 그리고 운전자가 차를 제어하기 위해 사용하는 핸들이 있다. 또한, 연료를 저장할 공간과 탑승자와 물건이 들어갈 공간이 있다. 하지만 물리적인 면에서는 한 세기에 걸쳐 크게 바뀌었다. 다른 재질로 만들어지고, 더 빠르고 안전하며, 훨씬 더 안정감 있고 편안해졌다. 나의 첫 번째 차인 1959년형 중고 폴크스바겐 비틀(Volkswagen Beetle)과 페라리(Ferrari) 사이에는 엄청난 차이가 있지만, 그 어느 쪽이든 나와 식료품을 상점으로부터 집까지 데려다 주거나, 또는 전국을 가로질러 다닐 수 있다. 이러한 의미에서는 기능적으로 같다(나는 페라리를 소유하기는커녕 그 차에 앉아본 적도 없으므로 식료품이 들어갈 공간이 있는지는 추측할 수밖에 없다).

컴퓨터도 이와 마찬가지다. 오늘날의 컴퓨터는 논리적인 면에서 1950년대의 컴퓨터와 매우 유사하지만, 물리적인 차이는 자동차에 일어났던 변화의 정도를 훨씬 뛰어넘는다. 오늘날의 컴퓨터는 50년 전보다 훨씬 작고 저렴하고 빠르고 안정적이며, 일부 속성에서는 말 그대로 100만 배 더 뛰어나다. 이러한 향상으로 인해 컴퓨터가 이토록 구석구석까지 퍼져 있는 것이다.

무언가의 기능적인 작동 방식과 물리적 속성 간의 구분, 즉 그것이 무엇을 하는지와 어떻게 만들어지거나 내부적으로 작동하는지 간의 차이는 중요한 발상이다. 컴퓨터의 경우 '어떻게 만들어지는지'에 대한 부분은 경이로운 속도로 변하고 있고, 얼마나 빨리 작동하는지도 이와 마찬가지지만, '무엇을 하는지'에 대한 부분은 매우 안정적으로 유지되고 있다. 이러한 추상적인 설

---

1 애플은 매킨토시, 즉 Mac(맥)용 운영 체제의 이름을 Mac OS X(맥 오에스 텐, 2001~2012), OS X(오에스 텐, 2012~2016), macOS(맥오에스, 2016~)로 바꿔 온 바 있다. 원서에서는 Mac OS X으로 표기하고 있지만, 여기서는 최신 이름인 macOS 기준으로 옮겼다.

명과 구체적인 구현 간의 구분은 앞으로 이어질 내용에서 반복하여 언급될 것이다.

나는 때때로 첫 번째 강의 수업 시간에 설문 조사를 한다. 질문은 주로 'PC를 몇 명이나 가지고 있나요?', 'Mac(맥) 사용자는 몇 명인가요?' 등이다. 2000년부터 2004년까지는 응답 중에서 PC와 Mac의 비율이 10대 1 정도로 PC가 더 많았지만, 몇 년간 급속히 바뀌면서 이제 Mac이 전체의 4분의 3을 훌쩍 넘을 정도가 됐다. 하지만 전 세계적으로 보면 이렇지 않으며, PC가 크게 우세한 상태다.

이렇게 비율의 균형이 맞지 않는 이유는 한쪽이 다른 쪽보다 우월하기 때문일까? 만일 그렇다면 그렇게 짧은 시간 내에 무엇이 그렇게 극적으로 바뀐 것일까? 나는 학생들에게 어떤 종류의 컴퓨터가 더 나은지, 이러한 의견을 뒷받침할 만한 객관적인 기준은 무엇인지 물어본다.

당연한 대답 중 하나는 가격이다. PC가 더 저렴한 경향이 있는데, 이는 많은 공급 업체가 시장에서 치열한 경쟁을 벌인 결과다. Mac에 비해 더 폭넓은 하드웨어 확장용 장치와 많은 소프트웨어를 손쉽게 구할 수 있고, 다양한 전문 지식을 얻을 수 있다. 이는 경제학자들이 일컫는 '네트워크 효과(network effect)'의 한 예라고 할 수 있다. 다른 사람들이 무엇인가를 더 많이 쓰면 당신의 효용도 더 커지는데, 그 효과는 다른 사용자의 수에 대략 비례한다.

Mac 사용자의 대답으로는 널리 인지된 신뢰성, 품질, 미적 가치 등을 들 수 있다. 이러한 점들로 인해 많은 소비자가 기꺼이 더 비싼 값을 치르면서 구매하는 것이다.

토론은 계속 이어지고 그 어느 쪽도 상대편을 설득하지는 못하지만, 그 과정에서 몇 가지 좋은 질문이 나오면서 학생들이 다양한 종류의 컴퓨팅 장치 간에 어떤 차이점이 있는지, 또 어떤 점에서 똑같은지를 생각해 보도록 하는 데 도움을 준다.

휴대 전화에 관해서도 이와 비슷한 논의가 진행된다. 거의 모든 학생이 애플의 앱스토어나 구글의 플레이스토어에서 다운로드한 프로그램(앱)을 실행할 수 있는 '스마트폰'을 가지고 있다. 휴대 전화는 브라우저, 메일 송수신, 시계, 카메라, 음악과 비디오 재생, 비교 구매 기능을 제공하고, 가끔은 대화용 장치로도 이용된다. 보통은 학생 중 4분의 3가량이 애플의 아이폰(iPhone)을 가지고 있다. 나머지 대부분은 많은 공급 업체 중 한 곳의 안드로이드(Android)폰을 가지고 있다. 매우 일부는 윈도우폰을 가지고 있을지도 모르고, (드물지만) '피처폰'을 가지고 있는 학생도 있다. 피처폰이란, 전화 통화 이상의 기능이 없는 휴대 전화를 뜻한다. 내가 조사한 표본은 미국에서 비교적 부유한 환경의 사람들이다. 세계 다른 지역에서는 안드로이드폰이 훨씬 더 보편적으로 사용될 것이다.

다시 한 번 말하지만, 여러 종류 중에서 한 가지 종류의 휴대 전화를 선택하는 데는 기능적, 경제적, 심미적인 측면에서 나름대로 합당한 이유가 있다. 하지만 PC 대 Mac의 경우와 마찬가지로 컴퓨팅을 수행하는 하드웨어는 매우 유사하다. 그 이유가 무엇인지 살펴보자.

1.1 논리적 구성

단순하고 일반화된 컴퓨터 안에 무엇이 들어 있는지를 보여 주는 추상적인 그림, 즉 논리적 또는 기능적 아키텍처를 그려 본다면 PC와 Mac 둘 다 그림 1.1에 있는 다이어그램과 같을 것이다. 프로세서(CPU), 몇몇 주기억 장치(RAM), 몇몇 보조 기억 장치(디스크), 그리고 이외에도 다양한 구성 요소가 있으며, 이들 모두는 정보를 전송하는 버스(bus)라는 전선 세트로 연결된다.

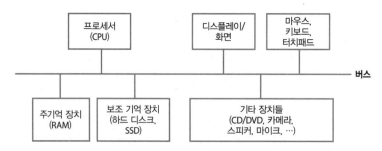

그림 1.1 **간단하게 추상화된 컴퓨터의 아키텍처 다이어그램**

그 대신 휴대 전화나 태블릿에 해당하는 그림을 그렸다면 마우스, 키보드, 디스플레이가 화면이라는 하나의 구성 요소로 합쳐지는 점 말고는 비슷했을 것이다. 분명히 CD나 DVD는 없지만, 여러분의 물리적 위치를 알아내기 위한 컴퍼스, 가속도계, GPS 수신기와 같은 숨은 구성 요소가 있다.

프로세서, 명령어와 데이터를 담는 저장소, 입력 및 출력 장치가 있는 이러한 기본적인 구조는 1940년대 이래 표준이었다. 이러한 구조를 보통 폰 노이만 아키텍처(von Neumann architecture)라고 하는데, 이는 1946년에 앞서 인용한 논문에서 이 구조를 기술한 존 폰 노이만(John von

Neumann)의 이름을 딴 것이다. 비록 폰 노이만이 다른 사람들이 한 일에 대해 너무 많은 공로를 인정받는 게 아니냐는 논란이 아직도 있지만[2], 이 논문은 매우 명확하고 통찰력이 있어서 지금도 읽어 볼 가치가 있다. 예를 들어, 이번 장의 시작 부분에 있는 인용문이 이 논문의 첫 번째 문장이다. 오늘날의 용어로 옮겨 보면 CPU는 산술 연산과 제어 기능을 제공하고, RAM과 디스크는 기억 저장소를 담당하며, 키보드, 마우스, 디스플레이는 운용자와 상호작용한다.

1.1.1 CPU

프로세서, 즉 CPU(Central Processing Unit, 중앙 처리 장치)는 두뇌(컴퓨터에 그런 게 있다고 말할 수 있다면)에 해당한다. CPU는 산술 연산을 하고, 데이터를 옮기며, 다른 구성 요소의 작동을 제어한다. CPU가 수행할 수 있는 기본적인 연산의 레퍼토리는 한정되어 있지만, 그 연산들을 눈부실 정도로 빠르게, 초당 수십억 회씩 수행한다. 이전 계산의 결과를 바탕으로 다음에 수행할 연산을 결정할 수 있어서 사용자로부터 독립적으로 작동한다. CPU는 정말 중요하므로 3장에서 더 많은 시간을 할애할 예정이다.

컴퓨터를 사러 상점에 가거나 인터넷을 찾아보면 이해하기 힘든 약어와 알 수 없는 숫자들과 함께 이 구성 요소가 대부분 언급되는 것을 볼 수 있다. 예를 들어, 나의 컴퓨터 중 한 대에 있는 것처럼 CPU가 '2.2GHz 듀얼 코어 인텔(Intel) Core i7 프로세서'라고 설명된 것을 볼 수 있다. 이것은 어떤 의미일까? 인텔이 CPU 제조사이고, 'Core i7'은 그냥 마케팅 용어다. 이 특정 프로세서는 실제로 단일 패키지 안에 두 개의 처리 장치가 들어 있다. 이러한 맥락에서 '코어'는 '프로세서'와 동의어가 됐다. 대부분의 경우 코어 수와 무관하게 이러한 용어 조합 전체를 'CPU'라고 생각하면 된다.

'2.2GHz'가 더 흥미로운 부분이다. CPU의 속도는 1초에 수행할 수 있는 연산이나 명령어나 그 일부분의 개수를 측정한 값이다. CPU는 기본적인 연산을 한 단계씩 수행하기 위해 내부 클록을 사용하는데, 이는 심장 박동이나 시계의 째깍거림과 꽤 유사하다. 속도의 단위 중 하나는 초당 째깍거리는 횟수다. 초당 한 번 뛰거나 째깍거리는 것을 1헤르츠(hertz, 축약형은 Hz)라고 부

---

2 실제로는 폰 노이만 아키텍처를 개발하는 데 많은 컴퓨터 선구자들이 깊이 참여했다. 폰 노이만이 아이디어를 문서화해서 개념을 자세히 설명하고 발표까지 했기 때문에 주된 공로를 인정받았다고 일반적으로 알려져 있지만, 사실은 당시에 유명인이었고 자연스레 대중의 관심을 끌었기 때문에 아키텍처에 그의 이름이 사용되었다는 주장이 있다(출처: https://www.maa.org/external_archive/devlin/devlin_12_03.html).

르는데, 이 단위는 독일의 공학자인 하인리히 헤르츠(Heinrich Hertz)의 이름을 딴 것이다. 그는 1888년에 전자기파를 만드는 방법을 발견하여 라디오와 다른 무선 시스템이 개발되는 발판을 마련했다. 라디오 방송국은 방송 주파수를 102.3MHz와 같이 MHz(메가헤르츠, 100만 헤르츠) 단위로 제공한다. 오늘날의 컴퓨터는 일반적으로 수십억 헤르츠, 즉 GHz(기가헤르츠) 단위로 작동한다. 내가 쓰고 있는 꽤 평범한 2.2GHz 프로세서는 초당 22억 번씩 째깍거리며 힘차게 움직이고 있다. 인간의 심장 박동은 약 1Hz로, 곧 하루에 거의 10만 번 뛰는데, 1년으로 따지면 3,000만 번 정도다. 그러니까 나의 CPU는 심장이 약 70년간 뛰는 횟수를 1초 만에 처리하는 셈이다.

우리는 컴퓨팅에서 흔히 볼 수 있는 메가나 기가처럼 수와 관련된 접두사를 처음으로 접해 보았다. '메가'는 100만, 즉 10^6이다. '기가'는 10억, 즉 10^9이며, 보통 '긱(gig)'과 같이 g의 경음인 '그' 소리로 발음된다. 조만간 더 많은 단위를 보게 될 텐데, 책 후반부에 있는 용어 해설 부분을 보면 단위 전체가 나오는 표가 있다.

1.1.2 RAM

주기억 장치, 즉 RAM(Random Access Memory, 임의 접근 기억 장치)은 프로세서와 컴퓨터의 다른 부분이 활발하게 사용 중인 정보를 저장한다. 그 내용은 CPU에 의해 변경될 수 있다. RAM은 CPU가 현재 작업 중인 데이터뿐만 아니라 CPU에게 데이터 처리 방법을 알려 주는 명령어도 저장한다. 이는 결정적으로 중요한 점이다. 메모리에 다른 명령어를 로딩하면 CPU가 다른 계산을 수행할 수 있다. 이 덕분에 프로그램 내장식 컴퓨터는 범용 장치가 된다. 같은 컴퓨터로 워드 프로세서와 스프레드시트를 실행시키고, 웹 서핑을 하고, 이메일을 주고받고, 페이스북에서 친구와 연락하고, 세금 처리를 하고, 음악을 재생할 수 있는데, 이 모든 일이 가능한 것은 적합한 명령어를 RAM에 배치하기 때문이다. 프로그램 내장식(stored-program)이라는 발상은 매우 중요하다.

RAM은 컴퓨터가 실행되는 동안 정보를 저장할 장소를 제공한다. RAM은 워드(Word), 포토샵(Photoshop), 웹 브라우저와 같이 현재 활성화되어 있는 프로그램의 명령어를 저장한다. 그러한 프로그램의 데이터, 즉 편집 중인 문서, 화면상의 사진, 현재 재생 중인 음악 등을 저장한다. 또한, 이와 동시에 여러 개의 애플리케이션을 실행할 수 있도록 배후에서 작동하는 윈도우, 맥오에스나 그 밖의 다른 운영 체제의 명령어를 저장한다. 운영 체제에 대해서는 6장에서 이야기할 것이다.

RAM을 임의 접근(random access)이라 하는 이유는 어떤 영역에 저장된 정보든 다른 영역에 있는 정보와 같은 속도로 CPU가 접근할 수 있기 때문이다. 약간 지나치게 단순화시켜 이야기하자면, 임의의 순서로 메모리 위치에 접근하기 때문에 생기는 속도상의 불이익은 없다. 이를 옛날 VCR 테이프와 비교해 보자. 영화의 마지막 장면을 보려면 시작부터 전체 부분을 '빨리 감기'(실제로는 느리다!)해야만 했다. 이러한 방식을 순차적 접근(sequential access)이라고 한다.

대부분의 RAM은 휘발성(volatile)이다. 즉, 전원이 꺼지면 내용이 사라지고 현재 활성화된 모든 정보가 없어진다는 뜻이다. 그러므로 컴퓨터로 작업할 때는 자주 저장하는 습관을 지니는 것이 좋다. 특히 데스크톱 컴퓨터가 문제인데, 전선에 발이 걸려 넘어뜨렸다가는 대참사가 일어날 수도 있다.

컴퓨터의 RAM 용량은 고정되어 있다. 용량은 바이트 단위로 측정된다. 여기서 1바이트(byte)는 W나 @와 같은 단일 문자, 42와 같은 작은 수, 또는 더 큰 값의 일부를 담을 정도 크기인 메모리의 양이다. 2장에서는 메모리와 컴퓨터의 다른 부분에서 정보가 어떻게 표현되는지를 보여 줄 것이다. 왜냐하면 정보의 표현 방식은 컴퓨팅에서 근본적인 문제 중 하나이기 때문이다. 하지만 당분간은 RAM이 각각 소량의 정보를 담을 수 있고 1부터 수십억까지의 번호가 매겨진 똑같은 크기의 작은 상자들이 모여 있는 큰 상자 더미라고 생각하면 된다.

용량은 무엇을 뜻할까? 내가 사용 중인 노트북에는 40억 바이트, 즉 4기가바이트(GB)의 RAM이 장착되어 있는데, 많은 이들은 이걸 꽤 작다고 생각할 것이다. 그 이유는 RAM 용량이 클수록 대개 컴퓨팅 속도가 더 빠른 것으로 해석할 수 있는데, 메모리를 동시에 사용하려는 모든 프로그램을 고려하면 용량이 늘 충분하지 않고, 사용되지 않는 프로그램의 일부를 옮겨 새로운 프로그램을 위한 공간을 만드는 데 시간이 걸리기 때문이다. 만일 컴퓨터가 더 빨리 작동하기를 원한다면 RAM을 추가로 구매하는 것이 최선의 전략이 될 것이다.

1.1.3 디스크와 다른 보조 기억 장치

RAM은 정보를 계속 담아두기에는 용량이 한정돼 있고, 전원이 꺼지면 그 내용이 사라져 버린다. 보조 기억 장치(secondary storage)는 전원이 꺼지더라도 정보를 유지한다. 보조 기억 장치에는 두 가지 종류가 있다. 첫 번째는 자기 디스크로, 보통 하드 디스크(hard disk) 또는 하드 드라이브(hard drive)라고 한다. 두 번째는 플래시 메모리로, 흔히 SSD(Solid State Disk)라고 한다. 두 종류의 디스크 모두 RAM보다 많은 정보를 저장하고, 휘발성이 아니라서 디스크의 정보는 전력 공급과 관계없이 무기한 유지된다. 데이터, 명령어, 모든 다른 정보는 디스크에 장기간 저장되고, RAM으로는 일시적으로만 옮겨진다.

자기 디스크는 회전하는 금속 표면에 있는 자성 물질의 미세한 영역이 자성을 띠는 방향을 설정하는 방법으로 정보를 저장한다. 데이터는 동심원을 따라 나 있는 트랙에 저장되며, 트랙 간에 이동하는 센서를 이용하여 데이터를 읽고 쓴다. 컴퓨터가 무엇인가를 하고 있을 때 들을 수 있는 윙윙거리고 딸깍거리는 소리는 디스크가 센서를 금속 표면의 적절한 위치로 옮기면서 나는 것이다. 그림 1.2에 있는 일반적인 노트북용 하드 디스크 사진에서 금속 표면과 센서를 볼 수 있다. 원판은 지름이 2.5인치(6.25cm)다.

디스크는 용량이 RAM보다 바이트당 100배 정도 저렴하지만, 정보에 접근하는 속도는 훨씬 더 느리다. 디스크 드라이브가 금속 표면의 특정 트랙에 접근하는 데는 약 100분의 1초가 걸린다. 그리고 나서 데이터는 대략 초당 100MB로 전송된다.

노트북에는 SSD가 점점 더 많이 장착되고 있다. SSD는 회전하는 기계 장치 대신 플래시 메모리를 사용한다. 플래시 메모리는 비휘발성이다. 즉, 전력을 사용하지 않고 개별 회로 소자에 전하(charge)를 유지하는 회로에 정보를 전하 형태로 저장한다. 저장된 전하를 읽어 값이 얼마인지 확인할 수 있고, 삭제하고 새 값으로 덮어쓸 수도 있다. 플래시 메모리는 기존의 디스크 저장 장치보다 빠르고 가볍고 안정적이고, 떨어뜨려도 고장 나지 않고, 전력을 더 적게 사용하기 때문에 휴대 전화나 카메라와 같은 제품에 사용되고 있다. 당장은 플래시 메모리가 바이트당 가격이 더 비싸지만, 가격이 빠르게 내려가고 있고 노트북에서는 기계적인 디스크를 대체할 가능성이 있어 보인다.

그림 1.2 하드 디스크 드라이브 내부

요즘 일반적인 노트북용 디스크는 500GB(기가바이트) 정도를 저장하고, USB 소켓에 연결될 수 있는 외장 드라이브는 몇 TB(테라바이트) 범위의 용량을 가진다. '테라'는 1조, 즉 10^{12}으로 여러분이 점점 더 자주 보게 될 단위다.

그렇다면 테라바이트나 기가바이트는 얼마나 큰 용량일까? 1바이트는 가장 일반적인 영어 텍스트 표현 방식에서 알파벳 문자 한 개를 저장한다. 《오만과 편견(Pride and Prejudice)》은 종이책으로는 250페이지가량 되고 약 55만 개의 문자를 포함하는데, 1GB는 그 책의 사본을 약 2,000개 정도 담을 수 있다. 아마도 나는 한 개의 사본을 저장한 후 음악을 더 넣으려고 할 것이다. MP3나 AAC 포맷으로 된 음악은 분당 1MB가량으로, 내가 가장 좋아하는 오디오 CD 중 하나인 〈제인 오스틴 송북(The Jane Austen Songbook)〉의 MP3 버전은 60MB 정도라서 1GB에는 아직도 15시간 분량의 음악을 더 저장할 수 있는 공간이 남아 있게 된다. 1995년 BBC에서 제작한 제니퍼 엘(Jennifer Ehle)과 콜린 퍼스(Colin Firth)가 주연을 맡은 〈오만과 편견〉의 2장짜리 DVD는 10GB 미만이므로 1TB 디스크에 그것과 함께 용량이 비슷한 영화 100편을 저장할 수 있다.

디스크는 논리적 구조와 물리적 구현 간의 차이를 보여 주는 좋은 예다. 윈도우의 파일 탐색기나 맥오에스의 파인더(Finder)와 같은 프로그램을 실행할 때, 우리는 폴더와 파일의 계층 구조로 구성된 디스크의 내용을 볼 수 있다. 하지만 데이터는 회전하는 기계 장치, 움직이는 부품이 없는 집적 회로, 또는 완전히 다른 장치에 저장된다. 컴퓨터에 장착된 '디스크'가 어떤 종류인지는 중요하지 않다. 디스크 자체의 하드웨어와 파일 시스템이라는 운영 체제의 소프트웨어가 체계화된 구조를 만들어 낸다. 이 주제에 대해서는 6장에서 다시 살펴본다.

이러한 논리적인 구성 방식은 사람들에게 너무나도 잘 맞춰져 있어서(더욱 적합하게 표현하면, 우리가 여기에 완전히 익숙해져 있어서) 완전히 다른 물리적인 수단을 사용하는 다른 장치들도 이와 똑같은 구조를 제공한다. 예를 들어, CD-ROM이나 DVD의 정보에 접근하도록 해 주는 소프트웨어는 이 정보가 실제로 저장되는 방법과 무관하게 파일 계층 구조로 정보가 저장된 것처럼 보이게 만든다. 이동식 메모리 카드를 사용하는 USB 장치, 카메라 및 다른 기기들도 마찬가지다. 심지어 이제 완전히 무용지물이 된 플로피 디스크도 논리적인 수준에서는 똑같아 보인다. 이는 컴퓨팅 곳곳에 스며들어 있는 아이디어인 추상화(abstraction)의 좋은 예로, 물리적인 구현 세부 사항은 숨겨져 있다. 파일 시스템의 경우 다양한 기술의 작동 방식과 관계없이 사용자에게는 체계화된 정보의 계층 구조로 나타난다.

1.1.4 기타 장치

무수히 많은 다른 장치가 특별한 기능을 제공한다. 마우스, 키보드, 터치스크린, 마이크, 카메라, 스캐너는 모두 사용자가 입력할 수 있는 기능을 제공한다. 디스플레이, 프린터, 스피커는 사용자에게 출력을 제공한다. 와이파이(Wi-Fi)나 블루투스(Bluetooth)와 같은 네트워킹 구성 요소는 다른 컴퓨터와 통신하는 용도로 사용된다.

아키텍처 그림에서는 이러한 모든 구성 요소들이 버스(bus)라는 선선의 집합으로 연결된 것처럼 보이는데, 이 용어는 전기 공학에서 차용된 것이다. 실제로는 컴퓨터 내부에 다양한 버스가 있고, 각각 그 기능에 적합한 속성이 있다. CPU와 RAM 사이에 있는 버스는 짧고 빠르지만 비싼 반면, 헤드폰 잭에 연결되는 것은 길고 느리지만 저렴하다. 일부 버스는 외부에 나와 있기도 한데, 그 대표적인 예로는 컴퓨터에 장치를 연결하기 위해 언제 어디서나 사용되는 USB(Universal Serial Bus, 범용 직렬 버스)를 들 수 있다.

당장은 다른 장치에 관해 설명하는 데 많은 시간을 할애하지 않겠지만, 특정 상황에 따라 장치를 언급할 것이다. 우선, 여러분의 컴퓨터에 딸려 있거나 연결될 수 있는 다양한 장치들을 나열해 보면, 마우스, 키보드, 터치패드와 터치스크린, 디스플레이, 프린터, 스캐너, 게임 컨트롤러, 음악 플레이어, 헤드폰, 스피커, 마이크, 카메라, 전화, 다른 컴퓨터로의 연결 장치 등이 있다. 이 모든 장치가 프로세서, 메모리, 디스크와 동일한 진화 과정을 거쳤다. 물리적인 속성은 종종 더 저렴한 가격으로, 더 작은 패키지에, 더 많은 기능을 제공하는 방향으로 빠르게 변해 왔다.

또한, 이러한 장치들이 어떻게 단일 기기로 합쳐지고 있는지에 주목할 필요가 있다. 휴대 전화는 이제 시계, 계산기, 정지 화상 및 비디오 카메라, 음악과 영화 재생 장치, 게임 콘솔, 바코드 판독기, 내비게이션, 심지어 손전등 기능까지 제공한다. 스마트폰은 노트북과 추상적인 아키텍처는 같지만, 크기와 소모 전력의 제약으로 인해 구현 방법은 크게 다르다. 휴대 전화에는 그림 1.2와 같은 하드 디스크가 없지만, 꺼져 있을 때 주소록, 사진, 앱 등의 정보를 저장하기 위한 플래시 메모리가 장착되어 있다. 또한, 외부 장치가 많지는 않아도 블루투스, 헤드폰이나 외부 마이크용 소켓, USB 커넥터는 대개 달려 있다. 소형 카메라는 워낙 저렴해서 대부분의 휴대 전화에 앞뒤로 하나씩 달려 있다. 아이패드(iPad)와 경쟁 제품을 비롯한 태블릿도 이러한 기기 간 융합의 한 부분을 차지한다. 태블릿 역시 이와 같은 보편적인 아키텍처를 기반으로 하고, 비슷한 구성 요소를 포함하는 컴퓨터라고 할 수 있다.

1.2 물리적 구조

나는 수업 시간에 학생들에게 다양한 하드웨어 장치(수십 년간 골동품 더미를 뒤진 결과)를 주면서 돌려보게 하는데, 보통은 내부가 노출된 상태다. 컴퓨팅 분야에서 너무나 많은 것들이 추상적이기 때문에 디스크, 집적 회로 칩, 칩이 제조되는 웨이퍼 등을 직접 보고 만지는 것은 도움이 된다. 이러한 장치 중 일부가 발전한 모습을 확인하는 것 또한 흥미롭다. 예를 들어, 요즘의 노트북용 디스크는 10년 전의 것과 구별하기 어렵다. 새 제품은 용량이 10배 혹은 100배로 늘어났지만, 개선점이 겉으로 드러나지는 않는다. 디지털카메라에 사용되는 종류인 SD 카드도 이와 마찬가지다. 요즘 패키지는 몇 년 전과 똑같지만(그림 1.3), 용량은 훨씬 크고 가격은 더 낮다. 32GB 카드는 10달러에도 못 미친다.

그림 1.3 용량 차이가 크게 나는 SD 카드들

반면, 컴퓨터의 부품이 올라가 있는 회로 기판에서는 발전 양상이 명확히 드러난다. 요즘에는 부품의 수가 더 적은데, 그 이유는 20년 전보다 많은 회로가 부품 내부에 들어가 있고, 배선이 더 미세하며, 연결 핀의 수가 더 많고 훨씬 더 조밀하게 배치되어 있기 때문이다.

그림 1.4 PC 회로 기판, 1998년경. 12 × 7.5인치(30 × 19cm)

그림 1.4는 1990년대 말에 사용되던 데스크톱 PC의 회로 기판을 보여 준다. CPU와 RAM과 같은 부품은 기판에 장착되거나 꽂혀 있으며, 반대쪽에 인쇄된 전선으로 연결된다. 그림 1.5는 그림 1.4의 회로판 뒷면 일부를 보여 준다. 평행으로 인쇄된 전선들이 다양한 종류의 버스들이다.

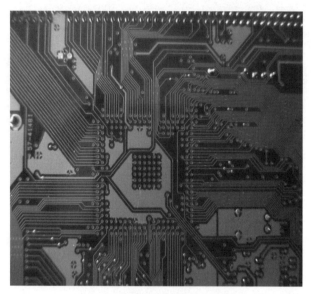

그림 1.5 **인쇄된 회로 기판의 버스들**

컴퓨터의 전자 회로는 소수의 기본적인 요소가 매우 많이 모여 만들어진다. 가장 중요한 요소로는 **논리 게이트**(logic gate)를 들 수 있다. 논리 게이트는 한 개나 두 개의 입력값을 바탕으로 단일 출력값을 계산해 낸다. 또한, 전압이나 전류와 같은 입력 신호를 이용하여 마찬가지로 전압이나 전류인 출력 신호를 제어한다. 이러한 게이트들이 필요한 만큼 적절한 방식으로 연결되면 어떤 종류의 계산도 할 수 있다. 찰스 펫졸드(Charles Petzold)가 쓴 책인 《코드(Code)》는 이 주제에 대한 좋은 입문서다. 또한, 수많은 웹 사이트에서 논리 회로가 산술 및 다른 계산을 수행하는 방법을 보여 주는 그래픽 애니메이션을 제공한다.

핵심적인 회로 소자는 **트랜지스터**(transistor)다. 트랜지스터는 1947년 벨 연구소(Bell Labs)에서 존 바딘(John Bardeen), 월터 브래튼(Walter Brattain), 윌리엄 쇼클리(William Shockley)가 발명했고, 이 세 사람은 이 발명으로 1956년 노벨 물리학상을 공동 수상했다. 컴퓨터에서 트랜지스터는 기본적으로 스위치 역할을 하여 전압의 제어하에 전류를 통하게 하거나 멈출 수 있다. 이 간단한 원리를 바탕으로 얼마든지 복잡한 시스템이라도 구성할 수 있다.

논리 게이트가 개별 부품을 이용하여 만들어지던 때도 있었는데, 에니악에서는 전구와 비슷한 크기의 진공관으로, 1960년대의 컴퓨터에서는 지우개 크기 정도의 트랜지스터로 만들어졌다. 그림 1.6은 최초의 트랜지스터의 복제품(왼쪽), 진공관, 패키지에 들어 있는 CPU를 보여 준다. CPU의 실제 회로 부분은 중앙에 있고 가로세로 1cm 정도인 데 반해, 진공관은 길이가 약 4인치(10cm) 정도다. 최신 CPU가 이 정도 크기라면 적어도 10억 개의 트랜지스터가 들어 있을 것이다.

그림 1.6 **진공관, 첫 번째 트랜지스터, 패키징된 CPU 칩**

논리 게이트는 IC(Integrated Circuits, 집적 회로)상에서 만들어지는데, IC는 흔히 '칩(chip)' 또는 '마이크로칩(microchip)'이라고 한다. IC는 개별 부품과 재래식 전선이 없는 회로를 생산하기 위해 일련의 복잡한 광학적, 화학적 공정을 거쳐서 제조된 단일 평면(얇은 실리콘 판) 위에 전자 회로의 모든 소자와 배선이 들어가 있다. 따라서 IC는 개별 부품으로 만들어진 회로보다 훨씬 작고, 더 튼튼하다. 칩은 지름이 약 12인치(30cm)인 원형 웨이퍼(wafer)에서 한꺼번에 제조된다. 웨이퍼는 잘려져 각 칩으로 나뉘고, 칩은 개별적으로 패키징된다. 일반적인 칩(그림 1.6의 오른쪽 아래)은 시스템의 나머지 부분과 연결해 주는 수십에서 수백 개의 핀과 함께 더 큰 패키지에 장착된다. 그림 1.7은 패키지에 들어가 있는 집적 회로를 보여 준다. 실제 프로세서는 중앙에 있고, 가로세로 길이가 1cm 정도다.

집적 회로가 실리콘에 바탕을 두고 만들어진다는 사실로 인해 집적 회로 사업이 처음으로 시작된 캘리포니아 샌프란시스코 남부 지역에 **실리콘 밸리**(Silicon Valley)라는 별명이 붙여졌다. 이제 실리콘 밸리는 그 지역에 있는 모든 첨단 기술 회사에 대한 약칭이자, 뉴욕에 있는 실리콘 앨리(Silicon Alley)나 영국 케임브리지에 있는 실리콘 펜(Silicon Fen)과 같은 수십 개의 추종 세력에 영감을 주고 있다.

그림 1.7 **집적 회로 칩**

IC는 1958년경에 로버트 노이스(Robert Noyce)와 잭 킬비(Jack Kilby)가 독자적으로 발명했다. 노이스는 1990년에 작고했지만, 킬비는 이 공로로 2000년 노벨 물리학상을 공동 수상했다. 집적 회로가 디지털 전자 장치의 핵심이기는 하지만, 다른 기술도 함께 사용되고 있다. 디스크에는 자기 저장 기술, CD와 DVD에는 레이저, 네트워킹에는 광섬유가 사용된다. 이들 모두가 지난 50년에 걸쳐 크기, 용량, 비용 면에서 극적으로 개선됐다.

1.3 무어의 법칙

훗날 인텔(Intel)을 공동 창립하고 오랫동안 최고경영자(CEO)로 재임한 고든 무어(Gordon Moore)는 1965년에 '집적 회로에 더 많은 부품을 집어넣기(Cramming more components onto integrated circuits)'라는 제목의 짧은 글을 게재했다. 무어는 매우 적은 데이터 포인트를 기반으로 추정하면서, 기술이 향상됨에 따라 특정 크기의 집적 회로에 제조될 수 있는 트랜지스터의 수가 대략 매년 두 배가 된다고 말했는데, 나중에 이 비율을 2년마다 두 배로 수정했고, 다른 이들[3]은 18

---

3   대표적으로 인텔의 임원이었던 데이빗 하우스(David House)가 언급한 것으로 알려져 있다. 정확히는 이러한 트랜지스터 수의 증가로 인해 18개월마다 칩의 성능이 두 배가 될 것이라고 말했다고 한다(출처: http://www.zdnet.com/article/moores-law-to-rule-for-another-decade/).

개월마다 두 배로 잡았다. 트랜지스터의 수는 컴퓨팅 성능을 대략적으로 나타내는 지표이므로 위 사실은 2년마다 컴퓨팅 성능이 두 배로 증가한다는 것을 의미했다. 20년이 지나면 곱하기 2가 열 번이 되기 때문에 부품의 수는 2^{10}의 비율로 증가하게 되어, 약 1,000배가 된다. 40년이 지나면 비율은 100만 배 이상이 된다.

지금은 **무어의 법칙(Moore's Law)**이라고 알려진 이러한 기하급수적인 증가는 50년이 넘게 계속 진행됐고, 이제 집적 회로에는 1965년에 비해 100만 배가 훨씬 넘는 트랜지스터가 들어 있다. 특히 프로세서 칩에 무어의 법칙이 작용하는 것을 나타내는 그래프는 1970년대 초 인텔 8008 CPU에서 수천 개였던 트랜지스터의 수가 최근의 저가형 소비자용 노트북에 장착된 프로세서에서 10억 개 이상으로 늘어난 것을 보여 준다.

회로의 규모는 집적 회로의 개별적인 특성의 크기로 특징지어지는데, 예를 들면 트랜지스터의 배선이나 활성화된 부분의 폭이 기준으로 사용될 수 있다. 이 수치는 오랫동안 꾸준히 줄어들고 있다. 1980년에 내가 처음으로(그리고 유일하게) 설계한 집적 회로는 3.5마이크론(3.5마이크로미터) 특성을 사용했다. 요즘의 많은 회로에서 최소 특성의 크기는 14나노미터로, 14×10^{-9}(10억 분의 1)m이고, 다음 단계는 10나노미터가 될 것이다. '마이크로'는 100만 분의 1, 즉 10^{-6}이고, '밀리'는 1,000분의 1, 즉 10^{-3}이다. '나노'는 10억 분의 1, 즉 10^{-9}이고 나노미터는 nm으로 축약 표기된다. 비교를 위해 설명하면 종이 한 장이나 사람의 머리카락의 두께는 약 100마이크로미터, 즉 10분의 1mm다.

집적 회로의 설계와 제조는 극도로 정교한 기술을 필요로 하는 사업이고, 경쟁이 매우 치열하다. 제조 공정('팹 라인(fabrication line)')도 비용이 많이 든다. 새로운 공장을 지으려면 족히 수십억 달러가 들 수도 있다. 기술적으로나 재무적으로 뒤처지는 회사는 경쟁 면에서 심각한 불이익을 안게 된다. 이러한 자산이 없는 국가는 다른 국가에 기술적으로 의존해야 하는데, 전략적으로 심각한 문제가 될 가능성이 있다.

무어의 법칙은 자연의 법칙이 아니라 반도체 산업이 목표를 설정하기 위해 사용한 지침이라는 점에 유의해야 한다. 어떤 시점에서 그 법칙은 더 이상 적용되지 않을 것이다. 과거에도 한계에 부딪힐 것이라는 예측이 종종 있었지만, 지금까지는 극복할 방법이 계속 발견됐다. 하지만 이제 어떤 회로에는 몇 개의 단일 원자만 들어갈 수 있는 시점에 도달하고 있는데, 제어하기에는 크기가 너무 작다. CPU 속도는 더 이상 2년마다 두 배로 증가하지 않는데, 부분적으로는 칩이 빠를수록 열을 너무 많이 발생시키기 때문이다. 하지만 RAM 용량은 여전히 증가하고 있다. 한편, 프로세서는 칩 하나에 두 개 이상의 CPU를 배치함으로써 더 많은 트랜지스터를 이용할 수 있고, 컴퓨터에는 흔히 여러 개의 프로세서 칩이 들어간다.

오늘날의 개인용 컴퓨터를 1981년에 나온 최초의 IBM PC와 비교해 보면 차이가 두드러진다. 최초의 PC에는 4.77MHz 프로세서가 장착되어 있었는데, 최근 컴퓨터의 2.2GHz CPU 클록 속도는 그보다 거의 500배 빠르다. 최초의 PC에는 64KB(킬로바이트) RAM이 달려 있었는데, 요즘 컴퓨터의 8GB RAM은 그보다 12만 5,000배 정도 용량이 크다('킬로'는 천으로, 'K'로 축약 표기된다). 최초의 PC에는 기껏해야 750KB의 플로피 디스크 저장 장치가 달려 있었고 하드 디스크가 없었지만, 요즘의 노트북에 달린 디스크의 용량은 그 100만 배까지 증가하고 있다. 최초의 PC에는 검은색 바탕에 80개의 녹색 글자로 된 24개의 행만 표시해 줄 수 있는 11인치 화면이 있었지만, 이 책의 대부분은 1,600만 가지 색상을 지원하는 24인치 화면으로 작성했다. 64KB 메모리와 한 개의 160KB 플로피 디스크가 있는 최초의 PC는 1981년 환율로 3,000달러였는데, 지금으로 따지면 5,000~10,000달러에 해당한다. 요즘에는 2GHz 프로세서, 4GB RAM, 500GB 디스크가 달린 노트북을 200~300달러면 살 수 있다.

1.4 요약

컴퓨터 하드웨어는 그야말로 모든 종류의 디지털 하드웨어를 아우르며, 집적 회로의 발명을 시작으로 50년이 넘게 기하급수적으로 성능이 향상됐다. '기하급수적'이라는 단어는 종종 오해되고 오용되지만, 이 경우에는 정확히 들어맞는다. 정해진 기간마다 회로는 정해진 비율만큼 더 작아지거나 저렴해지거나 성능이 높아졌다. 이것을 가장 간단하게 설명하는 것이 무어의 법칙으로, 약 18개월마다 특정한 크기의 집적 회로에 들어갈 수 있는 소자의 수가 약 두 배가 된다는 것이다. 이러한 엄청난 성능의 향상이 우리의 삶을 그토록 많이 바꿔 놓은 디지털 혁명의 중심에 자리 잡고 있다.

컴퓨터의 아키텍처, 즉 각 부분이 무엇이고 무슨 일을 하고 어떻게 서로 연결되어 있는지는 1940년대 이후로 바뀌지 않았다. 만약 폰 노이만이 살아 돌아와서 오늘날의 컴퓨터 중 하나를 조사한다면 최신식 하드웨어를 보고 경이로움을 금치 못하겠지만, 아키텍처는 완전히 친숙하다는 사실을 알게 되리라 추측해 본다.

이러한 구조의 유사성은 훨씬 더 광범위하게 적용된다. 20세기 컴퓨터 과학의 위대한 통찰력 중 하나는 오늘날의 디지털 컴퓨터, 최초의 PC, 물리적으로 훨씬 더 크지만 성능은 낮았던 원조 컴퓨터들, 그리고 우리가 언제 어디서나 사용하는 휴대 전화의 논리적 또는 기능적 특성은 모두 같다는 사실이다. 속도와 저장 용량과 같은 실질적인 측면을 무시하면 이 모든 기기가 똑같은 것들을 계산할 수 있다. 이처럼 하드웨어의 향상은 우리가 현실적으로 무엇을 계산할 수 있는지에는 큰 영향을 미치지만, 놀랍게도 애초에 이론상으로 계산 가능했던 대상에는 저절로 어떤 근본적인 변화도 일으키지 않는다. 이 점에 대해서는 3장에서 더 자세히 설명한다.

2

비트, 바이트, 정보의 표현

> "만일 2가 기수로 사용된다면 그 단위를 이진 숫자, 더 줄여 존 투키(John Tukey)가 제
> 안한 단어인 비트(bit)라고 부를 수 있다."
>
> "If the base 2 is used the resulting units may be called binary digits, or more briefly
> bits, a word suggested by J. W. Tukey."
>
> 클로드 섀넌(Claude Shannon), 〈통신의 수학적 이론(A Mathematical Theory of Communication)〉, 1948.

이 장에서는 컴퓨터가 정보를 표현하는 방식에 관한 세 가지 핵심적인 아이디어를 다루려고 한다.

첫째, 컴퓨터는 디지털 처리 장치다. 컴퓨터는 불연속적인 덩어리로 입력되면서 불연속적인 값을 취하는 정보를 저장하고 처리하는데, 이 값은 기본적으로 그냥 수다. 이와는 대조적으로, 아날로그 정보는 연속적으로 변하는 값을 뜻한다.

둘째, 컴퓨터는 정보를 비트로 표현한다. 비트는 이진 숫자로, 0 또는 1인 수다. 컴퓨터 내부의 모든 정보는 사람들이 익숙하게 사용하는 십진수 대신 비트로 표현된다.

셋째, 비트는 모여 더 큰 정보를 표현한다. 숫자, 문자, 단어, 이름, 소리, 사진, 영화, 그리고 이러한 정보를 처리하는 프로그램을 구성하는 명령어에 이르기까지 모든 것들이 비트가 모여 표현된다.

이 장에 나오는 수와 관련된 세부 사항은 건너뛰어도 무방하지만, 개념은 중요하다.

2.1 아날로그와 디지털

아날로그와 디지털을 구별 지어 보자. '아날로그(Analog)'는 '유사한(analogous)'과 어원이 같고, 어떤 다른 것이 변하면 연속적으로 변하는 값이라는 개념을 전달하는 단어다. 현실 세계에서 우리가 다루는 사물 대부분이 아날로그인데, 수도꼭지나 자동차의 핸들이 대표적인 예다. 자동차를 약간 옆으로 돌리고 싶다면 핸들을 조금 돌리면 된다. 즉, 원하는 만큼 조금씩 조정할 수 있다. 이를 방향 지시등과 비교해 보자. 방향 지시등은 켜지거나 꺼져 있을 뿐, 중간 상태는 없다. 아날로그 장치에서는 어떤 것(자동차가 얼마나 돌아가는지)이 다른 어떤 것(핸들을 얼마나 돌리는지)의 변화에 비례하여 부드럽게 이어지면서 변한다. 여기에는 불연속적인 변화의 단계가 없으므로 한 값이 조금 변하면 다른 값도 조금 변하게 된다.

디지털 시스템은 불연속적인 값을 다루므로 가능한 값의 수가 정해져 있다. 방향 지시등은 꺼져 있거나, 한쪽이나 다른 쪽 방향으로 켜져 있다. 어떤 것이 조금 변하면 다른 어떤 것이 변하지 않거나 자신이 가질 수 있는 불연속적인 값에서 다른 불연속적인 값으로 갑자기 변하게 된다.

시계를 예로 들어 보자. 아날로그 시계에는 시침, 분침, 그리고 1분에 한 바퀴를 도는 초침이 있다. 최신 시계가 내부적으로는 디지털 회로로 제어되기는 하지만, 시침과 분침은 시간의 흐름에 따라 연속적으로 움직이고 가능한 모든 위치를 거쳐 간다. 이와는 대조적으로, 디지털 시계나 휴대 전화 시계는 시간을 숫자로 표시한다. 매초 디스플레이에 변화가 생기고, 매분 새로운 분 값이 나타나고, 분수 형태인 초 값은 절대 없다.

자동차 속도계를 생각해 보자. 나의 차에는 아날로그 속도계가 달려 있는데, 차의 속도에 정비례하여 바늘이 연속적으로 위아래로 움직인다. 하나의 속도에서 다른 속도로 연속적으로 변하고 중간에 끊기지 않는다. 하지만 디지털 디스플레이도 있어서 속도를 시간당 마일이나 킬로미터의 근사치로 표시해 준다. 약간 빠르게 운전하면 디스플레이는 65에서 66으로 변하고, 약간 느리게 운전하면 다시 65로 변한다. 65.5를 표시하는 일은 절대 없다.

다음으로 온도계를 생각해 보자. 붉은 액체(보통 색깔을 입힌 알코올)나 수은의 기둥이 들어 있는 것은 아날로그다. 액체는 온도 변화에 정비례하여 팽창하거나 수축하므로 온도가 조금 변하면 기둥의 높이도 비슷하게 조금 변한다. 하지만 건물의 외부에 반짝이는 표지판은 디지털이다. 예를 들어, 36.5와 37.5 사이의 모든 온도는 37로 표시한다.

이러한 차이로 인해 조금 이상한 상황이 발생하기도 한다. 몇 년 전에 미국 고속도로에서 자동차로 라디오를 듣고 있었는데, 거리상으로 보면 캐나다의 신호도 수신할 수 있는 위치였다. 캐나다에서는 미터법을 사용한다. 방송 진행자는 청취자에게 도움을 주려는 의도에서 "화씨온도는 지난 한 시간 동안 1도 상승했습니다. 섭씨온도는 변하지 않았네요"라고 말했다.

왜 아날로그 대신 디지털을 사용할까? 결국, 우리가 사는 세상은 아날로그이고, 시계나 속도계 같은 아날로그 장치는 한 번에 값을 이해하기가 쉽다. 그럼에도 불구하고 최신 기술은 디지털로 이루어져 있고, 이 책의 주제 또한 디지털이다. 외부 세계에서 수집된 데이터, 즉 소리, 영상, 움직임, 온도, 그 밖의 모든 것들은 입력단에서 최대한 빨리 디지털 형태로 변환되고, 출력단에서 최대한 늦게 아날로그로 다시 변환된다. 왜냐하면 컴퓨터의 입장에서는 디지털 데이터가 다루기 쉽기 때문이다. 디지털 데이터는 원래 출처와는 무관하게 다양한 방식으로 저장되고, 전송되고, 처리될 수 있다. 8장에서 살펴볼 것처럼, 디지털 정보는 불필요하거나 중요하지 않은 정보를 버리는 방식으로 압축될 수 있다. 보안과 개인 정보 보호를 위해 암호화될 수 있고, 다른 데이터와 병합될 수 있고, 그대로 복사될 수 있고, 인터넷을 통해 어디로든 옮겨질 수 있고, 한없이 다양한 장치에 저장될 수 있다. 이러한 처리는 대부분 아날로그 정보에는 실행할 수 없거나 심지어 불가능하다.

디지털 시스템을 아날로그와 비교했을 때의 장점은 훨씬 쉽게 확장할 수 있다는 것이다. 내가 쓰는 디지털 시계는 스톱워치 모드에서 경과된 시간을 100분의 1초 단위까지 표시할 수 있다. 이 기능을 아날로그 시계에 추가하는 것은 매우 어려운 일이다. 아날로그 시스템도 장점은 있다. 점토판, 석각(石刻), 양피지, 종이나 사진 필름 같은 기존의 매체들은 디지털 형태가 감당하기 어려울 수도 있는 방식으로 세월의 시험을 견뎌 왔다.

2.2 아날로그-디지털 변환

아날로그 정보를 디지털 형태로 변환하려면 어떻게 해야 할까? 몇몇 기본적인 예를 알아보자. 먼저 사진과 음악을 살펴볼 텐데, 중간중간에 가장 중요한 아이디어를 보여 줄 것이다.

영상을 디지털 형태로 변환하는 것은 처리 과정을 시각화하는 데 도움이 된다. 집에서 키우는 고양이의 사진을 찍는다고 가정해 보자(그림 2.1).

그림 2.1 집에서 키우는 고양이

아날로그 카메라는 화학 물질을 입힌 필름에 있는 감광(感光) 영역을 피사체에서 오는 빛에 노출하여 영상을 만들어 낸다. 영역마다 다른 색에 대해 다른 양의 빛을 받고, 이는 필름 내의 염료에 영향을 미친다. 필름은 복잡한 화학 처리 단계를 거쳐 종이 위에 현상되고 인화된다. 이때 색상은 착색 염료의 변화량을 통해 표시된다.

디지털카메라에서는 렌즈가 적색, 녹색, 청색 필터 뒤에 놓인 미세한 감광 검출 소자의 직사각형 배열에 영상의 초점을 맞춘다. 각 검출 소자는 자신에게 들어오는 빛의 양에 비례하는 양의 전하(charge)를 저장한다. 이 전하는 수치로 변환되는데, 사진의 디지털 표현은 이렇게 계산된 빛의 세기를 나타내는 수를 배열한 것이다. 검출 소자가 더 작거나 더 많을수록, 그리고 전하가 더 정밀하게 측정될수록 디지털화된 영상은 원형을 더 정확하게 담아낸다.

센서 배열의 각 요소는 적색, 녹색, 청색 빛의 양을 측정하는 검출 소자들이 한 조를 이룬 것이다. 각 그룹은 화소(picture element)라는 뜻에서 '픽셀(pixel)'이라고 한다. 영상이 3,000 × 2,000 픽셀이면 600만 화소, 즉 6메가픽셀인데, 요즘의 디지털카메라치고는 작은 편이다. 픽셀의 색은 보통 픽셀이 담고 있는 적색, 녹색, 청색의 강도를 기록한 세 개의 값으로 표현된다. 따라서 6메가픽셀 영상에는 총 1,800만 개의 광도(光度) 값이 있다. 디스플레이 화면은 픽셀에서 해당하는 밝기 정도에 따라 밝기 수준이 정해지는 미세한 적색, 녹색, 청색 빛 세 개 묶음의 배열상에 영상을 표시한다. 휴대 전화나 컴퓨터의 화면을 돋보기로 보면 그림 2.2에 있는 점들과 어느 정도 비슷한 각각의 색상 점을 쉽게 볼 수 있다. 경기장 화면이나 디지털 광고판에서도 일정 거리 이내에서는 이와 같은 것을 볼 수 있다.

그림 2.2 RGB 픽셀들

아날로그에서 디지털로의 변환 두 번째 예는 '소리'다. 특히 음악에 대해 살펴보자. 디지털 음악이 적절한 예시라고 할 수 있는데, 그 이유는 디지털 정보의 특성이 중대한 사회적, 경제적, 법적 영향을 미치기 시작한 첫 번째 분야 중 하나이기 때문이다. 디지털 음악은 레코드나 오디오 테이프 카세트와 달리, 무료로 원하는 횟수만큼 집에서 쓰는 컴퓨터에서 완벽하게 복제될 수 있고, 인터넷을 통해(또한 무료로) 오류 없이 세계 어느 곳으로든 사본을 전송할 수 있다. 음반 산업계에서는 이를 심각한 위협이라 여기고 복제를 금지하려는 시도에서 법적, 정치적 활동을 시작했다. 이 전쟁은 끝나려면 아직 멀었는데, 매일 새로운 충돌이 일어나고 법원과 정계에서도 자주 전투가 벌어진다.

소리란 무엇일까? 음원(音源)은 떨림이나 다른 빠른 움직임으로 기압 변동을 일어나게 하고 우리의 귀는 기압의 변화를 뇌가 소리로 해석하는 신경 활동으로 변환한다. 1870년대에 토머스 에디슨(Thomas Edison)은 '축음기'라는 장치를 만들었다. 이 장치는 기압 변동을 밀랍 원통상에 있는 가느다란 홈의 패턴으로 변환했고, 이 패턴은 나중에 기압 변동을 재현하는 데 이용될 수 있었다. 소리를 홈의 패턴으로 변환하는 과정을 '녹음'이라 하고, 패턴을 기압 변동으로 변환하는 과정을 '재생'이라고 한다. 에디슨의 발명은 빠르게 개선되었고, 1940년대에 이르러서는 장시간 연주 레코드, 즉 LP 레코드(그림 2.3)로 진화했다. LP는 대량으로는 아니지만 요즘도 사용되고 있다.

LP는 시간에 따른 음압(音壓)의 변화를 인코딩한 긴 나선형의 홈이 있는 비닐 원판이다. 마이크는 소리가 만들어질 때 음압의 변화를 측정한다. 이 측정값은 나선형 홈에 패턴을 만드는 데 이용된다. LP가 재생될 때는 가는 바늘이 홈의 패턴을 따라가고 그 움직임은 값이 변하는 전류로 변환된다. 이 전류는 증폭되고 스피커나 이어폰과 같이 표면을 진동시켜 소리를 만들어 내는 장치를 구동하는 데 이용된다.

그림 2.4의 그래프와 같이 기압이 시간에 따라 어떻게 변하는지를 그래프로 그려 소리를 쉽게 시각화할 수 있다. 기압은 수많은 물리적 방법으로 표현될 수 있다. 즉, 전자 회로의 전압이나 전류, 빛의 밝기, 또는 에디슨의 축음기 원형에서처럼 순수하게 기계적인 시스템 등으로 표현될 수 있다. 음압 파장의 높이는 음의 강도나 세기를 나타내고, 수평 방향의 값은 시간을 나타낸다. 초당 파동의 수는 음의 고저나 진동수를 뜻한다.

그림 2.3 LP('장시간 연주') 레코드

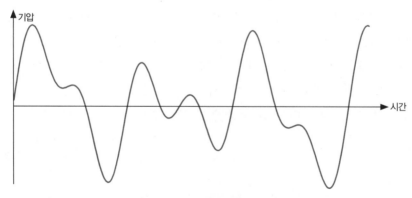

그림 2.4 **소리의 파형**

곡선의 높이, 아마도 마이크의 기압을 일정한 시간 간격으로 측정한다고 가정해 보자. 이렇게 측정한 값은 그림 2.5에 있는 수직선들처럼 나타난다.

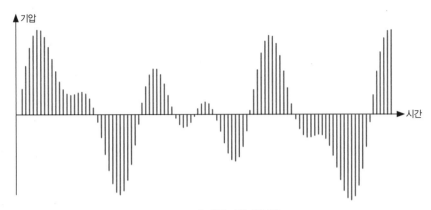

그림 2.5 **소리의 파형 샘플링**

측정을 통해 곡선의 값에 근접한 일련의 수치를 얻는다. 더 자주, 더 정밀하게 측정할수록 근사치는 더욱 정확해진다. 이렇게 얻어진 일련의 수들이 파형의 **디지털 표현**(digital representation)이며, 이는 저장되고, 복사되고, 조작되고, 다른 곳으로 전송될 수 있다. 스피커나 이어폰을 구동하기 위해 그 수치를 일치하는 전압이나 전류 패턴으로 변환하는 장치로 음악을 재생하고, 이렇게 하여 그 패턴을 소리로 다시 표현할 수 있다. 파장에서 수로 변환하는 과정이 아날로그에서 디지털로의 변환인데, 이 기능을 수행하는 장치를 'A/D 변환기'라고 한다. 반대 방향은 물론 디지털에서 아날로그로의 변환, 즉 D/A 변환이다. 변환은 절대 완벽하지 않고 각 방향으로 변환될 때 일부 정보가 사라진다. 대부분의 사람에게 이러한 정보의 손실은 감지할 수 없을 정도이지만, 오디오 애호가들은 CD 음질이 LP만큼 훌륭하지 않다고 주장한다.

오디오 콤팩트디스크, 즉 CD는 1982년쯤에 등장했고 디지털 사운드가 소비자에게 다가간 첫 번째 사례다. LP 레코드의 아날로그 홈 대신 CD는 디스크의 한쪽 면에 있는 긴 나선형 트랙에 '숫자들'을 기록한다. 트랙을 따라가 보면 각 지점의 표면은 평평하거나 미세하게 파여 있다. 이 파여 있거나 평평한 점들이 파장을 인코딩하기 위해 사용된다. 각 점은 단일 비트이고, 일련의 비트들이 이진 인코딩의 수치를 표현한다. 이러한 표현 방법에 대해서는 다음 절에서 살펴본다. 디스크가 회전함에 따라 레이저가 트랙을 비추고 광전(光電) 센서가 빛이 반사되는 양의 변화를 감지한다. 반사되는 빛의 양이 많지 않다면 파인 부분이고, 반사되는 빛의 양이 많다면 평평한 부분이다. CD용 표준 인코딩은 1초당 44,100개의 샘플을 이용한다. 각 샘플은 두 개의 진폭 값(스테레오를 위해 왼쪽과 오른쪽)으로, 각각 65,536, 즉 2^{16}의 정확도까지 측정된 값이다. 점들은 현미경으로만 보일 정도로 매우 작다. DVD도 이와 유사하지만, 저장 용량이

700MB가량인 CD에 비해 더 작은 점과 더 짧은 파장의 레이저를 이용하여 거의 5GB를 저장할 수 있다.

오디오 CD는 LP를 거의 사라지게 할 뻔했는데, 그 이유는 CD가 거의 모든 측면에서 훨씬 더 우수했기 때문이다. 레이저와 물리적인 접촉이 없어 마모되지 않고, 먼지나 긁힘에 영향을 덜 받고, 내구성이 좋고, 부피가 확실히 작았다. LP는 주기적으로 약간의 재조명을 받지만 대중음악 CD는 신가한 하락세를 보이는데, 인터넷을 통해 음악을 다운로드하는 것이 더 쉽고 저렴하기 때문이다. CD는 소프트웨어와 데이터의 저장 및 배포용 매체라는 다른 용도로도 활용되었지만 DVD로 대체되었고, 이 또한 결국 다운로딩으로 거의 대체됐다. 많은 독자에게 오디오 CD는 어쩌면 벌써 LP만큼이나 골동품처럼 보이겠지만, 나는 개인적으로 음악을 모두 CD로 소장하고 있다. 그 음악들은 전적으로 나의 소유이지만, '클라우드'에 있는 음악 컬렉션은 그렇지 않다. 정식 제조된 CD는 나보다 오래갈 것이지만, 복제된 CD는 그렇지 않을 수도 있다. 왜냐하면 시간에 따라 특성이 변할 수 있는 감광 염료의 화학적 변화에 영향을 받기 때문이다.

소리와 영상은 인간이 실제로 인지할 수 있는 것보다 많은 세부 정보를 담고 있기 때문에 **압축**(compression)될 수 있다. 음악은 일반적으로 MP3와 AAC(Advanced Audio Coding)라는 압축 기술들을 이용하여 압축되는데, 이 기술들은 감지할 수 있는 음질 저하를 매우 조금 발생시키면서 10분의 1 정도로 크기를 줄인다. 사진의 경우 가장 널리 쓰이는 압축 기술은 JPEG이다(이 표준을 정한 단체인 공동 정지 영상 전문가 그룹(Joint Photographic Experts Group)의 이름을 딴 것이다). 이 또한 사진의 크기를 10분의 1 또는 그 이상으로 줄인다. 압축은 디지털 정보에는 적용할 수 있지만, 아날로그 정보에는 적용이 불가능하지는 않더라도 극히 처리하기 어려운 기술 중 하나다. 이에 대해서는 8장에서 좀 더 자세히 알아본다.

영화는 어떨까? 1870년대에 영국인 사진사 에드워드 마이브리지(Eadweard Muybridge)는 일련의 정지 영상을 차례대로 빠르게 연속해서 보여 줌으로써 움직이는 것 같은 착시 현상을 만들어 내는 방법을 시연했다. 오늘날의 영화는 초당 24프레임(frame)의 비율로, TV는 초당 25프레임 또는 30프레임의 비율로 이미지를 보여 주는데, 이는 인간의 눈이 일련의 장면을 연속적인 움직임이라고 인지할 정도로 충분히 빠른 속도다. 오래전 영화는 초당 12프레임만 사용하여 눈에 띌 정도의 깜박거림(flicker)이 있었다. 이러한 인공적인 산물은 영화를 뜻하는 'flicks'라는 단어와 오늘날 넷플릭스(Netflix)라는 이름에 남아 있다.

영화의 디지털 표현은 음향과 영상 요소를 결합하고 동기화(同期化)한다. 표준 동영상 표현 기술인 MPEG(Moving Picture Experts Group)과 같은 압축 기술을 이용하면 필요한 저장 용량을 줄일 수 있다. 실제로 비디오의 표현이 오디오보다 복잡한데, 어느 정도는 본질적으로 더 까다롭기 때문이기도 하지만 비디오 기술의 많은 부분이 텔레비전 방송용 표준에 기초하고 있고, 텔레비전 방송이 지금까지는 거의 아날로그였기 때문이기도 하다. 아날로그 텔레비전은 세계 대부분의 지역에서 단계적으로 사용이 중단되고 있다. 미국에서는 텔레비전 방송이 2009년에 디지털로 전환됐다. 다른 국가는 각자 다양하게 전환 단계를 진행하고 있다.

영화와 TV 프로그램은 영상과 음향을 결합한 것이고, 상업적인 영화나 프로그램은 음악보다 제작하는 데 비용이 훨씬 더 많이 든다. 하지만 완벽한 디지털 복제물을 만들어 전 세계에 무료로 보내는 것은 음악만큼이나 쉽다. 저작권과 관련된 이해관계가 음악보다 복잡하고 연예 산업계에서 복제를 반대하는 캠페인을 계속하고 있는 것은 바로 이 때문이다.

어떤 종류의 정보는 디지털 형태로 표현하기 쉬운데, 이는 어떻게 표현할 것인지 합의하는 것 이상의 변환 과정이 불필요하기 때문이다. 일반적인 텍스트, 즉 이 책에 있는 글자, 숫자, 구두점에 대해 생각해 보자. 글자, 숫자, 구두점은 각기 다른 문자에 고유한 번호를 부여할 수 있다(예를 들어, A는 1, B는 2, 이러한 식으로 계속해서). 이것만으로도 괜찮은 디지털 표현이 된다. 사실, 이 방법이 그대로 사용되고 있는데, 표준 표현법에서는 A부터 Z가 65부터 90, a부터 z는 97부터 122, 숫자 0부터 9가 48부터 57 값을, 구두점 등의 다른 문자는 다른 값을 가진다는 점만 차이가 있다. 이 표현 방식을 **아스키코드(ASCII)**라고 하는데, 이는 미국의 정보 교환용 표준 코드(American Standard Code for Information Interchange)를 뜻한다.

그림 2.6은 아스키코드 중 일부를 보여 준다. 생략된 처음 네 개 행은 탭, 백스페이스와 다른 비인쇄 문자를 포함하는 부분이다.

다양한 지역 또는 언어권마다 여러 개의 문자 집합 표준이 있지만, 전 세계적으로는 **유니코드(Unicode)**라는 단일 표준으로 수렴하고 있다. 유니코드에서는 모든 언어에 있는 모든 문자에 고유한 숫자 값을 지정한다. 이는 방대한 집합인데, 인간은 문자 시스템을 만드는 데 있어 끝없이 창의적이기는 했지만 체계적이지는 않았기 때문이다. 현재 유니코드는 12만 개가 넘는 문자를 정의하고 있고, 그 숫자는 꾸준히 늘고 있다. 우리가 예상한 바와 같이 중국어와 같은 아시아 문자는 유니코드에서 큰 부분을 차지하지만, 결코 전부는 아니다. 유니코드의 웹 사이트인

unicode.org에는 모든 문자에 대한 도표가 있는데, 매우 흥미로운 곳이므로 시간을 내어 방문해 보기 바란다.

32	space	33	!	34	"	35	#	36	$	37	%	38	&	39	'
40	(	41	)	42	*	43	+	44	,	45	-	46	.	47	/
48	0	49	1	50	2	51	3	52	4	53	5	54	6	55	7
56	8	57	9	58	:	59	;	60	<	61	=	62	>	63	?
64	@	65	A	66	B	67	C	68	D	69	E	70	F	71	G
72	H	73	I	74	J	75	K	76	L	77	M	78	N	79	O
80	P	81	Q	82	R	83	S	84	T	85	U	86	V	87	W
88	X	89	Y	90	Z	91	[	92	\	93	]	94	^	95	_
96	`	97	a	98	b	99	c	100	d	101	e	102	f	103	g
104	h	105	i	106	j	107	k	108	l	109	m	110	n	111	o
112	p	113	q	114	r	115	s	116	t	117	u	118	v	119	w
120	x	121	y	122	z	123	{	124	|	125	}	126	~	127	del

그림 2.6 **아스키코드 문자와 각각의 값**

결론적으로 말하면, 디지털 표현은 이러한 모든 종류의 정보와 더불어 수치로 변환될 수 있는 어떤 것이라도 표현할 수 있다. 단지 수일 뿐이기 때문에 디지털 컴퓨터로 처리될 수 있다. 또한, 9장에서 보게 될 것처럼 범용적인 디지털 네트워크인 인터넷을 통해 다른 어떤 컴퓨터로도 복사될 수 있다.

2.3 비트, 바이트, 이진수

"세상에는 오직 10가지 사람들이 존재한다 — 이진수를 이해하는 사람들과 그렇지 않은 사람들."

디지털 시스템은 모든 종류의 정보를 수치로 표현한다. 어쩌면 놀라울 수 있겠지만, 내부적으로는 우리에게 익숙한 기수(基數)가 10인 수(십진수) 체계를 사용하지 않는다. 그 대신 이진수, 즉 기수가 2인 수를 사용한다.

모든 이들이 산수는 어느 정도 수월하게 생각하지만, 나의 경험으로는 수가 의미하는 바를 사람들이 이해하는 것은 불확실할 때가 있다. 적어도 기수 10(완전히 익숙한)과 기수 2(사람들 대부분이 익숙하지 않은) 사이의 유사점을 이끌어 내는 일이라면 더더욱 그러하다. 이 절에서는 이 문제를 바로잡으려고 하는데, 만일 분명하지 않거나 혼란스럽다고 느끼면 계속해서 스스로 되뇌어라. '이것은 보통 숫자들과 똑같은데, 10 대신 2를 쓰는 것뿐이다.'

2.3.1 비트

디지털 정보를 표현하는 가장 기본적인 방식은 비트를 이용하는 것이다. 이 장의 인용문에서 언급한 것처럼 **비트**(bit)라는 단어는 **이진 숫자**(binary digit)의 축약형으로, 1940년대 중반에 통계학자인 존 투키(John Tukey)가 만들어 냈다(그는 1958년에 **소프트웨어**라는 단어도 만들었다). 전하는 바에 따르면, 수소 폭탄의 아버지로 가장 잘 알려진 에드워드 텔러(Edward Teller)는 '비짓(bigit)'을 선호했지만, 다행히 이 단어는 인기를 얻지 못했다고 한다. '이진'이라는 단어는 두 개의 값을 가진 어떤 것을 암시하고(모두 알고 있는 것처럼 'bi'라는 접두사는 2를 의미한다), 이는 비트에도 그대로 적용된다. 비트는 0 또는 1 중 하나의 값을 사용하고 다른 값은 사용하지 않는 숫자다. 이는 십진수에서 0부터 9까지 10개의 값을 사용할 수 있는 것과 대조적이다.

한 개의 비트로는 두 개의 값 중 하나를 선택하는 것은 무엇이든 인코딩하거나 표현할 수 있다. 켜짐/꺼짐, 참/거짓, 예/아니오, 높음/낮음, 안/밖, 위/아래, 왼쪽/오른쪽, 북쪽/남쪽, 동쪽/서쪽 등과 같이 이진 선택은 매우 많다. 한 개의 비트로 한 쌍에서 어느 쪽이 선택되는지를 충분히 식별할 수 있다. 예를 들어, 모두가 어느 값이 어떤 상태를 나타내는지 합의하기만 하면 꺼짐에 0을, 켜짐에 1을 할당하거나 그 반대로 할당할 수 있다. 그림 2.7은 내가 사용 중인 프린터에 있는 전원 스위치와 함께 많은 장치에서 볼 수 있는 표준 켜짐-꺼짐 기호를 보여 준다.

그림 2.7 켜짐/꺼짐 스위치와 표준 켜짐/꺼짐 기호

단일 비트로 켜짐/꺼짐, 참/거짓 및 유사한 이진 선택을 충분히 나타낼 수 있지만, 우리는 종종 더 많은 선택 사항을 처리하거나 더 복잡한 것들을 표현해야 한다. 이를 위해 여러 개의 비트를 사용하여 0과 1로 만들 수 있는 다양한 조합에 의미를 할당한다. 예를 들어, 두 개의 비트를 이용하여 미국 대학의 네 개 학년을 신입생(00), 2학년(01), 3학년(10), 졸업반(11)처럼 표현할 수 있다. 만일 위의 예에 대학원생이 추가되어 카테고리가 하나 더 생기면 두 개의 비트는 충분하지 않은데, 이는 다섯 개의 가능한 값이 있지만, 두 개의 비트로는 네 개의 다른 조합만 가능하기 때문이다. 세 개의 비트라면 충분해지고, 실제로 여덟 개의 다른 종류를 표현할 수 있게 되어 교수, 직원, 박사 후 과정 또한 포함시킬 수 있다. 이 경우 조합은 000, 001, 010, 011, 100, 101, 110, 111이 된다.

비트의 개수를 그만큼의 비트로 라벨을 붙일 수 있는 항목의 개수와 관련짓는 패턴이 존재한다. 그 관계는 간단하다. 만일 N개의 비트가 있다면 각기 다른 비트 패턴의 개수는 2^N으로, 즉 $2 \times 2 \times \cdots \times 2$ (N번)이고, 그림 2.8과 같이 된다.

비트의 수	값의 수	비트의 수	값의 수
1	2	6	64
2	4	7	128
3	8	8	256
4	16	9	512
5	32	10	1,024

그림 2.8 **2의 거듭제곱**

이는 십진 숫자와 매우 유사하다. N개의 십진 숫자로 표현할 수 있는 각기 다른 숫자 패턴(우리가 '수'라고 부르는 것)의 개수는 10^N으로, 그림 2.9와 같다.

자릿수	값의 수	자릿수	값의 수
1	10	6	1,000,000
2	100	7	10,000,000
3	1,000	8	100,000,000
4	10,000	9	1,000,000,000
5	100,000	10	10,000,000,000

그림 2.9 **10의 거듭제곱**

2.3.2 2의 거듭제곱과 10의 거듭제곱

컴퓨터 내부에서는 모든 것이 이진수로 처리되므로 크기와 용량 같은 속성은 2의 거듭제곱으로 표현되는 경향이 있다. N개의 비트가 있다면 2^N개의 가능한 값이 있는 것이므로 2의 거듭제곱을 일정한 지수, 가령 10 정도까지 알아두면 편리하다. 그 이상의 지수에 대해서는 굳이 외울 필요가 없다. 다행스럽게도 그림 2.10에 적절한 근사치를 얻을 수 있는 손쉬운 방법이 나와 있다. 2의 거듭제곱 중 일부는 10의 거듭제곱에 가까운 값이고, 기억하기 쉽게 규칙적으로 되어 있다.

그림 2.10에는 처음 보는 크기 접두사가 있는데, '페타', 즉 10^{15}이다. '피트(Pete)'가 아닌 '펫(pet)'처럼 발음된다. 책의 끝에 있는 용어 목록에 더 많은 단위가 나와 있으니 참고하기 바란다.

$2^{10} = 1,024$	$10^3 = 1,000$ (킬로)
$2^{20} = 1,048,576$	$10^6 = 1,000,000$ (메가)
$2^{30} = 1,073,741,824$	$10^9 = 1,000,000,000$ (기가)
$2^{40} = 1,099,511,627,776$	$10^{12} = 1,000,000,000,000$ (테라)
$2^{50} = 1,125,899,906,842,624$	$10^{15} = 1,000,000,000,000,000$ (페타)
…	

그림 2.10 **2의 거듭제곱과 10의 거듭제곱**

수가 커짐에 따라 값의 오차가 커지기는 하지만, 10^{15}에 가서야 12.6% 높을 뿐이다. 따라서 이 연관 관계는 상당히 넓은 범위에서 쓸모가 있다. 사람들이 종종 2의 거듭제곱과 10의 거듭제곱 간의 구별을 모호하게 만들려는 걸 볼 수 있는데(때때로 그들이 주장하는 바를 유리하게 만드는 방향으로), '킬로' 또는 '1K'는 1,000을 의미할 수도 있고 2^{10}이나 1,024를 의미할 수도 있다. 보통 이 정도는 작은 차이이므로 2와 10의 거듭제곱은 비트와 관련된 큰 수를 암산하기에 유용한 방법이다.

2.3.3 이진수

숫자를 자릿값의 의미로 해석하면 일련의 비트는 10 대신 2를 기수로 사용하는 수치를 표현할 수 있다. 0부터 9까지 10개의 숫자는 최대 10개의 라벨을 붙이기에 충분하다. 10을 넘어갈 필요가 있다면 더 많은 숫자를 사용해야 한다. 두 자리 십진 숫자로는 00부터 99까지 최대 100개의 라벨을 붙일 수 있다. 100개를 넘는 항목을 처리하려면 세 자리로 넘어가는데, 000부터 999까지 1,000개의 범위가 생긴다. 보통은 일반적인 수를 표기할 때 유효 숫자 앞에 오는 0은 생략되는데, 보이지는 않지만 존재하는 것이다. 일상생활에서도 우리는 0이 아닌 1부터 라벨을 붙이기 시작한다.

십진수는 10의 거듭제곱의 합을 줄여 표기한 것이다. 예를 들어, 1867은 $1 \times 10^3 + 8 \times 10^2 + 6 \times 10^1 + 7 \times 10^0$으로, $1 \times 1000 + 8 \times 100 + 6 \times 10 + 7 \times 1$, 즉 $1000 + 800 + 60 + 7$이다. 초등학교에서 이것을 1의 열, 10의 열, 100의 열 등으로 불렀을 수도 있다. 이것은 우리가 너무 익숙해서 거의 생각하지도 않는 부분이다.

이진수는 기수가 10 대신 2이고 사용되는 숫자가 0과 1뿐이라는 점을 빼면 똑같다. 11101 같은 이진수는 $1 \times 2^4 + 1 \times 2^3 + 1 \times 2^2 + 0 \times 2^1 + 1 \times 2^0$으로 해석되는데, 기수를 10으로 표현하면 $16 + 8 + 4 + 0 + 1$, 즉 29다.

일련의 비트를 수로 해석할 수 있다는 점은 항목에 이진 라벨을 할당할 수 있는 자연스러운 패턴이 존재한다는 것을 뜻한다. 항목을 값의 순서대로 정렬해 보라. 앞에서 신입생, 2학년 등을 위한 라벨이 00, 01, 10, 11이 되는 것을 봤는데, 십진수로는 0, 1, 2, 3의 값에 해당한다. 다음 비트의 배열은 000, 001, 010, 011, 100, 101, 110, 111이 되고 0부터 7까지의 값에 해당한다.

여러분이 이해했는지 확인할 수 있는 연습 문제가 있다. 우리 모두 손가락으로 열까지 세는 것에는 익숙하지만, 이진수를 사용한다면 손가락으로 얼마까지 셀 수 있을까? 각 손가락(숫자!)이 이진 숫자를 표현한다면 말이다. 값의 범위는 어떻게 될까? 이어지는 내용을 참고해서 1023을 이진수로 변환해 보면 알게 될 것이다.

이진수에서 십진수로 변환하기는 쉽다. 해당하는 비트가 1인 자릿값에 해당하는 2의 거듭제곱을 합산하기만 하면 된다. 십진수를 이진수로 변환하는 것은 더 까다롭지만, 훨씬 더 어려운 것은 아니다. 십진수를 2로 나누는 걸 반복하라. 0 또는 1이 되는 나머지 값을 적어 두고, 몫을 다음 나누기를 위한 값으로 사용한다. 몫이 0이 될 때까지 나누기를 계속한다. 그렇게 하면 나머지 값을 나열한 것이 이진수가 되는데, 다만 역순이므로 반대 방향으로 나열하면 된다.

그림 2.11은 1867을 이진수로 변환하는 과정을 보여 준다.

수	몫	나머지
1867	933	1
933	466	1
466	233	0
233	116	1
116	58	0
58	29	0
29	14	1
14	7	0
7	3	1
3	1	1
1	0	1

그림 2.11 **1867을 십진수에서 이진수로 변환하는 과정**

비트를 거꾸로 읽으면 111 0100 1011이 되고, 2의 거듭제곱을 합산함으로써 확인할 수 있다. $1024+512+256+64+8+2+1 = 1867.$

이러한 절차의 각 단계를 통해 남아 있는 수의 최하위(가장 오른쪽 자리) 비트를 구하게 된다. 이 것은 초의 값에 해당하는 큰 수를 일, 시, 분, 초 단위로 변환하기 위해 거치는 과정에 비유해 볼 수 있다. 60으로 나누면 분을 구할 수 있다(나머지 값은 초에 해당하는 수다). 그 몫을 60으로 나누면 시를 구할 수 있다(나머지 값은 분에 해당하는 수다). 그 몫을 24로 나누면 일의 값을 구할 수 있다(나머지 값은 시에 해당하는 수다). 차이점은 시간 변환에서는 단일 기수를 사용하지 않고 60과 24의 기수를 섞어서 사용한다는 것이다.

또한, 원래 수로부터 2의 거듭제곱을 내려가면서 뺌으로써 십진수를 이진수로 변환할 수 있다. 1867에서 2^{10}처럼, 수가 포함하고 있는 가장 큰 2의 거듭제곱부터 시작하면 된다. 매번 거듭제 곱 값이 빼질 때마다 1을 쓰고, 만일 위 예제에서 2^7, 즉 128처럼 거듭제곱 값이 너무 크다면 0 을 쓴다. 마지막에 만들어지는 1과 0의 배열이 이진수 값이다. 이 접근법은 어쩌면 더 직관적이 지만, 기계적으로 처리하기에 그리 좋지는 않다.

이진 연산은 정말 쉽다. 다루는 숫자가 두 개뿐이기 때문에 덧셈표와 곱셈표에는 그림 2.12와 같이 두 개의 행과 두 개의 열만 존재한다. 이진 연산을 여러분이 직접 할 필요는 거의 없겠지만, 이 표의 간단함을 통해 십진 연산을 위해 설계된 것보다 이진 연산용 컴퓨터 회로가 왜 훨씬 더 단순한지를 짐작할 수 있다.

+	0	1		×	0	1
0	0	1		0	0	0
1	1	0 및 올림수 1		1	0	1

그림 2.12 이진 연산 덧셈표와 곱셈표

2.3.4 바이트

모든 최신 컴퓨터에서 처리와 메모리 구성의 기본 단위는 8비트로, 이는 한 개의 단위로 취급된다. 여덟 개 비트의 모임은 **바이트(byte)**라고 하는데, IBM에 근무하던 컴퓨터 설계자인 베르너 부흐홀츠(Werner Buchholz)가 1956년에 고안한 단어다. 단일 바이트는 256개의 구별되는 값(2^8, 여덟 개의 0과 1의 모든 다른 조합)을 인코딩할 수 있으며, 이는 0과 255 사이의 정수이거나 아스키 문자 집합에 있는 단일 문자이거나 어떤 다른 것일 수 있다. 특정한 바이트는 더 크거나 더 복잡한 걸 나타내는 큰 그룹의 일부일 때가 많다. 두 개의 바이트는 총 16비트가 되는데, 0에서 $2^{16}-1$, 즉 65,535까지의 값을 나타낼 수 있다. 또한 유니코드 문자 집합에 있는 한 개의 문자를 나타낼 수 있다. 가령 '세계'를 나타내는 아래 두 개의 문자 중 하나를 나타낼 수 있는데, 각 문자가 2바이트다.

世界

네 개의 바이트는 32비트로, '세계'를 나타내거나 $2^{32}-1$, 즉 43억 정도까지의 수를 나타낼 수 있다. 일련의 바이트로 표현할 수 있는 정보의 종류에는 제한이 없다. 하지만 CPU 자체는 다양한 크기의 정수와 같이 그리 많지 않은 특정 그룹들을 정의하고, 그러한 그룹들을 처리하기 위한 명령어를 가지고 있다.

한 개 이상의 바이트가 나타내는 수치를 적고자 할 때, 정말로 숫자 값이라면 십진수 형태로 표현하는 편이 사람들이 이해하기에 더 편리할 것이다. 개별 비트를 보기 위해 이진수로 쓸 수도 있는데, 만일 각 비트가 다른 종류의 정보를 인코딩한다면 이러한 표기 방식도 중요하다. 하지만 이진수는 십진수 형태보다 세 배 이상 길어서 너무 많은 공간을 차지하므로 **십육진수**

(hexadecimal)라는 대안적인 표기법이 일반적으로 사용된다. 십육진수는 16을 기수로 사용하여 16개의 숫자가 있다(십진수가 10개의 숫자, 이진수가 두 개의 숫자가 있듯이). 그 숫자는 0, 1, …, 9, A, B, C, D, E, F다. 각 십육진 숫자가 네 개의 비트를 표현하고 그림 2.13에 나와 있는 수치에 해당한다.

0	0000	1	0001	2	0010	3	0011
4	0100	5	0101	6	0110	7	0111
8	1000	9	1001	A	1010	B	1011
C	1100	D	1101	E	1110	F	1111

그림 2.13 **십육진 숫자와 각각의 이진수 값 표**

여러분이 프로그래머가 아니라면 십육진수를 볼 수 있는 곳은 많지 않다. 웹 페이지상의 색상에서 십육진수가 사용된다. 앞서 언급한 것처럼, 컴퓨터에서 색상을 표현하는 가장 일반적인 방법은 각 픽셀에 3바이트를 사용하는 것으로, 각 바이트가 적색의 양, 녹색의 양, 청색의 양을 표현하는 데 사용된다. 이 방법은 RGB 인코딩이라고 한다. 각 색상 성분이 단일 바이트에 저장되기 때문에 256개의 적색의 양을 표현할 수 있고, 그 각각에 대해 256개의 녹색의 양을 표현할 수 있고, 또 그 각각에 대해 256개의 청색의 양을 표현할 수 있다. 다 합치면 $256 \times 256 \times 256$개의 색상을 표현할 수 있는데, 상당히 많은 것처럼 보인다. 이게 얼마나 많은지 빨리 추정해 보려면 2와 10의 거듭제곱 간의 관계를 이용하면 된다. 이는 $2^8 \times 2^8 \times 2^8$이고, 2^{24}, 즉 $2^4 \times 2^{20}$이 되며, 이것은 약 16×10^6으로 1,600만이 된다. 아마도 이 숫자가 컴퓨터 디스플레이 장치를 설명하기 위해 사용되는 경우를 보았을 것이다('1,600만 색상 이상!'). 근삿값은 약 5퍼센트 더 낮다. 2^{24}의 참값은 16,777,216이다.

진한 적색은 FF0000으로 표현되는데, 이는 즉 십진수로 255인 적색 최댓값, 녹색 없음, 청색 없음으로 구성된다. 반면 많은 웹 페이지에 있는 링크의 색상처럼 진하지는 않고 밝은 청색은 0000CC로 표현된다. 노란색은 적색과 녹색을 합한 것이기 때문에 FFFF00이 가장 밝은 노란색이 될 것이다. 회색 음영은 같은 양의 적색, 녹색, 청색으로 구성되기에 중간 느낌의 회색 픽셀은 808080으로 적색, 녹색, 청색의 양이 같다. 검은색과 흰색은 각각 000000, FFFFFF다.

유니코드 코드표에서도 문자를 식별하기 위해 십육진수를 사용한다.

世界

위 문자열은 4E16 754C가 된다. 십육진수는 8장에서 이야기할 이더넷 주소에서도 볼 수 있고, 10장의 주제 중 하나인 URL에 있는 특수 문자를 표현하는 데도 사용된다.

컴퓨터 광고에서 '64비트'라는 문구를 때때로 보았을 것이다('마이크로소프트 윈도우 10 홈 64비트'). 무엇을 의미하는 것일까? 컴퓨터는 내부적으로 데이터를 다양한 크기의 덩어리 단위로 조작한다. 그 덩어리는 수와 주소를 포함하는데, 수로는 32비트와 64비트가 편리하게 사용되고 주소는 RAM상에 있는 정보의 위치다. 여기서 관련된 것은 후자인 주소 속성이다. 30년 전에 16비트 주소에서 32비트 주소로 이행이 이루어졌는데, 32비트면 최대 4GB RAM에 접근하기에 충분한 크기다. 그리고 지금은 범용 컴퓨터에서는 32비트에서 64비트로 이행이 거의 완료됐다. 64비트에서 128비트로 이행이 언제 일어날지 예측해 보지는 않겠지만, 한동안은 괜찮을 것이라고 본다.

이상 비트와 바이트에 대한 논의에서 기억해야 할 가장 중요한 사실은 비트 모임의 의미가 상황에 따라 결정된다는 것이다. 그저 보는 것만으로 무엇을 의미하는지 식별할 수는 없다. 한 개의 바이트는 참 또는 거짓을 나타내는 한 개의 비트와 일곱 개의 사용되지 않는 비트이거나 작은 정수 또는 # 같은 아스키 문자를 저장하는 것일 수도 있다. 혹은 다른 표기 체계에서 한 개의 문자의 일부이거나 2나 4나 8바이트로 표현되는 큰 수의 일부이거나 사진이나 음악 작품의 일부분이거나 CPU가 실행할 명령어의 일부일 수 있고, 이외에도 다양한 가능성이 있다.

사실 어떤 프로그램의 명령어는 다른 프로그램의 데이터다. 네트워크에서 새로운 프로그램이나 앱을 다운로드할 때 그것은 단지 데이터로서, 맹목적으로 복사되는 비트들이다. 하지만 프로그램을 실행할 때는 그 비트들이 CPU에 의해 처리되면서 명령어로 취급된다.

2.4 요약

왜 십진수 대신 이진수를 사용할까? 그 질문에 대한 답은 요컨대 물리적인 기기를 만들 때 켜짐과 꺼짐 같은 두 개의 상태만 가지는 기기를 만드는 것이 10개의 상태를 가지는 기기를 만들기보다 훨씬 더 쉽기 때문이다. 이러한 상대적인 단순성은 매우 폭넓은 기술 분야에서 활용되고 있다. 예를 들면, 전류(흐름 또는 흐르지 않음), 전압(높음 또는 낮음), 전하(있음 또는 없음), 자성(N극 또는 S극), 빛(밝음 또는 어두움), 반사율(반사율이 높음 또는 반사율이 낮음) 등이 있다. 폰 노이만이 1946년에 다음과 같이 말했을 때, 그는 이 사실을 명확히 깨닫고 있었다. "우리 시스템에서 기억의 기본 단위는 자연스럽게 이진 체계로 맞춰져 있는데, 이는 우리가 전하량의 단계적인 변화를 측정하려고 시도하지 않기 때문이다.(Our fundamental unit of memory is naturally adapted to the binary system since we do not attempt to measure gradations of charge.)"

왜 이진수에 대해 알고 관심을 가져야 할까? 한 가지 이유는 익숙하지 않은 기수로 이루어진 수를 사용해 보는 것이 우리가 애용하는 십진수가 어떻게 작동하는지 더 잘 이해하는 데 도움을 줄 수도 있는 수리 추론(quantitative reasoning)의 사례이기 때문이다. 더 나아가서, 비트로 구성되는 수는 보통 얼마나 많은 공간, 시간, 또는 복잡도가 필요한지와 일정한 방식으로 연관되어 있으므로 또한 중요하다. 그리고 기본적으로 컴퓨터는 이해할 가치가 있고 이진 개념은 컴퓨터의 작동에서 핵심적인 역할을 하기 때문이다.

이진 개념은 컴퓨팅과 무관한 현실 상황에서도 나타나는데, 아마도 크기, 길이 등을 두 배로 만들거나 반으로 줄이는 것이 사람들에게 자연스러운 연산이기 때문일 것이다. 예를 들어, 도널드 커누스(Donald Knuth)의 《컴퓨터 프로그래밍의 예술(The Art of Computer Programming)》에서는 1300년대에 사용되던 영국식 와인 용기의 단위에 대해 13개의 이진 단위로 나누어 설명한다. 2질(gill)은 1쇼팬(chopin)이고 2쇼팬은 1파인트(pint), 2파인트는 1쿼트(quart), 이러한 식으로 진행하여 2배럴(barrel)은 1혹스헤드(hogshead), 2혹스헤드는 1파이프(pipe), 2파이프는 1턴(tun)이다. 이들 단위 중 절반 정도는 영국식 액체 측량 체계에서 아직도 흔히 사용되지만, 퍼킨(firkin)과 킬더킨(kilderkin: 2퍼킨 또는 1/2배럴)과 같은 매력적인 단어들은 이제는 거의 눈에 띄지 않는다.

3

CPU 속으로

> "하지만 기계에 전달된 명령이 숫자 코드로 변형될 수 있고 기계가 일정한 방식으로 수와 명령을 구분할 수 있다면, 기억 기관은 수와 명령 둘 다 저장하는 데 사용될 수 있다."
>
> "If, however, the orders to the machine are reduced to a numerical code and if the machine can in some fashion distinguish a number from an order, the memory organ can be used to store both numbers and orders."
>
> 아서 벅스(Arthur W. Burks), 허먼 골드스타인(Herman H. Goldstine),
> 존 폰 노이만(John von Neumann), 〈전자식 컴퓨팅 기구의 논리적 설계에 관한 예비 논고(Preliminary discussion of the logical design of an electronic computing instrument)〉, 1946.

1장에서 중앙 처리 장치, 즉 CPU가 컴퓨터의 '두뇌'라고 말한 바 있다(비록 그 표현이 타당하지 않다는 단서를 달기는 했지만). 이제 CPU를 더 세밀하게 살펴볼 차례다. CPU는 컴퓨터에서 가장 중요한 구성 요소로서, 그 특성을 충분히 숙지해야 이 책의 나머지 부분을 잘 이해할 수 있기 때문이다.

중앙 처리 장치는 어떻게 작동할까? 무엇을 처리하고 어떻게 처리할까? 대략 설명하자면 CPU는 자신이 수행할 수 있는 기본적인 연산들의 작은 레퍼토리를 가지고 있다. 산술 연산을 할 수 있어서 계산기처럼 수를 더하고 빼고 곱하고 나눌 수 있다. RAM에서 연산을 수행할 데이터를 가져올 수 있고 계산 결과를 RAM에 다시 저장할 수 있는데, 계산기에 있는 메모리 기능과 유사하다. CPU가 '중앙'인 것은 컴퓨터의 나머지 부분을 제어하기 때문이다. CPU는 버스 상의 신호를 이용하여 마우스, 키보드, 디스플레이, 그리고 이외에도 전기적으로 연결된 모든 장치에 대한 입력과 출력을 조정하고 조직화한다.

가장 중요한 점은 비록 단순한 종류이기는 해도 CPU가 결정을 내릴 수 있다는 사실이다. 수 (이 수가 저 수보다 큰가?) 또는 다른 종류의 데이터(이 정보가 저 정보와 동일한가?)를 비교할 수 있 고, 그 결과에 기초하여 다음에 무엇을 할 것인지 결정할 수 있다. 이것이 그야말로 가장 중요 한 점인데, 왜냐하면 CPU가 실제로 계산기가 할 수 있는 것보다 훨씬 많은 작업을 수행하지는 못하지만, 사람이 개입하지 않고서도 작동할 수 있다는 것을 뜻하기 때문이다. 폰 노이만을 비 롯한 저자들이 말했던 것처럼 "장치는 특성상 완전히 자동이 되도록 만들어진다. 즉, 계산이 시작된 이후에는 운용자로부터 독립적이어야 한다."

CPU는 현재 처리 중인 데이터에 기초하여 다음에 무엇을 할 것인지 결정할 수 있으므로 스스 로 전체 시스템을 운영할 수 있다. 연산의 레퍼토리가 크거나 복잡하지는 않지만, CPU는 초당 수십억 개의 연산을 수행할 수 있어서 고도로 정교한 계산을 할 수 있다.

3.1 모형 컴퓨터

존재하지 않는 컴퓨터를 묘사하면서 CPU가 어떻게 작동하는지 설명해 보려고 한다. 이는 만 들어 낸, 또는 '상상의' 컴퓨터로서, 실제 컴퓨터와 같은 아이디어를 이용하지만 훨씬 더 간단 하다. 이론상으로만 존재하므로 실제 컴퓨터가 어떻게 작동하는지 설명하는 데 도움이 되는 어떤 방식으로든 설계할 수 있다. 또한, 이론상의 설계를 **모방하여 작동하는**(simulate) 실제 컴퓨 터용 프로그램을 만들 수도 있어서 상상의 컴퓨터를 위한 프로그램을 작성하고 어떻게 실행되 는지 볼 수 있다.

이 만들어 낸 컴퓨터를 '모형(Toy)' 컴퓨터라고 부르려고 하는데, 진짜는 아니지만 실제 컴 퓨터의 속성을 많이 가지고 있기 때문이다. 실제로 1960년대 말에 사용되던 미니컴퓨터 (minicomputer) 정도의 수준이며, 폰 노이만의 논문에 나오는 예와 어느 정도 비슷하다. 모형 컴 퓨터에는 명령어와 데이터를 저장하기 위한 RAM이 있고, 한 개의 수를 담을 만한 용량을 가 지는 **누산기**(accumulator)라는 부가적인 저장 영역이 있다. 누산기는 계산기의 디스플레이에 비교할 수 있는데, 이는 사용자가 가장 최근에 입력한 수 또는 가장 최근의 계산 결과를 담고 있다. 모형 컴퓨터는 앞서 설명했던 종류의 기본적인 연산을 수행하기 위한 약 10개의 명령어 레퍼토리를 가지고 있다. 그림 3.1은 첫 번째 여섯 개를 보여 준다.

GET	키보드로부터 수를 입력받은 후 이전 내용을 덮어쓰면서 누산기에 넣는다
PRINT	누산기의 내용을 출력한다
STORE M	메모리 위치 M에 누산기 내용의 복사본을 저장한다(누산기의 내용은 변하지 않는다)
LOAD M	누산기에 메모리 위치 M의 내용을 적재한다(M의 내용은 변하지 않는다)
ADD M	메모리 위치 M의 내용을 누산기의 내용에 더한다(M의 내용은 변하지 않는다)
STOP	실행을 중지한다

그림 3.1 **모형 컴퓨터의 대표적인 명령어**

각 RAM 위치가 한 개의 수 또는 한 개의 명령어를 담고 있으므로 어떤 프로그램은 RAM에 저장된 명령어와 데이터 항목들이 섞여서 만들어진다. CPU는 첫 번째 RAM 위치에서 시작해서 다음과 같이 단순한 사이클을 반복한다.

Fetch(인출):	RAM에서 다음 명령어를 가져온다
Decode(해석):	명령어가 무슨 일을 하는지 알아낸다
Execute(실행):	명령어를 실행한다
	*Fetch*로 되돌아간다

3.1.1 첫 번째 모형 프로그램

모형 컴퓨터를 위한 프로그램을 만들려면 원하는 작업을 수행할 명령어 시퀀스를 작성하고 RAM에 넣은 후, CPU에게 명령어 시퀀스를 실행하라고 명령해야 한다. 예를 들어, RAM이 정확히 다음 명령어들을 담고 있다고 가정해 보자. 이 명령어들은 이진수로 RAM에 저장될 것이다.

```
GET
PRINT
STOP
```

이 시퀀스가 실행되면 첫 번째 명령어는 사용자에게 수를 입력하도록 요청하고, 두 번째는 그 수를 출력하고, 세 번째는 처리 장치에게 중지하라고 명령할 것이다. 꽤 지루한 작업이지만, 프로그램이 어떻게 생겼는지 보기에는 충분하다. 진짜 모형 컴퓨터가 주어진다면 이 프로그램은 심지어 실행도 된다.

다행히도 작동하는 모형 컴퓨터가 있다. 그림 3.2는 작동하는 모형 컴퓨터 중 하나를 보여 준다. 이것은 자바스크립트(JavaScript)로 작성된 시뮬레이터라서 7장에서 볼 것처럼 어떤 브라우저에서도 작동한다.

그림 3.2 **프로그램을 실행할 준비가 된 모형 컴퓨터 시뮬레이터**

RUN을 누르면 GET 명령어가 실행될 때 그림 3.3에 있는 대화 상자가 표시된다. 123이라는 수는 사용자가 입력한 것이다.

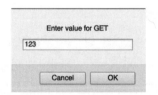

그림 3.3 **모형 컴퓨터 시뮬레이터 입력 대화 상자**

사용자가 수를 입력하고 OK를 누르고 나면 시뮬레이터가 실행되고 그림 3.4에 나오는 것처럼 결과를 화면에 보여 준다. 약속한 대로, 프로그램은 입력 수를 요청하고 그것을 출력한 다음 작동을 멈췄다.

그림 3.4 짧은 프로그램을 실행한 후의 모형 컴퓨터 시뮬레이터

3.1.2 두 번째 모형 프로그램

다음 프로그램(그림 3.5)은 약간 더 복잡하고 새로운 아이디어를 추가한다. 바로 RAM에 값을 저장한 후 다시 가져오는 것이다. 프로그램은 수를 입력받아 누산기에 넣고, 메모리에 저장하고, 다른 수를 입력받아 누산기에 저장하고(첫 번째 수를 덮어쓰게 된다), 첫 번째 수를 거기에 더하고(신중하게 저장했던 RAM으로부터 가져온다), 두 수의 합을 출력한 다음 작동을 멈춘다. CPU는 프로그램의 처음부터 시작해서 명령어를 한 번에 한 개씩 가져온다. CPU는 각 명령어를 차례차례 실행하고 다음 명령어로 넘어간다. 각 명령어 다음에는 주석(comment)이 따라오는데, 이는 말하자면 프로그래머에게 도움을 주는 해설 자료다. 주석은 프로그램 그 자체에는 아무런 영향을 미치지 않는다.

GET	첫 번째 수를 입력받아 누산기에 넣는다
STORE FirstNum	FirstNum이라는 메모리 위치에 첫 번째 수를 저장한다
GET	두 번째 수를 입력받아 누산기에 넣는다
ADD FirstNum	첫 번째 수를 누산기에 있는 두 번째 수에 더한다
PRINT	결과 합계 값을 출력한다
STOP	프로그램 실행을 중지한다
FirstNum:	첫 번째 입력 수를 담을 RAM상의 위치

그림 3.5 두 개의 수를 더하고 합계를 출력하는 모형 컴퓨터 프로그램

단 한 가지 까다로운 문제는 RAM상에 데이터값, 즉 나중에 읽을 첫 번째 수를 담을 공간을 확보해 둘 필요가 있다는 점이다. 누산기에 첫 번째 수를 그대로 둘 수는 없는데, 두 번째 GET 명령이 덮어쓰게 되기 때문이다. 그 값은 명령어가 아닌 데이터이므로, RAM상에서 명령어로 해석되지 않을 어떤 공간에 둬야 한다. 만약 프로그램의 끝에 두어서 모든 명령어 다음에 오도록 하면 CPU는 데이터값을 명령어로 해석하려고 절대로 시도하지 않는데, 거기에 도달하기 전에 STOP하기 때문이다.

우리는 또한 프로그램의 명령어가 메모리 위치를 필요로 할 때 그 위치를 나타낼 방법이 있어야 한다. 한 가지 가능한 방법은 데이터가 일곱번째 메모리 위치에(여섯 개의 명령어 다음에) 오도록 하는 것으로, 이렇게 하자면 'STORE 7'이라고 쓸 수 있다. 사실 프로그램은 결국에는 이러한 형태로 저장될 것이다. 하지만 프로그래머는 명령어를 한 번이라도 세고 있어서는 안 되고, 프로그램이 수정되면 데이터의 위치가 바뀔지도 모른다. 해결책은 데이터 위치에 이름을 부여하는 것으로, 5장에서 살펴볼 것처럼 '프로그램'이 이름을 적절한 숫자로 된 위치로 대체하면서 데이터가 실제로 RAM상의 어느 위치에 있는지 파악하는 행정 업무를 처리할 수 있다. 이름은 임의로 정할 수 있지만, 연관된 데이터나 명령어의 목적이나 의미를 암시하는 이름을 사용하는 것이 좋은 습관이다. FirstNum이라는 이름은 '첫 번째 수'를 나타낸다.

3.1.3 분기 명령어

그림 3.5의 프로그램을 확장해서 세 개의 수를 더하도록 하려면 어떻게 해야 할까? 일련의 STORE, GET, ADD 명령을 한 번 더 추가하는 것으로 충분하다(삽입할 수 있는 위치가 두 군데 있다). 하지만 그렇게 해서는 1,000개의 수를 더하도록 확장하기는 힘들 테고, 사전에 얼마나 여러 개의 수가 있을지 모른다면 제대로 작동하지 않을 것이다.

해결책은 CPU의 명령어 레퍼토리에 명령어 시퀀스를 재사용하게 하는 새로운 종류의 명령어를 추가하는 것이다. 종종 '분기' 또는 '점프'라고 불리는 GOTO 명령어는 CPU에게 시퀀스상 다음에 나오는 명령어가 아니라 GOTO 명령어 자신이 명시하는 위치로부터 다음 명령어를 가져오라고 지시한다.

GOTO 명령어를 이용하면 CPU가 프로그램의 앞부분으로 돌아가서 명령을 반복하도록 만들 수 있다. 간단한 예는, 수가 입력되면 각각 출력해 주는 프로그램이다. 이는 입력값을 옮겨 쓰거나 화면에 출력하는 프로그램의 본질이자 GOTO 명령어가 무슨 일을 하는지 보여 준다. 그림 3.6에 있는 프로그램의 첫 번째 명령어에 Top이라는 라벨을 붙였는데, 이는 그 역할을 암시하는 임의의 이름이다. 마지막 명령어는 CPU가 첫 번째 명령어로 돌아가게 한다.

```
Top:  GET          수를 입력받아 누산기에 넣는다
      PRINT        수의 값을 출력한다
      GOTO Top     Top으로 돌아가서 다른 수를 입력받는다
```

그림 3.6 끝없이 실행되는 데이터 옮겨 쓰기 프로그램

이것으로는 충분하지 않다. 명령어를 재사용할 수 있지만, 아직 심각한 문제가 남아 있다. 이렇게 반복되는 명령어 시퀀스, 즉 **루프**(loop)가 무한정 계속되는 것을 멈출 방법이 없다. 루프를 멈추려면 또 다른 종류의 명령어가 필요한데, 무턱대고 계속 실행하기보다는 조건을 검사하여 다음에 무엇을 할 것인지 결정하는 명령어가 그것이다. 이러한 종류의 명령어는 **조건부 분기**(conditional branch) 또는 **조건부 점프**(conditional jump)라고 한다. 대부분의 컴퓨터에서 제공되는 한 가지 방법은 값이 0인지 검사하고, 만일 그렇다면 특정한 명령어로 건너뛰는 명령어다. 모형 컴퓨터의 명령어 레퍼토리에 IFZERO를 추가해 보자. IFZERO 명령어는 누산기의 값이 0이면 특정 위치로 분기한다. 그렇지 않다면 실행은 시퀀스상 다음 명령어부터 계속된다.

이제 IFZERO 명령어를 사용하여 입력에 0의 값이 나타날 때까지 입력 값을 읽고 출력해 주는 프로그램(그림 3.7)을 작성할 수 있다.

```
Top:  GET          수를 입력받아 누산기에 넣는다
      IFZERO Bot   누산기 값이 0이면 Bot 라벨이 붙은 명령어로 간다
      PRINT        값이 0이 아니므로 출력한다
      GOTO Top     Top으로 돌아가서 다른 수를 입력받는다
Bot:  Stop
```

그림 3.7 0이 입력되면 실행을 멈추는 데이터 옮겨 쓰기 프로그램

이 프로그램은 데이터를 계속 가져와서 출력하는데, 사용자가 프로그램을 돌리는 데 질려서 0을 입력하면 프로그램은 '맨 끝(bottom)'을 의미하는 Bot 라벨이 붙은 STOP 명령어로 건너뛰고 실행을 종료한다.

프로그램이 입력의 끝을 알린 0을 출력하지 않는다는 사실에 주목하라. 실행을 멈추기 전에 0

을 출력하게 하려면 프로그램을 어떻게 수정하면 될까? 매우 까다로운 질문은 아니며 답은 명확하다. 하지만 이것은 프로그램들의 기능상 미묘한 차이를 어떻게 구현할 수 있는지, 또는 어떻게 하면 프로그램이 의도된 것과는 다른 일을 하게 되는지 보여 주는 좋은 예로, 여기서는 두 명령어의 위치를 간단히 바꾸어 놓는 것으로 충분하다.

GOTO와 IFZERO를 조합하면 어떤 명시된 조건이 참이 될 때까지 명령어의 실행을 반복하는 프로그램을 작성할 수 있다. CPU는 이전의 계산 결과에 따라 계산의 흐름을 바꿀 수 있다. (여러분은 IFZERO가 있는데 GOTO가 반드시 필요한지에 대해 생각할 수도 있다. IFZERO와 다른 명령어를 이용하여 GOTO같이 작동하게 만들 방법이 있을까?) 쉽게 이해되지 않겠지만, 이것이 어떤 디지털 컴퓨터가 계산할 수 있는 모든 것들을 계산하는 데 우리가 필요한 전부다. 어떤 계산이라도 기본적인 명령어를 이용하여 작은 단계들로 나뉠 수 있다. 명령어 레퍼토리에 IFZERO가 추가된 모형 CPU는 이제 이론상으로는 말 그대로 '어떤' 계산을 하기 위해서라도 프로그래밍될 수 있다. '이론상으로'라는 표현을 쓴 이유는 실제로는 프로세서 속도, 메모리 용량, 컴퓨터 내부에서 표현되는 수의 한정된 크기 등을 무시할 수 없기 때문이다. 이러한 보편성은 핵심적인 개념이기 때문에 이따금 다시 살펴볼 것이다.

IFZERO와 GOTO의 또 다른 예로, 그림 3.8은 여러 개의 수를 더해 나가다가 숫자 0이 입력되면 실행을 멈추는 프로그램을 보여 준다. 입력 시퀀스를 끝맺기 위해 특별한 값을 사용하는 것은 일반적인 관례다. 이 특정 예제에서는 0이 종료를 나타내는 값으로 적절한데, 왜냐하면 수를 더하는 프로그램이고 0의 데이터값을 더하는 것은 결과에 영향을 미치지 않기 때문이다.

Top:	GET	수를 입력받는다
	IFZERO Bot	0이면 Bot으로 간다
	ADD Sum	가장 최근의 값에 누적 합계를 더한다
	STORE Sum	결과를 새로운 누적 합계로 저장한다
	GOTO Top	Top으로 돌아가서 다른 수를 입력받는다
Bot:	LOAD Sum	누적 합계를 누산기에 적재한다
	PRINT	그리고 출력한다
	STOP	
Sum:	0	누적 합계를 담을 메모리 위치 (프로그램이 시작할 때 0으로 초기화됨)

그림 3.8 일련의 수를 더해 나가는 모형 컴퓨터 프로그램

모형 시뮬레이터는 이 프로그램의 마지막 줄 같은 '명령어'를 '메모리 위치에 이름을 할당하고 프로그램이 실행되기 전에 그 위치에 특정한 값을 넣어라'라고 해석한다. 이는 명령어가 아니라 시뮬레이터가 프로그램 텍스트를 처리함에 따라 해석되는 '유사 명령어'다. 값이 계속 더해지고 있으므로 누적 합계를 담고 있는 메모리상의 위치가 필요하다. 계산기에서 메모리를 비우는 것처럼 그 메모리 위치는 0의 값을 가지고 시작해야만 한다. 또한, 프로그램 나머지가 위치를 지칭하는 데 사용할 수 있도록 그 메모리 위치에 대한 이름이 필요하다. 이름은 임의로 지을 수 있지만 Sum이 적절한데, 왜냐하면 그 메모리 위치의 역할을 나타내 주기 때문이다.

이 프로그램이 잘 작동한다는 것을 분명히 하려면 어떻게 확인하겠는가? 얼핏 보기에는 괜찮아 보이고 간단한 테스트 케이스에는 맞는 답을 만들어 내지만, 문제점을 간과하기 쉽기 때문에 체계적으로 테스트하는 것이 중요하다. 핵심은 '체계적으로' 하는 것이다. 그저 무작위의 입력값을 프로그램에 던져 주는 것은 효율적이지 않다.

가장 단순한 테스트 케이스는 무엇일까? 입력의 끝을 알리는 0을 제외하고 아무 수도 없다면 합계는 0이 될 것이므로, 이는 첫 번째 테스트 케이스로 적당하다. 두 번째로 시도해 볼 테스트 케이스는 한 개의 수를 입력하는 것으로, 합계는 그 수가 될 것이다. 다음 시도는 우리가 이미 합을 아는 두 개의 수를 입력으로 넣는 것으로, 1과 2 같은 경우 결과는 3이 된다. 이러한 몇 번의 테스트를 해 보면 여러분은 프로그램이 작동한다고 꽤 확신할 수 있다. 조심스러운 성격이라면 컴퓨터로 옮겨져서 실행되기 전에 직접 명령어를 신중하게 하나씩 따라가 봄으로써 코드를 테스트할 수 있다. 훌륭한 프로그래머들은 자신이 작성하는 모든 코드를 이러한 식으로 점검한다.

3.1.4 RAM 내부 표현

지금까지는 명령어와 데이터가 RAM 내부에서 정확히 어떻게 표현되는지에 대한 질문은 피해 왔다. 다음은 RAM 내부에서 명령어와 데이터를 표현하기 위한 한 가지 방법이다. 각 명령어가 자신의 숫자 코드를 저장하기 위해 한 개의 메모리 위치를 사용하고, 만일 명령어가 메모리를 참조하거나 데이터값을 이용하면 바로 다음의 메모리 위치도 사용한다고 가정해 보자. 즉, GET은 한 개의 위치를 사용하는 반면, 메모리 위치를 참조하는 IFZERO와 ADD 같은 명령어는 두 개의 메모리 셀을 차지하고 두 번째 셀은 참조하는 위치에 해당한다. 또한, 어떤 데이터값이라도 한 개의 위치에 들어간다고 가정해 보자. 이것은 단순화한 것이지만 실제 컴퓨터에서 일어나는 일과 동떨어진 것은 아니다. 마지막으로, 명령어의 숫자 값이 앞서 페이지에 나온 순서에 따라 각각 다음과 같다고 가정해 보자. GET = 1, PRINT = 2, STORE = 3, LOAD = 4, ADD = 5, STOP = 6, GOTO = 7, IFZERO = 8.

그림 3.8에 나온 프로그램은 일련의 수를 더해 나간다. 프로그램이 시작하려는 시점에서 RAM의 내용은 그림 3.9와 같을 텐데, 이 그림은 실제 RAM 위치, 세 개의 위치에 붙인 라벨, RAM 내용에 해당하는 명령어와 주소를 보여 준다.

위치	메모리	라벨	명령어
1	1	Top:	GET
2	8		IFZERO Bot
3	10		
4	5		ADD Sum
5	14		
6	3		STORE Sum
7	14		
8	7		GOTO Top
9	1		
10	4	Bot:	LOAD Sum
11	14		
12	2		PRINT
13	6		STOP
14	0	Sum:	0 [데이터, 0으로 초기화]

그림 3.9 **메모리상의 수 더해 나가기 프로그램**

모형 시뮬레이터는 자바스크립트로 작성되었는데, 7장에서 이 프로그래밍 언어에 대해 알아볼 예정이다. 시뮬레이터는 기능을 확장하기 쉽다. 예를 들어, 여러분이 컴퓨터 프로그램을 예전에 한 번도 못 봤더라도 곱셈 명령어나 다른 종류의 조건부 분기 명령어를 간단히 추가할 수 있다. 이는 여러분의 이해력을 테스트하기에 좋은 방법이다. 코드는 이 책의 웹 사이트에서 찾아볼 수 있다.

3.2 실제 CPU

우리가 방금 살펴본 것은 CPU의 단순화된 버전이다. 현실에서는 효율성과 성능에 중점을 두기 때문에 세부 사항이 훨씬 더 복잡하다.

CPU는 인출, 해석, 실행의 사이클을 반복하여 수행한다. 메모리에서 다음 명령어를 인출하는데, 보통은 다음 메모리 위치에 저장된 명령어지만, 그 대신 GOTO나 IFZERO가 명시하는 위치에 있는 명령어일 수도 있다. 이어서 CPU는 명령어를 해석하는데, 이는 명령어가 무슨 일을 하는지 파악하고 그것을 수행하는 데 필요한 모든 준비를 마치는 것을 의미한다. 다음으로 CPU는 명령어를 실행한다. 메모리에서 정보를 인출하고, 산술 또는 논리 연산을 수행하며, 결과를 저장하는 작업들을 명령어에 따라 적절하게 조합함으로써 실행한다. 그러고 나면 사이클에서 인출 단계로 다시 되돌아간다. 실제 프로세서의 인출-해석-실행 사이클은 전체 프로세스가 빨리 실행될 수 있게 하는 정교한 메커니즘을 가지고 있지만, 앞 절에서 수를 더해 나가는 프로그램 같은 루프일 뿐이다.

실제 컴퓨터에는 모형 컴퓨터보다 많은 명령어가 있지만, 기본적으로 명령어의 종류는 같다. 데이터를 옮기는 방법이 더 많고, 산술 연산을 수행하는 방법이 더 많고, 다양한 크기와 종류의 수를 연산할 수 있으며, 비교하고 분기하는 방법이 더 많고, 컴퓨터의 나머지 부분을 제어하는 방법이 더 많다. 일반적인 CPU에는 수십 개에서 수백 개의 다른 명령어가 있다. 명령어와 데이터는 보통 여러 개의 메모리 위치를 차지한다(흔히 2~8바이트). 실제 프로세서는 다수의 중간 결과를 보유하고 있으면서 실제로 매우 빠른 메모리처럼 작동할 수 있도록 여러 개의 누산기(흔히 16개 또는 32개)를 가지고 있다.

실제 프로그램은 앞서 나왔던 모형 컴퓨터용 예제에 비하면 방대해서, 종종 수백만 개의 명령어로 이루어진다. 이후 장에서 소프트웨어에 대해 설명할 때 그런 프로그램들이 어떻게 작성되는지 살펴볼 것이다.

컴퓨터 아키텍처는 CPU의 설계 방법과 CPU가 컴퓨터의 나머지 부분과 연결되는 방식을 설계하는 것을 연구하는 과목이다. 대학에서 컴퓨터 아키텍처는 흔히 컴퓨터 과학과 전기 공학의 경계선에 있는 하위 분야다.

컴퓨터 아키텍처에서 한 가지 관심사는 명령어 집합이다. 명령어 집합이란, 프로세서가 제공하는 명령어의 레퍼토리를 뜻한다. 폭넓고 다양한 종류의 계산을 처리할 수 있도록 다수의 명령어가 있어야 할까? 또는 작성하기 더 쉽고 더 빨리 실행될 수 있게 명령어의 수가 더 적어야 할까? 아키텍처는 기능성, 속도, 복잡도, 전력 소모, 프로그램 가능성 간의 복잡한 트레이드오프(tradeoff)를 수반한다. 프로그램 가능성과 관련해서, 만약 너무 복잡하다면 프로그래머들은 기능을 제대로 활용하지 못할 것이다. 다시 한 번 폰 노이만의 말을 인용하겠다. "일반적으로 산술 장치의 내부 자원 운영은 연산 속도에 대한 욕구와 (중략) 기계의 단순성 또는 저비용에 대한 욕구 사이의 절충으로 결정된다."

CPU는 RAM을 비롯한 컴퓨터의 나머지 부분과 어떻게 연결되어 있을까? 프로세서의 속도는 엄청나게 빨라서 보통은 명령어를 1나노초보다 훨씬 더 짧은 시간 만에 수행한다('나노'가 10억분의 1, 즉 10^{-9}이라는 것을 상기해 보라). 그에 비해 RAM은 몹시 느리다. 데이터와 명령어를 RAM에서 인출하는 데는 25~50나노초가 걸릴 수 있다. 물론 절대적인 관점에서는 빠르지만, CPU의 관점에서 보면 느린 것이다. 만일 데이터가 도착하기를 기다리지 않았다면 CPU는 100여 개의 명령어를 수행했을지도 모르기 때문이다.

현대의 컴퓨터는 캐시(cache)라고 하는 고속 메모리를 몇 개 사용한다. 캐시는 CPU와 RAM 사이에 위치하며 최근에 이용된 명령어와 데이터를 가지고 있다. 캐시에서 찾을 수 있는 정보에 접근하는 편이 RAM에서 정보가 오기를 기다리는 것보다 빠르다. 캐시와 캐싱(caching)에 대해서는 다음 절에서 설명한다.

또한, 컴퓨터 설계자들은 프로세서가 더 빨리 작동하도록 만들기 위해 여러 가지 아키텍처 기법을 이용한다. CPU를 인출과 실행 단계가 겹쳐지도록 설계해서 여러 개의 명령어가 다양한 단계에서 진행하도록 만들 수 있는데, 이를 파이프라이닝이라고 하며 자동차가 조립 라인을 따라 이동하는 것과 개념적으로 비슷하다. 결과적으로 특정한 명령어 한 개는 여전히 완료되는 데 같은 시간이 걸리지만, 다른 명령어도 동시에 처리되므로 전체적인 완료율은 높아진다. 다른 기법은 명령어들이 서로 간섭하거나 의존하지 않는다면 다수의 명령어를 병렬적으로 실행하는 것이다. 차량 생산에 비유하자면 병렬 조립 라인을 이용하는 것과 비슷하다. 가끔은 명령어들의 작업이 상호작용하지 않는다면 명령어의 순서를 바꿔 실행하는 일조차 가능하다.

또 다른 기법은 다수의 CPU가 동시에 작업하도록 하는 것이다. 이는 오늘날의 노트북과 휴대전화에서 표준으로 사용되는 기술이다. 내가 지금 사용 중인 컴퓨터에 있는 인텔 프로세서는 단일 집적 회로 칩상에 두 개의 CPU를 가지고 있는데, 요즘은 단일 칩상에 더 많은 프로세서를 넣고 컴퓨터마다 두 개 이상의 칩을 장착하는 경향이 크다. 집적 회로의 특성 크기가 작아질수록 더 많은 트랜지스터를 칩에 넣을 수 있고, 이는 더 많은 CPU와 캐시를 넣기 위해 이용되는 경향이 있다.

프로세서가 어디에 사용될지 고려하는 과정에서 프로세서 설계 측면에서 다양한 종류의 트레이드오프가 적용된다. 오랫동안 프로세서가 사용되는 주 대상은 데스크톱 컴퓨터였는데, 데스크톱에서는 전력과 물리적 공간이 비교적 넉넉했다. 이는 전력이 풍부하고 팬을 통해 열을 식힐 방법이 있다는 것을 설계자들이 알고 프로세서가 가능한 한 빨리 작동하도록 만드는 데 집중할 수 있었음을 뜻한다. 노트북은 이러한 트레이드오프를 크게 바꿔 놓았는데, 공간이 협소한 데다가 전원이 연결되지 않은 노트북은 무겁고 비싼 배터리로부터 전력을 공급받기 때문이다. 다른 특성은 같은 대신, 노트북용 프로세서는 더 느리고 더 적은 전력을 이용하는 경향이 있다.

휴대 전화, 태블릿 및 다른 휴대성이 높은 기기에는 이러한 트레이드오프가 한층 더 심화되는데, 크기, 무게, 전력에 훨씬 더 심한 제약이 있기 때문이다. 이 영역에서는 그저 설계를 약간 수정하는 것으로는 불충분하다. 데스크톱과 노트북용 프로세서에서는 인텔(Intel)이 지배적인 공급자이지만, 거의 모든 휴대 전화와 태블릿은 'ARM'이라 불리는 프로세서 설계를 사용하는데, 전력을 적게 사용하기 위해 특별히 설계된 방식이다. ARM 프로세서 설계 방식은 영국 회사인 ARM 홀딩스(ARM Holdings)에서 라이선스를 받는다.

다른 CPU 간에 속도를 비교하는 것은 어려울 뿐만 아니라 그다지 의미도 없다. 산술 연산 같은 기본적인 작업조차 일대일로 비교하기 어려울 만큼 충분히 다른 방식으로 처리될 수 있다. 예를 들어, 어떤 프로세서는 모형 CPU처럼 두 수를 더하고 세 번째 명령어로 결과를 저장하기 위해 세 개의 명령어가 필요할 수 있다. 두 번째 프로세서는 두 개의 명령어가 필요하고, 세 번째 프로세서는 그 작업을 위해 단일 명령어만 있을지도 모른다. 한 개의 CPU가 몇 개의 명령어를 병렬적으로 처리하거나 몇 개의 명령어를 겹쳐서 실행함으로써 명령어들이 단계적으로 진행되도록 할 수도 있을 것이다. 프로세서가 전력 소모를 낮추기 위해 실행 속도를 희생시키는 것은 일반적인데, 심지어 전력이 배터리에서 공급되는지에 따라 속도를 동적으로 조절하기도 한다. 그러므로 어떤 프로세서가 다른 것보다 '빠르다'는 주장은 조심스럽게 받아들여야 한다. 각 장점에는 차이가 있을 수 있다.

3.3 캐싱

여기서 잠시 본론에서 벗어나 캐싱에 관해 이야기할 필요가 있다. 캐싱은 컴퓨팅에서 폭넓게 적용되는 아이디어다. CPU에서 캐시(cache)는 RAM에 접근하는 것을 피하고자 최근에 사용된 정보를 저장하는 데 사용되는, 용량이 작고 속도가 매우 빠른 메모리다. 보통 CPU는 데이터와 명령어 그룹에 짧은 간격으로 잇달아 여러 번 접근한다. 예를 들어, 그림 3.9에 있는 수를 더해 나가는 프로그램에서 루프에 있는 다섯 개의 명령어는 입력된 수 각각에 대해 한 번씩 실행될 것이다. 만일 그 명령어들이 캐시에 저장되면 루프가 실행되는 동안 매번 RAM으로부터 인출하지 않아도 되고, 프로그램은 RAM의 작동을 기다릴 필요가 없어져서 더 빨리 실행될 수 있을 것이다. 이와 유사하게 Sum을 데이터 캐시에 유지하는 것도 접근 속도를 높여 주기는 하겠지만, 이 프로그램에서 진짜 병목 현상은 데이터를 구해 오는 과정에서 발생한다.

일반적인 CPU에는 2~3개의 캐시가 있는데, 흔히 레벨 L1, L2, L3라고 부르고 뒤로 갈수록 용량은 크지만 느리다. 가장 큰 캐시는 데이터를 몇 메가바이트 정도 담을 수 있다(나의 새 노트북은 각 코어별 L2 캐시에 256KB를, 단일 L3 캐시에 4MB를 담을 수 있다). 캐싱이 효과가 있는 것은 최근에 사용된 정보가 곧 다시 사용될 가능성이 더 크기 때문이다. 캐시에 정보를 가지고 있다는 사실은 RAM을 기다리는 데 시간을 덜 쓴다는 것을 뜻한다. 캐싱 과정에서는 대개 정보 블록들을 동시에 로딩하는데, 예를 들어 단일 바이트에 대한 요청이 들어오면 RAM에서 연속된 위치의 블록들을 로딩한다. 그 이유는 인접한 정보도 어쩌면 곧 사용될 것이고 위처럼 하면 필요할 때 캐시에 이미 존재할 가능성이 생기기 때문이다. 그렇게 되면 근처에 있는 정보를 참조할 때 기다리지 않고 바로 볼 수 있을 것이다.

이러한 캐싱의 효과가 일반적인 사용자에게 드러나는 것은 캐싱으로 인해 성능이 향상될 때뿐이다. 하지만 캐싱은 우리가 무엇인가를 지금 이용하고 있고 그것을 곧 다시 쓸 가능성이 있거나 그 근처에 있는 무엇인가를 곧 이용할 가능성이 있을 때는 언제든지 도움이 되는 훨씬 더 일반적인 개념이다. CPU에 있는 여러 개의 누산기는 속도가 빨라진다는 면에서 볼 때 실제로는 캐시의 일종이다. RAM은 디스크를 위한 캐시가 될 수 있고, RAM과 디스크는 네트워크에서 오는 데이터를 위해서는 둘 다 캐시가 된다. 네트워크는 종종 멀리 떨어져 있는 서버에서 오는 정보 흐름의 속도를 높이기 위해 캐시를 이용하고, 서버 자체에도 캐시가 있다.

웹 브라우저에서 '캐시를 삭제한다'는 문구에서 이 단어를 봤을 수도 있다. 브라우저는 어떤 웹 페이지에 포함된 이미지와 비교적 용량이 큰 다른 자료들의 로컬 사본을 유지하고 있는데, 사용자가 페이지를 재방문했을 경우 다시 다운로드하는 것보다 로컬 사본을 이용하는 편이 더 빠르기 때문이다. 캐시는 무한정 용량이 커질 수 없으므로 브라우저는 새로운 자료를 위한 공간을 만들기 위해 조용히 오래된 항목을 제거하고, 사용자가 오래된 자료 전체를 제거할 방법 또한 제공한다.

여러분도 가끔은 캐시의 효과를 직접 관찰할 수 있다. 예를 들어, 워드나 파이어폭스(FireFox) 같은 큰 프로그램을 시작시키고 디스크에서 로딩이 완료되고 사용할 준비가 되기까지 걸리는 시간을 측정해 보라. 그런 다음 프로그램을 종료시키고 즉시 재시작하라. 보통 두 번째로 시작하는 것은 훨씬 짧게 걸린다. 그 이유는 프로그램의 명령어가 아직 RAM에 있고, RAM은 디스크를 위한 캐시로 이용되기 때문이다. 시간이 흐르고 다른 프로그램들을 사용하면서 RAM은 그 프로그램들의 명령어와 데이터로 채워지고, 원래 프로그램은 더 이상 캐싱되지 않을 것이다.

워드나 엑셀(Excel) 같은 프로그램에 있는 최근에 사용된 파일 목록도 일종의 캐싱이다. 워드는 가장 최근에 사용한 파일을 기억하고 있다가 메뉴상에 그 이름을 표시해서 사용자가 파일을 찾으려고 검색할 필요가 없게 해 준다. 더 많은 파일을 열수록, 한동안 접근되지 않은 파일의 이름은 더 최근에 이용된 파일의 이름으로 대체될 것이다.

3.4 다른 종류의 컴퓨터들

모든 컴퓨터가 노트북이라고 생각하기 쉬운데, 주위에서 가장 많이 볼 수 있는 기종이기 때문이다. 하지만 크고 작은 많은 다른 종류의 컴퓨터들이 있다. 이러한 컴퓨터들은 논리적으로 계산할 수 있는 대상에 대한 핵심 속성을 공유하고 비슷한 아키텍처에 기반을 두고 있지만, 비용, 소모 전력, 크기, 속도 등에서 매우 다른 트레이드오프를 보여 준다. 휴대 전화와 태블릿 또한 컴퓨터로, 운영 체제를 실행하며 풍부한 컴퓨팅 환경을 제공한다. 우리 생활 주변을 채우는 거의 모든 디지털 기기에 더 작은 시스템들이 내장되고 있는데, 카메라, 전자책 단말기, GPS, 가전 기기, 게임 콘솔 등등 헤아릴 수 없다. 이른바 '사물 인터넷(IoT, Internet of Things)', 즉 네트워크에 연결된 온도 조절 장치, 보안 카메라, 스마트 조명 등도 그런 프로세서에 의존한다.

슈퍼컴퓨터(Supercomputer)는 굉장히 많은 수의 프로세서와 다수의 메모리를 가지는 경향이 있고, 프로세서 자체도 종래 사용되는 동종 프로세서보다 특정 종류의 데이터를 훨씬 더 빨리 처리하는 명령어로 구성될 수 있다. 요즘의 슈퍼컴퓨터는 전문화된 하드웨어를 사용하는 대신, 고속이지만 기본적으로는 평범한 CPU의 클러스터 구조에 기반을 두고 있다. top500.org 라는 웹 사이트는 6개월마다 세계에서 가장 빠른 컴퓨터 500개의 목록을 새로 발표한다. 최고 속도가 얼마나 빨리 높아지는지를 보면 놀라울 따름이다. 몇 년 전에 상위권에 있었을지도 모를 컴퓨터가 이제는 목록에서 아예 보이지 않을 수도 있다. 2016년 중반 기준으로 가장 빠른 컴퓨터는 1,000만 개가 훨씬 넘는 코어를 가지고 있고, 1초당 125×10^{15}개 이상의 산술 연산을 수행할 수 있다. 이 수치는 이 책의 제1판이 출간되었던 2011년보다 약 15배 더 커진 것이다.

그래픽 처리 장치(GPU, Graphics Processing Unit), 즉 GPU는 범용 CPU보다 일부 그래픽 계산을 훨씬 더 빨리 수행하는 전문화된 프로세서다. GPU는 원래 게임 같은 그래픽 시스템을 위해 개발되었는데, 휴대 전화용 음성 처리 및 신호 처리와 비디오 처리용으로도 사용된다. GPU는 또한 특정한 종류의 작업에 대해 일반적인 CPU의 처리 속도를 높이는 데 도움을 줄 수 있다. GPU는 병렬적으로 간단한 산술 계산을 대량으로 할 수 있어서, 계산 작업의 일부가 본질적으로 병렬이고 GPU로 넘겨질 수 있다면 전체 계산은 더 빨리 진행될 수 있다. 이러한 접근법은 매우 큰 자료 집합을 처리하는 데 특히 유용하다.

분산 컴퓨팅(Distributed computing)은 더 독립적으로 작동하는 컴퓨터들을 일컫는 말이다. 예를 들면, 메모리를 공유하지 않고 물리적으로 더 넓게 흩어져 있을 수 있어서 심지어 전 세계의 다른 지역에 위치할 수도 있다. 이러한 방식에서는 통신 부분이 잠재적인 병목 현상을 일으키는 요소로 더 크게 작용할 수도 있지만, 공간적으로 매우 멀리 떨어진 사람들과 컴퓨터들이 상호 협력해서 일할 수 있게 한다. 대규모 웹 서비스들, 즉 검색 엔진, 온라인 쇼핑, SNS 등이 분산 컴퓨팅 시스템이고, 수천 대의 컴퓨터가 많은 사용자를 위해 결과를 빨리 제공하고자 상호 협력하고 있다.

이 모든 종류의 컴퓨팅은 같은 근본적인 원칙을 공유한다. 한없이 다양한 작업을 수행하도록 프로그래밍될 수 있는 범용 프로세서에 기반을 두고 있는 것이다. 각 프로세서는 산술 연산을 하고, 데이터값을 비교하고, 이전의 계산 결과에 기초하여 다음에 수행할 명령어를 선택하는 간단한 명령어들의 한정된 레퍼토리를 가지고 있다. 전반적인 아키텍처는 1940년대 후반 이래로 그다지 바뀌지 않았지만, 물리적인 구조는 놀랍도록 빠른 속도로 진화를 거듭해 왔다.

어쩌면 예상 밖일 수 있겠지만, 이 모든 컴퓨터가 같은 논리적 능력을 갖추고 있고, 속도와 메모리 요구 사항 같은 실질적인 고려 사항을 제쳐 두면 정확히 똑같은 것들을 계산할 수 있다. 이 결과는 1930년대에 몇몇 사람들이 독자적으로 증명해 냈는데, 여기에는 영국인 수학자인 앨런 튜링(Alan Turing)도 포함된다. 튜링의 접근법은 비전문가들이 이해하기에 가장 쉽다. 그는 이 책에 나온 모형 컴퓨터보다 훨씬 더 간단한 매우 단순한 컴퓨터를 기술하고, 그 컴퓨터가 매우 일반적인 의미에서 계산 가능한 어떤 것이라도 계산할 수 있다는 것을 증명했다. 오늘날 이러한 종류의 컴퓨터는 **튜링 머신**(Turing machine)이라고 한다. 이어서 그는 어떤 다른 튜링 머신이라도 모방하여 작동하는 튜링 머신을 만드는 방법을 보여 주었는데, 지금은 이를 **범용 튜링 머신**(Universal Turing machine)이라고 한다. 범용 튜링 머신인 것처럼 작동하는 프로그램을 작성하기는 쉽고, 실제 컴퓨터인 것처럼 작동하는 범용 튜링 머신용 프로그램을 작성하는 것도 (쉽지는 않지만) 가능하다. 이러한 이유로, 모든 컴퓨터는 작동 속도 면에서는 분명히 차이가 있지만, 계산 가능한 대상 면에서는 동등하다.

제2차 세계대전 동안에 튜링은 이론을 실행으로 옮겼다. 튜링은 독일 군용 통신의 암호를 해독하기 위해 전문화된 컴퓨터를 개발하는 데 핵심적인 역할을 했다. 이 부분에 대해서는 12장에서 간단히 다시 언급할 예정이다. 튜링이 전시에 했던 작업 내용은 상당한 예술적 허용과 함께 몇몇 영화에 등장하는데, 대표적인 작품으로는 1996년작 〈코드 해독하기(Breaking the Code)〉와 2014년작 〈이미테이션 게임(The Imitation Game)〉이 있다.

1950년에 튜링은 〈계산 기계와 지능(Computing machinery and intelligence)〉이라는 논문을 발표했는데, 여기에서 컴퓨터가 인간의 지능을 보여 주는지를 평가하는 데 사용할 수 있는 테스트(지금은 **튜링 테스트**(Turing test)라고 불린다)를 제안했다. 컴퓨터와 인간이 따로 떨어져서 키보드와 디스플레이를 통해 인간 질문자와 의사소통한다고 상상해 보자. 대화를 나눔으로써, 질문자는 어느 쪽이 인간이고 어느 쪽이 컴퓨터인지 알아낼 수 있을까? 튜링의 생각은 인간과 컴퓨터가 확실히 구분이 안 된다면 컴퓨터가 지능적인 행동을 보여 준다는 것이었다.

튜링의 이름은 약간 억지로 만들어진 듯한 **캡차**(CAPTCHA)라는 약어의 일부가 되었는데, 이는 '완전 자동화된 사람과 컴퓨터 판별용 공개 튜링 테스트(Completely Automated Public Turing test to tell Computers and Humans Apart)'를 뜻한다. 캡차는 그림 3.10에 나오는 것 같은 왜곡된 문자 패턴으로서, 웹 사이트 사용자가 프로그램이 아니라 인간인지 확인하고자 할 때 사용된다. 캡차는 **역 튜링 테스트**(reverse Turing test)의 한 사례인데, 사람이 일반적으로 컴퓨터보다 시각적인 패턴을 더 잘 식별할 수 있다는 사실을 이용하여 인간과 컴퓨터를 구분하려고 시도하기 때문이다.

그림 3.10 캡차(CAPTCHA)

튜링은 컴퓨팅에서 가장 중요한 인물 중 한 명으로, 우리가 계산을 이해하는 데 크게 이바지했다. 컴퓨터 과학에서 노벨상에 맞먹는 튜링상(Turing Award)은 그를 기념하여 이름이 지어졌다. 이후 장에서, 발명자가 튜링상을 받았던 대여섯 개의 중요한 컴퓨팅 발명에 관해 설명할 것이다.

비극적이게도, 1952년에 튜링은 당시 영국에서 불법이었던 동성애 행위로 기소되었고, 1954년에 자살로 생을 마감했다.

3.5 요약

컴퓨터는 범용 기계다. 컴퓨터는 메모리에서 명령어를 가져오고, 메모리에 다른 명령어를 넣음으로써 수행하는 계산을 바꿀 수 있다. 명령어와 데이터는 맥락에 따라서만 구별할 수 있다. 즉, 어떤 이의 명령어는 다른 이의 데이터다.

현대의 컴퓨터는 거의 틀림없이 단일 칩상에 다수의 CPU가 있고 몇 개의 프로세서 칩이 내장되어 있는데, 메모리 접근을 더 효율적으로 하고자 집적 회로상에 여러 개의 캐시가 들어 있다. 캐싱 그 자체는 컴퓨팅에서 핵심적인 개념으로, 프로세서부터 인터넷이 구조화되는 방법에 이르기까지 모든 수준의 컴퓨팅에서 발견된다. 캐싱은 주로 명령어나 데이터에 더 빨리 접근할 목적으로 시간적 또는 공간적 집약성을 이용하는 기법을 항상 활용한다.

컴퓨터의 명령어 집합 아키텍처를 정의하는 데는 많은 방식이 있는데, 이는 속도, 전력 소모, 명령어 자체의 복잡성 같은 요인 간의 복잡한 트레이드오프를 수반한다. 이러한 세부 사항은 하드웨어 설계자에게는 지극히 중요하지만, 컴퓨터 프로그램을 작성하는 대부분의 사람에게는 훨씬 덜 중요하고, 어떤 기기에서 프로그램을 단지 사용하는 이들에게는 전혀 중요하지 않다.

튜링은 어떤 기기라도 이러한 구조로 된 컴퓨터라면 모두 정확하게 같은 것들을 계산할 수 있다는 의미에서 완전히 같은 계산 능력을 갖추고 있다는 것을 증명했다. 물론 컴퓨터 간의 성능은 크게 다를 수 있지만, 모든 컴퓨터가 속도와 메모리 용량 이슈를 제외하면 동등한 능력을 갖추고 있다. 가장 작고 간단한 컴퓨터라도 이론상으로는 더 큰 동종의 컴퓨터가 계산할 수 있는 어떤 것이든 계산할 수 있다. 실상 어떤 컴퓨터라도 다른 모든 컴퓨터를 모방하여 작동하도록 프로그래밍될 수 있는데, 이것이 실제로 튜링이 자신의 연구 결과를 증명한 방법이다.

> "다양한 컴퓨팅 처리를 하기 위해 다양한 새 기계를 설계할 필요는 없다. 각각의 경우에 적합하게 프로그래밍된 하나의 디지털 컴퓨터로 모든 처리를 할 수 있다."
> "It is unnecessary to design various new machines to do various computing processes. They can all be done with one digital computer, suitably programmed for each case."
>
> 앨런 튜링(Alan Turing), 〈계산 기계와 지능(Computing Machinery and Intelligence)〉,
> 《마인드(Mind)》 저널, 1950.

하드웨어 마무리

이제 하드웨어 영역의 끝부분에 도달했다. 그래도 어떤 기기나 장치에 관해 이야기하려고 이따금 다시 찾아올 것이다. 이 부분에서 여러분이 얻어가야 하는 핵심적인 아이디어는 다음과 같다.

디지털 컴퓨터는 데스크톱, 노트북, 휴대 전화, 태블릿, 전자책 단말기, 또는 많은 다른 장치 중 어떤 것이든 한 개 이상의 프로세서와 어떤 형태의 메모리를 포함하고 있다. 프로세서는 간단한 명령어를 매우 빨리 실행한다. 프로세서는 이전의 계산 결과와 외부 세계로부터의 입력값에 기초하여 다음에 무엇을 할 것인지 결정할 수 있다. 메모리는 데이터와 더불어 데이터를 처리하는 방법을 결정하는 명령어를 담고 있다.

컴퓨터의 논리적 구조는 1940년대 이후로 그다지 바뀌지 않았지만, 물리적 구조는 엄청나게 변했다. 50년 넘게 효력을 발휘했고 이제는 거의 자기충족적 예언이 된 무어의 법칙은 회로 구성 요소의 급격한 크기 감소와 가격 하락으로 인해, 정해진 양의 공간과 자본에 대한 컴퓨팅 성능이 급격하게 높아진다고 기술했다. 수십 년간 기술적인 예측에서 꾸준히 등장한 이야기는 무어의 법칙이 10년 후쯤엔 끝날 것이라는 경고들이었다. 소자의 크기가 단지 원자 몇 개 정도로 줄어들면서 현재의 집적 회로 기술이 곤경에 빠진 것은 확실하지만, 사람들은 그동안 놀라울 정도로 창의력을 발휘했다. 아마도 어떤 새로운 발명이 나타나서 우리가 계속 법칙의 곡선을 따라갈 수 있게 해 줄 것이다.

디지털 장치는 이진수로 작동한다. 하위 수준에서 정보는 두 개의 상태를 가지는 장치로 표현되는데, 만들기 가장 쉽고 가장 안정적으로 작동하기 때문이다. 어떤 종류의 정보라도 비트의 모임으로 표현된다. 다양한 종류의 수(정수, 분수, 유효 숫자 표기법)는 보통 1, 2, 4, 8바이트로 표현되는데, 이는 컴퓨터가 하드웨어에서 자연스럽게 처리하는 크기다. 이 말은 보통의 상황에서 수는 한정된 크기와 제한적인 정밀도를 가지고 있다는 것을 뜻한다. 적절한 소프트웨어가 있으면 임의의 크기와 정밀도를 지원하는 것도 충분히 가능하지만, 그런 소프트웨어를 이용하는 프로그램은 더 느리게 작동할 것이다. 자연 언어에서 사용되는 문자 같은 정보도 몇 개의 바이트로 표현된다. 영어에는 충분히 잘 적용되는 아스키코드는 문자 한 개에 1바이트를 이용한다. 더 넓은 언어권을 고려하면, 몇 가지 인코딩 방식을 이용하는 유니코드가 모든 문자 집합을 처리하지만 공간을 약간 더 많이 사용한다.

측정값 같은 아날로그 정보는 디지털 형태로 변환됐다가 다시 아날로그로 변환된다. 음악, 사진, 영화 및 유사한 종류의 정보는 특정한 형식에 맞춰진 연속적인 측정값을 통해 디지털 형태로 변환되고, 사람이 사용할 수 있도록 다시 아날로그로 변환된다. 이 경우에 정보가 일부 손실된다는 점은 예상 가능할 뿐만 아니라 압축을 위해 활용될 수도 있다.

여기서 마지막으로 거론해야 하는 한 가지 주제가 있다. 이것들은 디지털(digital) 컴퓨터라서, 모든 것들이 궁극적으로는 비트로 바뀌고, 비트는 개별적으로 또는 모여서 어떤 종류의 정보라도 수로 표현한다. 비트의 해석은 상황에 따라 달라진다. 비트로 바꿀 수 있다면 무엇이든 디지털 컴퓨터에 의해 표현되고 처리될 수 있다. 하지만 우리가 비트로 인코딩하는 방법을 모르거나 컴퓨터에서 어떻게 처리할 것인지 모르는 매우 많은 것들이 있다는 것을 명심하라. 이들 중 대부분은 삶에서 중요한 것들이다. 창조력, 진실, 아름다움, 사랑, 명예, 가치. 나는 한동안은 컴퓨터의 능력으로 이것들을 표현할 수 없을 것으로 생각한다. 여러분은 이러한 것들을 '컴퓨터로' 처리하는 방법을 안다고 주장하는 사람이 있다면 의심해 봐야만 한다.

소프트웨어

좋은 소식은 컴퓨터가 어떤 계산이라도 수행할 수 있는 범용 기계라는 점이다. 활용할 수 있는 명령어의 종류는 몇 가지뿐이지만, 컴퓨터는 명령어를 매우 빨리 처리할 수 있고 자신의 작업을 대부분 제어할 수 있다.

나쁜 소식은 누군가가 무엇을 할 것인지 극도로 상세하게 알려 주지 않는다면 컴퓨터 스스로는 아무것도 하지 않는다는 점이다. 컴퓨터는 궁극적인 마법사의 제자라고 할 만한데, 지칠 줄 모르고 실수 없이 명령을 따를 수는 있지만, 무엇을 할지 설명해 주려면 공들여 정확을 기해야 한다.

소프트웨어(Software)는 컴퓨터가 뭔가 유용한 일을 하도록 만들어 주는 명령어 시퀀스를 의미하는 일반적인 용어다. 소프트웨어는 '딱딱한(hard)' 하드웨어와는 대조적으로 '부드러운(soft)'데, 왜냐하면 형체가 없어 손대기 쉽지 않기 때문이다. 하드웨어는 확실히 유형(有形)의 것이라서, 만일 발 위에 노트북을 떨어뜨린다면 여러분은 알아챌 것이다. 소프트웨어는 그렇지 않다.

다음 몇 장에서 소프트웨어, 즉 컴퓨터에게 무엇을 할 것인지 알려 주는 방법에 관해 이야기할 것이다. 4장은 소프트웨어에 대해 개략적으로 논하면서 알고리즘에 대해 집중적으로 알아본다. 사실상 알고리즘은 주안점을 둔 작업을 위해 이상화된 프로그램이다. 5장에서는 프로그래밍과 프로그래밍 언어에 대해 논한다. 프로그래밍 언어는 우리가 계산 단계 시퀀스를 표현하기 위해 사용하는 도구다. 6장에서는 우리가 알든 모르든 모두 사용하는 주요한 종류의 소프트웨어 시스템에 대해 기술한다. 이 부분의 마지막 장인 7장에서는 자바스크립트로 프로그래밍하는 방법을 다룬다.

그 전에 명심해야 할 사실은 최신 과학 기술 시스템에서는 범용 하드웨어, 즉 프로세서, 메모리, 사용 환경에 연결되는 장치를 점점 더 많이 사용하고, 구체적인 작동 방식은 소프트웨어를 이용하여 만들어 낸다는 점이다. 일반적인 통념에 따르면 소프트웨어가 하드웨어보다 저렴하고, 더 유연하고, 바꾸기 더 쉬운데, 특히 어떤 기기가 공장에서 출고되고 나면 그렇다. 예를 들어, 자동차에서 컴퓨터가 동력과 브레이크가 적용되는 것을 제어한다면 잠김 방지 브레이크와 전자식 주행 안정성 제어 같은 다양한 기능은 분명히 소프트웨어 기능이다.

자동차용 소프트웨어의 이점과 결점을 보여 주는 아마도 가장 두드러진 최근의 사례는 배기가스 조작 사건일 것이다. 2015년 9월에 미국 환경보호청(EPA)의 연구원들은 폴크스바겐(VW,

Volkswagen)의 디젤 차종이 언제 검사를 받고 있는지 감지하고 그에 따라 성능을 조절함으로써 배기가스 검사에서 부정 조작을 하고 있다는 것을 밝혀냈다. 검사를 받지 않을 때는 배기가스 제어를 비활성화함으로써 더 나은 성능을 냈지만, 허용된 것보다 훨씬 높은 수치의 산화질소를 배출했다. 2015년 11월 26일 자 〈뉴욕 타임스(New York Times)〉 기사 내용을 옮기면 다음과 같다. "자동차 내부 소프트웨어를 이용하여 검사를 받는 동안에는 가장 적법하게 작동하도록 했지만, 다른 때에는 차량이 배기가스를 제한치 이상으로 배출하는 것을 허용했다." 정해진 시간대에 특정한 속도와 기어로 설정하도록 하는 표준검사 규약을 따랐기 때문에 자동차의 엔진 제어 소프트웨어가 차량이 언제 검사를 받고 있는지 추정할 수 있었던 것으로 보인다. VW의 CEO는 사임했고 1,100만 대의 차량이 리콜됐으며 판매량은 급격히 떨어졌고 회사의 명성과 주가는 심각한 타격을 입었다. 2016년 6월에 VW는 미국에서 150억 달러의 벌금을 무는 데 합의했지만, 이 이야기는 아마도 아직 끝나지 않았을 것이다.

VW 차량 소유자들은 소프트웨어 업그레이드를 해야 할 것이고, 어떤 차량은 하드웨어 변경도 필요할 것이다. 게다가 VW는 영향을 받은 차량을 되사야 할 수도 있다. 현실적인 문제로, 많은 VW 차량 소유자들이 굳이 업그레이드하지 않을 가능성도 꽤 있는데, 모두를 위해 공해를 줄이는 것보다 자신을 위해 성능이 나은 편을 선호하기 때문이다.

또한, 이 사례는 많은 중대한 시스템에서 컴퓨터가 핵심적인 역할을 맡고 있고, 소프트웨어가 그 시스템을 제어한다는 사실을 상기시켜 준다. 의료 영상 시스템은 컴퓨터를 이용하여 신호를 제어하고 의사들이 해석할 수 있는 이미지를 만들어 내고, 필름은 디지털 영상으로 대체됐다. 기차, 배, 비행기도 갈수록 더 소프트웨어에 의존하고 있다. 비행사로 근무하는 친구가 소프트웨어 업그레이드로 인해 비행기의 자동 조종 장치의 작동 방식이 어떻게 완전히 바뀌었는지 몇 년 전에 이야기해 준 적이 있다. 항공 교통 관제 시스템, 항법 보조 시설, 전력망, 전화통신망 같은 인프라도 마찬가지다. 컴퓨터 기반 투표 집계기에는 심각한 결함이 있음이 드러났다. 무기 관리와 군수품 보급을 위한 군용 시스템은 컴퓨터에 전적으로 의존하고 있고, 세계 전역의 재무 시스템 또한 그러하다. 이를 포함한 컴퓨터 시스템에 대한 공격을 의미하는 '사이버전'은 자주 사용되는 용어가 됐다. 현실적으로 위협이 될까? 일부는 그런 것 같다. 일례로 2010년 말의 스턱스넷(Stuxnet) 웜 바이러스는 이란에 있는 우라늄 농축용 원심 분리기를 공격했다. 확실히 임의의 표적은 아닌 것으로 보인다. 더 최근 사례로, 2015년 12월에 우크라이나에서 일어난 대규모 정전 사태가 러시아에서 만들어진 악성코드로 인해 발생했다고 여겨지지만, 러시아 정부는 연관성을 부인했다.

우리가 사용하는 소프트웨어가 신뢰할 만하거나 견고하지 않다면 곤경에 처하게 된다는 것은 이미 사실이다. 우리가 컴퓨터에 더 많이 의존할수록 실제로 곤경에 처할 가능성은 더 커질 뿐이다. 앞으로 살펴볼 것처럼, 완전히 신뢰할 수 있는 소프트웨어를 작성하는 것은 어렵다. 작성 논리나 구현상에 어떤 오류나 간과한 점이 있다면 프로그램이 잘못 작동할 수 있고, 일반적인 사용 시나리오에서는 문제가 없더라도 어떤 공격자가 파고들 수 있는 틈을 남겨 두게 될지도 모른다.

4

알고리즘

파인만 알고리즘:

1. 문제를 쓴다.

2. 매우 열심히 생각한다.

3. 답을 쓴다.

The Feynman Algorithm:

1. Write down the problem.

2. Think real hard.

3. Write down the solution.

물리학자 머리 겔만(Murray Gell-Mann)이 말한 것으로 알려짐. 1992.

소프트웨어를 설명하는 데 즐겨 사용되는 비유는 음식을 만드는 레시피에 비교하는 것이다. 어떤 요리를 위한 레시피는 필요한 재료, 요리사가 수행해야 하는 작업의 순서, 그리고 예상되는 결과를 나열한다. 마찬가지로, 어떤 과제를 위한 프로그램은 연산을 수행할 데이터를 필요로 하고 데이터로 무엇을 해야 할 것인지 자세하게 설명한다. 하지만 실제 레시피는 프로그램에 허락된 수준보다 훨씬 더 모호하고 애매하므로 이 비유는 썩 좋지 않다. 예를 들어, 초콜릿 케이크 레시피를 보면 다음과 같이 나온다. '오븐에서 30분간 또는 굳을 때까지 구우세요. 표면 위에 부드럽게 손바닥을 올려서 확인하세요.' 확인하는 사람이 무엇을 검사해야 할까? 흔들

림이 있는지, 꺼지는지, 다른 어떤 것인지? '부드럽게'는 얼마나 부드러운 걸까? 굽는 시간은 최소 30분이어야 할까, 아니면 30분을 넘겨서는 안 되는 것일까?

납세 신고서가 더 나은 비유다. 납세 신고서에는 성가실 정도로 상세하게 무엇을 해야 할 것인지 설명돼 있다. '29행에서 30행을 빼세요. 만일 값이 0 이하이면, 0을 입력하세요. 31행에 0.25를 곱하세요, …' 비유가 여전히 완벽하지는 않지만, 납세 신고서는 레시피보다 컴퓨터의 계산적 측면을 훨씬 더 잘 보여 준다. 산술 연산이 필요하고, 데이터값이 한 곳에서 다른 곳으로 복사되고, 조건을 검사하고, 차후의 계산은 이전 계산의 결과에 달려 있다.

특히 세금 처리를 위해서는 그 절차가 완전해야 한다. 어떤 상황에서라도 결과, 즉 납부할 세액을 항상 산출해 내야 한다. 절차는 명료해야 하는데, 누구든 같은 초기 데이터를 가지고 시작하면 같은 최종 해답에 도달해야 한다. 그리고 절차는 한정된 시간 후에는 끝나야 한다. 개인적인 경험으로 말하자면 이러한 명제들은 모두 이상적인 것에 불과한데, 용어가 항상 명확하지는 않고, 설명서는 세무 당국이 마지못해 인정하는 것보다 더 모호하며, 어떤 데이터값을 사용해야 하는지 분명하지 않은 경우가 자주 생기기 때문이다.

알고리즘(algorithm)은 세심하고, 정확하고, 명료한 레시피 또는 납세 신고서의 컴퓨터 과학용 버전으로, 결과를 정확하게 계산하도록 보장된 일련의 단계다. 각 단계는 기본적인 연산을 이용하여 표현되고, 그 연산의 의미는 완전히 명시되어야 한다(예를 들면, '두 개의 정수를 더하세요' 같이). 모든 구성 요소의 의미에 한치의 모호함도 없어야 한다. 또한, 입력 데이터의 종류가 주어진다. 알고리즘은 모든 가능한 상황을 다뤄야 하며, 다음에 무엇을 할지 모르는 상황에 결코 부딪혀서는 안 된다. 세세하게 규칙을 따지고 싶을 때, 컴퓨터 과학자들은 대개 '알고리즘은 결국 멈춰야 한다'라는 조건 한 개를 더 추가한다. 그 기준에 의하면 고전적인 샴푸 사용법 설명인 '거품을 내고, 헹구고, 반복하라'는 알고리즘이 아니다.

효율적인 알고리즘의 설계, 분석, 구현은 컴퓨터 과학이라는 학문에서 핵심적인 부분이고, 현실에서 활용되는 매우 중요한 알고리즘이 많이 있다. 어떤 알고리즘을 꼭 집어서 설명하거나 표현하려고 하지는 않겠지만, 이 한 가지 개념만큼은 전달해 주고 싶다. 알고리즘은 지능이나 상상력이 없는 개체가 수행한다고 하더라도 연산의 의미와 그것을 수행하는 방법에 의심의 여지가 없을 정도로 충분히 상세하고 정확하게 연산 시퀀스를 명시하는 것이다. 또한, 알고리즘의 효율성에 대해 논할 텐데, 알고리즘의 효율성은 처리될 데이터의 양에 따라 계산 시간이 결정되는 방법을 뜻한다. 친숙하고 쉽게 이해할 수 있는 몇 개의 기본적인 알고리즘에 대해 효율성을 따져볼 예정이다.

이 장에 있는 세부 사항이나 가끔씩 나오는 공식을 모두 이해할 필요는 없지만, 개념들은 공부해 둘 가치가 있다.

4.1 선형 알고리즘

방 안에서 가장 키 큰 사람이 누구인지 알아내고 싶다고 가정해 보자. 그냥 둘러보고 어림짐작을 할 수도 있겠지만, 알고리즘은 바보 같은 컴퓨터라도 이해할 수 있을 정도로 정확하게 실행 단계를 설명해야만 한다. 기본적인 접근법은 각 사람에게 차례로 키가 얼마인지 묻고, 그때까지 본 것 중에서 가장 키 큰 사람을 계속 파악해 두는 것이다. 따라서 우리는 각 사람에게 돌아가며 다음처럼 물어볼 수 있다. '존, 키가 얼마나 되니? 메리, 키가 얼마나 되니?' 만일 존이 우리가 물어본 첫 번째 사람이라면 그때까지는 그가 가장 키가 크다. 만약 메리가 키가 더 크다면 이제 그녀가 가장 큰 것이고, 그렇지 않다면 존이 순위를 유지한다. 어떻든 간에, 다음으로 세 번째 사람에게 물어본다. 절차의 끝에 도달해서 각 사람에게 물어본 다음에는, 누가 가장 키 큰 사람인지와 그 사람의 키를 알게 된다. 바로 떠올릴 수 있는 비슷한 사례는 가장 부유한 사람, 알파벳순으로 이름이 가장 앞에 오는 사람, 또는 생일이 연말에 가장 가까운 사람을 찾는 일이 될 것이다.

상황을 복잡하게 만드는 문제가 있다. 값이 중복되는 경우를 어떻게 다뤄야 할까? 예를 들어, 두 명 혹은 그 이상의 사람이 키가 같다면? 첫 번째를 기록할 것인지, 마지막을 기록할 것인지, 아니면 그중 임의의 항목을 기록할 것인지, 어쩌면 모두를 기록해야 할 것인지 선택해야만 한다. 키가 같은 사람들의 집합 중에서 사람 수가 가장 많은 것을 찾는 일은 훨씬 더 어려운 문제라는 것을 주목하라. 왜냐하면 키가 같은 사람들 모두의 이름을 기억해야만 함을 뜻하기 때문이다. 이 경우 마지막에 가서야 명단에 누가 있는지 알게 될 것이다. 이 사례는 **자료 구조** (data structure)를 필요로 한다. 자료 구조는 계산 과정에서 필요한 정보를 표현하는 방법으로, 많은 알고리즘에서 중요한 고려 사항이지만, 여기서 자세히 논하지는 않겠다.

만약 키의 평균을 계산하고 싶다면 어떻게 해야 할까? 각 사람에게 키를 물어보고, 입수한 키의 값을 더해 나가고(아마도 일련의 수를 더해 나가는 모형 컴퓨터 프로그램을 이용하여), 마지막에 총합을 사람 수로 나눠서 구할 수 있을 것이다. 종이에 N개의 키 목록이 쓰여 있다면 우리는 이 예제를 더 '알고리즘적으로' 아래처럼 표현할 수 있다.

```
set sum to 0                        // sum을 0으로 설정한다
for each height on the list         // 목록에 있는 각 height에 대해
    add the height to sum           // sum에 height를 더한다
set average to sum / N              // average를 sum / N으로 설정한다
```

하지만 컴퓨터에 이 작업을 요청하는 것이라면 더 신중해야 한다. 예를 들어, 종이에 아무런 수도 쓰여 있지 않다면 어떻게 될까? 만일 사람이 이 작업을 한다면 할 일이 없다는 것을 알아차리기 때문에 문제가 되지 않는다. 대조적으로, 컴퓨터의 경우 이런 가능성에 대해 검사하라고 알려 주고, 실제로 그런 경우가 발생했을 때 어떻게 행동해야 하는지 말해 주어야만 한다. 검사가 행해지지 않으면 결과적으로 총합을 0으로 나누려고 시도하게 될 텐데, 이는 정의되지 않은 연산이다. 알고리즘과 컴퓨터는 모든 가능한 상황을 처리해야 한다. 만약 여러분이 한 번이라도 '0달러 00센트'로 발행된 수표나 0원의 납부 잔액을 지급하라는 고지서를 받아 보았다면 모든 경우를 제대로 검사하지 못한 사례를 만난 것이다.

대개 그런 것처럼 미리 몇 개의 데이터 항목이 있는지 모른다면 어떻게 될까? 이 경우에는 총합을 계산하면서 항목의 개수를 세어야 한다.

```
set sum to 0                            // sum을 0으로 설정한다
set N to 0                              // N을 0으로 설정한다
repeat these two steps for each height: // height마다 다음 두 단계를 반복
    add the next height to sum          // sum에 다음 height를 더한다
    add 1 to N                          // N에 1을 더한다
if N is greater than 0                  // N이 0보다 크다면
    set average to sum / N              // average를 sum / N으로 설정한다
otherwise                               // 그렇지 않다면
    report that no heights were given   // 주어진 height가 없다고 보고한다
```

위 알고리즘은 처리하기 곤란한 경우를 명시적으로 검사함으로써 잠재적으로 발생할 수 있는 '0으로 나누기' 문제를 다루는 한 가지 방법을 보여 준다.

알고리즘의 한 가지 결정적인 특성은 얼마나 효율적으로 작동하는지다. 알고리즘이 빠른지, 느

린지? 주어진 양의 데이터를 처리하는 데 얼마나 걸릴 것으로 예상되는지? 위에 제공된 예제의 경우, 수행할 단계의 수, 또는 컴퓨터가 이 작업을 하는 데 걸리는 시간은 처리해야 하는 데이터의 양에 정비례한다. 만약 방 안에 있는 사람의 수가 두 배이면 가장 키 큰 사람을 찾거나 평균 키를 계산하는 데 두 배의 시간이 걸릴 것이고, 사람의 수가 10배라면 처리하는 데 10배의 시간이 걸릴 것이다. 계산 시간이 데이터의 양에 정비례하거나 선형적으로 비례할 때, 그 알고리즘은 선형 시간(linear-time) 또는 단순히 선형(linear)이라고 한다. 데이터 항목의 수를 x축으로 놓고 실행 시간을 y축으로 해서 그래프를 그려 보면 오른쪽 위를 향하는 직선이 될 것이다. 일상생활에서 접하는 많은 알고리즘은 선형인데, 왜냐하면 어떤 데이터에 대해 같은 기본적인 연산(들)을 수행해야 하고, 데이터 수가 많아지면 곧 그에 정비례해서 더 많은 일이 필요하기 때문이다.

많은 선형 알고리즘이 동일한 기본적인 형태를 취한다. 초기화가 필요할 수 있는데, 예를 들면 누적 합계를 0으로 설정하거나 가장 큰 키를 어떤 작은 값으로 설정하는 것이다. 다음으로 각 항목을 차례로 검사하고, 그 항목에 대해 간단한 계산을 수행한다. 수를 세고, 이전 값과 비교하고, 간단한 방식으로 변환하고, 어쩌면 출력할 수도 있다. 마지막에는 작업을 끝내기 위한 어떤 단계가 필요할 수 있는데, 예를 들면 평균값을 계산하거나 총합 또는 가장 큰 키를 출력하는 일이다. 만약 각 항목에 대한 연산에 거의 같은 시간이 걸린다면 소요되는 전체 시간은 항목의 수에 비례한다.

4.2 이진 검색

선형 시간보다 잘할 수 있는 방법은 없을까? 출력된 목록이나 명함 다발에 많은 이름과 전화번호가 있다고 가정해 보자. 만일 이름이 특정한 순서 없이 섞여 있는데 마이크 스미스의 전화번호를 찾으려 한다면, 그 이름을 찾을 때까지 모든 명함을 확인하거나 그 이름이 아예 없어서 찾지 못할 수도 있다. 하지만 만약 이름이 알파벳순으로 되어 있다면 더 나은 방식으로 찾아볼 수 있다.

옛날식 종이 전화번호부에서 이름을 찾는 방법을 생각해 보자. 대략 중간쯤부터 시작한다. 만일 찾고 있는 이름이 중간 페이지에 있는 이름들보다 알파벳순으로 앞에 있으면 책의 뒤쪽 절반은 완전히 무시하고 앞쪽 절반의 중간(전체의 1/4 지점)을 이어서 본다. 그렇지 않으면 책의 앞쪽 절반은 무시하고 뒤쪽 절반의 중간(전체의 3/4 지점)을 확인한다. 이름이 알파벳순으로 나열되어 있으므로 각 단계에서 다음에 어느 쪽 절반에서 찾아봐야 할 것인지 알게 된다. 결국 우리는 찾고 있는 이름이 발견되는 지점에 도달하거나 아예 이름이 없는지 확실히 알게 된다.

이 검색 알고리즘은 이진 검색(binary search)이라고 하는데, 각 확인 또는 비교 과정에서 항목들이 두 개의 그룹으로 나뉘고, 그중 한쪽 그룹은 다음 고려 대상에서 제거될 수 있기 때문이다. 이진 검색은 분할 정복(divide and conquer)이라고 하는 일반적인 전략의 한 사례다. 그 속도는 얼마나 빠를까? 각 단계에서 남아 있는 항목의 절반이 제거되므로, 단계의 수는 원래 크기를 2로 계속 나눠서 한 개의 항목에 도달하게 되는 횟수에 해당한다.

1,024개의 이름으로 시작한다고 가정해 보자. 이 수는 계산을 수월하게 하고자 선택된 것이다. 한 번 비교하면 512개의 이름을 검색 대상에서 제거할 수 있다. 한 번 더 비교하면 256개, 이어서 단계별로 128, 64, 32, 16, 8, 4, 2, 마지막으로 1이 된다. 세어 보면 10번의 비교가 일어난 것이다. 여기서 2^{10}이 1,024라는 것은 확실히 우연이 아니다. 비교하는 횟수는 원래 항목의 수가 되게 만드는 2의 지수다. 비교되는 항목의 수를 거꾸로 해서 1부터 2, 4, …, 1,024까지 따라가 보면 매번 2를 곱하고 있다는 것을 알 수 있다.

학교에서 배운 로그를 기억한다면(그런 이가 많지는 않을 것이다. 여기서 로그를 볼 것이라고 누가 생각이나 했겠는가?), 어떤 수의 로그는 그 수에 도달하기 위해 밑수(여기서는 2)에 붙는 지수라는 것을 아마 기억할 것이다. 따라서 1,024의 로그(밑수 2)는 10인데, 2^{10}이 1,024이기 때문이다. 우리 목적에 맞춰서 이야기하자면 로그는 어떤 수를 2로 나눠서 1에 도달하기까지의 횟수, 또는 그와 동등하게 2에 자신을 계속 곱해서 그 수까지 도달하기까지의 횟수. 이 책에서는 정밀도나 소수까지는 필요하지 않다. 대략적인 계산과 정숫값이면 충분한데, 많이 단순화시킨 것이다.

이진 검색에서 중요한 점은 수행되어야 하는 일의 양이 데이터의 양에 비해 천천히 증가한다는 것이다. 알파벳순으로 정렬된 1,000개의 이름이 있다면 특정 이름을 찾기 위해 10개의 이름을 확인해야 한다. 2,000개의 이름이 있다면 11개의 이름만 확인하면 되는데, 왜냐하면 우리가 첫 번째로 이름을 확인하는 즉시 2,000개 중 1,000개를 검색 대상에서 제거할 수 있고, 1,000개를 확인하면 되는 지점(10번의 검사가 필요한)에 도달하기 때문이다. 만약 100만 개의 이름이 있다면 이것은 1,000의 1,000배다. 첫 번째 10번의 검사를 하면 1,000개까지 검색 대상을 줄일 수 있고, 다시 10번의 검사를 하면 한 개에 도달해서 총 20번의 검사가 일어난다. 100만은 10^6으로 2^{20}에 가깝기 때문에 100만의 로그(밑수 2)는 약 20이 된다.

이상에서, 10억 개의 이름이 담긴 전화번호부(거의 지구 전체에 해당하는 전화번호부)에서 이름을 찾으려 한다면 10억은 약 2^{30}이기 때문에 30번만 이름을 비교하면 된다는 것을 알 수 있다. 이러한 이유로 작업의 양이 데이터의 양에 비해 천천히 증가한다고 하는 것이다. 데이터양이 1,000배 많아지더라도 10번의 단계만 더 필요하다.

빠른 검증을 위해, 내 친구인 해리 루이스(Harry Lewis)를 오래된 하버드 대학 종이 전화번호부에서 검색해 보기로 했다. 전화번호부는 총 224쪽에 약 20,000개의 이름을 포함하고 있었다. 112페이지에서 시작해 보니 로런스(Lawrence)라는 성이 나왔다. '루이스(Lewis)'는 알파벳순으로 그 이후라서 뒤쪽 절반에 있으므로 112와 224의 중간인 168페이지를 다음으로 확인했고 리베라(Rivera)가 나왔다. 루이스는 알파벳순으로 그 전이라서 140페이지(112와 168페이지 중간)를 확인했고 모리타(Morita)가 나왔다. 다음으로 126페이지(112와 140페이지 중간)를 확인했고 마크(Mark)가 나왔다. 다음 시도는 119페이지의 리틀(Little), 다음은 115페이지의 라이트너(Leitner), 다음은 117페이지의 리(Li), 마지막으로 116페이지에 도달했다. 이 페이지에는 이름이 90개 정도 있어서 같은 페이지상에서 다시 7번의 비교를 거쳤고, 여남은 명의 루이스 중에서 해리를 찾아냈다. 이 실험에는 총 14번의 검사가 필요했는데, 이는 예상에 근접한 값으로, 20,000은 2^{14}(16,384)와 2^{15}(32,768) 사이에 있기 때문이다.

분할 정복 방식은 많은 스포츠 경기에서 이용되는 단계별 토너먼트 같은 실제 상황에서 나타난다. 토너먼트는 많은 수의 경쟁자들과 함께 시작하는데, 예를 들면 윔블던(Wimbledon) 테니스 대회에서 남자 단식 경기는 128명으로 시작한다. 각 회전에서 경쟁자들이 절반씩 탈락해서 최종 회전에서는 두 선수만 남고, 이 중에서 단독 승자가 나온다. 우연스럽지 않게 128은 2의 거듭제곱(2^7)이라서 윔블던에는 7번의 회전이 있다. 전 세계인이 모여서 하는 단계별 토너먼트를 상상해 볼 수도 있을 것이다. 70억 명의 참가자가 있더라도 승자를 결정하는 데는 단지 33번의 회전이 필요하다. 2장에서 2와 10의 거듭제곱에 대해 논했던 것을 떠올린다면 간단한 암산으로 이것을 확인할 수 있다.

4.3 정렬

하지만 애초에 어떻게 해야 이름들이 알파벳순이 되도록 만들 수 있을까? 그런 예비 단계 없이는 이진 검색을 사용할 수 없다. 여기서 또 다른 핵심적인 알고리즘 문제인 정렬(sorting)이 등장하는데, 정렬은 항목을 순서대로 배열해서 그다음에 일어나는 검색이 빨리 작동할 수 있도록 해 준다.

나중에 이진 검색으로 효율적으로 검색할 수 있도록 이름들을 알파벳순으로 정렬하고 싶다고 가정해 보자. 한 가지 알고리즘은 선택 정렬(selection sort)이라고 하는데, 그렇게 불리는 까닭은 아직 정렬되지 않은 항목 중에서 다음 이름을 계속 선택하기 때문이다. 이는 앞서 본 대로 방안에서 가장 키 큰 사람을 찾는 기법에 바탕을 두고 있다.

익숙한 다음 16개의 이름을 알파벳순으로 정렬하면서 실제로 확인해 보자.

> Intel Facebook Zillow Yahoo Pinterest Twitter Verizon Bing
> Apple Google Microsoft Sony PayPal Skype IBM Ebay

앞부분부터 시작하면 인텔(Intel)이 처음에 나오므로 여기까지는 알파벳순으로 인텔이 첫 번째다. 다음 이름인 페이스북(Facebook)과 비교해 본다. 페이스북이 알파벳순으로 앞에 오기 때문에 임시로 새로운 첫 번째 이름이 된다. 질로우(Zillow)는 알파벳순으로 페이스북보다 앞이 아니고 빙(Bing)까지는 다른 이름들도 그렇기 때문에 빙이 페이스북 대신 첫 번째 이름이 됐다가, 이어서 애플(Apple)에 자리를 뺏긴다. 나머지 이름들을 검사해 봐도 애플 앞에 오는 이름은 없어서 애플이 목록에서 진짜 첫 번째 이름이 된다. 애플을 가장 앞으로 옮기고 나머지 이름은 원래 상태 그대로 둔다. 목록은 이제 다음처럼 된다.

> Apple
>
> ‒‒‒‒‒‒‒
>
> Intel Facebook Zillow Yahoo Pinterest Twitter Verizon Bing
> Google Microsoft Sony PayPal Skype IBM Ebay

이제 두 번째 이름을 찾기 위해 과정을 반복한다. 정렬되지 않은 무리 중 첫 번째 이름인 인텔부터 시작한다. 다시금 페이스북이 자리를 빼앗고 유사하게 진행된 후 빙이 첫 번째 요소가 된다. 두 번째 훑어보기 이후 결과는 다음과 같다.

Apple Bing

Intel Facebook Zillow Yahoo Pinterest Twitter Verizon
Google Microsoft Sony PayPal Skype IBM Ebay

14번의 단계를 더 진행하면 이 알고리즘은 완전히 정렬된 목록을 만들어 낸다.

선택 정렬에는 얼마나 많은 일이 필요할까? 남아 있는 항목들 전체를 반복하여 검사하면서 매번 알파벳순으로 다음에 오는 이름을 찾는다. 16개의 이름이 있으면 첫 번째 이름을 찾기 위해 16개의 이름을 확인해야 한다. 두 번째 이름을 찾는 데는 15번의 단계가 필요하고, 세 번째 이름은 14번의 단계, 이러한 식으로 반복한다. 결국, 16+15+14+…+3+2+1, 총 136번 이름을 확인해야 한다. 물론 운이 좋아서 이름이 이미 순서대로 되어 있다는 것을 알아낼 수도 있겠지만, 알고리즘을 연구하는 컴퓨터 과학자들은 비관론자라서 최악의 경우, 즉 이름이 알파벳 역순으로 되어 있는 경우를 가정한다.

이름들을 훑어보는 횟수는 본래 항목의 수에 정비례한다(이 예에서는 16, 일반적으로는 N). 하지만 훑어볼 때마다 항목의 수가 한 개씩 줄어들기 때문에 일반적으로 필요한 일의 양은 다음과 같이 계산된다.

$$N + (N - 1) + (N - 2) + (N - 3) + \cdots + 2 + 1$$

이 수열의 합계는 $N \times (N + 1)\ /\ 2$가 되고(양 끝의 수를 두 개씩 짝지어 더해 나간다고 보면 이해하기 쉽다), 이것은 $N^2/2 + N/2$로 계산된다. 2로 나누는 걸 무시하면 일의 양은 $N^2 + N$에 비례한다. N이 커짐에 따라 N^2은 금방 N보다 훨씬 큰 값이 되므로(예를 들어, N이 1,000이면 N^2은 100만이다), 결과적으로 일의 양은 N^2, 즉 N의 제곱에 거의 비례하게 되는데, 이러한 증가율을 2차(quadratic)라고 한다. 2차는 선형보다 효율이 낮은데, 사실 훨씬 더 낮다. 만약 정렬할 항목의 수가 두 배가 되면 네 배의 시간이 걸릴 것이다. 항목의 수가 10배라면 100배의 시간이 걸릴 것이다. 항목의 수가 1,000배라면 1,000,000배의 시간이 걸린다! 썩 좋지 않다.

다행스럽게도 훨씬 더 빨리 정렬을 할 수 있다. 한 가지 기발한 방법을 살펴보자. 이는 퀵 정렬(Quicksort)이라는 알고리즘으로, 영국인 컴퓨터 과학자인 토니 호어(Tony Hoare)가 1959년경에 고안했다(호어는 퀵 정렬을 포함한 몇 가지 공로를 인정받아 1980년에 튜링상을 받았다). 퀵 정렬은 분할 정복의 매우 좋은 사례다.

다시 한 번 정렬되지 않은 이름을 살펴보자.

Intel Facebook Zillow Yahoo Pinterest Twitter Verizon Bing
Apple Google Microsoft Sony PayPal Skype IBM Ebay

간단한 버전의 퀵 정렬을 이용하여 이름을 정렬하려면 먼저 이름을 한 번 훑어보면서 A에서 M까지로 시작하는 이름들을 한 덩어리로 모으고 N에서 Z까지로 시작하는 이름들을 다른 덩어리로 모은다. 이렇게 하면 두 개의 덩어리가 생기고, 각각에 절반 정도의 이름이 들어가 있다. 이것은 각 단계에서 이름들의 절반가량이 각 덩어리에 들어갈 정도로 이름의 분포가 심하게 한쪽으로 쏠리지 않았다고 추정한 것이다. 이 예의 경우 지금까지 만들어진 두 덩어리에는 각각 여덟 개의 이름이 들어가게 될 것이다.

Intel Facebook Bing Apple Google Microsoft IBM Ebay
Zillow Yahoo Pinterest Twitter Verizon Sony PayPal Skype

이제 A-M 덩어리를 훑어보면서, A부터 F까지를 하나로, G부터 M까지를 하나로 모은다. 그리고 N-Z 덩어리를 훑어보면서, N-S를 하나로, T-Z를 하나로 모은다. 이 시점에서, 이름 전체를 두 번 훑어보았고, 네 개의 덩어리가 있으며, 각각은 이름의 1/4 정도를 담고 있다.

Facebook Bing Apple Ebay
Intel Google Microsoft IBM
Pinterest Sony PayPal Skype
Zillow Yahoo Twitter Verizon

다음으로는 각 덩어리를 훑어보면서 A-F 덩어리를 ABC와 DEF로 분리하고, G-M 덩어리는 GHIJ와 KLM으로 분리하고, N-S와 T-Z 덩어리에 대해서도 같은 식으로 나눠 준다. 이 시점에서 각각 두 개 정도의 이름을 담은 여덟 개의 덩어리가 생기게 된다.

Bing Apple
Facebook Ebay
Intel Google IBM
Microsoft
Pinterest PayPal

Sony Skype

Twitter Verizon

Zillow Yahoo

물론 우리는 결국 이름의 첫 번째 문자 이상을 확인해야만 할 텐데, 예를 들면 IBM이 Intel 앞에, Skype가 Sony 앞에 오도록 해야 하기 때문이다. 하지만 한두 번 더 훑어보면 한 개씩의 이름을 담은 16개의 덩어리를 갖게 되고, 이름들은 알파벳순이 될 것이다.

퀵 정렬에는 얼마나 많은 일이 필요했을까? 우리는 단계마다 16개의 이름 각각을 확인했다. 만일 매번 이름들이 딱 떨어지게 나뉘었다면 각 덩어리에는 여덟 개, 다음으로 네 개, 다음은 두 개, 마지막으로 한 개의 이름이 담길 것이다. 단계의 수는 16을 2로 나눠서 1에 도달할 때까지의 횟수다. 이것은 16의 로그(밑수 2)로, 4가 된다. 따라서 일의 양은 16개의 이름에 대해서 $16 \log_2 16$이다. 만일 데이터 전체를 네 번 훑어본다면 64번의 연산이 일어나고, 이는 선택 정렬에서 136번 연산이 일어나는 것과 비교가 된다. 이것은 16개의 이름에 대해서고, 이름의 수가 더 많아지면 퀵 정렬의 이점은 훨씬 더 커지는데, 그림 4.1에서 확인할 수 있다.

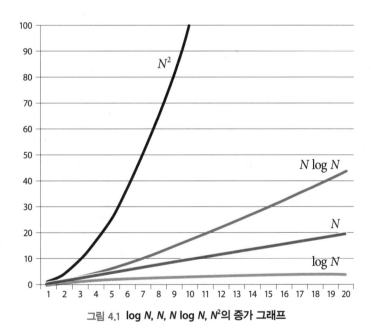

그림 4.1 **log N, N, N log N, N²의 증가 그래프**

이 알고리즘은 항상 데이터를 정렬하지만, 매번 무리를 나눌 때 거의 같은 크기의 덩어리로 나누어져야만 효율적이다. 실제 데이터를 대상으로 했을 때, 퀵 정렬은 매번 거의 같은 크기의 두 개의 무리로 나눌 수 있도록 중간 데이터값을 추측해야만 하는데, 실제로는 몇 개의 항목에 대해 표본 조사를 함으로써 이 값을 충분히 잘 추정할 수 있다. 일반적으로(몇몇 세부 요소를 무시하면), 퀵 정렬로 N개의 항목을 정렬하는 데 약 $N \log N$의 연산이 필요하다. 즉, 작업의 양은 $N \times \log N$에 비례한다. 이것은 선형보다 효율이 낮지만 심하게 그렇지는 않고, N이 조금이라도 크다면 2차, 즉 N^2보다 훨씬 더 우수하다.

그림 4.1의 그래프는 데이터의 양이 늘어남에 따라 $\log N$, N, $N \log N$, N^2이 어떻게 증가하는지를 보여 준다. 20개의 값에 대해 좌표에 값을 나타냈는데, 2차는 10개에 대해서만 나타낸 상태로, 그 이상 가면 그래프를 뚫고 나갈 기세다.

시험 삼아, 미국의 사회보장번호(Social Security numbers)와 유사한 1,000만 개의 무작위 9자리 수를 생성하여 선택 정렬(N^2, 즉 2차)과 퀵 정렬($N \log N$)로 다양한 크기의 무리를 정렬하는 데 얼마나 걸리는지 재 보았다. 결과는 그림 4.2에 나와 있고, 표 중에서 '-'(대시) 표시는 실행하지 않은 경우다.

수의 개수(N)	선택 정렬 시간(초)	퀵 정렬 시간(초)
1,000	0.047	-
10,000	4.15	0.025
100,000	771	0.23
1,000,000	-	3.07
10,000,000	-	39.9

그림 4.2 **정렬 시간 비교**

매우 짧게 돌아가는 프로그램의 실행 시간을 정확하게 측정하기는 어려우므로 위 수치는 에누리해서 받아들이기 바란다. 그럼에도 불구하고 퀵 정렬의 실행 시간이 거의 예상대로 $N \log N$ 비율로 증가하는 것을 볼 수 있고, 선택 정렬은 경쟁이 되지 않지만, 10,000개의 항목 정도까지는 실행 가능한 수준이라는 것도 확인할 수 있다. 모든 단계에서 선택 정렬은 퀵 정렬보다 성능이 압도적으로 뒤처진다.

여러분은 선택 정렬이 100,000개의 항목을 처리하는 데 걸리는 시간이 10,000개를 처리하는 시간에 비해 예상했던 100배 대신 거의 200배 크다는 점을 알아챘을 수도 있다. 이것은 캐싱의 영향일 가능성이 있는데, 수가 캐시에 모두 들어가지 못하고, 이에 따라 정렬이 느려진 것이다. 이 부분은 계산 결과를 추상화한 것과 실제 프로그램에 의해 구체적으로 계산이 일어나는 현실 상황 간의 차이를 잘 보여 준다.

4.4 난해 문제와 복잡도

지금까지 알고리즘의 '복잡도' 또는 실행 시간의 영역에 속하는 몇 가지 사실을 배워 보았다. 한 쪽에는 이진 검색 같은 $\log N$ 알고리즘이 있는데, 여기서는 데이터의 양이 증가함에 따라 일의 양이 꽤 천천히 늘어난다. 가장 일반적인 경우는 선형, 즉 단순히 N인 알고리즘으로, 일의 양이 데이터의 양에 정비례한다. 퀵 정렬 같은 $N \log N$ 알고리즘은 N보다는 효율이 낮지만(일의 양이 더 빨리 증가하지만), 그럼에도 불구하고 매우 큰 N 값에 대해서도 대단히 효과적으로 활용할 수 있다. 다음으로 N^2 알고리즘, 즉 2차의 경우 일의 양이 너무 빨리 늘어나서 실행하기에 고역스러운 수준과 활용 불가능한 수준 사이에 있다.

다른 복잡도도 많이 있다. 어떤 것들은 이해하기 쉬운데, 세제곱, 즉 N^3은 2차보다 효율이 낮지만 발상은 같다. 다른 것들은 너무 심오해서 전문가들만 관심을 둔다. 한 가지는 더 알아둘 만한데, 실제로 발생하고 효율이 특히 낮으며 중요하기 때문이다. 이는 **지수**(Exponential) 복잡도로, 2^N의 비율로 증가한다(N^2과는 다르다!). 지수 알고리즘에서는 일의 양이 유난히 빠르게 늘어난다. 한 개의 항목을 추가하면 수행해야 할 일의 양이 '두 배'가 된다. 어떤 의미에서 지수 알고리즘은 $\log N$ 알고리즘과 정반대인데, $\log N$에서는 항목의 수를 두 배로 만들어도 일의 단계는 한 개만 늘어난다.

지수 알고리즘은 실제로 모든 가능한 경우를 하나씩 시도해야만 하는 상황에서 발생한다. 다행스럽게도 지수 알고리즘을 필요로 하는 문제가 존재하는 데는 긍정적인 측면도 있다. 어떤 알고리즘, 특히 암호 기법에서 사용되는 종류는 특정 계산 과제를 수행하는 일이 지수 난이도라는 사실에 기반을 두고 있다. 그런 알고리즘을 활용할 때는 은밀한 지름길을 모르고서는 문제를 바로 풀기가 계산상 실행 불가능할 정도로 큰 N을 선택하고(그야말로 너무나 오랜 시간이 걸리기 때문에), 이를 통해 적의 공격으로부터 보호를 받게 된다. 암호 기법에 대해서는 12장에서 살펴볼 예정이다.

지금쯤 여러분은 어떤 문제는 처리하기 쉽지만, 다른 문제는 더 어려워 보인다는 것을 직관적으로 이해했을 것이다. 이러한 구분을 더 정확하게 하는 방법이 있다. '쉬운' 문제는 복잡도 면에서 '다항'이다. 즉, 실행 시간이 N^2 같은 어떤 다항식으로 표현되는데, 만일 지수가 2보다 크다면 적용하기 어려울 가능성이 있다(다항식에 대해 잊어버렸더라도 걱정하지 마라. 여기서는 단순히 N^2이나 N^3 같은 어떤 변수의 정수 거듭제곱 표현을 의미할 뿐이다). 컴퓨터 과학자들은 이러한 부류의 문제를 '다항(polynomial)'을 의미하는 'P'라고 부르는데, 다항 시간 내에 해결할 수 있기 때문이다.

실제로 발생하거나 실제 문제의 본질로 나타나는 많은 문제를 해결하기 위해 지수 알고리즘이 필요한 것처럼 보인다. 이는 곧 우리가 알고 있는 다항 알고리즘으로는 풀 수 없음을 의미한다. 이러한 문제는 'NP' 문제라고 한다. NP 문제는 해결책을 빨리 찾을 수는 없지만, 제안된 해결책이 정확하다는 것은 빨리 입증할 수 있다는 특성을 가진다. NP는 '비결정적 다항(nondeterministic polynomial)'을 뜻하는데, 이는 결정을 내려야 할 때 항상 옳게 추측하는 알고리즘에 의해 다항 시간 내에 해결할 수 있다는 것을 대략적으로 의미한다. 현실에서는 항상 올바르게 선택할 정도로 운이 좋은 것은 아무것도 없으므로 이것은 단지 이론적인 개념일 뿐이다.

많은 NP 문제가 상당히 전문적이지만, 한 가지 NP 문제는 설명하기 쉽고 직관적으로 흥미를 불러일으키며, 실제로 응용하는 것을 생각해 볼 수 있다. **여행하는 외판원 문제**(Traveling **Salesman Problem**)에서, 외판원은 자신이 사는 도시부터 출발해서 어떤 순서로든 다른 특정 도시 몇 개를 방문하고 나서 다시 출발점으로 돌아와야 한다. 여기서 목표는 각 도시를 정확히 한 번씩(반복 없이) 방문하고, 전체 여행한 거리를 최소로 만드는 것이다. 이 문제는 통학 버스나 쓰레기차가 다니는 경로를 효율적으로 만드는 일과 같은 발상이다. 오래전에 내가 이 문제와 관련해서 업무를 진행했을 때, 이 문제는 회로 기판에 어떻게 구멍을 뚫을지 계획하는 일부터 멕시코만(Gulf of Mexico)의 특정 장소에서 물 샘플을 채취하고자 보트를 보내는 일까지 매우 다양한 과제들을 위해 활용됐다.

여행하는 외판원 문제는 1800년대에 처음으로 기술되었고 오랫동안 집중적인 연구 대상이었다. 이제 더 큰 사례를 해결하는 데 능숙해지기는 했지만, 최선의 해결 기법도 여전히 모든 가능한 경로를 시도해 보는 방법의 기발한 변형에 해당할 뿐이다. 이와 마찬가지로 다방면에 걸친 다양하고 많은 종류의 다른 문제들도 아직 효율적으로 해결할 좋은 방법이 없다. 알고리즘을 연구하는 이들에게 이것은 좌절감을 안겨 주는 일이다. 이 문제들이 본질적으로 난해한지,

또는 우리가 그저 똑똑하지 않아서 아직 처리 방법을 알아내지 못한 것인지 모르겠지만, 오늘날에는 '본질적으로 난해함' 쪽이 훨씬 더 많은 지지를 받고 있다.

1970년에 스티븐 쿡(Stephen Cook)이 증명한 놀라운 수학적 연구 결과에 따르면 이러한 문제 중 많은 것들이 동등한데, 만일 우리가 그 문제 중 하나를 해결하는 다항 시간 알고리즘(다시 말해 N^2 같은)을 찾을 수 있다면 모든 문제에 대한 다항 시간 알고리즘을 찾아낼 수 있게 된다는 의미에서 동등하다는 것을 증명했다. 쿡은 이 연구로 1982년도 튜링상을 받았다.

2000년에 클레이 수학 연구소(Clay Mathematics Institute)는 아직 해결되지 않은 일곱 개의 문제에 대해 해법 한 개당 100만 달러의 현상금을 걸었다. 그 문제 중 하나는 P가 NP와 같은지 밝히는 것으로, 다시 말하자면 난해 문제가 쉬운 문제와 정말로 같은 부류인지 증명하는 문제다 (목록에 있던 다른 문제 중에서 푸앵카레 추측(Poincaré Conjecture)은 1900년대 초에 시작됐다. 이 문제는 러시아 수학자인 그리고리 페렐만(Grigori Perelman)이 해결했고 2010년에 상금이 수여됐지만 페렐만은 받기를 거절했다. 지금은 남은 문제가 여섯 개뿐이다. 다른 사람이 먼저 풀기 전에 서두르는 편이 나을 것이다).

이러한 종류의 복잡도에 대해 명심해 둬야 할 몇 가지가 있다. P=NP 문제가 중요하기는 하지만, 실제적인 사안이라기보다는 이론적인 주제다. 컴퓨터 과학자들이 말하는 복잡도의 결괏값은 대부분 **최악의 경우**(worst case)에 대한 것이다. 다시 말해, 어떤 문제 사례는 답을 계산하는데 최대한의 시간이 필요하겠지만, 모든 사례가 그렇게 난해한 것은 아니다. 또한, 이러한 결괏값은 N이 큰 값일 때만 적용되는 **점근(漸近)적**(asymptotic) 척도다. 현실에서는 이러한 점근적 작동 방식이 문제가 되지 않을 정도로 N이 충분히 작을 수도 있다. 예를 들어, 여러분이 수십 개 또는 수백 개의 항목만 정렬한다면 선택 정렬이 복잡도가 2차라서 퀵 정렬의 $N \log N$보다 점근적으로 훨씬 효율이 낮다고 하더라도 이 정렬 작업을 하기에는 충분히 빠를 수도 있다. 만일 여섯 개의 도시만 방문한다면 모든 가능한 경로를 시도해 보는 것이 별일이 아니겠지만, 60개의 도시는 실행 가능하지 않고 600개는 불가능할 것이다. 결국 대부분의 실제 상황에서 근사치를 구하는 해결책이면 충분히 좋을 가능성이 있고, 완전히 최적인 해결책을 구할 필요는 없다.

반면, 암호 체계 같은 일부 중요한 응용 분야는 특정 문제가 정말로 어렵다는 믿음에 기반을 두고 있다. 그래서 단기적으로는 아무리 현실성 없어 보이더라도 알려지지 않은 공격을 발견해내는 것이 중요할 가능성이 있다.

4.5 요약

연구 분야로서의 컴퓨터 과학에서는 수년에 걸쳐 '얼마나 빨리 계산할 수 있는가'라는 개념을 다듬었다. N, $\log N$, N^2, $N \log N$과 같이 데이터양과 관련해서 실행 시간을 표현하는 방안은 그런 생각을 정제한 결과물이다. 이 방법은 한 컴퓨터가 다른 컴퓨터보다 빠른지, 여러분이 나보다 나은 프로그래머인지에는 관심을 두지 않는다. 하지만 이 방법은 바탕이 되는 문제나 알고리즘의 복잡도를 잘 포착해 내기 때문에 알고리즘끼리 비교하고 어떤 계산의 실행 가능성을 판단하기 위한 좋은 방법이 된다(어떤 문제의 본질적인 복잡도와 그것을 풀기 위한 알고리즘의 복잡도가 같을 필요는 없다. 예를 들어, 정렬은 $N \log N$ 문제인데, 그것을 풀기 위한 퀵 정렬은 $N \log N$ 알고리즘이지만, 선택 정렬은 N^2 알고리즘이다).[1]

알고리즘과 복잡도의 연구는 이론과 실제 적용 모두가 컴퓨터 과학의 주요 영역이다. 컴퓨터 과학에서는 어떤 문제가 계산 가능하고 어떤 것이 그렇지 않은지, 어떻게 하면 빨리 그리고 메모리를 필요 이상으로 사용하지 않고 계산할 수 있는지, 혹은 메모리 소비와 처리 속도의 균형을 유지하면서 계산할 수 있는지에 관심을 둔다. 컴퓨터 과학에서는 근본적으로 새롭고 더 나은 계산 방법을 찾아낸다. 오래전에 나오기는 했지만, 퀵 정렬은 그 좋은 사례다.

많은 알고리즘이 여기서 이야기한 기본적인 검색과 정렬 알고리즘보다 전문화되고 복잡한 종류다. 예를 들어, 압축 알고리즘은 음악(MP3, AAC), 사진(JPEG), 동영상(MPEG)이 기억 장치에서 차지하는 용량을 줄이려고 시도한다. 오류 검출 및 수정 알고리즘 또한 중요하다. 데이터는 저장되고 전송되면서 손상될 가능성이 있는데, 예를 들면 노이즈가 심한 무선 채널이나 긁힌 CD를 통해 전송되는 경우가 그렇다. 데이터에 여분의 제어 코드를 추가하는 알고리즘을 이용하면 몇몇 종류의 오류를 검출하고 심지어 수정할 수 있게 된다. 이러한 알고리즘에 대해서는 8장에서 다시 살펴볼 텐데, 통신 네트워크에 관해 이야기할 때 의미가 두드러지기 때문이다.

암호 기법, 즉 의도된 수취인만 읽을 수 있도록 비밀 메시지를 보내는 기술은 알고리즘에 크게 의존한다. 암호 기법은 컴퓨터가 비공개 정보를 안전한 방식으로 주고받는 내용과 관련성이 높기 때문에 12장에서 설명할 것이다.

---

[1] 여기서 설명된 정렬 문제의 복잡도는 비교 정렬 알고리즘(comparison sort algorithm)에만 해당하며, 비교하지 않는 정렬 알고리즘(non-comparison sort)의 경우에는 다를 수 있다(예: 기수 정렬(radix sort)).

빙(Bing)과 구글 같은 검색 엔진도 알고리즘이 결정적인 역할을 하는 응용 분야다. 이론상으로는 검색 엔진이 하는 일은 대부분 간단하다. 웹 페이지를 수집하고, 정보를 조직화하고, 검색하기 쉽게 만든다. 문제는 그 규모다. 수십억 개의 웹 페이지가 존재하고 매일 수십억 개의 쿼리가 만들어지고 있는 상태에서는 $N \log N$의 성능도 충분하지 않고, 검색 엔진이 웹의 증가 속도와 사용자가 검색하는 데 가지는 관심에 계속 맞춰 나갈 수 있을 정도로 충분히 빨리 실행되게 만들고자 알고리즘과 프로그래밍 분야의 많은 영리한 두뇌가 투입된다. 검색 엔진에 대해서는 11장에서 더 이야기할 예정이다.

알고리즘은 또한 음성 이해, 얼굴 및 이미지 인식, 언어의 기계 번역 같은 서비스의 핵심을 이루고 있다. 이들 모두 관련된 특징을 발굴할 수 있는 많은 데이터를 보유하는 것이 중요하므로 사용되는 알고리즘은 선형 또는 그보다 나은 성능이어야 하고, 일반적으로 독립된 부분들이 다수의 프로세서에서 동시에 실행될 수 있도록 병렬화할 수 있어야 한다.

CHAPTER

프로그래밍과 프로그래밍 언어

"내 남은 생애 중 많은 시간을 직접 작성한 프로그램에서 에러를 찾아내는 데 쓰게 될 것이라는 깨달음이 강하게 밀려왔다."

"The realization came over me with full force that a good part of the remainder of my life was going to be spent in finding errors in my own programs."

모리스 윌크스(Maurice Wilkes), 첫 번째 프로그램 내장식 디지털 컴퓨터 중 하나인 에드삭(EDSAC)의 개발자, 《컴퓨터 개척자의 회고록(Memoirs of a Computer Pioneer)》, 1985

지금까지 알고리즘에 관해 이야기했다. 알고리즘은 세부 사항과 실질적인 측면을 무시하는 추상적이거나 이상화된 절차에 대한 설명이다. 알고리즘은 정확하고 분명한 레시피다. 알고리즘은 그 의미가 완전히 알려지고 명시된 기본적인 연산들의 고정된 집합을 통해 표현된다. 알고리즘은 그 연산들을 이용하여 일련의 단계를 상세히 설명하며, 모든 가능한 상황을 다룬다. 그리고 알고리즘은 결국 멈춰야 한다.

대조적으로 **프로그램**(program)은 결코 추상적이지 않다. 프로그램은 실제 컴퓨터가 과제를 완수하기 위해 수행해야만 하는 모든 단계를 구체적으로 표현한 것이다. 알고리즘과 프로그램 간의 차이는 청사진과 건물 간의 차이와 비슷하다. 한쪽은 이상화된 것이고, 다른 쪽은 실재하는 것이다.

프로그램을 보는 한 가지 방식은 한 개 이상의 알고리즘이 컴퓨터가 직접 처리할 수 있는 형태로 표현된 것으로 보는 것이다. 프로그램은 실질적인 문제에 대해 신경을 써야 하는데, 여기에는 불충분한 메모리, 제한적인 프로세서 속도, 무효이거나 심지어 악의적인 입력 데이터, 하드웨어 결함, 네트워크 연결 끊김, 그리고 (배후에서 작용하고 다른 문제를 자주 악화시키는) 인간적 약점이 포함된다. 그래서 알고리즘이 이상적인 레시피라고 하면, 프로그램은 적의 공격을 받는 동안에 군인들이 먹을 1개월분의 식사를 준비하는 요리 로봇을 위한 상세한 명령어 집합이라고 할 수 있다.

물론, 비유로는 이 정도까지만 전달할 수 있다. 그래서 실제 프로그래밍에서 무슨 일이 일어나는지 여러분이 이해할 수 있게 충분히 상세하게 이야기하려고 한다. 그렇다고 여러분을 전문적인 프로그래머로 만들어 줄 정도는 아니다. 프로그래밍은 상당히 어려울 수 있는데, 신경써야 하는 세부 사항이 많고, 작은 실수가 큰 오류로 이어질 수 있기 때문이다. 하지만 해결이 불가능하지는 않고, 매우 재미있을 수 있을 뿐만 아니라 취업 시장에서 잘 팔리는 기술이기도 하다.

이 세상에는 우리가 원하거나 필요한 모든 것을 컴퓨터가 수행하게 하는 데 드는 프로그래밍의 양을 처리할 만큼 프로그래머가 많지 않다. 그래서 컴퓨팅에서 계속 거론되는 한 가지 테마는 컴퓨터가 프로그래밍의 세부 사항을 더욱더 많이 처리하도록 하는 것이다. 이는 프로그래밍 언어에 대한 논의로 이어진다. 프로그래밍 언어는 어떤 과제를 수행하는 데 필요한 계산 단계를 표현하도록 해 주는 언어다.

컴퓨터의 자원을 관리하는 일 또한 어려운데, 특히 최신 하드웨어의 복잡한 특성을 고려해 볼 때 그렇다. 그래서 우리는 컴퓨터를 그 자신의 작동을 제어하는 데도 이용하며, 이는 운영 체제로 이어진다. 프로그래밍과 프로그래밍 언어가 이번 장의 주제이고, 소프트웨어 시스템, 특히 운영 체제를 다음 장에서 다룰 예정이다. 7장에서는 중요한 언어 중 하나인 자바스크립트(JavaScript)에 대해 좀 더 자세하게 살펴본다.

이 장에서 프로그래밍 예제에 있는 구문상의 세부 사항은 건너뛰어도 무방하다. 그렇지만 계산이 표현되는 방식상의 유사점과 차이점은 살펴봐 두는 게 좋다.

5.1 어셈블리 언어

1949년에 나온 에드삭 같은 최초의 진정한 프로그램 가능 전자식 컴퓨터에서 프로그래밍은 힘든 과정이었다. 프로그래머는 명령어와 데이터를 이진수로 변환하고, 카드나 종이테이프에 구멍을 뚫어서 그 수를 기계가 판독할 수 있게 만든 다음, 컴퓨터 메모리에 로딩해야만 했다. 이러한 수준의 프로그래밍은 매우 작은 프로그램을 작성하기조차 믿기 힘들 정도로 어려웠다. 우선 제대로 작성하기가 힘들었고, 실수를 발견해서 고쳐야 하거나 명령어와 데이터를 변경하고 추가해야 할 때 프로그램을 바꾸기 어려웠다.

1950년대 초에, 프로그래머들이 명령어를 나타내는 의미 있는 단어(예를 들어, 5 대신 ADD)를 사용하고 특정 메모리 위치를 나타내는 이름(14 대신 Sum)을 사용할 수 있도록 간단한 반복 업무를 처리하기 위한 프로그램들이 만들어졌다. 다른 프로그램을 처리하기 위한 프로그램이라는 이 강력한 아이디어는 소프트웨어에서 가장 중요한 발전을 이루는 데 핵심적인 역할을 해왔다. 이러한 특정한 처리를 수행하는 프로그램은 **어셈블러(assembler)**라고 하는데, 원래는 다른 프로그래머가 사전에 작성했던 프로그램에서 필요한 부분을 모으기도 했기 때문이다. 이를 위해 사용되는 언어는 **어셈블리 언어(assembly language)**라고 하고, 이 수준의 프로그래밍은 **어셈블리 언어 프로그래밍(assembly language programming)**이라고 한다. 3장에서 모형 컴퓨터를 기술하고 프로그래밍하기 위해 사용했던 언어가 어셈블리 언어다. 어셈블러는 명령어를 추가하거나 제거해서 프로그램을 바꾸는 일을 훨씬 더 쉽게 만드는데, 이는 프로그래머가 손수 기록을 관리하도록 하는 대신 어셈블러가 각 명령어와 데이터값이 메모리에서 어느 위치에 있을지를 계속 파악하고 있기에 가능한 일이다.

특정 프로세서 아키텍처를 위한 어셈블리 언어는 그 아키텍처에 특유한 언어다. 어셈블리 언어는 대개 CPU의 명령어와 일대일로 연결되고, 명령어가 이진수로 인코딩되는 특정한 방식과 메모리에 정보가 어떻게 배치되는지 등을 알고 있다. 이는 한 가지 특정한 CPU 종류(예를 들면, Mac이나 PC의 인텔 프로세서)의 어셈블리 언어로 작성된 프로그램은 다른 CPU(휴대 전화의 ARM 프로세서)에 맞춰 작성된 같은 작업용 어셈블리 언어 프로그램과는 매우 다를 것이라는 점을 뜻한다. 만일 그런 여러 프로세서 중 하나로부터 다른 프로세서용으로 어셈블리 언어 프로그램을 변환하고 싶다면 프로그램은 완전히 새로 작성되어야만 한다.

이 점을 구체적으로 살펴보자. 모형 컴퓨터는 두 개의 수를 더하고 결과를 메모리 위치에 저장하려면 세 개의 명령어가 필요하다.

```
LOAD X
ADD Y
STORE Z
```

이 코드는 현재 사용되는 다양한 프로세서에서도 비슷하게 구현된다. 하지만 명령어 레퍼토리가 다른 CPU에서는 이 계산을 누산기를 사용하지 않고 메모리 위치에 접근하는 두 개의 명령어 시퀀스로 처리할 수도 있다.

```
COPY X, Z
ADD Y, Z
```

모형 프로그램이 두 번째 컴퓨터에서 실행되도록 변환하려면 프로그래머는 프로세서 둘 다 세부 사항까지 잘 알아야 하고, 한쪽 명령어 집합을 다른 쪽으로 변환할 때 세심한 주의를 기울여야 한다. 이는 어려운 일이다.

5.2 고수준 언어

1950년대 말과 1960년대 초에 컴퓨터가 프로그래머를 위해 더 많은 일을 하게 만드는 또 다른 움직임이 일어났는데, 아마도 프로그래밍의 역사에서 가장 중요한 발걸음일 것이다. 이는 바로 특정 CPU 아키텍처에 독립적인 **고수준 프로그래밍 언어**(high-level programming language)의 개발이다. 고수준 언어는 사람이 표현하는 방식에 가까운 용어로 계산을 표현하는 것을 가능하게 한다.

고수준 언어로 작성된 코드는 번역기 프로그램을 통해 특정한 대상 프로세서용 어셈블리 언어의 명령어로 변환되고, 이어서 어셈블러에 의해 비트로 변환되어 메모리에 로딩되고 실행된다. 번역기는 보통 **컴파일러**(compiler)라고 불리는데, 그다지 통찰력이나 직관이 느껴지지 않는 또 다른 역사적 용어.

일반적인 고수준 언어에서는 앞 절에 나왔던 X와 Y 두 수를 더하고 결과를 세 번째 수 Z에 저장하는 계산이 다음과 같이 표현될 것이다.

```
Z = X + Y
```

이는 'X와 Y라는 이름의 메모리 위치에서 값을 가져와서, 더하고, Z라는 이름의 메모리 위치에 결과를 저장하라'는 것을 뜻한다. 연산자 '='는 '같다'가 아니라 '대체하다'나 '저장하다'를 뜻한다.

모형 컴퓨터용 컴파일러는 이것을 세 개의 명령어 시퀀스로 변환하는 반면 다른 컴퓨터용 컴파일러는 두 개의 명령어로 변환할 것이다. 다음으로, 각 어셈블러는 각자의 어셈블리 언어 명령어를 실제 명령어를 나타내는 실제 비트 패턴으로 변환하는 일뿐만 아니라 변수 X, Y, Z를 나타내는 메모리 위치를 확보해 둘 책임을 진다. 그 결과로 만들어지는 비트 패턴은 거의 확실히 두 컴퓨터 간에 다르게 될 것이다.

그림 5.1에 이 과정이 나타나 있다. 같은 입력 표현이 두 개의 다른 컴파일러와 각각의 어셈블러를 거쳐서 각기 다른 두 가지 명령어 시퀀스가 만들어지는 것을 보여 준다.

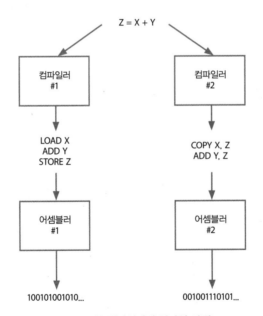

그림 5.1 **두 컴파일러의 컴파일 과정**

실제로는 컴파일러가 내부적으로 '프런트 엔드(전단부)'와 몇 개의 '백 엔드(후단부)'로 나뉠 가능성이 있다. '프런트 엔드'는 고수준 프로그래밍 언어로 작성된 프로그램을 처리해서 어떤 중간 형태로 만들고, 각 '백 엔드'는 공통의 중간 표현을 특정 아키텍처에 맞는 어셈블리 언어로 변환한다. 이러한 구성 방식은 완전히 독립적인 여러 개의 컴파일러를 가지는 것보다 단순하다.

고수준 언어는 어셈블리 언어에 비해 커다란 이점이 있다. 고수준 언어는 사람들이 생각하는 방식에 더 가까워서 배우고 사용하기가 더 쉽다. 고수준 언어로 프로그램을 효율적으로 짜기 위해서 특정 CPU의 명령어 레퍼토리에 대해 알아야 할 필요는 없다. 따라서 훨씬 많은 이들이 컴퓨터 프로그램을 작성하고 더 빨리 프로그래밍을 할 수 있게 헤 준다.

둘째로, 고수준 언어로 작성된 프로그램은 특정 아키텍처에 종속되어 있지 않다. 그래서 같은 프로그램이 다른 아키텍처상에서 실행될 수 있는데, 보통은 코드를 변경할 필요도 전혀 없고 그림 5.1에 나오는 것처럼 다른 컴파일러로 컴파일하기만 하면 된다. 프로그램은 한 번만 작성되지만 다양하고 많은 컴퓨터에서 실행될 수 있다. 이로 인해 여러 다른 종류의 컴퓨터로부터 (심지어 새로 만들어지는 기종까지 포함해서) 프로그램 개발에 든 비용을 나눠서 메울 수 있다.

컴파일 단계는 또한 지긋지긋한 몇몇 종류의 에러가 있는지 예비 점검을 할 수 있게 해 준다. 에러에는 틀린 철자, 한쪽이 빠진 괄호 같은 구문 오류, 정의되지 않은 변수에 대한 연산 등이 포함되며, 실행 프로그램이 만들어지기 전에 프로그래머가 반드시 고쳐야만 한다. 이러한 에러 중 일부는 어셈블리 언어 프로그램에서는 검출하기가 어려운데, 명령어의 어떤 시퀀스라도 적법하다고 간주하기 때문이다(물론 구문상으로 정확한 프로그램이라도 컴파일러가 검출할 수 없는 에러로 가득 차 있을 수 있다). 이처럼 고수준 언어의 중요성은 아무리 부풀려 말해도 지나치지 않다.

여러분이 프로그래밍 언어 간의 유사점과 차이점을 엿볼 수 있게 가장 중요한 고수준 프로그래밍 언어 다섯 가지, 포트란(Fortran), C, C++, 자바(Java), 자바스크립트(JavaScript)로 작성된 같은 프로그램들을 보여 주려고 한다. 각 프로그램은 3장에서 모형 컴퓨터용으로 작성했던 프로그램과 같은 일을 한다. 일련의 정수를 더해 나가다가 0의 값을 읽으면 합계를 출력하고 작동을 멈춘다. 프로그램들은 모두 같은 구조로 되어 있다. 프로그램이 사용하는 변수에 이름을 붙이고, 누적 합계를 0으로 초기화한 다음, 수를 읽으면서 0을 만나기 전까지는 누적 합계에 더하고, 마지막으로 합계를 출력한다. 구문상의 세부 사항에 대해서는 걱정하지 말기 바란다. 여러분이 언어가 어떻게 생겼는지 느낌을 받는 것이 중요하다.

처음 나온 고수준 언어들은 특정 응용 분야에 집중했다. 초창기 언어 중 하나는 FORTRAN이라고 불렸는데, '수식 변환(Formula Translation)'으로부터 이름이 유래되었고, 오늘날에는 '포트란(Fortran)'으로 표기된다. 포트란은 존 배커스(John Backus)가 이끌던 IBM 팀에 의해 개발되었고, 과학과 공학 분야에서 계산을 표현하는 데 매우 성공적으로 사용됐다. 많은 과학자와 공학자들은(나를 포함해서) 첫 번째 프로그래밍 언어로 포트란을 배웠다. 포트란은 오늘날에도 건재하다. 1958년 이래로 몇 번의 진화 단계를 거쳤지만, 쉽게 알아볼 수 있을 정도로 그 핵심은 똑같다. 배커스는 포트란에 대한 공로 등을 인정받아 1977년 튜링상을 받았다.

그림 5.2는 일련의 수를 더해 나가는 포트란 프로그램이다.

```
    integer num, sum
    sum = 0
10 read(5, *) num
    if (num .eq. 0) goto 20
    sum = sum + num
    goto 10
20 write(6, *) sum
    stop
    end
```

그림 5.2 수를 더하는 포트란 프로그램

이 코드는 포트란 77(Fortran 77)로 작성됐다. 이전 버전이나 가장 최근 버전인 포트란 2015(Fortran 2015) 같은 이후 버전에서는 조금 달라질 것이다. 아마 여러분은 어떻게 산술 연산의 표현과 연산의 순서화를 모두 모형 어셈블리 언어로 번역할 것인지 생각해 볼 수 있을 것이다. read와 write 작업은 명백히 각각 GET과 PRINT에 해당한다.

1950년대 후반의 두 번째 주요 고수준 언어는 코볼(COBOL, Common Business Oriented Language(일반 업무에 중점을 둔 언어))인데, 어셈블리 언어를 대체할 고수준 언어를 만들기 위한 그레이스 호퍼(Grace Hopper)의 작업 결과물에 큰 영향을 받았다. 호퍼는 하워드 에이컨(Howard Aiken)과 함께 초기 기계식 컴퓨터인 하버드 마크(Harvard Mark) I과 II 팀에서 일했으며, 다음으로 유니박 I(Univac I) 개발에 참여했다. 그녀는 고수준 언어와 컴파일러의 잠재력을 처음으로 알아본 사람들 중 한 명이었다. 코볼은 업무 데이터 처리에 특히 초점이 맞춰져 있었는데, 재고 관리, 송장 작성, 급여 계산 등에 이용되는 종류의 계산을 표현하기 쉽게 만드는 언어적 특징을 가지고 있었다. 코볼 또한 계속 이용되고 있는데, 많이 바뀌었지만 아직 알아볼 만하다.

당대의 또 다른 언어인 베이직(BASIC, Beginner's All-purpose Symbolic Instruction Code(초보자용 다

목적 기호 명령어 코드))은 1964년에 다트머스(Dartmouth) 대학에서 존 케메니(John Kemeny)와 톰 커츠(Tom Kurtz)에 의해 개발됐다. 베이직은 프로그래밍을 가르치는 데 사용하기 위한 쉬운 언어로 만들어졌다. 특별히 간단하고 매우 적은 컴퓨팅 자원을 필요로 해서, 최초의 개인용 컴퓨터에서 사용할 수 있는 첫 번째 고수준 언어였다. 사실, 마이크로소프트 창업자인 빌 게이츠(Bill Gates)와 폴 앨런(Paul Allen)은 1975년에 알테어(Altair) 마이크로컴퓨터용 베이직 컴파일러를 만들면서 사업을 시작했는데, 그게 마이크로소프트의 첫 번째 제품이었다. 오늘날 베이직의 한 가지 주요한 변종인 마이크로소프트 비주얼 베이직(Visual Basic)이 아직 활발하게 지원되고 있다.

컴퓨터가 비쌌지만 느리고 성능에 한계가 있었던 초창기에는 고수준 언어로 작성된 프로그램이 너무 비효율적일 것이라는 우려가 있었는데, 숙련된 어셈블리 언어 프로그래머가 작성하는 것만큼 좋은 어셈블리 코드를 컴파일러가 만들지 못했기 때문이었다. 컴파일러 개발자들은 손으로 작성한 것만큼 좋은 코드를 생성하기 위해 열심히 노력했으며, 이는 언어의 위치를 확고히 하는 데 도움이 됐다. 컴퓨터가 수백만 배 빠르고 메모리가 풍족해진 지금, 프로그래머가 개별 명령어 수준까지 효율성을 걱정하는 경우는 드물지만, 컴파일러와 컴파일러 개발자들은 여전히 신경을 쓰고 있음이 분명하다.

포트란, 코볼, 베이직이 성공했던 이유 중 일부는 특정 응용 분야에 집중했기 때문이다. 이 언어들은 의도적으로 모든 가능한 프로그래밍 과제를 처리하려고 시도하지 않았다. 1970년대에 '시스템 프로그래밍' 용도로, 즉 어셈블러, 컴파일러, 텍스트 편집기 같은 프로그래머용 도구와 심지어 운영 체제까지 작성할 목적으로 사용할 언어들이 만들어졌다. 이 언어들 중 단연코 가장 성공적이었던 것은 C 언어다. C는 1973년에 벨 연구소(Bell Labs)에서 일하던 데니스 리치 (Dennis Ritchie)가 개발했고, 아직도 매우 폭넓게 사용되고 있다. C는 이후로 매우 조금만 변경돼서 오늘날의 C 프로그램은 30년~40년 전의 코드와 매우 비슷하게 보인다. 비교할 수 있도록 그림 5.3에 C로 작성된 동일한 '수 더해 나가기' 프로그램이 나와 있다.

```
#include <stdio.h>
main() {
    int num, sum;
    sum = 0;
    while (scanf("%d", &num) != EOF && num != 0)
        sum = sum + num;
    printf("%d\n", sum);
}
```

그림 5.3 **수를 더하는 C 프로그램**

1980년대에 들어서는 매우 규모가 큰 프로그램의 복잡성을 관리하는 데 도움을 줄 의도로 설계된 언어들이 개발되었는데, C++가 대표적이다(비야네 스트롭스트룹(Bjarne Stroustrup)이 개발했는데, 그 또한 벨 연구소에서 일했다). C++는 C에서 진화했고 대부분의 경우 C 프로그램은 또한 유효한 C++ 프로그램이지만(그림 5.3의 프로그램이 그러하다), 확실히 그 반대는 그렇지 않다. 그림 5.4는 C++로 작성된 '수 더해 나가기' 프로그램 예제로, 작성할 수 있는 많은 방법 중 한 가지다.

```
#include <iostream>
using namespace std;
main() {
    int num, sum;
    sum = 0;
    while (cin >> num && num != 0)
        sum = sum + num;
    cout << sum << endl;
}
```

그림 5.4 **수를 더하는 C++ 프로그램**

우리가 오늘날 컴퓨터에서 사용하는 주요 프로그램들 중 대부분은 C나 C++로 작성됐다. 나는 Mac 컴퓨터에서 이 책을 쓰고 있는데, 대부분의 Mac 소프트웨어는 C, C++와 오브젝티브-C(Objective-C, C의 변종)로 작성된다. 첫 번째 원고는 워드(C와 C++ 프로그램)를 이용하여 작성했고, 지금은 C와 C++로 작성된 프로그램으로 편집, 서식 정리, 출력하고, 유닉스(Unix)와 리눅스(Linux) 운영 체제(둘 다 C 프로그램)에 백업 사본을 만들면서 파이어폭스(Firefox)와 크롬(Chrome) (둘 다 C++ 프로그램)으로 웹 서핑을 하고 있다.

1990년대에는 인터넷과 월드 와이드 웹의 성장에 반응해서 더 많은 언어가 개발됐다. 컴퓨터에는 계속해서 더 빠른 프로세서와 더 큰 메모리가 장착되었고, 프로그래밍 속도와 편의성이 기계적 효율성보다 중요해졌다. 자바와 자바스크립트 같은 언어는 의도적으로 이러한 트레이드오프에 맞춰 설계됐다.

자바는 1990년대 초에 썬 마이크로시스템즈(Sun Microsystems)에서 일하던 제임스 고슬링(James Gosling)에 의해 개발됐다. 원래 자바의 적용 대상은 속도는 그다지 중요하지 않지만 유연성이 중시되는 가전 장치와 전자 기기 같은 작은 임베디드 시스템이었다. 자바는 웹 페이지상에서 실행되는 용도로 변경되었지만 인기를 얻지 못했고, 대신 웹 서버에서 널리 사용되고 있다. 여러분이 이베이(eBay) 같은 웹 사이트를 방문하면 컴퓨터는 C++와 자바스크립트를 실행시키지만, 이베이는 브라우저로 전송할 페이지를 생성하기 위해 자바를 사용할 가능성이 크다. 자바는 안드로이드 앱을 작성하는 언어이기도 하다. 자바는 C++보다 단순하지만(비슷하게 복잡한 방향으로 진화하는 중이긴 하지만), C보다는 더 복잡하다. 또한, C보다는 더 안전한데, 몇몇 위험한 특성을 제거했고 RAM에서 복잡한 자료 구조를 관리하는 일처럼 에러가 발생하기 쉬운 작업을 처리하는 메커니즘을 내장하고 있기 때문이다. 그래서 프로그래밍 수업에서 첫 번째로 배우는 언어로도 인기가 높다.

그림 5.5는 자바로 작성된 '수 더해 나가기' 프로그램을 보여 준다. 이 프로그램은 다른 언어로 된 코드들보다는 조금 더 긴데, 자바의 특성상 그런 면이 있지만 몇 개의 계산을 조합해서 2~3행 더 줄일 수도 있다.

```
import java.util.*;
class Addup {
    public static void main (String [] args) {
        Scanner keyboard = new Scanner(System.in);
        int num, sum;
        sum = 0;
        num = keyboard.nextInt();
        while (num != 0) {
            sum = sum + num;
            num = keyboard.nextInt();
        }
        System.out.println(sum);
    }
}
```

그림 5.5 **수를 더하는 자바 프로그램**

이 점은 프로그램과 프로그래밍에 대한 중요한 보편적인 사항을 끄집어낸다. 특정한 작업을 하는 프로그램을 작성하는 데는 항상 많은 방법이 있다는 점이다. 이러한 의미에서 프로그래밍은 작문과 비슷하다. 글을 쓸 때 중요한 문체와 언어의 효율적인 사용 같은 관심사는 프로그래밍에서도 중요하고, 그냥 좋은 프로그래머와 진정으로 위대한 프로그래머를 구분하는 데 도움을 준다. 같은 계산을 표현하는 방법이 너무 많이 있어서 다른 프로그램에서 복사된 프로그램을 심심찮게 찾아볼 수 있다. 모든 프로그래밍 수업 시작 때 이 점을 강조하지만, 가끔 학생들은 표절을 숨기기 위해 변수 이름이나 행의 배치를 바꾸는 것으로 충분하다고 생각한다. 미안하지만 그것으로는 안 된다.

자바스크립트는 C부터 이어지는 같은 광범위한 언어군에 속하지만 많은 차이점이 있다. 자바스크립트는 1995년에 넷스케이프(Netscape)에서 일하던 브렌던 아이크(Brendan Eich)가 만들었다. 이름의 일부가 겹친다는 점을 제외하면 자바스크립트는 자바와 아무 관계도 없다. 자바스크립트는 처음부터 웹 페이지상의 동적인 효과를 구현하기 위해 브라우저 내부에서 사용할 목적으로 설계되었고, 오늘날 거의 모든 웹 페이지가 자바스크립트 코드를 어느 정도 포함하고 있다. 자바스크립트에 대해서는 7장에서 더 많이 이야기하겠지만, 나란히 쉽게 비교할 수 있도록 그림 5.6에 '수 더해 나가기' 프로그램의 자바스크립트 버전을 표시했다.

```javascript
var num, sum;
sum = 0;
num = prompt("Enter new value, or 0 to end");
while (num != 0) {
    sum = sum + parseInt(num);
    num = prompt("Enter new value, or 0 to end");
}
alert("Sum = " + sum);
```

그림 5.6 **수를 더하는 자바스크립트 프로그램**

어떤 면에서는 자바스크립트가 프로그래밍 언어 중에서 시험 삼아 뭔가 해 보기 가장 쉽다. 무엇보다도 언어 자체가 단순하다. 그리고 컴파일러가 모든 브라우저에 내장돼 있어서 다운로드하지 않아도 된다. 또한, 계산한 결과를 바로 볼 수 있다. 이후에 확인할 것처럼, 이 예제에 몇 행을 추가한 다음 웹 페이지에 올려서 전 세계에서 누구라도 보게 할 수도 있다.

프로그래밍 언어는 어떤 방향으로 발전할까? 내 짐작에 사람들은 컴퓨터 자원을 유용한 방식으로 더 많이 사용함으로써 프로그래밍을 계속해서 쉽게 만들 것이다. 또한, 프로그래머가 더 안전하게 사용할 수 있는 언어를 만드는 방향으로 진화를 계속할 것이다. 예를 들어, C 언어는 매우 예리한 도구이며 너무 늦을 때까지 발견되지 않는 프로그래밍 에러를 무심코 만들기 쉽고, 어쩌면 사악한 목적으로 부당하게 이용된 다음에야 에러를 찾을 수도 있다. 최신 언어들은 몇몇 에러를 방지하거나 최소한 발견하기가 쉽게 되어 있지만, 때때로 더 느리게 실행되고 더 많은 메모리를 이용하는 희생이 따를 수 있다. 대부분의 경우 이는 정당한 트레이드오프지만, 자원을 덜 먹으면서 빠른 코드가 매우 중요하고 C처럼 효율성이 높은 언어가 계속 사용되어야 하는 응용 분야가 분명히 아직 많이 있다. 예를 들면, 자동차, 비행기, 우주선, 무기 등에 있는 제어 시스템이 그러하다.

모든 프로그래밍 언어는 각 언어가 튜링 머신을 모방하여 작동하거나 튜링 머신이 각 언어를 모방하여 작동하는 데 사용될 수 있다는 점에서 형식 면에서는 동등하지만, 절대 모든 프로그래밍 작업용으로 똑같이 효율적이지는 않다. 복잡한 웹 페이지를 제어하는 자바스크립트 프로그램을 작성하는 일과 자바스크립트 컴파일러를 구현하는 C++ 프로그램을 작성하는 일 사이에는 막대한 차이가 있다. 이 작업 둘 다에 똑같이 숙련된 프로그래머를 찾는 것은 어려운 일이다. 경험이 풍부한 전문 프로그래머가 여남은 개의 프로그래밍 언어를 수월하게 다루고 그런대로 능숙할 수는 있지만, 모든 언어에 똑같이 전문성을 갖추고 있지는 않을 것이다.

몇만 개는 아니라도 몇천 개의 프로그래밍 언어가 발명되었지만, 100개가 안 되는 언어가 폭넓게 사용되고 있다. 왜 그렇게 많을까? 앞서 암시한 것처럼 각 언어는 효율성, 표현력, 안전성, 복잡도 같은 관심사 간 트레이드오프의 집합에 해당한다. 많은 언어는 분명히 이전 언어에서 인지된 약점에 대한 반작용으로 나타나고, 그로부터 배운 교훈과 더 높은 컴퓨팅 성능을 활용하며, 흔히 설계자의 개인적인 취향에 의해 큰 영향을 받는다. 새로운 응용 분야 또한 새로운 영역에 주안점을 둔 새 언어가 만들어지는 데 이바지하기도 한다.

어쨌든 프로그래밍 언어는 컴퓨터 과학에서 중요하고 대단히 흥미로운 부분이다. 미국의 언어학자인 벤저민 워프(Benjamin Whorf)가 말했듯이 "언어는 우리가 생각하는 방식을 형성하고, 무엇에 대해 생각할 수 있는지를 결정한다." 언어학자들은 이 명제가 자연 언어에 적용되는지 아직 논쟁을 벌이고 있지만, 컴퓨터에게 무엇을 할 것인지 명령하기 위해 발명한 인공 언어에는 정말로 적용되는 것처럼 보인다.

5.3 소프트웨어 개발

현실에서 프로그래밍은 대규모로 진행되는 경향이 있다. 여기서 사용되는 전략은 책을 쓰거나 다른 큰 프로젝트에 착수할 때와 비슷하다. 무엇을 해야 하는지 파악하고, 넓은 명세부터 시작해서 더 작고 작은 부분으로 나누고, 다음으로 각 부분에 대해 작업하면서 전체적으로 일치하는지 확인해야 한다. 프로그래밍에서 한 부분의 크기는 한 사람이 특정 프로그래밍 언어로 정확한 컴퓨터 작업 단계를 작성할 수 있을 정도가 되는 경향이 있다. 다른 프로그래머들이 작성한 부분들이 함께 잘 작동하는지 보장하기는 어려우며, 이걸 바로잡지 못하면 에러가 발생할 소지가 크다. 예를 들어, 1999년에 미국항공우주국(NASA)의 화성 기후 궤도선(Mars Climate Orbiter)이 고장을 일으켰는데, 비행 시스템 소프트웨어가 추진력을 계산할 때 미터법 단위를 사용했지만 궤도 수정용 데이터는 영국식(야드-파운드법) 단위로 입력되었고, 이로 인해 궤도 계산이 잘못되어 궤도선이 행성 표면에 너무 가까이 접근했기 때문이었다.

다양한 언어를 보여 주는 위 예제들은 대부분 10줄 미만이다. 입문용 프로그래밍 수업에서 작성될 만한 종류의 작은 프로그램은 수십에서 수백 행의 코드로 되어 있다. 내가 작성했던 첫 번째 '진짜' 프로그램은(상당수의 다른 이들이 사용했다는 의미에서) 약 1,000행의 포트란 코드였다. 내 논문의 서식을 맞추고 출력하기 위한 매우 단순한 문서 처리기였는데, 학사팀이 인계받았고 내가 졸업한 이후에도 5년 정도 더 사용됐다. 좋았던 옛 시절이여! 오늘날 유용한 작업을 하기 위한 더 견고한 프로그램은 아마 수천에서 수만 행 정도일 것이다. 내가 진행하는 프로젝트 수업을 듣는 학생들은 작은 그룹을 지어 프로젝트를 진행하는데, 다른 과목에 뒤처지지 않고 교외 활동을 하면서 시스템을 설계하고 새로운 언어 한두 개를 배우는 시간을 포함해서 일상적으로 8~10주 만에 2,000~3,000행의 코드를 만들어 낸다. 자주 볼 수 있는 프로젝트 결과물은 대학 내 데이터베이스 접속을 쉽게 해 주는 웹 서비스나 사회생활의 편의를 높여 주는 휴대 전화용 앱이다.

컴파일러나 웹 브라우저는 코드가 수십만에서 수백만 행일 수도 있다. 하지만 대형 시스템은 수백만 혹은 심지어 수천만 행의 코드로 되어 있고, 수백에서 수천 명의 사람이 동시에 작업할 수 있으며, 시스템의 수명이 수십 년에 이른다. 회사 측에서는 보통 당사 프로그램이 얼마나 큰지 밝히는 데 신중한 편이지만, 믿을 만한 정보가 가끔 드러난다. 예를 들어, 2015년 구글 행사에서 있었던 발표에 따르면 구글의 프로그램 전체의 코드 규모는 약 20억 행이라고 한다.

이 정도 규모의 소프트웨어를 위해서는 프로그래머, 테스트 담당자, 문서 작성자로 이루어진 팀들이 필요하고, 프로젝트의 전반적인 진행을 위해 일정 및 마감 시한, 여러 계층에 걸친 관리 체계, 끊임없는 회의가 있어야 한다. 사정을 잘 알 만한 위치에 있던 동료는 자신이 작업했던 중대한 시스템의 코드 한 행마다 한 번씩 회의했다고 주장하곤 했다. 그 시스템이 몇백만 행의 코드로 되어 있었으니 아마도 과장한 거겠지만, 경험이 풍부한 프로그래머라면 '그렇게 많지도 않네'라고 말할지도 모르겠다.

5.3.1 라이브러리, 인터페이스, 개발 키트

여러분이 당장 집을 지으려고 한다면 나무를 베어서 통나무를 만들고 찰흙을 파내서 벽돌을 만들면서 시작하지는 않는다. 그 대신 문, 창문, 배관 설비, 난로, 온수기같이 미리 만들어진 부품을 산다. 집을 짓는 것은 여전히 큰일이지만, 그래도 할 만한 까닭은 다른 많은 이들이 만들어 놓은 것을 기반으로 해서 집을 지을 수 있고, 도움이 되는 인프라(실제로는 전체 산업)에 의존할 수 있기 때문이다.

프로그래밍도 마찬가지다. 거의 어떤 중요한 프로그램도 완전히 새로 만들어지지는 않는다. 다른 이들이 작성한 많은 구성 요소를 바로 구해서 사용할 수 있다. 예를 들어, 윈도우나 맥오에스용 프로그램을 작성하려고 한다면 사전 제작된 메뉴, 버튼, 그래픽 연산, 네트워크 연결, 데이터베이스 접근 등을 위한 코드에 접근할 수 있다. 작업의 많은 부분은 구성 요소를 이해하고 여러분만의 방식으로 이어 붙이는 것이다. 물론 많은 구성 요소가 결국 더 간단하고 더 기본적인 다른 요소에 의존하는데, 종종 몇 개 계층을 거치게 된다. 그 아래에서 모든 것들이 운영 체제상에서 돌아간다. 운영 체제는 하드웨어를 관리하고 일어나는 모든 일을 제어하는 프로그램이다. 운영 체제에 대해서는 다음 장에서 이야기하겠다.

가장 간단한 수준에서 프로그래밍 언어는 함수(function) 메커니즘을 제공한다. 함수 메커니즘은 어떤 프로그래머가 유용한 작업을 수행하는 코드를 작성한 다음, 다른 프로그래머가 그 작동 방식을 모르더라도 그들의 프로그램에서 사용할 수 있는 형태로 코드를 패키지화할 수 있게 해 준다. 예를 들어, 몇 페이지 앞에 나온 C 프로그램에는 다음 행들이 있다.

```
while (scanf("%d", &num) != EOF && num != 0)
    sum = sum + num;
printf("%d\n", sum);
```

이 코드는 C와 함께 따라오는 두 개의 함수를 '호출한다'(즉, 사용한다). scanf는 입력 소스에서 데이터를 읽는데, 모형 컴퓨터의 GET과 유사하다. printf는 모형 컴퓨터의 PRINT처럼 출력을 표시한다. 함수는 이름이 있고 작업을 수행하는 데 필요한 입력 데이터값들이 있다. 함수는 계산을 하고 프로그램에서 자신을 사용한 부분으로 결과를 돌려준다. 여기에 나온 구문과 나머지 세부 사항은 C 특유의 것이고 다른 언어에서는 달라지겠지만, 그 발상은 어디서나 적용된다. 함수를 이용하면 개별적으로 만들어졌고 모든 프로그래머가 필요에 따라 사용할 수 있는 구성 요소를 토대로 프로그램을 만들 수 있다. 연관된 함수들의 집합은 보통 **라이브러리**(library)라고 한다. 예를 들어, C는 디스크와 다른 위치에 데이터를 읽고 쓰는 함수의 표준 라이브러리가 있고, scanf와 printf는 그 라이브러리의 일부다.

함수 라이브러리가 제공하는 서비스는 **애플리케이션 프로그래밍 인터페이스**(Application Programming Interface), 즉 **API**를 통해 프로그래머에게 묘사된다. API는 함수와 더불어 그것이 무엇을 하는지, 프로그램에서 어떻게 사용해야 하는지, 어떤 입력 데이터를 요구하는지, 그리고 어떤 값을 만들어 내는지를 열거한다. API는 여기저기 전달되는 데이터의 구조인 자료 구조와 더불어 다른 잡다한 규칙도 기술할 수 있는데, 이 모든 것들이 모여서 프로그래머가 서비스를 요청하기 위해 무엇을 해야 하고 결과적으로 무엇이 계산될지를 정의한다. 이러한 명세는 상세하고 정확해야만 하는데, 결국 프로그램을 해석하는 것은 친절하고 요구에 맞춰 주는 사람이 아니라 말 못하고 상상력이 부족한 컴퓨터이기 때문이다.

API는 구문적 요구사항의 가장 기본적인 설명뿐만 아니라 프로그래머가 시스템을 효과적으로 사용하는 데 도움을 주는 지원 문서도 포함하고 있다. 프로그래머가 점점 더 복잡해지는 소프트웨어 라이브러리를 잘 다룰 수 있도록 최신 대규모 시스템은 **소프트웨어 개발 키트**(Software Development Kit), 즉 **SDK**를 흔히 포함하고 있다. 예를 들어, 애플은 아이폰과 아이패드 코드를 작성하는 개발자를 위한 개발 환경과 지원 도구를 제공한다. 구글은 안드로이드폰용으로 유사한 SDK를 제공한다. 마이크로소프트는 윈도우 코드를 다양한 언어로 작성할 수 있는 프로그램과 다양한 장치를 지원하는 개발 환경을 제공한다. SDK 그 자체도 거대한 소프트웨어 시스템이다. 예를 들어, 애플 개발자를 위한 SDK인 Xcode는 다운로드하려면 용량이 5GB다.

5.3.2 버그

애석하게도 어떤 실질적인 프로그램도 처음부터 돌아가지는 않는다. 인생은 너무 복잡하고 프로그램은 그 복잡성을 반영한다. 프로그래밍은 세부 사항까지 완벽한 주의가 필요하며, 매우 소수의 사람만이 그렇게 해낼 수 있다. 따라서 어떤 크기의 프로그램이라도 모두 오류가 있다. 다시 말해 프로그램은 엉뚱한 일을 하거나 어떤 상황에서는 잘못된 답을 내놓을 것이다. 이러한 결함은 **버그**(bug)라고 하는데, 이 용어는 앞서 언급했던 그레이스 호퍼가 만들었다고 일반적으로 알려져 있다. 1947년에 호퍼의 동료들은 그들이 작업하던 기계식 컴퓨터인 하버드 마크 II

에서 문자 그대로 벌레(죽은 나방)를 발견했고, 호퍼는 그들이 기계를 '디버깅(debugging)'하고 있다고 말했다고 한다. 그 벌레는 보존되어서 불멸의 존재처럼 되었고, 워싱턴 D.C에 있는 스미스소니언(Smithsonian) 협회의 미국사 박물관(American History museum)과 그림 5.7에 있는 사진에서 볼 수 있다.

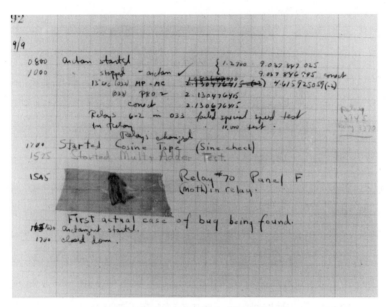

그림 5.7 **하버드 마크 II에서 나온 벌레(Bug)**

하지만 '버그'라는 단어를 이러한 의미로 쓴 것은 호퍼가 처음이 아니고, 1889년부터 시작됐다. 옥스퍼드 영어 사전(Oxford English Dictionary) 제2판에 따르면 다음과 같다.

bug. 기계, 계획 등에 생긴 흠이나 결함. 유래: 미국

1889년 팔 말 가제트(Pall Mall Gaz.) 3월 11일 1/1 내가 통보받기로는, 에디슨(Edison) 씨는 지난 이틀간을 그의 축음기에서 '버그(a bug)'를 발견하면서 밤을 새웠습니다. — 어려운 문제를 해결하는 것을 나타내는 표현으로, 어떤 상상의 곤충이 몰래 안으로 숨어들어서 모든 문제를 일으킨다는 것을 뜻함.

버그는 너무나 많은 방식으로 발생해서 그것을 기술하려면 큰 책이 필요할 정도다(그리고 그런 책들이 존재한다). 한없이 많은 버그의 원인 중에는 일어날 수 있는 경우를 처리하는 것을 깜박했거나, 어떤 조건을 평가하기 위한 논리 또는 산술 검사를 잘못 작성했거나, 잘못된 공식을 사용했거나, 프로그램이나 그 일부에 할당된 영역 밖에 있는 메모리에 접근했거나, 특정한 종류의

데이터에 잘못된 연산을 적용했거나, 사용자 입력이 적합한지 검사하지 못한 경우가 있다.

여기에 맞는 예제로서 그림 5.8은 섭씨(Celsius)온도를 화씨(Fahrenheit)온도로, 또 그 반대로 변환하는 자바스크립트 함수 한 쌍을 보여 준다. 이 함수 중 하나에는 에러가 있다. 찾을 수 있겠는가? 금방 다시 보도록 하자.

```
function ctof(c) {
    return 9/5 * c + 32;
}
function ftoc(f) {
    return 5/9 * f - 32;
}
```

그림 5.8 섭씨온도와 화씨온도 간에 변환하기 위한 함수들

실제 프로그래밍에서 큰 부분을 차지하는 것은 코드가 작성됨에 따라 테스트를 하는 일이다. 소프트웨어 회사에는 보통 프로그래머보다 많은 테스터가 있는데, 소프트웨어가 출하돼서 사용자들이 써 보기 전에 가능한 한 많은 버그를 발견하기를 바라기 때문이다. 어려운 일이지만 최소한 버그가 드물게 나타나는 상태에는 도달할 수 있다. 여러분이라면 그림 5.8에 있는 온도 변환 함수를 어떻게 테스트하겠는가? 틀림없이 이미 답이 알려진 간단한 테스트 케이스 몇 개를 시도하려고 할 텐데, 예를 들어 섭씨온도 0과 100에 해당하는 화씨온도 값은 32와 212가 되어야 한다. 이 케이스에는 이상이 없다.

하지만 반대 방향으로, 화씨온도에서 섭씨온도로 변환하는 것을 테스트해 보면 그다지 잘 작동하지 않는다. 함수는 화씨 32도가 섭씨 -14.2도이고, 화씨 212도가 섭씨 85.8도라고 계산하는데, 둘 다 완전히 틀렸다. 문제는 5/9를 곱하기 전에 화씨온도 값에서 32를 빼는 부분에 괄호가 필요하다는 점이다. 그래서 ftoc 함수에 있는 표현은 다음처럼 정정해야 한다.

```
    return 5/9 * (f - 32);
```

다행히 이것들은 테스트하기 쉬운 함수이지만, 수백만 행으로 된 프로그램에서 잘못된 부분이 어디인지 명확하지 않을 때 테스트하고 디버깅하는 데 얼마나 많은 노력이 필요할 것인지 여러분은 상상할 수 있을 것이다.

이 함수 한 쌍은 서로 정반대 기능을 하므로 테스트하기 쉽다. 만일 어떤 값을 각 함수에 차례대로 입력해서 통과시켰을 때 결과는 원래 수가 되어야 한다. 컴퓨터가 정수가 아닌 수를 완벽한 정밀도로 표현하지 않는다는 점 때문에 아마도 미세한 불일치가 생길 수 있다는 것만 제외하면 말이다.

소프트웨어의 버그는 시스템을 공격에 취약하게 만들 수 있는데, 종종 적이 자신의 악성코드를 메모리에 덮어쓸 수 있게 한다. 악용할 수 있는 버그와 관련된 시장은 활발하다. 선량한 해커(white hat)는 문제를 해결하고, 악의적인 해커(black hat)는 문제를 악용한다. 그리고 그 중간에는 미국 국가안보국(NSA) 같은 정부 기관이 나중에 이용하거나 해결할 취약점을 비축해 두는 애매한 영역이 존재한다.

취약점이 널리 퍼져 있으므로 브라우저처럼 많은 해커의 관심이 집중되는 중요한 프로그램은 업데이트가 자주 일어난다. 예를 들어, 2015년에 파이어폭스에서 발견된 보안 관련 버그는 100개가 훨씬 넘는다. 이는 이례적인 일이 아니고 절대로 파이어폭스 프로그래머들이 능력이 부족하다는 것을 뜻하지는 않는다. 정반대로, 이는 견고한 프로그램을 작성하기는 매우 어려우며, 악당들은 언제나 공격할 틈이 생기기를 기다리고 있다는 것을 뜻한다.

실제 소프트웨어에서 또 다른 복잡한 특징은 환경이 항상 변하고 프로그램은 거기에 맞춰가야 한다는 점이다. 새로운 하드웨어가 개발되면 새로운 소프트웨어가 필요한데, 이로 인해 시스템에 변경이 요구될 수 있다. 새로운 법을 비롯한 다른 요구 사항은 프로그램의 사양을 바꾼다. 일례로 터보택스(TurboTax) 같은 프로그램은 많은 법적 관할권에서 세법이 자주 바뀔 때마다 대응해야 한다. 컴퓨터, 툴, 프로그래밍 언어, 물리적 장치는 쓸모가 없어져 교체되어야만 한다. 데이터 포맷도 구식이 되는데, 예를 들어 1990년대 초의 워드 파일은 최신 버전의 워드 프로그램에서 읽히지 않는다. 전문 인력 또한 사람들이 퇴직하고, 죽고, 기업 축소로 인해 해고되면서 사라지게 된다. 대학에서 학생이 만든 시스템도 해당 전문가가 졸업할 때 같은 방식으로 어려움을 겪는다.

꾸준한 변화에 뒤처지지 않고 따라가는 것은 소프트웨어 개발과 유지 보수에서 주요한 문제로, 수행해야만 하는 일이다. 그렇지 않으면 프로그램은 '비트 부식(bit rot)'을 겪게 되고, 얼마 후에는 재컴파일될 수 없거나 몇몇 필요한 라이브러리가 너무 많이 바뀌어서 더 이상 작동하지 않거나 업데이트될 수 없게 된다. 그와 동시에, 문제를 해결하거나 새로운 기능을 추가하려는 노력은 흔히 새로운 버그를 만들어 내거나 사용자들이 신뢰했던 프로그램의 작동 방식에 변경을 일으킨다.

5.4 지적 재산권

지적 재산권(Intellectual Property)이라는 용어는 발명이나 저술 같은 개인의 창작 활동에서 생겨난 다양한 종류의 무형 자산을 일컫는다. 소프트웨어는 지적 재산권의 중요한 사례다. 소프트웨어는 형태가 없지만, 가치가 크다. 대량의 코드를 작성하고 유지 보수하기 위해서는 지속적으로 많은 노력을 기울여야 한다. 그와 동시에 소프트웨어는 무제한으로 복제해서 비용을 들이지 않고 전 세계로 배포할 수 있고, 손쉽게 수정할 수 있고, 근본적으로 눈에 드러나 보이지 않는다.

소프트웨어의 소유권은 어려운 법적 문제를 제기한다. 하드웨어보다 문제가 더 까다롭다고 생각하는데, 프로그래머로서 내가 가지는 편견일지도 모르겠다. 소프트웨어는 하드웨어보다 새로운 분야다. 1950년 무렵 이전에는 소프트웨어가 없었고, 소프트웨어가 주요한 독립적 경제 동력이 된 것은 겨우 지난 30년가량 동안이었다. 그 결과, 관련된 법률, 상업 관례, 사회 규범이 발달할 시간이 부족했다. 이 절에서는 몇몇 문제를 논하려고 한다. 나의 바람은 여러분이 최소한 다양한 관점에서 상황을 인식할 수 있도록 충분한 기술적 배경을 전달해 주는 것이다. 또한, 이 내용은 미국 법률의 관점에서 작성된 것이며, 다른 국가도 비슷한 제도가 있지만, 많은 점에서 차이가 있다.

소프트웨어에는 지적 재산권을 보호하는 몇 가지 법적 메커니즘이 적용되며, 그 성과는 각기 다르다. 여기에는 영업 비밀, 저작권, 특허, 라이선스가 포함된다.

5.4.1 영업 비밀

영업 비밀(Trade secret)은 가장 자명하다. 자산은 그 소유자에 의해 비밀로 유지되거나, 기밀 유지 협약서같이 법적 구속력이 있는 계약에 따라서만 다른 이에게 공개된다. 이는 간단하고 종종 효과적이지만, 혹여 비밀이 드러났을 경우 법적 조치 수단을 거의 제공하지 않는다. 다른 분야에서 영업 비밀의 대표적인 사례는 코카콜라(Coca-Cola)의 제조법이다. 이론상으로는 만약 비밀이 공공 지식이 되면 누구나 똑같은 제품을 만들 수 있지만 그것을 코카콜라나 코크(Coke)라고 부르지 못하는데, 그 이름은 또 다른 형태의 지적 재산권인 상표로 등록되어 있기 때문이다. 소프트웨어에서는 파워포인트(PowerPoint)나 포토샵 같은 주요 시스템을 위한 코드가 영업 비밀이 될 것이다.

5.4.2 저작권

저작권(Copyright)은 창작 표현물을 보호한다. 저작권은 문학, 미술, 음악, 영화와 관련해서 우리에게 친숙한 단어다. 최소한 이론상으로, 저작권은 창작물이 다른 이들에 의해 복제되지 못하도록 보호하고 창작자들에게 제한된 기간 동안 작품을 활용하고 그로부터 수익을 얻을 권리를 준다. 미국에서는 그 기간이 한 번 갱신하는 것을 포함해서 28년이었지만 지금은 작가의 평생과 사후 70년간이고, 다른 많은 국가에서는 작가의 평생과 사후 50년간이다. 2003년에 미국 대법원(US Supreme Court)은 작가의 사후 70년이 '제한적인' 기간이라고 판결을 내렸다. 엄밀히 말하면 맞기는 하지만, 실제로는 '영원히'와 그리 다르지 않다. 미국의 저작권 소유자들은 전 세계의 저작권 기간을 미국 법률에 따라 연장시키는 방안을 강하게 추진하고 있다.

디지털 자료에 저작권을 집행하기는 어렵다. 얼마든지 전자 사본을 만들어서 온라인 세상에 비용을 들이지 않고 배포할 수 있기 때문이다. 저작권이 있는 자료를 암호화나 다른 형태의 **디지털 저작권 관리**(Digital Rights Management), 즉 **DRM**으로 보호하려는 시도는 한결같이 실패했다. 암호화는 보통 풀 수 있는 것으로 드러났고, 비록 실패한다 해도 자료가 재생되는 동안 재녹화될 수 있는데(이를 '아날로그 홀(analog hole)'이라고 한다) 예를 들면 은밀하게 극장에서 영화를 녹화하는 일 따위가 그에 해당된다. 개인이나 심지어 큰 단체에 대해서도 저작권 침해에 대한 법적 조치를 실질적으로 계속 밀고 나가기는 어렵다. 이 주제에 대해서는 9장에서 다시 살펴보겠다.

저작권은 프로그램에도 적용된다. 내가 프로그램을 작성하면 마치 소설을 쓴 것과 똑같이 내 소유가 된다. 다른 누구도 저작권이 있는 내 프로그램을 내 허가 없이는 사용할 수 없다. 충분히 간단한 것처럼 들리지만, 항상 그렇듯이 세부 사항으로 인해 문제가 생긴다. 여러분이 내 프로그램의 작동 방식을 연구해서 자신만의 버전을 만든다면 내 저작권을 침해하지 않는 범위에서 어디까지 비슷하게 될 수 있을까? 여러분이 프로그램의 서식과 모든 변수의 이름을 바꾼다면 거기까지는 침해에 해당된다. 하지만 더 교묘하게 변경되면 침해 여부가 명백하지 않게 되고, 이러한 쟁점은 값비싼 법적 절차에 의해서만 해결될 수 있다. 여러분이 내 프로그램의 작동 방식을 연구해서 그것을 철저하게 이해한 다음 진짜로 새롭게 구현한다면 괜찮을지도 모른다. 실제로 **클린 룸 개발**(clean room development, 집적 회로 제조와 관련된 표현)이라고 하는 기법에서는 복제하려고 하는 속성을 포함하는 코드에 프로그래머들이 공개적으로 접근할 방법이나 거기에 대한 지식이 전혀 없다. 프로그래머들은 원본과 동일한 방식으로 작동하지만 복제한 게 아니란 걸 입증할 수 있는 새로운 코드를 작성한다. 그렇다면 법적 문제는 클린 룸이 정말로 깨끗했고 아무도 원본 코드에 노출돼서 오염되지 않았는지 증명하는 것이 된다.

5.4.3 특허

특허(Patent)는 발명에 대한 법적 보호를 제공한다. 저작권과는 대비되는데, 저작권은 오직 표현물(코드가 작성된 방식)만 보호하고 코드가 포함할 수 있는 어떤 독창적인 아이디어도 보호하지 않기 때문이다. 많은 하드웨어 특허가 있는데, 조면기(cotton gin), 전화, 트랜지스터, 레이저 등과 무수한 공정, 장치, 그들의 개선안을 포함한다.

원래 소프트웨어는 특허를 받을 수 없었는데, 소프트웨어가 '수학'이라고 생각되었고 따라서 특허법의 범위에 들지 않았기 때문이다. 1960년대 이후 이 생각에 변화가 일어나서 오늘날처럼 복잡하고 엉망진창인 상황이 됐다. 지금은 많은 관찰자가 소프트웨어 및 비즈니스 모델처럼 관련된 영역에 대한 특허 체계가 심각하게 망가져 있다고 생각한다.

알고리즘과 프로그램이 특허를 받는 데 반대하는 쪽의 한 가지 주장은 알고리즘은 단지 수학일 뿐이고, 법에 수학은 특허를 받을 수 없다고 되어 있다는 것이다('법으로 규정된' 내용이 아니므로). 어느 정도 수학과 관련된 경험이 있는 프로그래머로서, 나에게 이 주장은 잘못된 것처럼 보인다. 알고리즘은 수학을 포함할지도 모르지만, 수학은 아니다(퀵 정렬에 대해 생각해 보면 요즘에는 당연히 특허를 받을 수 있다). 또 다른 주장은 많은 소프트웨어 특허가 자명하고, 단지 몇몇 간단하고 잘 알려진 절차를 수행하고자 컴퓨터를 이용하는 것에 불과해서 독창성이 부족하므로 특허를 받아서는 안 된다는 것이다. 나는 그 입장에 훨씬 더 동조하는데, 다시금 비전문가이고 물론 변호사는 아니면서 갖는 생각이다.

소프트웨어 특허의 전형적 사례는 아마존(Amazon)의 '원클릭(1-click)' 특허일 것이다. 1999년 9월에 창업자이자 CEO인 제프 베조스(Jeff Bezos)를 포함한 아마존닷컴(Amazon.com)의 발명자 네 명에게 미국 특허 5,960,411이 승인됐다. 이 특허는 '인터넷을 통해 물품 구매를 주문하는 방법과 시스템'을 다루고 있다. 특허 청구된 발명 내용은 등록된 고객이 한 번의 마우스 클릭으로 주문하는 것을 가능하게 하는 방법이었다(그림 5.9).

그림 5.9 **아마존 원클릭**

원클릭 특허는 그 이후로 줄곧 논쟁과 법정 투쟁의 대상이 되어 왔다. 아마도 대부분의 프로그래머들은 그 아이디어가 자명하다고 생각하는 것 같지만, 특허법은 발명 당시에 '발명이 속하는 기술 분야에서 통상의 지식을 가진 자'에게 '자명하지 않아야' 한다고 요구하고 있는데, 이 특허가 발명된 것은 1997년으로 웹 상거래의 초창기였다. 미국 특허청(US Patent Office)에서 이 특허의 몇몇 청구항은 거부됐으나, 다른 청구항은 항소를 통해 인정됐다. 그동안 애플에서 아이튠즈(iTunes) 온라인 스토어용으로 사용하는 것을 비롯하여 다른 회사에서 이 특허에 대한 라이선스 계약을 체결했고, 아마존은 원클릭을 허가 없이 사용하는 회사에 대한 금지 명령을 받아 냈다. 물론 다른 국가에서는 상황이 다르다.

소프트웨어 특허를 받는 일이 너무 쉬워지면서 생긴 단점 중 하나는 이른바 **특허 괴물**(patent troll), 덜 경멸적으로 표현하면 '특허 비실시 기업(non-practicing entity)'의 증가다. 특허 괴물은 발명을 사용할 의도는 없이, 자기들이 주장하기로는 특허를 침해하고 있는 다른 기업에 소송을 제기할 목적으로 특허에 대한 권리를 취득한다. 특허 괴물은 흔히 원고 쪽에 판결이 유리한 경향이 있는 곳, 즉 자기 쪽에 유리한 곳에서 소송을 제기한다. 특허 소송에 직접 드는 비용은 많고, 소송에서 패소했을 경우의 비용도 매우 많을 가능성이 있다. 특히 작은 회사 입장에서는 특허 괴물에게 굴복하고 특허권 사용료를 내는 편이 더 간단하고 안전한데, 특허 청구의 범위가 약하고 침해 여부가 명확하지 않더라도 그렇다.

법률과 관련된 상황은 비록 느리기는 해도 변하고 있고 이러한 종류의 특허 활동의 문제성이 줄어들지도 모르지만, 현재로서는 아직도 중대한 문제다.

5.4.4 라이선스

라이선스(License)는 제품을 사용할 허가를 승인하는 법적 합의다. 어떤 소프트웨어의 새 버전을 설치하는 과정 중 우리 모두에게 익숙한 단계가 하나 있다. 바로 '최종 사용자 라이선스 동의(End User License Agreement)' 즉 EULA다. 대화 상자가 나타나서 작은 활자의 방대한 덩어리

위에 작은 창을 보여 주는데, 이 법적 문서의 조건에 동의해야만 다음 단계로 진행할 수 있다. 사람들은 대부분 그 부분을 통과하려고 그냥 클릭을 하고, 이렇게 하여 원칙적으로 그리고 아마도 실제로 합의 조건에 대해 법적 의무를 지게 된다.

여러분이 정말로 그 조건을 읽어본다면 편파적이라는 것을 알게 되더라도 별로 놀랄 일은 아닐 것이다. 공급자는 모든 보증과 법적 책임을 포기하고, 사실은 소프트웨어가 뭐라도 할 것이라는 약속조차 하지 않는다. 아래 문구는 아이튠즈 앱 스토어(App Store)용 EULA의 일부를 발췌한 것이다.

> 무보증: 귀하는 사용권이 부여된 애플리케이션의 사용에 대한 위험이 전적으로 귀하에게 있고 품질 만족도, 성능, 정확도 및 노력에 대한 전적인 책임 역시 귀하에게 있다는 것을 명시적으로 인정하고 이에 동의합니다. 관련 법률이 허용하는 최대 범위에서 사용권이 부여된 애플리케이션과 사용권이 부여된 애플리케이션에서 수행되거나 제공되는 모든 서비스('서비스')는 어떠한 보증도 없이 '있는 그대로', '이용 가능한 대로'의 상태로 제공됩니다. 애플리케이션 제공자는 이로써 명시적이든 묵시적이든 또는 법규상의 것이든 상품으로서의 적합성, 품질에 대한 만족도, 특정한 목적을 위한 적합성, 정확성, 문제없는 사용에 대한 묵시적 보증 및/또는 조건 그리고 제3자의 권리를 침해하지 아니할 것 등을 포함하나 이에 국한되지 않고 사용권이 부여된 애플리케이션 및 서비스와 관련한 모든 보증이나 조건을 부인합니다. 애플리케이션 제공자는 귀하가 사용권이 부여된 애플리케이션을 사용하는 데 대한 장애에 대하여 보증하지 않으며, 사용권이 부여된 애플리케이션에 포함된 기능이나 사용권이 부여된 애플리케이션에 의하여 수행되거나 제공되는 서비스가 귀하가 요구하는 사항을 충족시킨다는 점, 사용권이 부여된 애플리케이션 또는 서비스의 작동이 방해되지 않거나 오류가 없을 것이라는 점, 사용권이 부여된 애플리케이션 또는 서비스의 결함이 정정될 것이라는 점을 보증하지 않습니다.

대부분의 EULA에는 여러분이 소프트웨어 때문에 해를 입더라도 피해에 대해 소송을 제기할 수 없다고 되어 있다. 소프트웨어가 어떤 목적으로 사용될 수 있는지에 대한 조건이 나와 있고, 여러분은 그 소프트웨어를 리버스 엔지니어링(reverse-engineering)하거나 역어셈블(disassemble)하려고 시도하지 않겠다고 동의한다. 어떤 국가로는 소프트웨어를 출하할 수도 없다. 변호사인 친구들의 말로는 만일 조건이 너무 불합리하지 않다면 그런 라이선스는 일반적으로 유효하고 시행 가능하다고 하는데, 무엇이 합리적인 것인지 의문을 갖게 만든다.

또 다른 조항은 약간 놀랍게 느껴질 수 있는데, 여러분이 소프트웨어를 판매점이나 온라인 상점을 통해 구매했다면 특히 그럴 것이다. '이 소프트웨어는 사용권이 부여된 것이지, 판매되는 것은 아닙니다.' 대부분의 구매에 대해, '최초 판매(first sale)'라고 하는 법적 원칙에는 여러분이 무엇인가를 사면 소유한다고 되어 있다. 여러분이 인쇄된 책을 사면 그것은 여러분의 복사본이고 다른 이에게 그냥 주거나 다시 팔 수 있다. 물론 다른 사본을 만들고 배포해서 저자의 저작권을 침해할 수는 없지만 말이다. 하지만 디지털 상품의 공급자들은 거의 항상 공급자가 소유권을 보유하고 여러분이 '여러분의' 사본으로 할 수 있는 것을 제한하도록 허용하는 라이선스에 따라 상품들을 '판매'한다.

이 점을 보여 주는 매우 좋은 사례가 2009년 7월에 등장했다. 아마존은 킨들(Kindle) 전자책 단말기용으로 많은 책을 '판매'하는데, 실제로 이 책에는 라이선스가 부여되는 것이고, 판매되지는 않는다. 어느 시점에 아마존은 허가를 받지 않은 몇몇 책들을 유통하고 있다는 것을 알아차렸고, 그래서 모든 킨들에서 그 책들을 사용할 수 없도록 함으로써 '판매를 철회했다'. 매우 멋지게 역설적으로, 회수된 책 중 하나는 조지 오웰(George Orwell)의 디스토피아적 소설인 《1984》의 판들 중 하나였다. 나는 그가 이 킨들 이야기를 좋아했을 것이라고 확신한다.

API 또한 법적인 문제를 제기하는데, 대부분 저작권에 집중된다. 가령 내가 엑스박스(Xbox)나 플레이스테이션(Playstation)과 비슷하게 프로그래밍할 수 있는 게임 시스템의 제조자라고 하자. 나는 사람들이 내 게임기를 구매하기를 원하고, 게임기용으로 좋은 게임이 많다면 그렇게 될 가능성이 더 클 것이다. 도저히 그 모든 소프트웨어를 직접 작성할 수는 없기에, 프로그래머들이 내 게임기용으로 게임을 작성할 수 있도록 신중하게 API, 즉 애플리케이션 프로그래밍 인터페이스를 정의한다. 게임 개발자들에게 도움이 되도록 마이크로소프트의 엑스박스용 XDK와 비슷한 소프트웨어 개발 키트, 즉 SDK도 제공할 수도 있다. 운이 좋으면 나는 엄청난 수의 게임기를 팔아서 돈을 많이 벌고 행복하게 은퇴할 것이다.

API는 실제로는 서비스 사용자와 서비스 제공자 간의 계약이다. API는 인터페이스의 양쪽에서 무슨 일이 일어나는지 정의한다. 즉, 어떻게 구현되었는지에 대한 세부 사항이 아니라, 각 함수가 프로그램에서 사용될 때 무슨 일을 하는지를 확실히 정의한다. 이 말은 다른 누군가가 내 것과 똑같은 API를 제공하는 경쟁 제품을 만들어서 서비스 제공자 역할을 할 수 있다는 것을 뜻한다. 만일 그들이 클린 룸 기법을 사용했다면 내 구현 방식을 어떤 식으로도 복제하지 않았다는 것이 확실해질 것이다. 만약 그들이 이 일을 솜씨 좋게 해내서 경쟁 업체의 게임기가 모든 기능은 똑같이 작동하면서 다른 면에서 더 낫다면(가격이 더 저렴하고 외관 디자인이 더 매력적이라면) 나는 사업을 접게 될 수도 있다. 이는 부자가 되기를 바라는 나에게는 좋지 않은 소식이다.

내 법적 권리는 어떻게 될까? 이 API에 대해 특허를 받을 수는 없는데, 독창적인 아이디어가 아니기 때문이다. 사람들이 사용할 수 있도록 보여 줘야 하므로 영업 비밀도 아니다. 하지만 만일 API를 정의하는 일이 창의적인 활동이라면 다른 사람이 나로부터 권리에 대한 허가를 받아야만 사용할 수 있게 해서 저작권의 보호를 받을 수도 있다. SDK를 제공했을 때도 똑같을 가능성이 크다. 과연 충분히 보호받는 것일까? 이러한 법적 의문과 더불어 비슷한 여러 가지 다른 문제들은 실제로 해결되지 않았다.

API의 저작권 현황은 가상적인 문제가 아니다. 2010년 1월에 오라클(Oracle)은 자바 프로그래밍 언어를 만든 회사인 썬 마이크로시스템즈를 인수했고, 2010년 8월에 구글이 자바 코드를 실행하는 안드로이드폰에서 자바 API를 비합법적으로 사용하고 있다고 주장하면서 구글에 소송을 제기했다.

이 복잡한 소송의 결과를 매우 단순화시켜서 이야기해 보면, 지방 법원은 API가 저작권을 취득할 수 있는 대상이 아니라는 결정을 내렸다. 오라클은 항소했고 결정이 뒤집혔다. 구글은 사건의 심리를 위한 진정서를 미국 대법원에 제출했지만, 2015년 6월에 대법원은 심리 진행을 거부했다. 다음 공판에서 오라클은 손해 보상금으로 90억 달러 이상을 요구했지만, 2016년 5월에는 배심원단이 구글의 API 사용이 '공정 사용(fair use)'이고 따라서 저작권법을 침해하지 않았다고 결정을 내렸다. 나는 이 특정 소송에 대해서는 대부분의 프로그래머가 구글의 주장에 동의할 것이라고 생각하지만, 사안은 아직도 완전히 해결되지는 않았다(나는 최초 소송에서 구글의 입장을 지지한 전자 프런티어 재단(Electronic Frontier Foundation, EFF)이 제출했던 법정 조언자에 의한 의견서(amicus brief)의 서명인이었다).

5.5 표준

표준(standard)은 어떤 기술적 산물이 어떻게 만들어지고 어떻게 작동하게 되어 있는지를 명확하고 상세하게 기술한 것이다. 워드의 .doc와 .docx 파일 포맷 같은 몇몇 표준들은 **사실상의(데 팍토(de facto))** 표준으로, 공식적으로 정해지지는 않았지만 모든 이들이 그것을 사용한다. '표준'이라는 단어는 무엇인가가 어떻게 만들어지고 운영되는지를 정의하는 정규적인 표현을 뜻하는 것으로 보는 것이 가장 적합하며, 보통은 정부 기관이나 컨소시엄 같은 준(準)중립적인 단체에 의해 개발되고 유지된다. 표준에서 제공하는 정의는 개별적인 주체들이 의사소통하고 독자적인 구현을 제공할 수 있을 만큼 완전하고 정확하다.

우리는 항상 하드웨어 표준의 혜택을 누리고 있는데, 아마도 얼마나 많은지 알아채지 못할 것이다. 새로운 텔레비전 세트를 사면 집에 있는 콘센트에 전원 플러그를 연결할 수 있다. 이는 플러그의 크기와 모양, 공급 전압에 대한 표준 덕분이다(물론 다른 국가에서는 그렇지 않을 수 있다. 유럽으로 휴가를 떠났을 때, 영국과 프랑스의 다른 소켓에 북미용 전원 공급 장치를 연결할 수 있도록 해 주는 몇 가지 특이한 어댑터를 가지고 가야만 했다). TV 세트 자체가 신호를 수신해서 화면을 보여 줄 수 있는 것은 방송과 케이블 TV에 대한 표준이 있기 때문이다. HDMI, USB, S-Video 같은 표준 케이블과 연결 장치를 통해 TV에 다른 장치를 연결할 수도 있다. 하지만 모든 TV는 거기에 맞는 리모컨이 필요한데 그것들은 표준화되지 않았기 때문이다. 이른바 '통합' 리모컨이라는 것도 가끔씩만 작동한다.

가끔은 서로 경쟁 관계에 있는 표준들도 있는데, 오히려 역효과를 낳는 것처럼 보인다(컴퓨터 과학자인 앤디 타넨바움(Andy Tanenbaum)이 한때 이야기한 것처럼 "표준의 좋은 점은 고를 수 있는 대상이 매우 많다는 것이다"). 역사적 사례를 들어 보면 비디오테이프용 베타맥스(Betamax) 대 VHS 간의 경쟁이 있었고, 고해상도 비디오디스크용 HD-DVD 대 블루레이(Blu-ray) 간의 경쟁이 있었다. 이 두 경우는 모두 한쪽 표준이 결국에는 이겼지만 다른 경우에는 다수의 표준이 공존할 수도 있는데, 미국에서 사용되는 두 가지 호환되지 않는 휴대 전화 기술이 그렇다.

소프트웨어에도 많은 표준이 있다. 여기에는 아스키코드나 유니코드 같은 문자 집합, C와 C++ 같은 프로그래밍 언어, 암호화와 압축용 알고리즘, 네트워크를 통해 정보를 교환하기 위한 프로토콜이 포함된다.

표준은 상호 운용성을 보장하고 공개경쟁이 이루어지도록 하는 데 결정적인 요소다. 독점 시스템은 모든 사람을 한군데 가둬 버리는 경향이 있는 반면, 표준은 독자적으로 만들어진 기술들이 상호 협력할 수 있게 하고 복수 공급자들이 경쟁할 공간을 마련해 준다. 당연히 독점 시스템의 소유권자는 가두는 편을 선호한다. 하지만 표준에는 단점도 존재한다. 만일 표준의 수준이 낮거나 시대에 뒤처졌는데 모든 사람들에게 그것을 사용하도록 강제한다면 표준은 발전을 저해할 수 있다. 하지만 이는 표준의 장점에 비하면 그리 크지 않은 결점이다.

5.6 오픈 소스

프로그래머가 작성하는 코드는 그게 어셈블리 언어이든 (훨씬 가능성 있게) 고수준 언어이든 간에 **소스 코드**(source code)라고 한다. 프로세서가 실행하기에 적합한 형태로 컴파일한 결과는 **오브젝트 코드**(object code)라고 한다. 앞서 나왔던 몇 가지 구분과 마찬가지로 너무 현학적으로 보일지 모르겠지만, 이러한 차이점은 중요하다. 소스 코드는 프로그래머가 읽을 수 있는 형태라서(아마 약간의 수고가 따르겠지만) 코드를 연구하고 상황에 맞춰 수정할 수 있고, 거기에 포함된 혁신적인 기법이나 아이디어가 드러난다. 이와는 대조적으로 오브젝트 코드는 너무나 많은 변환 과정을 거쳐서 원래 소스 코드와 조금이라도 비슷하게 복원한다든지 변종을 만들거나 작동 방식을 이해하려고 이용할 수 있는 형태를 추출하는 것조차 대개 불가능하다. 이러한 이유로 인해 대부분의 상업적 소프트웨어가 오브젝트 코드 형태로만 배포된다. 소스 코드는 가치가 큰 비밀 정보이고 비유적으로나 어쩌면 말 그대로 자물쇠를 채워서 간수된다.

오픈 소스(Open source)는 연구와 개선을 위해 소스 코드를 자유롭게 이용할 수 있게 하는 대안을 일컫는 말이다.

초기에 대부분의 소프트웨어는 회사에서 개발되었고, 대부분의 소스 코드는 개발한 회사의 영업 비밀이었고 입수할 수 없었다. MIT에서 근무하던 프로그래머였던 리처드 스톨만(Richard Stallman)은 자신이 사용하던 프로그램의 소스 코드가 독점이고 그로 인해 접근하지 못해서 프로그램을 고치거나 개선할 수 없다는 점에 불만이 있었다. 1983년에 스톨만은 GNU('GNU's Not Unix'의 약자, gnu.org 참조)라는 프로젝트를 시작했는데, 운영 체제와 프로그래밍 언어용 컴파일러 같은 중요한 소프트웨어 시스템의 무료, 공개 버전을 만드는 것이 그 목적이었다. 또한, 그는 오픈 소스를 지원하기 위해 프리 소프트웨어 재단(Free Software Foundation)이라는 비영리 단체를 조직했다. 이 단체의 목적은 비독점적이고, 구속적인 소유권에 얽매이지 않는다는 의미에서 영구히 '프리'한 소프트웨어를 만들어 내는 것이었다. 이는 GNU 일반 공공 라이선스(General Public License), 즉 GPL이라는 기발한 저작권 라이선스에 따라 구현물을 배포하는 방식으로 이루어졌다.

GPL의 전문(Preamble)은 다음과 같이 되어 있다. "대부분의 소프트웨어 및 기타 실용적인 저작물의 라이선스는 저작물을 공유하고 변경하는 자유를 여러분으로부터 박탈하도록 설계되어 있다. 그에 반해서 GNU 일반 공공 라이선스는 프로그램이 모든 사용자에게 계속 자유로운 소프트웨어라는 걸 확실히 하고자, 프로그램의 모든 버전을 공유하고 변경할 수 있는 자유를 여러분에게 보장하려는 의도에서 만들어졌다." GPL은 라이선스가 적용된 소프트웨어가 자유롭게 사용될 수 있다고 명시하지만, 만약 소프트웨어가 다른 누군가에게 배포되면 그 배포판도 똑같이 '어떤 용도로도 자유로운' 라이선스를 적용해서 소스 코드를 이용할 수 있게 해야 한다. GPL은 이제 충분히 강력해져서 그 조건을 위반한 회사는 법원 판결에 의해 코드 사용을 중단하거나, 라이선스가 적용된 코드에 기반을 두고 있는 소스를 배포하도록 강요된 바 있다.

GNU 프로젝트는 많은 회사, 단체, 개인들로부터 지원을 받고 있으며, 수많은 프로그램 개발 도구와 애플리케이션을 만들어 냈는데, 모두 GPL의 적용을 받고 있다. 다른 오픈 소스 프로그램도 이와 비슷한 라이선스가 있다. 많은 경우에 오픈 소스 버전은 독점 상업적 버전이 비교 평가되는 기준으로 작용한다. 파이어폭스와 크롬 브라우저는 오픈 소스이고, 가장 흔히 사용되는 웹 서버인 아파치(Apache) 웹 서버도 그렇다. 휴대 전화용으로 사용되는 안드로이드 운영 체제도 오픈 소스다.

프로그래밍 언어와 지원용 도구는 이제 거의 항상 오픈 소스다. 실제로 오로지 독점 방식만 있다면 새로운 프로그래밍 언어를 확립하기가 어려울 것이다. 지난 몇 년 동안 구글은 고(Go) 언어를, 애플은 스위프트(Swift)를 만들고 공개했으며, 마이크로소프트는 C#을 공개했는데, 이 중 일부[1]는 수년간 독점 방식이었던 것들이다.

리눅스 운영 체제는 아마도 가장 눈에 띄는 오픈 소스 시스템일 것이다. 개인들과 구글 같은 대규모 상업적 기업에 의해 널리 사용되고 있는데, 구글의 경우 인프라 전체를 리눅스상에서 운영하고 있다. 리눅스 운영 체제 소스 코드는 kernel.org 사이트에서 무료로 다운로드할 수 있다. 자신만의 용도를 위해 사용할 수 있고, 원하는 방식으로 수정할 수 있다. 하지만 어떤 형태로든 배포하고자 한다면, 예를 들어 운영 체제가 있는 새로운 기기에 내장한다면, 똑같이 GPL에 따라 소스 코드를 이용할 수 있게 해야만 한다. 나의 새로운 차는 리눅스를 실행한다. 화면 상의 메뉴 시스템 안쪽에는 GPL 성명서와 링크가 있다. 그 링크를 이용하여 인터넷에서(차량 자체에서 받은 것은 아니다!) GPL 코드를 다운로드할 수 있었는데, 거의 1GB의 리눅스 소스 코드였다.

---

1 스위프트(Swift)와 C#만 여기에 해당한다.

오픈 소스는 의문을 불러일으킨다. 소프트웨어를 무료로 줌으로써 어떻게 돈을 벌 수 있는지? 왜 프로그래머들은 오픈 소스 프로젝트에 자발적으로 이바지하는지? 자원한 프로그래머들이 작성한 오픈 소스가 체계화된 전문가들이 모인 대규모 팀에서 개발하는 독점 소프트웨어보다 나을 수 있는지? 소스 코드의 입수 가능성이 국가 안보에 위협이 되는지?

이러한 질문들은 계속해서 경제학자와 사회학자들의 관심을 끌지만, 몇몇 질문에 대한 답은 명확해지고 있다. 예를 들어, 레드햇(Red Hat)은 뉴욕 증권 거래소(New York Stock Exchange)에서 거래되는 공개 기업으로, 2016년에 레드햇은 8,800명의 직원이 있고 15억 달러의 연간 수익을 올렸으며 시가총액이 140억 달러였다. 레드햇은 웹에서 무료로 받을 수 있는 리눅스 소스 코드를 배포하지만, 기술 지원, 시스템 통합, 기타 서비스에 대해 요금을 청구함으로써 수익을 올린다. 많은 오픈 소스 프로그래머는 오픈 소스를 사용하고 거기에 이바지하는 회사의 정규 직원이다. IBM, 페이스북, 구글이 주목할 만한 사례지만 물론 이외에도 더 있고, 심지어 마이크로소프트도 최근에 오픈 소스 소프트웨어를 활발하게 지원하기 시작했다. 회사들은 프로그램의 발전을 이끄는 데 도움을 주고, 다른 이들이 버그를 수정하고 코드를 개선하도록 해서 이득을 본다.

오픈 소스 소프트웨어가 모두 최상급인 것은 아니며, 몇몇 소프트웨어의 오픈 소스 버전은 그것의 원형이 되는 상용 시스템보다 뒤떨어지는 일도 흔하다. 그럼에도 불구하고 핵심적인 프로그래밍 툴과 시스템에서 오픈 소스의 영향력은 매우 크다.

5.7 요약

프로그래밍 언어는 컴퓨터에 무엇을 할 것인지 알려 주는 방법이다. 너무 비약적인 생각일 수도 있지만, 코드를 작성하기 쉽게 하고자 발명한 인공 언어와 자연 언어 간에는 유사점이 많다. 한 가지 명백한 유사점은 자연 언어와 마찬가지로 많은 프로그래밍 언어가 있다는 점이지만, 아마도 몇백 개 이하의 프로그래밍 언어가 자주 사용되고 있고, 스무 개 남짓한 프로그래밍 언어가 오늘날 작동하는 대다수 프로그램을 구현하는 데 사용됐다. 물론 프로그래머들은 어떤 언어가 가장 우수한지에 대해 보통 꽤 강하게 의견을 주장하지만, 그렇게 많은 언어가 있는 이유 중 하나는 어떤 언어도 단독으로 모든 프로그래밍 과제에 이상적이지는 않기 때문이다. 적합한 새로운 언어가 프로그래밍을 이전보다 훨씬 더 쉽고 생산적으로 할 수 있게 해 줄 것이라는 느낌이 항상 존재한다. 프로그래밍 언어는 또한 꾸준히 증가하는 하드웨어 자원을 이용하도록 진화해 왔다. 오래전에는 가용한 RAM에 프로그램을 집어넣기 위해 프로그래머가 공을 들여야만 했다. 이는 요새는 별로 문제가 되지 않고, 프로그래머가 그 문제에 대해 덜 생각해도 되도록 언어가 RAM의 사용을 자동으로 관리하는 메커니즘을 제공해 준다.

소프트웨어와 관련된 지적 재산권 문제는 도전적인 과제인데, 특허는 특허 괴물이 부정적인 세력으로 강하게 작용하고 있어서 특히 어렵다. 저작권은 더 간단해 보이지만, 이것조차도 API의 저작권 상황 같은 주요한 법적 문제가 해결되지 않은 채로 남아 있다. 흔히 그렇듯이 법률은 새로운 기술에 빨리 대응하지 않고(어쩌면 하지 못하고), 응답이 오더라도 국가마다 그 내용에 차이가 있다.

6

소프트웨어 시스템

> "프로그래머는 시인과 마찬가지로 거의 순수하게 상상에 기반을 두고 작업한다. 프로그래머는 허공에 공기로 성을 쌓으며, 상상력을 동원하여 자신의 성을 창조해 나간다. 이만큼 유연하며, 다듬고 고치기 쉽고, 웅장한 개념적 구조를 손쉽게 실현할 수 있는 창작의 표현 수단은 찾아보기 힘들다."
>
> "The programmer, like the poet, works only slightly removed from pure thought-stuff. He builds his castles in the air, from air, creating by exertion of the imagination. Few media of creation are so flexible, so easy to polish and rework, so readily capable of realizing grand conceptual structures."
>
> 프레더릭 브룩스(Frederick P. Brooks), 《맨먼스 미신(The Mythical Man-Month)》, 1975.

이 장에서는 두 가지 주요한 유형의 소프트웨어, 운영 체제와 애플리케이션에 대해 살펴보려고 한다. 앞으로 볼 것처럼 운영 체제(operating system)는 컴퓨터 하드웨어를 관리하고 다른 프로그램들을 실행할 수 있게 해 주는 소프트웨어의 기초 구조물이며, 그 위에서 실행되는 프로그램들이 애플리케이션(application)이다.

여러분이 집이나 학교, 사무실에서 컴퓨터를 사용할 때 이용할 수 있는 프로그램은 매우 다양한데, 여기에는 브라우저, 워드 프로세서, 음악과 영화 재생 프로그램, 세무 처리용 소프트웨어, 바이러스 검사기, 많은 게임들, 파일을 찾거나 폴더를 탐색하는 일상적인 작업용 툴이 포함된다. 세부 사항은 다르지만 휴대 전화도 비슷한 상황이다.

그런 프로그램들을 일컫는 전문 용어가 애플리케이션이다. 짐작하건대 '이 프로그램은 컴퓨터를 어떤 작업에 응용(application)하는 것입니다'에서 나온 말인 것 같다. 애플리케이션은 어느 정도는 자립적이고 단일 과제에 주력하는 프로그램을 뜻하는 표준 용어. 이 단어는 예전에는 컴퓨터 프로그래머들의 소관이었지만, 아이폰에서 실행되는 애플리케이션을 판매하는 애플의 앱스토어가 순식간에 성공을 거두면서 축약형인 앱(app)은 대중 문화의 일부가 됐다.

새 컴퓨터나 휴대 전화를 살 때 그런 프로그램이 어느 정도는 이미 설치돼서 오고, 시간이 흐르면서 프로그램을 구매하거나 다운로드함에 따라 더 추가된다. 이러한 의미에서 앱은 사용자인 우리에게 중요하고, 몇몇 기술적인 관점에서 흥미로운 특성이 있다. 몇 가지 예에 대해 짧게 이야기하고, 특정한 앱, 즉 브라우저에 대해 집중적으로 살펴보려고 한다. 브라우저는 모든 이들이 익숙한 앱의 대표적인 사례지만, 예상외로 운영 체제와 비슷한 면을 비롯해서 아직도 놀라운 점이 일부 있다.

하지만 애플리케이션을 이용할 수 있게 배후에서 작동하는 프로그램인 운영 체제부터 시작해 보자. 진행하면서 거의 모든 컴퓨터, 즉 노트북, 휴대 전화, 태블릿, 미디어 재생용 단말기, 스마트워치, 카메라, 혹은 다른 기기들도 하드웨어를 관리하기 위한 어떤 종류의 운영 체제를 포함하고 있다는 것을 명심하기 바란다.

6.1 운영 체제

1950년대 초에는 애플리케이션과 운영 체제 간에 구별이 없었다. 컴퓨터는 한 번에 한 개의 프로그램만 실행할 수 있을 정도로 성능이 제한되어 있었고, 그 프로그램이 컴퓨터 전체를 점유했다. 실제로 프로그래머들은 자신의 프로그램 한 개를 실행하고자 컴퓨터를 사용하려고 시간대별로 등록을 해야만 했다(낮은 학년이라면 한밤중에나). 컴퓨터가 더 복잡해짐에 따라, 비전문가가 실행하도록 하는 것은 너무 비효율적이어서 그 업무는 전문 운영자에게 맡겨졌고, 운영자는 애플리케이션을 컴퓨터에 입력하고 결과를 배부했다. 운영 체제는 운영자를 위해 그런 작업들을 자동화하는 데 도움을 주는 프로그램으로 시작됐다.

운영 체제는 자신이 제어하는 하드웨어의 발달에 맞춰 꾸준히 더 정교해졌고, 하드웨어가 더 성능이 높아지고 복잡해지면서 그것을 제어하는 데 더 많은 자원을 투입하는 것이 타당해졌다. 처음으로 널리 사용된 운영 체제는 1950년대 후반과 1960년대 초반에 나타났는데, 보통은 하드웨어를 만드는 회사가 같이 제공했고 어셈블리 언어로 작성되어 하드웨어와 강하게 결부됐다. 이렇게 하여 IBM과 더불어 DEC(Digital Equipment Corp), 데이터 제너럴(Data General Corp) 같은 작은 회사들이 자사 하드웨어를 위한 자신들만의 운영 체제를 제공했다.

운영 체제는 또한 대학과 산업 연구소에서 연구 대상이었다. MIT가 선구자 역할을 했는데, 1961년에 CTSS(Compatible Time-Sharing System: 호환 시분할 시스템)라는 운영 체제를 만들었다. CTSS는 그 시대에는 특히 앞선 것이었고 산업계의 경쟁 제품과는 달리 사용하기에도 좋았다. 유닉스(Unix) 운영 체제는 1969년을 시작으로 벨 연구소(Bell Labs)에서 일하던 켄 톰프슨(Ken Thompson)과 데니스 리치(Dennis Ritchie)에 의해 만들어졌다. 두 사람은 CTSS 개발에 참여했고 더 정교하지만 덜 성공적이었던 후속작인 멀틱스(Multics)도 개발했다. 오늘날 대부분의 운영 체제는 마이크로소프트 제품을 제외하고는 원조 벨 연구소 유닉스나, 호환성이 있지만 독자적인 리눅스(Linux)에서 파생된 것들이다. 리치와 톰프슨은 유닉스를 만든 공로로 1983년 튜링상을 공동 수상했다.

현대적 컴퓨터는 실로 복잡한 물건이다. 그림 1.1에서 본 것처럼 프로세서, 메모리, 디스크, 디스플레이, 네트워크 인터페이스, 기타 등등을 포함한 많은 부분이 있다. 이러한 구성 요소를 효과적으로 사용하려면 다수의 프로그램을 동시에 실행할 필요가 있는데, 이 중 일부는 뭔가 일어나기를 기다리고 있고(다운로드될 웹 페이지), 어떤 것은 즉각적인 반응을 요구하고(마우스의 움직임을 추적하거나 게임을 할 때 디스플레이를 업데이트하기), 또 일부는 다른 프로그램에 지장을 준다(이미 초만원 상태인 RAM에 공간을 필요로 하는 새 프로그램을 시작하기). 복잡하기 이를 데 없다.

이러한 정교한 곡예를 다루는 유일한 방법은 프로그램을 이용하는 것인데, 이는 컴퓨터가 자신의 작동을 돕게 만드는 또 다른 사례다. 그 프로그램을 운영 체제라고 한다. 집이나 사무실에 있는 컴퓨터에는 마이크로소프트 윈도우가 다양한 발전 단계별로 가장 흔히 사용되는 운영 체제다. 일상생활에서 볼 수 있는 데스크톱 컴퓨터나 노트북의 90퍼센트 정도가 윈도우를 실행한다. 애플 컴퓨터는 맥오에스를 실행한다. 배후에서 작동하는 많은 컴퓨터가(그리고 눈에 띄는 컴퓨터 일부도) 유닉스나 리눅스를 실행한다. 휴대 전화도 운영 체제를 실행하는데, 원래는 전문화된 운영 체제를 이용했지만 오늘날에는 흔히 유닉스, 리눅스, 윈도우의 더 작은 버전을 실행한다. 예를 들어, 아이폰과 아이패드는 iOS를 실행하는데, 이는 맥오에스에서 파생된 운영 체제이고, 맥오에스의 핵심 부분은 유닉스의 변종이다. 반면에 안드로이드폰은 리눅스를 실행하는데, 내 TV와 티보(TiVo), 아마존의 킨들, 반스앤드노블(Barnes & Noble)의 누크(Nook)도 그렇다. 심지어 안드로이드폰에 로그인해서 기본적인 유닉스 명령어를 실행할 수도 있다.

운영 체제는 컴퓨터의 자원을 제어하고 할당한다. 우선 CPU를 관리하는데, 현재 사용 중인 프로그램의 스케줄링을 처리하고 프로그램 간의 관계를 조정한다. 특정 순간에 실제로 계산하고 있는 프로그램들 간에 CPU가 관심을 보이는 대상을 전환해 주는데, 애플리케이션과 백그라운드 프로세스(바이러스 백신 소프트웨어 같은) 둘 다 해당된다. 사용자가 대화 상자에 클릭하는 것 같은 이벤트를 기다리고 있는 프로그램을 대기 상태로 바꾼다. 또한, 각각의 프로그램이 자원을 독차지하는 것을 막아 준다. 만일 한 프로그램이 너무 많은 CPU 시간을 요구하면 운영 체제는 다른 태스크들 또한 적정한 몫을 받을 수 있도록 그 프로그램의 속도를 낮춰 준다.

보통의 운영 체제에서는 수십 개의 프로세스나 태스크가 동시에 작업한다. 일부는 사용자가 시작한 프로그램이지만, 대부분은 일반적인 사용자에게는 보이지 않는 시스템 태스크다. 무슨 일이 일어나고 있는지 확인하려면 맥오에스의 액티비티 모니터(Activity Monitor)나 윈도우의 태스크 매니저(Task Manager), 또는 휴대 전화상의 유사한 프로그램을 이용하면 된다. 그림 6.1은 내가 현재 타이핑 중인 Mac의 액티비티 모니터가 표시하는 내용 중 작은 일부분을 보여 준다. 이 표시된 내용에서 프로세스는 사용 중인 RAM의 양에 따라 정렬되어 있다. 파이어폭스가 가장 위에 있지만, 크롬 브라우저의 프로세스 그룹이 훨씬 더 많은 메모리를 차지하고 있다는 것을 알 수 있다. 어떤 프로세스도 CPU를 아주 많이 사용하고 있지는 않다.

둘째로, 운영 체제는 RAM을 관리한다. 메모리에 프로그램을 로딩해서 프로그램이 명령어 실행을 시작할 수 있게 해 준다. 동시에 벌어지고 있는 모든 일들을 감당하기에 RAM 용량이 충분하지 않다면 프로그램을 일시적으로 RAM에서 꺼내 디스크로 옮겼다가 다시 공간이 생기면 RAM으로 도로 옮겨 준다. 별개의 프로그램들이 서로 간섭하는 것을 막아서 하나의 프로그램이 다른 프로그램이나 운영 체제 그 자체에 할당된 메모리에 접근할 수 없도록 해 준다. 이는 부분적으로는 온전한 상태를 유지하기 위해서지만, 안전 조치이기도 하다. 그 누구도 악성 소프트웨어나 버그가 있는 프로그램이 건드려서는 안 될 곳을 뒤지는 것을 원하지는 않을 것이다(윈도우에서 흔히 나타나곤 했던 블루스크린(blue screen of death)은 때때로 적절한 보호 장치를 제공하지 못해서 발생했다).

RAM을 효과적으로 사용하려면 적절한 공학적 기법이 필요하다. 한 가지 기법은 필요할 때 RAM에 프로그램의 일부만 가져오고 비활성화 상태일 때는 꺼내서 디스크로 복사해 두는 것인데, 이 처리를 **스와핑**(swapping)이라고 한다. 프로그램은 마치 전체 컴퓨터를 독점하고 RAM이 무제한인 것처럼 작성된다. 소프트웨어와 하드웨어가 결합돼서 이러한 추상화를 제공해 주며, 프로그래밍을 훨씬 더 쉽게 만들어 준다. 그 다음에 운영 체제는 프로그램의 덩어리를 메모리와 디스크 간에 스와핑함으로써 이러한 사용자의 환상을 지원해 줘야 하는데, 이 과정에서 하드웨어가 프로그램 메모리 주소를 실제 메모리상의 진짜 주소로 변환하는 데 도움을 준다. 이 메커니즘은 **가상 메모리**(virtual memory)라고 한다. '가상'이라는 단어가 사용되는 경우 대부분 그렇듯이 진짜가 아니라 실제의 환상을 제공하는 것을 뜻한다.

그림 6.1에서 여러분은 사용되지 않는 RAM이 매우 조금 남아 있다는 것을 (가까스로) 확인할 수 있다. 4GB 중에 37.8MB만 남아 있는데, 1퍼센트 미만이다. 이것은 RAM이 얼마나 심하게 제약될 수 있는지 생생하게 보여 주는 것이다. 일반적으로 RAM의 용량이 더 많을수록 컴퓨터가 더 빠르게 느껴지는데, RAM과 보조 기억 장치 간에 스와핑을 하는 데 시간을 덜 쓰기 때문이다. 만일 여러분의 컴퓨터가 더 빨리 작동하기를 원한다면 RAM을 더 장착하는 것이 가장 비용 효율이 높은 방법이 될 가능성이 있는데, 추가할 수 있는 용량에는 보통 물리적인 상한선이 존재한다.

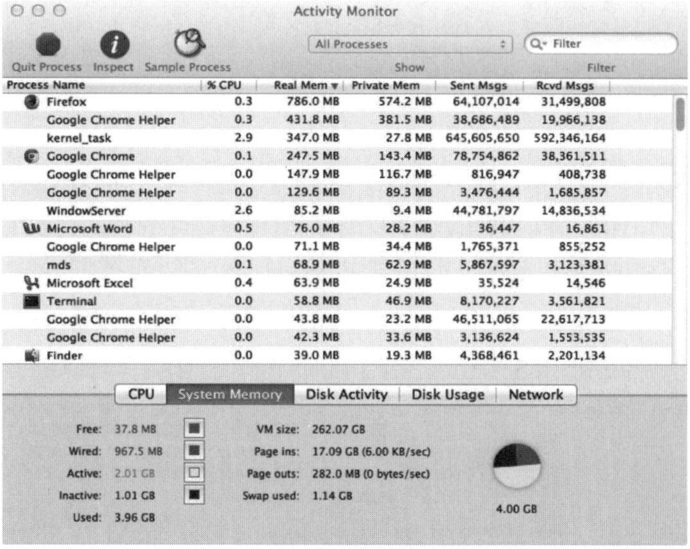

그림 6.1 **맥오에스의 액티비티 모니터**

셋째로, 운영 체제는 디스크에 저장된 정보를 관리한다. **파일 시스템**(file system)이라는 운영 체제의 주요 구성 요소가 우리가 컴퓨터를 사용할 때 보는 폴더와 파일의 익숙한 계층 구조를 제공해 준다. 이 장 뒷부분에서 파일 시스템을 다시 살펴볼 텐데, 더 많은 분량을 할애해서 논의할 필요가 있을 만큼 흥미로운 특성들이 있기 때문이다.

마지막으로, 운영 체제는 컴퓨터에 연결된 장치들의 활동을 관리하고 조정한다. 어떤 프로그램은 자신이 중첩되지 않는 창들을 독점하고 있다고 가정할 수 있다. 운영 체제는 디스플레이 상에 있는 다수의 창을 관리하는 복잡한 일을 수행하면서 정보가 해당하는 창에 정확하게 갈 수 있도록 하고, 창의 위치가 옮겨지고 크기가 바뀌며 숨겨졌다 다시 드러날 때 정보가 제대로 복구되도록 해 준다. 운영 체제는 키보드와 마우스에서 입력되는 데이터를, 그것을 기다리고 있는 프로그램으로 보내 준다. 또한, 유무선 네트워크 연결로 송수신되는 데이터 통신을 처리한다. 프린터로 데이터를 보내고 스캐너에서 데이터를 가져온다.

운영 체제가 프로그램이라고 말했던 것을 주목하라. 운영 체제는 그저 또 다른 프로그램으로, 앞 장에서 나왔던 프로그램과 마찬가지로 같은 종류의 언어, 가장 흔하게는 C와 C++로 작성된다. 초기의 운영 체제는 크기가 작았는데, 메모리가 더 작고 작업이 더 단순했기 때문이다. 초창기의 운영 체제는 한 번에 한 개의 프로그램만 실행했으므로 제한적인 스와핑만 필요했다. 할당할 메모리가 많지 않아서 어떤 때는 100킬로바이트 미만에 불과했다. 다뤄야 할 외부 장치가 많지 않았는데, 확실히 오늘날 우리가 가지고 있는 것처럼 종류가 다양하지는 않았다. 지금은 운영 체제가 매우 크고(수백만 행의 코드) 복잡한데, 그만큼 복잡한 일을 처리하고 있기 때문이다.

비교할 기준점을 제시하자면, 오늘날 많은 운영 체제의 조상 격인 유닉스 운영 체제 6판은 1975년에 C와 어셈블리 언어 9,000행이었고, 켄 톰프슨과 데니스 리치, 두 명이 작성했다. 오늘날 리눅스는 1,000만 행이 훨씬 넘고, 수십 년간 수천 명이 작업한 결과물이다. 윈도우 10은 확실한 규모가 공개된 적이 없긴 하지만 5,000만 행 정도로 추측된다. 어쨌든 이러한 수치들을 직접 비교할 수는 없는데, 최신 컴퓨터는 한결 더 정교하고 훨씬 더 복잡한 환경과 훨씬 더 많은 장치를 다루기 때문이다. 운영 체제가 어떤 구성 요소를 포함해야 하는지에 대한 생각에도 차이가 있다.

운영 체제는 단지 프로그램이므로 이론상으로는 여러분이 직접 작성할 수 있다. 실제로, 리눅스는 핀란드 대학생이었던 리누스 토발즈(Linus Torvalds)가 1991년에 유닉스를 자신만의 버전으로 처음부터 새로 만들기로 결심하면서부터 시작됐다. 그는 인터넷에 초기의 초안 버전(10,000행이 조금 안 되는)을 게시했고, 다른 이들에게 써 보고 도움을 달라고 요청했다. 그때 이후로 리눅스는 소프트웨어 산업에서 영향력이 큰 운영 체제가 되었고, 많은 큰 기업과 작은 회사가 사용하고 있다. 이전 장에서 언급한 것처럼 리눅스는 오픈 소스이므로 누구든 사용하고 기여할 수 있다. 오늘날 수천 명의 기여자가 있고 그 핵심에는 전업 개발자들이 있다. 토발즈는 여전히 전반적인 통제권을 유지하고 있으며 최후의 결정권자다.

하드웨어상에서 원래 의도했던 것과는 다른 운영 체제를 실행할 수도 있다. 원래는 윈도우를 실행하려고 했던 컴퓨터에서 리눅스를 실행하는 것이 좋은 예다. 디스크에 몇 개의 운영 체제를 저장해 두고 컴퓨터를 켤 때마다 어느 것을 실행할 것인지 결정할 수 있다. 이 '멀티 부트(multiple boot)' 기능은 애플의 부트캠프(Boot Camp)에서 볼 수 있는데, Mac이 맥오에스 대신 윈도우를 실행하면서 시스템을 시작할 수 있도록 해 준다.

심지어 다른 운영 체제의 관리하에 어떤 운영 체제를 실행할 수도 있는데, **가상 운영 체제**(virtual operating system) 형태로 실행하게 된다. VM웨어(VMware), 버추얼박스(VirtualBox), 젠(Xen, 오픈 소스임) 같은 가상 운영 체제 프로그램은 호스트 운영 체제(가령 맥오에스)에서 어떤 운영 체제(가령 윈도우나 리눅스)를 게스트 운영 체제로 실행할 수 있게 해 준다. 호스트는 게스트가 생성하는 요청 중 파일 시스템 접근, 네트워크 접근 등 운영 체제 권한을 필요로 하는 요청을 가로챈다. 호스트는 작업을 수행한 다음 게스트로 복귀한다. 호스트와 게스트가 둘 다 같은 하드웨어에 대해 컴파일되면 게스트 운영 체제는 대개 하드웨어의 최고 속도로 실행되고, 맨 컴퓨터상에서 실행되듯 반응하는 것처럼 느껴진다.

그림 6.2는 호스트 운영 체제상에서 가상 운영 체제가 어떻게 실행되는지를 도식화한 것이다. 게스트 운영 체제는 호스트 운영 체제 입장에서 보면 보통의 애플리케이션이다.

클라우드 컴퓨팅(11장에서 다시 살펴볼 예정이다)을 공급하는 회사는 가상 컴퓨팅에 매우 크게 의존한다. 클라우드 컴퓨팅 시스템의 각 고객은 몇 개의 가상 머신을 이용하는데, 이는 그보다 수가 더 적은 물리적 컴퓨터상에서 지원을 받는다.

가상 운영 체제는 몇몇 흥미로운 소유권 문제를 제기한다. 만약 회사가 한 대의 물리적 컴퓨터상에서 많은 수의 가상 윈도우 인스턴스를 실행한다면 마이크로소프트에서 몇 개의 윈도우

라이선스를 구매해야 할까? 법적인 문제를 무시하면 답은 한 개이지만, 마이크로소프트의 윈도우 라이선스는 더 많은 사본에 대한 비용을 내지 않고 합법적으로 실행할 수 있는 가상 인스턴스의 총 개수를 제한하고 있다.

그림 6.2 **가상 운영 체제의 구성**

'가상'이라는 단어가 또 다르게 사용되는 사례를 여기서 언급해야겠다. 그게 진짜이든 상상의 것이든(모형 컴퓨터처럼) 간에, 컴퓨터인 것처럼 작동하는 프로그램도 흔히 **가상 머신**(virtual machine)이라고 한다. 즉, 이 컴퓨터는 소프트웨어로만 존재하며, 마치 하드웨어인 것처럼 그 작동 방식을 모방하는 프로그램이다.

이러한 가상 머신은 흔하다. 브라우저에는 자바스크립트 프로그램을 해석하는 한 개의 가상 머신이 있고, 자바 프로그램을 위한 또 다른 독립된 가상 머신도 있다. 안드로이드폰에도 자바 가상 머신이 있다. 가상 머신이 자주 사용되는 이유는 물리적 장비를 만들어서 출하하는 것보다 프로그램을 작성해서 배포하는 것이 더 쉽고 더 유연하기 때문이다.

6.2 운영 체제는 어떻게 작동할까

CPU는 컴퓨터에 파워가 켜졌을 때 영구 기억 장치에 저장된 약간의 명령어를 실행해서 작동을 시작하도록 구성되어 있다. 다음에는 그 명령어들이 디스크상의 알려진 위치, USB 메모리, 또는 네트워크 연결로부터 더 많은 명령어를 읽기에 충분한 코드를 포함하고 있는 작은 플래시 메모리에서 명령어를 읽고, 그 명령어는 최종적으로 유용한 작업을 하기에 충분한 코드가 로딩될 때까지 더욱더 많은 명령어를 읽는다. 이렇게 시작하는 과정은 원래 '자력으로 해내다(pulling oneself up by one's bootstraps)'라는 오래된 표현에서 나온 '부트스트래핑(bootstrapping)'이라고 불렸는데, 지금은 그냥 **부팅**(booting)이라고 한다. CPU마다 세부 사항은 서로 다르지만, 기본적인 아이디어는 같다. 약간의 명령어면 충분히 더 많은 명령어를 찾을 수 있고, 또 한층 더 많은 명령어로 이어진다는 발상이다.

이 과정 중 일부는 어떤 장치가 컴퓨터에 연결되어 있는지, 예를 들면 프린터나 블루투스 장치가 있는지 알아내기 위해 하드웨어에게 질문하는 것을 포함할 수 있다. 또한, 메모리와 다른 구성 요소를 점검해서 정확하게 작동하고 있는지 확인한다. 부팅 과정에는 연결된 장치를 운영 체제가 사용할 수 있도록 관련된 소프트웨어 구성 요소(드라이버)를 로딩하는 과정도 포함될 수 있다. 이 모든 작업에 시간이 걸리는데, 보통 이때 우리는 컴퓨터가 뭔가 유용한 작업을 시작하기를 초조하게 기다리고 있다. 컴퓨터가 예전보다 훨씬 더 빨라졌음에도 불구하고 아직 부팅에는 1~2분 정도가 소요된다는 것은 불만스러운 일이다.

일단 운영 체제가 실행되면 꽤 간단한 사이클을 집중적으로 처리하는데, 실행할 준비가 됐거나 관심을 필요로 하는 각 애플리케이션에 차례로 통제권을 준다. 만일 내가 워드 프로세서에서 텍스트를 타이핑하거나, 메일을 확인하거나, 아무렇게나 웹 서핑을 하거나, 백그라운드에서 음악을 재생하면 운영 체제는 이 프로세스들 각각에 차례차례로 CPU의 관심을 주고, 필요에 따라 그들 간의 포커스를 전환해 준다. 각 프로그램은 짧은 시간 슬라이스를 받는데, 슬라이스는 프로그램이 시스템 서비스를 요청하거나 할당된 시간이 다 되면 끝난다.

운영 체제는 음악의 끝, 메일이나 웹 페이지의 도착, 키 눌림 같은 이벤트에 반응한다. 각각에 대해 운영 체제는 필요한 어떤 일이든 수행하는데, 흔히 뭔가 발생했다는 사실을 그 이벤트를 처리해야 하는 애플리케이션에 전달한다. 만약 화면상에 있는 창들을 재배치하기로 했다면 운영 체제는 화면에 창들을 어디에 놓을지 알려 주고, 각 애플리케이션에게 애플리케이션 창의 어느 부분이 보여져야 하는지 알려 줘서 애플리케이션이 창을 다시 그리도록 한다. 만약 메뉴에서 파일/종료나 창의 위쪽 모서리에 있는 작은 x를 클릭해서 애플리케이션을 종료한다면 운영 체제는 애플리케이션에게 곧 끝나야 된다고 통보해서 애플리케이션이 자신의 신변을 정리할 수 있는 기회를 준다. 예를 들면, 사용자에게 '파일을 저장하시겠습니까?'라고 묻는 식이다. 다음으로 운영 체제는 프로그램이 사용 중이던 모든 자원을 회수하고, 이제 창이 화면에 노출될 앱에게 창을 다시 그려야 한다고 알려 준다.

6.2.1 시스템 콜

운영 체제는 하드웨어와 다른 소프트웨어 간의 인터페이스를 제공한다. 프로그래밍이 더 쉬워지도록 하드웨어가 실제로 하는 것보다 상위 레벨의 서비스를 제공하는 것처럼 보이게 만든다. 이 분야의 용어를 사용하자면 운영 체제는 애플리케이션이 구축될 수 있는 **플랫폼**(platform)을 제공한다. 이것은 또 다른 추상화의 예로, 구현의 불규칙성이나 외부와 무관한 세부 사항을 감추는 인터페이스 또는 외관을 제공해 준다.

운영 체제는 애플리케이션 프로그램에 제공하는 작업이나 서비스의 집합을 정의한다. 여기에는 파일에 데이터를 저장하거나 파일에서 데이터를 가져오기, 네트워크 연결하기, 키보드로 타이핑한 어떤 내용이라도 가져오기, 마우스 움직임과 버튼 클릭을 보고하기, 화면상에 그리기가 포함된다.

운영 체제는 이러한 서비스들을 표준화되거나 합의된 방식으로 이용할 수 있게 만들고, 애플리케이션은 운영 체제 내부의 특정 부분에 통제권을 넘겨주는 특별한 명령어를 실행함으로써 서비스를 요청한다. 운영 체제는 요청이 나타내는 어떤 일이든 처리하고, 통제권과 처리 결과를 애플리케이션에게 돌려준다. 운영 체제에 대한 이러한 진입점을 **시스템 콜**(system call)이라고 하며, 시스템 콜의 세부 명세가 그 운영 체제가 무엇인지를 실제로 규정한다. 최신 운영 체제에는 보통 수백 개의 시스템 콜이 있다.

6.2.2 디바이스 드라이버

디바이스 드라이버(device driver)는 운영 체제와 프린터나 마우스 같은 특정 종류의 하드웨어 장치 간에 가교 역할을 하는 코드다. 드라이버 코드는 특정 장치가 수행하는 일을 하게 만드는 방법에 대해 자세하게 알고 있다. 여기에는 특정 마우스에서 오는 움직임과 버튼 정보를 이용하는 방법, 하드 디스크가 회전하는 자성 표면에 정보를 읽고 쓰게 만드는 방법, 프린터가 종이에 기호를 쓰게 만드는 방법, 특정 무선 칩이 전파 신호를 보내고 받게 만드는 방법이 포함된다.

드라이버는 특정 장치의 고유한 특성으로부터 시스템의 나머지 부분을 보호해 준다. 예를 들어, 키보드 같은 한 가지 종류의 모든 장치들은 운영 체제가 신경 쓰는 기본적인 특성과 작업이 있다. 그리고 드라이버 인터페이스는 운영 체제가 균일한 방식으로 장치에 접근하게 해서 장치를 전환하기 쉽도록 한다.

프린터를 예로 들어 보자. 운영 체제는 일반적인 요청을 하고 싶어 한다. 이 텍스트를 페이지의 이 위치에 출력하고, 이 이미지를 그리고, 다음 페이지로 넘어가고, 지원하는 기능을 기술하고, 상태를 보고하는 등의 작업을 어떤 프린터에라도 적용될 균일한 방식으로 요청한다. 하지만 프린터마다 지원하는 기능에 차이가 있다. 예를 들면, 컬러를 지원하는지, 양면 출력을 지원하는지, 다양한 종이 크기를 지원하는지 등과 더불어 잉크를 종이로 옮기는 메커니즘도 다르다. 특정 프린터용 드라이버는 운영 체제의 요청을 받아 특정 장치가 그 일을 수행하게 만들기 위해 필요한 어떤 것으로든 변환할 책임이 있다. 예를 들어, 흑백 인쇄만 지원하는 프린터라면 컬러를 그레이스케일로 변환해 줘야 한다. 실제로는 운영 체제가 추상적이거나 이상화된 장치에 포괄적인 요청을 하고, 드라이버가 자신의 하드웨어를 위해 그것을 구현해 준다. 만일 특정 컴퓨터에 다수의 프린터를 연결해서 사용한다면 이렇게 작동하는 것을 확인할 수 있다. 인쇄 설정 대화 상자에서 각기 다른 프린터를 위한 다양한 옵션을 제공할 것이다.

범용 운영 체제에는 많은 드라이버가 있을 것이다. 예를 들어, 윈도우는 소비자들이 잠재적으로 사용할 수 있는 엄청나게 다양한 장치를 위한 드라이버들이 이미 설치된 상태로 출하되고, 모든 장치 제조 회사는 새로 나왔거나 업데이트된 드라이버를 다운로드할 수 있는 웹 사이트를 관리한다.

부팅 과정의 일부는 실행 중인 시스템에 현재 사용할 수 있는 장치용 드라이버를 로딩하는 일이다. 장치의 수가 많을수록 더 시간이 오래 걸릴 것이다. 또한, 새로운 장치가 난데없이 나타나는 일도 흔하다. 외부 디스크가 USB 소켓에 연결되면 윈도우나 맥오에스는 새로운 장치를 인식하고, 드라이버와 상호작용해서 그게 디스크라는 것을 알아내며, USB 디스크 드라이버를 로딩해서 그 이후에 디스크와 통신이 이루어지도록 한다. 보통은 새로운 드라이버를 찾을 필요가 없다. 그 메커니즘은 너무나 표준화되어 있어서 운영 체제는 이미 필요한 것을 가지고 있고, 장치를 구동하기 위한 세부 사항은 장치 자체 내부의 프로세서에 내장되어 있다.

그림 6.3은 운영 체제, 시스템 콜, 드라이버, 애플리케이션 간의 관계를 보여 준다. 안드로이드 같은 휴대 전화 시스템에 해당하는 그림도 비슷할 것이다.

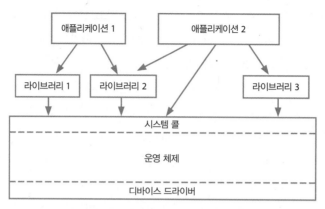

그림 6.3 운영 체제, 시스템 콜, 디바이스 드라이버 인터페이스

6.3 다른 운영 체제

그 어느 때보다 저렴하고 크기가 작은 전자 부품이 만들어지면서 하나의 장치에 더 많은 하드웨어를 넣을 수 있게 됐다. 결과적으로, 많은 장치들의 처리 성능과 메모리 용량이 상당히 높아졌다. 디지털카메라를 '렌즈가 달린 컴퓨터'라고 부르는 것도 얼토당토않은 표현은 아니다. 처리 성능과 메모리 용량이 증가하면서 카메라는 예전보다 훨씬 더 많은 기능을 갖게 됐다. 내가 최근에 사용하는 콤팩트 카메라는 고화질 비디오를 녹화하고, 와이파이를 사용하여 컴퓨터나 휴대 전화로 사진을 업로드한다. 휴대 전화 자체도 또 다른 좋은 사례인데, 물론 카메라와 휴대 전화는 하나로 합쳐지고 있다. 렌즈 품질은 별개로 하더라도 요새 출시된 휴대 전화는 전부 내 첫 번째 디지털카메라보다 훨씬 높은 화소를 지원한다.

이러한 기술 발달로 인해 전반적으로 많은 장치들이 우리가 1장에서 논했던 것 같은 주류의 범용 컴퓨터와 비슷한 모습을 띠고 있다. 고성능 프로세서와 고용량 메모리가 있고, 카메라에 있는 렌즈와 디스플레이 같은 몇몇 주변 장치가 달려 있다. 정교한 사용자 인터페이스가 있거나 아예 없을 수도 있다. 흔히 다른 시스템과 통신할 수 있도록 네트워크 연결을 갖추고 있다. 휴대 전화는 전화통신망과 와이파이를 이용하는 반면, 게임 조종기는 적외선 통신과 블루투스를 이용한다. 또한, 많은 장치는 가끔 일어나는 임시 연결을 위해 USB를 사용한다. '사물 인터넷'도 여기에 기반을 둔다. 온도 조절 장치, 조명, 보안 시스템 등은 내장된 컴퓨터에 의해 제어되고 인터넷에 연결된다.

이러한 추세가 계속되면서 자신만의 운영 체제를 작성하는 것보다는 범용 제품화된 운영 체제를 이용하는 방식이 갈수록 더 타당해지고 있다. 사용 환경이 매우 특이한 경우가 아니라면 자신만의 전문화된 시스템을 개발하거나 값비싼 상용 제품의 라이선스를 구하려고 노력하는 것보다는 리눅스에서 불필요한 부분을 뺀 버전을 사용하는 편이 더 저렴할 가능성이 있는데, 견고하고, 적응성이 높고, 이식하기 쉽고, 무료이기 때문이다. 결점은 GPL 같은 라이선스에 따라 결과물 코드 중 일부를 공개해야 될 수도 있다는 점이다. 이것은 장치에 사용된 지적 재산권의 보호 방법과 관련된 쟁점을 제기할 수 있지만, 다른 많은 장치와 더불어 킨들과 티보 같은 장치의 사례를 통해 적절히 대처할 수 있는 것으로 나타났다.

6.4 파일 시스템

파일 시스템은 운영 체제에서 하드 디스크, CD와 DVD, 이동식 메모리 장치, 다른 기기 등의 물리적인 저장 매체를 파일과 폴더의 계층 구조처럼 보이게 만드는 부분이다. 파일 시스템은 논리적 구성과 물리적 구현 간 구분의 매우 좋은 사례다. 파일 시스템은 다양하고 많은 종류의 장치에 정보를 조직화하고 저장하지만, 운영 체제는 그 모든 것들에 대해 같은 인터페이스를 보여 준다. 이 절에서 볼 것처럼, 파일 시스템이 정보를 저장하는 방식은 법적 절차에도 영향을 미칠 수 있다. 그래서 파일 시스템에 대해 배우는 것은 왜 '파일을 제거하기'가 그 내용이 영원히 사라졌음을 의미하지 않는지 이해하기 위해서이기도 하다.

대부분의 독자는 윈도우의 파일 탐색기나 맥오에스의 파인더를 사용해 봤을 텐데, 각 프로그램에서는 최상위부터(예를 들면, 윈도우에서는 C: 드라이브) 시작하는 계층 구조를 보여 준다. 폴더(folder)는 다른 폴더와 파일의 이름을 담고 있다. 폴더를 조사해 보면 더 많은 폴더와 파일이 나타날 것이다(유닉스 시스템은 전통적으로 폴더 대신 디렉터리(directory)라는 용어를 사용한다). 폴더는 체계화된 구조를 제공하는 반면, 파일은 문서, 사진, 음악, 스프레드시트, 웹 페이지 등의 실제 내용을 담고 있다. 컴퓨터가 보유하고 있는 모든 정보는 파일 시스템에 저장되고, 찾아다닌다면 파일 시스템을 통해 모두 접근할 수 있다. 여기에는 여러분의 데이터뿐만 아니라, 워드와 크롬 브라우저 같은 실행 가능한 형태의 프로그램들, 라이브러리, 환경 설정 정보, 디바이스 드라이버, 그리고 운영 체제 그 자체를 구성하는 파일들이 포함된다. 파일의 양은 깜짝 놀랄 만큼 많다. 평범한 내 맥북(MacBook)에 파일이 90만 개 넘게 있는 것을 알고 매우 놀라기도 했다.

파일 시스템은 이 모든 정보를 관리하고 애플리케이션과 운영 체제의 나머지 부분이 정보를 읽고 쓰도록 접근 가능하게 만든다. 파일에 대한 접근이 효율적으로 수행되고 서로 간섭하지 않도록 조정하는 역할을 하고, 데이터의 물리적인 위치를 계속 파악하며, 이메일의 일부가 알 수 없는 이유로 스프레드시트나 납세 신고서에서 발견되지 않도록 각 조각이 반드시 서로 분리돼 있도록 한다. 다수의 사용자를 지원하는 시스템에서는 프라이버시와 보안을 강하게 적용해서 한 사용자가 다른 사용자의 파일에 권한 없이 접근하는 것을 불가능하게 하며, 각 사용자가 사용할 수 있는 공간의 용량에 할당량을 부과할 수 있다.

파일 시스템 서비스는 가장 낮은 레벨의 시스템 콜을 통해 이용할 수 있는데, 보통은 공통적인 작업을 프로그래밍하기 쉽도록 소프트웨어 라이브러리가 보완해 준다.

6.4.1 디스크 파일 시스템

파일 시스템은 매우 다양한 물리적 시스템이 균일한 논리적 구조를 가지는 모습으로 나타나게 하는 방법을 보여 주는 훌륭한 사례다. 어떻게 작동하는 것일까?

500GB 하드 디스크는 5,000억 바이트를 담고 있지만, 디스크 자체의 소프트웨어는 이것을 각각 1,000바이트인 5억 개의 덩어리 또는 **블록**(block)처럼 표시할 가능성이 있다(현실에서는 이 크기가 2의 거듭제곱 값이라서 더 커진다. 여기서는 관계를 쉽게 파악하도록 십진수를 사용한 것이다). 가령 작은 메일 메시지 같은 2,500바이트 크기의 파일은 이러한 블록 세 개에 저장될 것이다. 두 개 블록에 들어가기에는 너무 크지만 세 개면 충분하다. 파일 시스템은 한 파일의 바이트를 다른 파일의 바이트와 같은 블록에 저장하지 않는다. 따라서 마지막 블록은 완전히 꽉 차지 않기 때문에 항상 약간의 공간이 낭비된다. 방금 예제에서 마지막 블록의 500바이트는 사용되지 않는다. 그 정도면 손수 관리하는 노력을 상당히 간소화시켜 주는 대가로는 크지 않은데, 특히 디스크 기억 장치가 너무 저렴하기 때문이다.

이 파일에 대한 폴더 항목은 파일의 이름, 2,500바이트라는 크기, 생성되거나 변경된 날짜와 시간, 다른 잡다한 사실들(권한, 파일 형식 등으로 운영 체제에 따라 다름)을 담고 있을 것이다. 이 모든 정보는 파일 탐색기나 파인더 같은 프로그램을 통해 볼 수 있다.

폴더 항목은 또한 파일이 디스크 어디에 저장되어 있는지, 즉 5억 개의 블록 중 어느 것이 파일의 바이트를 담고 있는지에 대한 정보를 담고 있다. 이러한 위치 정보를 관리하는 데는 다양하고 많은 방법이 있다. 폴더 항목은 블록 번호들의 목록을 담고 있거나, 블록 번호들의 목록을 담고 있는 블록 그 자체를 참조할 수도 있고, 또는 첫 번째 블록의 번호를 담고 있고 거기서 차례로 두 번째 블록의 번호, 다음 블록의 번호를 계속해서 구할 수도 있다. 그림 6.4는 블록들의 목록들을 참조하는 블록들의 구조를 개략적으로 보여 준다.

블록은 디스크상에서 물리적으로 인접해 있지 않아도 되는데, 적어도 용량이 큰 파일의 경우보통은 실제로 인접해 있지 않을 것이다. 1메가바이트의 파일은 1,000개의 블록을 차지하고 확실히 어느 정도는 흩어져 있게 된다. 폴더와 블록 목록 그 자체는 같은 디스크상의 블록들에 저장되는데, 이 다이어그램에는 표시되지 않은 상태다.

여기까지는 자기 디스크 드라이브에 관해 설명한 것이다. 하지만 앞서 언급한 것처럼 더 많은 컴퓨터가 SSD를 사용하고 있는데, 바이트당 가격이 비싸기는 해도 더 작고 안정적이고 가벼우며 전력 소모가 낮다. 파인더나 파일 탐색기 같은 프로그램의 관점에서는 차이가 전혀 없다. 하지만 SSD 장치는 다른 드라이버를 사용하고, 장치 그 자체에 정보가 실제로 어느 위치에 있는지 기억하기 위한 정교한 코드가 들어 있다. 이것은 SSD 장치의 각 영역이 사용될 수 있는 횟수에 한도가 있기 때문이다. 장치의 소프트웨어는 각 물리적 블록이 몇 번 사용되었는지 파악하고, 각 블록이 거의 같은 횟수로 사용되도록 하기 위해 데이터를 옮기는데, 이러한 처리를 **웨어 레벨링(wear leveling)**이라고 한다.

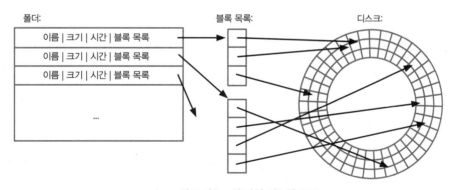

그림 6.4 하드 디스크의 파일 시스템 구조

폴더는 폴더와 파일이 어디에 위치해 있는지에 대한 정보를 담고 있는 파일이다. 파일 내용과 구조에 대한 정보가 완벽하게 정확하고 일치해야 하므로 파일 시스템은 폴더의 내용을 관리하고 유지하기 위한 권리를 독점적으로 보유한다. 사용자와 애플리케이션 프로그램은 파일 시스템에 요청을 함으로써 암시적으로만 폴더의 내용을 바꿀 수 있다.

어떤 관점에서는 폴더 또한 파일이다. 파일 시스템이 폴더 내용에 대해 완전히 책임을 지고 애플리케이션 프로그램이 그 내용을 바꿀 수 있는 직접적인 방법이 없다는 점을 제외하면 폴더와 파일이 저장되는 방법에는 차이가 없다. 하지만 가장 낮은 레벨에서 보면 폴더는 그저 블록으로, 모두 같은 메커니즘에 의해 관리된다.

프로그램이 기존에 있는 파일에 접근하고 싶어할 때, 파일 시스템은 파일 시스템 계층 구조의 최상위부터 시작해서 해당하는 폴더의 파일 경로명의 각 요소를 찾으면서 파일을 검색해야 한다. 다시 말해 만일 Mac 컴퓨터에서 찾으려는 파일이 /Users/bwk/book/book.txt라면 파일 시스템은 파일 시스템의 최상위에서 Users를 찾고, 다음으로 그 폴더에서 bwk를 찾고, 다음으로 그 폴더에서 book을, 이어서 그 폴더에서 book.txt를 찾을 것이다. 윈도우에서는 파일 이름이 C:\My Documents\book\book.txt처럼 될 수 있고, 검색 과정은 비슷할 것이다.

이것은 분할 정복 전략인데, 경로의 각 요소가 그 폴더 안에 있는 파일과 폴더로의 검색 범위를 좁혀 주기 때문이다. 다른 모든 것들은 검색 대상에서 제외된다. 따라서 다수의 파일이 어떤 요소에 대해서는 같은 이름을 포함할 수도 있다. 유일한 필요조건은 전체 경로명이 유일무이해야 한다는 것이다. 실제로는 프로그램과 운영 체제가 현재 사용 중인 폴더를 계속 파악하기 때문에 검색이 매번 최상위부터 시작할 필요는 없고, 시스템은 작업 속도를 높이려고 자주 사용되는 폴더를 캐싱하기도 한다.

프로그램이 새 파일을 만들고 싶어할 때는 파일 시스템에 요청을 한다. 파일 시스템은 적절한 폴더에 이름, 날짜 등과 0이라는 크기(완전히 새로운 파일에는 아직 어떤 블록도 할당되지 않았으므로)를 포함해서 새로운 항목을 넣는다. 나중에 프로그램이 파일에 데이터를 쓰면(가령 메일 메시지의 텍스트를 덧붙이면) 파일 시스템은 요청 받은 정보를 담기에 충분한 수의 현재 사용되지 않는, 즉 '빈 영역' 블록을 찾아서 데이터를 복사하고, 폴더의 블록 목록에 삽입하고, 애플리케이션으로 되돌아간다.

이 점은 파일 시스템이 디스크상에서 현재 사용되지 않는, 즉 이미 어떤 파일의 일부가 아닌 모든 블록의 목록을 유지하고 있다는 것을 암시한다. 새로운 블록에 대한 요청이 도착하면 빈 영역 블록의 목록으로부터 가져온 블록으로 요청을 만족시킬 수 있다. 빈 영역 블록 목록은 파일 시스템 블록에서도 유지되지만, 운영 체제에만 접근이 허용되고 애플리케이션 프로그램은 접근할 수 없다.

6.4.2 파일 제거하기

파일이 제거될 때는 정반대의 일이 일어난다. 파일의 블록이 빈 영역 목록으로 돌아가고 파일의 폴더 항목은 말끔히 정리될 수 있어서 파일은 사라진 것처럼 보인다. 실제로는 이것과는 꽤 다르고, 이 부분은 몇 가지 흥미로운 시사점을 제공한다.

파일이 윈도우나 맥오에스에서 제거될 때 파일은 '휴지통'으로 가는데, 약간 속성이 다르기는 해도 그저 다른 폴더처럼 보인다. 실제로 휴지통이 바로 그런 것이다. 파일이 제거되기로 하면 폴더 항목이 현재 폴더에서 휴지통이라는 폴더로 복사되고 원래 폴더 항목은 정리된다. 파일의 블록과 더불어 내용은 전혀 바뀌지 않는다! 파일을 휴지통에서 복원하는 것은 이 과정을 정반대로 해서, 항목을 원래 폴더로 복구시킨다.

'휴지통 비우기'가 우리가 원래 묘사했던 과정에 더 가까운데, 휴지통 폴더 항목이 정리되고 블록은 빈 영역 목록에 진짜로 추가된다. 이것은 비우는 작업이 명시적인 요청에 의한 것이든, 파일 시스템이 빈 공간이 부족하다는 것을 알고 사용자가 모르는 상태에서 조용히 진행하는 것이든 마찬가지로 적용된다.

'휴지통 비우기'를 클릭해서 명시적으로 휴지통을 비운다고 가정해 보자. 그렇게 하면 휴지통 폴더 그 자체에 있는 항목이 정리되고 해당 블록이 빈 영역 목록에 들어가지만, 내용은 아직 삭제되지 않은 상태다. 원래 파일의 각 블록의 모든 바이트는 원래 상태 그대로 아직 거기에 있다. 블록이 빈 영역 목록에서 꺼내져서 새로운 파일에게 주어질 때까지는 새로운 내용으로 덮어써지지 않을 것이다.

이렇게 삭제가 바로 일어나지 않는다는 점은 여러분이 제거됐다고 생각한 정보가 아직 존재하고 누군가 그것을 찾을 방법을 안다면 쉽게 접근할 수 있다는 것을 뜻한다. 블록 단위로 디스크를 읽는 프로그램, 즉 파일 시스템 계층 구조를 통하지 않고 디스크를 읽는 어떤 프로그램이든 이용하여 예전 내용이 뭐였는지 확인할 수 있다.

이로 인한 잠재적인 혜택이 있다. 디스크에 뭔가 이상이 생긴 경우에, 파일 시스템이 혼란에 빠졌다고 하더라도 아직 정보를 복원할 수 있을지 모른다. 하지만 데이터가 완전히 사라졌다는 보장이 없으므로 데이터에 사적인 내용이 있거나 여러분이 나쁜 일을 꾸미고 있어서 진짜로 정보가 제거되기를 바란다면 여러분에게는 좋지 않다. 부지런한 적수나 법 집행 기관은 그런 정보를 복원하는 데 전혀 문제가 없을 것이다. 만일 뭔가 범죄 행위를 계획하고 있거나 그냥 편집증적인 성격이라면 빈 영역으로 옮겨진 블록에서 정보를 지우는 프로그램을 사용해야만 한다. 예를 들어, 블록을 빈 영역으로 보내기 전에 무작위 비트로 내용을 덮어쓰는 Mac의 '안전하게 파일 삭제하기(secure empty trash)' 옵션을 사용할 수 있다.

실제로는 이것보다 잘 처리해야 될 수도 있는데, 투입할 재원이 많은 정말로 끈질긴 적수라면 기존 정보가 새로운 정보로 덮어쓰였다고 해도 미량의 정보를 추출할 수 있을지 모르기 때문이다. 군용 수준의 파일 제거 방법은 블록을 무작위 패턴의 1과 0 값들로 여러 번 덮어쓴다. 더 나은 방법은 하드 디스크를 강한 자석 근처에 놓아서 자성을 없애는 것이다. 최고의 방법은 물리적으로 파괴하는 것인데, 이것이 내용이 완전히 사라졌음을 보장하는 유일한 방법이다. 하지만 그 방법마저 충분하지 않을 수 있는데, 만일 디스크가 항상 자동으로 백업되고 있거나 (직장에서 내 컴퓨터가 그렇듯이) 자신의 디스크 대신 네트워크 파일 시스템이나 '클라우드' 어디인가에 파일이 보관되고 있을 경우가 그렇다.

폴더 항목 그 자체에도 약간 비슷한 상황이 적용된다. 파일을 제거할 때 파일 시스템은 폴더 항목이 더 이상 유효한 파일을 가리키지 않는다는 점에 주목할 것이다. 단순히 폴더에 '이 항목은 사용 중이 아닙니다'를 뜻하는 비트를 설정해서 그렇게 할 수 있다. 그렇게 하면 폴더 항목 그 자체가 재사용될 때까지는 재할당되지 않은 모든 블록의 내용을 포함해서 파일에 대한 원래 정보를 복원하는 것이 가능해진다. 이 메커니즘은 1980년대에 마이크로소프트의 MS-DOS 시스템에 사용된 상용 파일 복원 프로그램의 핵심 원리로서, 파일 이름의 첫 번째 문자를 특별한 값으로 설정함으로써 빈 영역 항목을 표시했다. 이러한 방식을 사용하여 복원 시도가 충분히 일찍 이루어지면 전체 파일을 복원하기가 쉬워졌다.

파일을 만든 사람이 파일이 삭제됐다고 생각하고 난 후에도 한참 더 그 내용이 남아 있을 수 있다는 사실은 디스커버리 제도[1]나 문서의 보존 같은 법적 절차에 대한 시사점을 제공한다. 예

---

1   상대방이나 제3자로부터 소송에 관련된 정보를 얻거나 사실을 밝혀내기 위해 변론 기일 전에 진행되는 사실 확인 및 증거 수집 절차로 일종의 증거 제시 제도다. 미국, 영국 등에서 재판이 개시되기 전에 당사자 양측이 가진 증거와 서류를 서로 공개해 쟁점을 명확히 하는 제도다(출처: http://terms.naver.com/entry.nhn?docId=2456476&cid=43667&categoryId=43667).

를 들어, 어떤 면에서 의심을 살 만하거나 적어도 당혹스러운 내용을 담은 예전 이메일 메시지가 갑자기 나타나는 일은 몹시 흔하다. 만일 그런 기록이 서류상에만 존재한다면 세심하게 파쇄함으로써 모든 사본을 없앨 수 있는 가능성이 꽤 되겠지만, 디지털 기록은 빠르게 확산될 수 있고, 이동식 장치로 쉽게 복사가 되고, 많은 곳에 숨겨질 수 있다. '이메일이 드러낸다(emails reveal)' 같은 문구로 검색해 보면 수백만 개의 검색 결과가 나오는데, 이것을 확인해 보면 메일뿐만 아니라 정말로 컴퓨터에 기록하는 모든 정보에 무슨 말을 쓸지 신중해야 한다는 것을 납득할 수 있을 것이다.

6.4.3 다른 파일 시스템

여기까지 외장형 드라이브를 포함한 하드 드라이브에서 사용되는 종래의 파일 시스템에 대해 설명했는데, 대부분의 정보가 거기에 저장되고 우리가 컴퓨터에서 가장 자주 보는 장치이기 때문이다. 하지만 파일 시스템의 추상화는 다른 매체에도 적용된다.

예를 들면, CD-ROM과 DVD 또한 폴더와 파일의 계층 구조로 되어 있는 파일 시스템인 것처럼 정보에 접근을 제공한다. SSD는 플래시 메모리를 사용하여 종래의 하드 드라이브처럼 작동하면서 더 가볍고 더 적은 전력을 사용한다.

USB와 SD('보안 디지털(Secure Digital)', 그림 6.5 참조)의 플래시 메모리 파일 시스템은 매우 흔히 사용된다. 윈도우 컴퓨터에 꽂으면 플래시 드라이브는 또 다른 디스크 드라이브로 나타난다. 파일 탐색기로 탐색할 수 있고, 마치 하드 디스크인 것처럼 똑같이 파일을 읽고 쓸 수 있다. 유일한 차이는 용량이 더 작고 접근 속도가 다소 느릴 수 있다는 점이다.

만일 같은 장치를 Mac 컴퓨터에 꽂으면 마찬가지로 폴더로 나타나고, 파인더로 탐색할 수 있으며, 파일은 여기저기로 전송될 수 있다. 유닉스나 리눅스 컴퓨터에도 꽂을 수 있고, 역시 그 시스템에서도 파일 시스템 내에 나타난다. 소프트웨어는 물리적인 장치가 다양한 운영 체제에서 폴더와 파일로 동일하게 추상화된 파일 시스템인 것처럼 보이게 만든다. 내부적인 구성 방식은 널리 사용되는 '사실상의' 표준인 마이크로소프트 FAT 파일 시스템일 가능성이 있는데, 확실히는 모르고 알 필요도 없다. 추상화는 완벽하기 때문이다('FAT'는 파일 할당 테이블(File Allocation Table)을 뜻하며 코드 분량이나 구현 품질에 대한 설명은 아니다). 하드웨어 인터페이스와 소프트웨어 구조의 표준화를 통해 이러한 추상화가 가능해진다.

그림 6.5 SD 카드 플래시 메모리

내 첫 번째 디지털카메라는 사진을 내부적인 파일 시스템에 저장했고, 사진을 가져오려면 카메라를 컴퓨터에 연결하고 독점 소프트웨어를 실행해야만 했다. 그 이후로 나온 모든 카메라에는 그림 6.5에 있는 것 같은 이동식 SD 메모리 카드가 있고 이 카드는 대부분의 컴퓨터에 꽂을 수 있어서, 카메라에서 컴퓨터로 카드를 옮겨서 사진을 업로드할 수 있다. 이것은 예전보다 훨씬 더 빠른데다가 뜻밖의 부가 혜택으로, 형편없이 불편하고 신뢰할 수 없는 카메라 제조사의 소프트웨어를 사용하지 않아도 된다. 어설프고 독자적인 소프트웨어와 하드웨어 대신, 표준화된 매체를 이용한 친숙하고 균일한 인터페이스를 사용할 수 있게 됐다. 제조사도 더 이상 전문화된 파일 전송 소프트웨어를 제공하지 않아도 돼서 좋아하고 있을지도 모른다.

같은 아이디어를 이용한 다른 기술 하나를 언급할 필요가 있다. 그것은 네트워크 파일 시스템으로, 학교와 회사에서 흔히 사용된다. 소프트웨어를 통해 다른 컴퓨터의 파일 시스템이 마치 자신의 컴퓨터에 있는 것처럼 파일 탐색기, 파인더, 또는 정보 접근을 위해 사용되는 다른 프로그램을 이용하여 접근하는 것이 가능해진다. 반대쪽에 있는 파일 시스템은 같은 종류일 수도 있고(예컨대 둘 다 윈도우 컴퓨터), 가령 맥오에스나 리눅스처럼 다른 종류일 수도 있다. 플래시 메모리 장치와 마찬가지로, 소프트웨어가 차이점은 숨겨주고 균일한 인터페이스를 보여줌으로써 로컬 컴퓨터에 있는 일반 파일 시스템처럼 보이도록 만든다.

네트워크 파일 시스템은 주 파일 저장소뿐만 아니라 백업 용도로도 자주 사용된다. 파일의 오래된 사본 여러 개가 다양한 위치에 있는 기록 보관용 저장 매체로 복사될 수 있다. 이렇게 하면 필수적인 기록의 유일한 사본을 파괴하는 화재 같은 재난으로부터 데이터를 지킬 수 있다. 어떤 디스크 시스템은 또한 RAID(Redundant Array of Independent Disks: 복수 배열 독립 디스크)라는 기술에 의존하는데, 이 기술은 디스크 중 하나가 고장 나더라도 정보를 복원할 수 있게 해주는 오류 정정 알고리즘을 이용하여 여러 개의 디스크에 데이터를 기록한다. 자연스럽게 이러한 시스템도 정보의 모든 흔적이 지워졌다고 보장하기 어렵게 만든다.

6.5 애플리케이션

'애플리케이션'은 운영 체제를 플랫폼으로 삼아 어떤 작업을 수행하는 모든 종류의 프로그램이나 소프트웨어 시스템을 총칭하는 용어다. 애플리케이션은 매우 작을 수도 있고, 방대할 수도 있다. 한 개의 특정 작업에 집중하거나, 다양하고 폭넓은 기능을 처리할 수 있다. 판매될 수도 있고, 무료로 배포될 수도 있다. 애플리케이션의 코드는 매우 강하게 소유권으로 보호되거나, 무료로 이용할 수 있는 오픈 소스이거나 사용에 어떤 제한도 없을 수도 있다.

애플리케이션의 크기는 천차만별로, 한 개의 기능만 수행하는 조그만 자족적인 프로그램부터 워드나 포토샵처럼 복잡한 작업들을 수행하는 대형 프로그램까지 다양하다.

정말로 간단한 프로그램의 사례로 date라는 유닉스 프로그램을 보도록 하자. 이 프로그램은 단순히 현재 날짜와 시간을 출력해 준다.

```
$ date
Sat Oct 8 06:48:26 EDT 2016
```

date 프로그램은 모든 유닉스 계열 시스템에서 같은 방식으로 작동한다. Mac에서도 터미널 창을 시작해서 실행해 볼 수 있다. date의 구현 코드는 크기가 매우 작은데, 내부적인 형식으로 현재 날짜와 시간을 제공하는 시스템 콜과 날짜의 형식을 정하고 출력하기 위한 라이브러리 코드를 기반으로 하기 때문이다. 여러분도 얼마나 짧은지 볼 수 있도록 여기에 C로 된 코드를 소개한다.

```c
#include <stdio.h>
#include <time.h>
int main() {
    time_t t = time(0);
    printf("%s", ctime(&t));
    return 0;
}
```

유닉스 시스템에는 디렉터리에 있는 파일과 폴더를 나열하는 프로그램이 있는데, 윈도우 파일 탐색기와 맥오에스 파인더 같은 프로그램에서 골자만 남은 텍스트 전용 유사 프로그램이다. 다른 프로그램들은 파일을 복사하고, 이동하고, 이름을 바꾸는 등 파인더와 파일 탐색기에서 그래픽으로 지원되는 작업을 수행한다. 역시 이 프로그램들도 폴더에 무엇이 있는지에 대한 기본적인 정보를 제공하기 위해 시스템 콜을 이용하며, 정보를 읽고 쓰고 형식을 설정하고 화면에 표시하고자 라이브러리에 의존한다.

워드 같은 애플리케이션은 파일 시스템을 탐색하기 위한 프로그램보다 훨씬 더 규모가 크다. 분명히 사용자가 파일을 열고 내용을 읽고 파일 시스템에 문서를 저장할 수 있도록 같은 종류의 파일 시스템 코드를 일부 포함해야 할 것이다. 복잡한 알고리즘들을 이용하는데, 예를 들면 텍스트가 바뀜에 따라 디스플레이를 계속해서 갱신하기 위한 알고리즘이 필요하다. 정보를 화면에 보여 주고 글자 크기, 폰트, 색상, 레이아웃 등을 조정하는 방법을 제공하는 정교한 사용자 인터페이스를 지원한다. 상업적 가치가 상당히 높은 워드 및 다른 대형 프로그램은 새로운 기능이 추가됨에 따라 지속적인 발전을 거친다. 워드의 소스 코드가 얼마나 큰지는 모르겠지만, C와 C++ 1,000만 행 정도라도 놀랍지 않을 것 같다. 특히 프로그램에 윈도우, Mac, 휴대 전화와 브라우저용 변종이 포함된다면 더욱더 그렇다.

브라우저는 규모가 크고 무료이며 가끔은 오픈 소스인 애플리케이션의 예로, 어떤 관점에서 보면 훨씬 더 복잡하다. 여러분은 적어도 파이어폭스, 사파리(Safari), 인터넷 익스플로러(Internet Explorer)나 크롬 중 한 가지는 확실히 써 봤을 테고, 많은 사람들은 일상적으로 그중 몇 가지를 사용한다. 10장에서 웹에 대해, 그리고 브라우저가 정보를 가지고 오는 방법에 대해 더 이야기할 것이다. 여기서는 크고 복잡한 프로그램에 녹아 있는 아이디어에 집중하려고 한다.

외부에서 보면 브라우저는 웹 서버에 요청을 보내고 화면에 표시할 정보를 웹 서버로부터 받아 온다. 어떤 면이 복잡한 것일까?

우선 브라우저는 **비동기적**(asynchronous) 이벤트를 처리해야 하는데, 이는 예측할 수 없는 시점에 특정 순서를 따르지 않고 발생하는 이벤트를 뜻한다. 예를 들어, 사용자가 링크를 클릭하면 브라우저는 페이지에 대한 요청을 보내는데, 그저 응답을 기다릴 수만은 없다. 사용자가 현재 페이지를 스크롤하면 즉각 반응을 해야 하고, 뒤로 가기 버튼을 누르거나 다른 링크를 클릭하면 요청된 페이지가 오고 있는 중일지라도 요청을 취소해야 한다. 사용자가 창의 모양을 바꾸면 디스플레이를 갱신해야 하고, 어쩌면 데이터가 오고 있는 동안에 사용자가 이리저리 계속 모양을 바꾸면 계속해서 갱신해 줘야 할 것이다. 페이지에 소리나 동영상이 포함돼 있다면 브라우저는 그것들 또한 처리해야 한다. 비동기적인 시스템을 프로그래밍하는 것은 항상 어렵고, 브라우저는 많은 비동기성을 다뤄 내야만 한다.

브라우저는 정적인 텍스트부터 페이지가 담고 있는 내용을 바꾸고 싶어 하는 인터랙티브 프로그램에 이르기까지 많은 종류의 콘텐츠를 지원해야 한다. 이들 중 일부는 도우미 프로그램으로 위임될 수 있고, PDF나 동영상 같은 표준 포맷을 처리하는 데는 이 방식이 일반적이다. 하지만 이를 위해 브라우저는 해당하는 도우미 프로그램을 시작하고, 데이터 자체와 데이터에 대한 요청을 보내고 받고, 데이터를 디스플레이에 통합시키기 위한 메커니즘을 제공해야 한다.

브라우저는 여러 개의 탭과 여러 개의 창을 관리하는데, 이들 각각은 아마도 앞서 말한 작업 중 일부를 수행하고 있을 것이다. 브라우저는 북마크, 즐겨찾기 등의 다른 데이터와 함께 이들 각각에 대한 이력을 유지한다. 업로드나 다운로드를 하려고 로컬 파일 시스템에 접근하기도 한다.

브라우저는 몇몇 레벨에서 확장 기능을 구현하기 위한 플랫폼을 제공한다. 플래시(Flash) 같은 플러그인, 자바스크립트와 자바용 가상 머신, 애드블록 플러스(Adblock Plus)와 고스터리(Ghostery) 같은 애드온 프로그램 등이 확장 기능에 해당한다. 하부에서 브라우저는 모바일 기기를 포함해서 다수의 운영 체제의 여러 버전에서 작동해야 한다.

이러한 모든 복잡한 코드와 함께, 브라우저는 그 자체의 구현 코드나 자신이 활성화하는 프로그램에 있는 버그를 통해, 그리고 사용자의 순진함, 무지함, 무분별한 행동으로 인해 공격을 받기 쉽다. 대부분의 사용자는(이 책의 독자들 말고) 무슨 일이 일어나고 있는지 또는 어떤 위험이 있을지에 대해 거의 이해하지 못한다. 쉬운 일이 아니다.

이 절에 나온 설명을 되살펴보면 뭔가 연상되지 않는가? 브라우저는 운영 체제와 매우 비슷하다. 자원을 관리하고, 동시에 일어나는 활동을 제어하며, 다수의 출처에 정보를 저장하고 가져오며, 애플리케이션 프로그램이 실행될 수 있는 플랫폼을 제공한다.

수년간, 브라우저를 운영 체제로 사용하는 것이 가능하고, 그래서 하부에 있는 하드웨어를 제어하는 운영 체제와는 독립적일 수 있을 것처럼 보였다. 10년에서 20년 전에 이것은 좋은 아이디어였지만 현실적인 면에서 장애물이 너무 많았다. 오늘날 이 생각은 실행할 수 있는 대안이다. 이미 수많은 서비스가 오로지 브라우저 인터페이스만 통해서 접근할 수 있고(이메일과 SNS

가 명백한 사례다), 이러한 추세는 계속될 것이다. 구글은 웹 기반 서비스에 주로 의존하는 크롬 OS(Chrome OS)라는 운영 체제를 제공한다. 크롬북(Chromebook)은 크롬 OS만 실행하는 컴퓨터 로서 매우 제한적인 용량의 로컬 저장 장치를 사용하며, 저장을 위해서는 대부분 웹을 사용한 다. 11장에서 클라우드 컴퓨팅에 대해 이야기할 때 이 주제에 대해 다시 살펴보겠다.

6.6 소프트웨어의 계층

컴퓨팅에서 다른 많은 것들과 마찬가지로 소프트웨어는 계층으로 구성되는데, 지질학에서 지 층과 유사한 모습으로 계층 간의 관심사를 구분 지어 준다. 계층화는 프로그래머가 복잡성을 처리하는 데 도움을 주는 중요한 아이디어 중 하나다. 각 계층은 무엇인가를 구현하고, 그 위 의 계층이 서비스에 접근하기 위해 사용할 수 있는 추상화를 제공해 준다.

적어도 이 절의 주제에 맞춰 설명하자면 밑바닥에는 하드웨어가 있는데, 시스템이 실행 중이더 라도 버스를 이용하여 장치를 추가하고 제거할 수 있다는 점을 제외하면 거의 변경할 수 없다.

다음 레벨은 엄밀한 의미의 운영 체제[2]로, 그 핵심적인 기능을 암시할 수 있게 흔히 커널(kernel) 이라고 한다. 운영 체제는 하드웨어와 애플리케이션 사이에 있는 계층이다. 하드웨어가 무엇이 든 간에, 운영 체제는 하드웨어에 특수한 속성을 숨기고, 애플리케이션에는 특정 하드웨어의 많은 세부 사항과는 독립적인 인터페이스 또는 외관을 제공해 줄 수 있다. 인터페이스가 잘 설 계되어 있으면 같은 운영 체제 인터페이스를 다양한 종류의 CPU에서 이용하고, 다양한 공급 업체로부터 제공받을 가능성이 상당히 크다.

유닉스와 리눅스 운영 체제 인터페이스도 마찬가지다. 유닉스와 리눅스는 모든 종류의 프로세 서에서 작동하고, 각각에 대해 같은 핵심 서비스를 제공한다. 사실상 운영 체제는 범용 제품이 됐다. 밑에 깔린 하드웨어는 가격과 성능을 제외하면 크게 문제가 되지 않고, 위에 있는 소프 트웨어는 운영 체제에 의존하지 않는다(이게 분명한 한 가지 측면은 내가 '유닉스'와 '리눅스'를 자주 섞 어서 사용할 것이라는 점인데, 대부분의 용도에서 구분하는 것이 의미가 없기 때문이다). 조심스럽게 이

---

2 데니스 리치(Dennis Ritchie)가 커널을 일컬어 이와 같이 표현했다고 한다(출처: https://www.reddit.com/r/linux/ comments/3n5m04/the_kernel_or_operating_system_proper_dennis/).

야기하자면, 프로그램을 새로운 프로세서로 옮기기 위해 필요한 것은 적합한 컴파일러로 컴파일하는 일뿐이다. 물론 프로그램이 특정 하드웨어 속성에 더 단단히 결부돼 있을수록 이 작업은 더 어려워지겠지만, 많은 프로그램에 대해 충분히 실행할 수 있는 일이다. 대규모로 진행된 사례로, 애플은 2005년부터 2006년까지 1년도 안 되는 기간에 IBM 파워PC(PowerPC) 프로세서에서 인텔 프로세서 기반으로 자사의 소프트웨어를 변환했다.

윈도우는 여기에 덜 해당되는데, 1978년에 인텔 8086 CPU를 시작으로 그 이후의 많은 발전 단계에 걸쳐 인텔 아키텍처에 상당히 밀접하게 결부된 상태였다(인텔 프로세서 제품군은 흔히 'x86'이라고 하는데, 이는 다년간 인텔 프로세서가 80286, 80386, 80486을 포함해서 제품 번호가 86으로 끝났기 때문이다). 그 연관성이 너무 강해서 인텔 프로세서에서 실행되는 윈도우는 가끔 '윈텔 (Wintel)'이라고 불릴 정도다.

운영 체제 위의 다음 계층은 프로그래머 개개인이 새로 만들어 낼 필요가 없도록 일반적으로 유용한 서비스를 제공하는 라이브러리 집합이다. 라이브러리 집합은 API를 통해 접근된다. 어떤 라이브러리는 낮은 수준에 있으면서 기본적인 기능을 처리한다(예를 들면, 제곱근이나 로그 같은 수학적 기능을 계산하거나, 앞에서 봤던 date 명령어에 있는 것 같은 날짜와 시간 계산일 수도 있다). 다른 라이브러리는 훨씬 더 복잡하다(암호 기법, 그래픽, 압축 등). GUI(그래픽 사용자 인터페이스)를 위한 구성 요소들, 즉 대화 상자, 메뉴, 버튼, 체크 박스, 스크롤 바, 탭이 있는 분할된 창 등은 필수적으로 많은 코드를 필요로 한다. 일단 GUI 구성 요소가 라이브러리에 있으면 모든 이들이 사용할 수 있어서 균일한 디자인을 보장하는 데 도움이 된다. 그래서 대부분의 윈도우 애플리케이션이나 최소한 그것의 기본적인 그래픽 구성 요소가 그렇게 비슷해 보이는 것이다. Mac은 훨씬 더 그렇다. 그래픽 구성 요소를 재발명하고 재구현하는 것은 대부분의 소프트웨어 공급 업체 입장에서 너무 많은 작업일 뿐만 아니라, 겉모습이 무의미하게 색다른 것은 사용자에게 혼란을 준다.

가끔 커널, 라이브러리, 애플리케이션 간의 구분은 내가 이야기했던 것처럼 명확하지가 않은데, 소프트웨어 구성 요소를 만들고 연결하는 데는 많은 방법이 있기 때문이다. 예를 들면, 커널은 더 적은 서비스만 제공하고, 상위 계층에 있는 라이브러리가 대부분의 작업을 하도록 의존할 수 있을 것이다. 혹은 커널 자체가 더 많은 일을 떠맡고, 라이브러리에 덜 의존할 수도 있을 것이다. 운영 체제와 애플리케이션 사이의 경계는 뚜렷하게 정의되어 있지 않다.

그 경계선은 무엇일까? 완벽하지는 않아도 유용한 지침은 한 애플리케이션이 다른 애플리케이션을 간섭하지 않도록 보장하는 데 필요한 것은 무엇이든 운영 체제의 일부라는 점이다. 메모리 관리, 즉 프로그램이 실행되는 동안 메모리 어디에 프로그램을 둘지 결정하는 일은 운영 체제의 일부다. 마찬가지로, 디스크 어디에 정보를 저장할 것인지 결정하는 파일 시스템은 핵심적인 기능이다. 장치의 제어도 마찬가지다. 두 개의 애플리케이션이 프린터를 동시에 작동시킬 수 있어서는 안 되고, 중간 조정 없이 디스플레이에 값을 기록해서도 안 된다. 중심에서 CPU를 제어하는 일은 운영 체제의 기능인데, 다른 모든 속성을 보장하기 위해 필요한 일이기 때문이다.

브라우저는 운영 체제의 일부가 아니다. 왜냐하면 공유된 자원이나 제어에 지장을 주지 않고 어떤 브라우저 한 개 또는 동시에 여러 개를 실행할 수 있기 때문이다. 기술적인 세부 사항에 불과한 것처럼 보일 수 있지만, 이는 IT 역사에 한 획을 긋는 소송의 판결에 중대한 영향을 미쳤다. 1998년에 시작해서 2011년에 끝난 미국 법무부 대 마이크로소프트 간의 독점 금지 소송은 부분적으로는 마이크로소프트의 인터넷 익스플로러(IE) 브라우저가 운영 체제의 일부인지 단지 애플리케이션인지에 대한 것이었다. 마이크로소프트가 주장한 대로 IE가 운영 체제의 일부라면 제거될 수 없는 것이 타당했고, 마이크로소프트는 IE의 사용을 요구할 권리가 있었다. 하지만 IE가 그냥 애플리케이션이라면 굳이 IE를 쓸 필요가 없는 이들에게 마이크로소프트가 사용을 불법적으로 강요하는 것으로 여겨질 수 있었다. 소송은 물론 이것보다 복잡했지만, 어디에 선을 그을지에 대한 논쟁이 중요한 부분이었다. 실제 결과를 이야기하자면, 법정은 브라우저가 운영 체제의 일부가 아니라 애플리케이션이라고 판결을 내렸다. 토마스 잭슨(Thomas Jackson) 판사는 이렇게 말했다. "웹 브라우저와 운영 체제는 별개의 제품이다."

6.7 요약

애플리케이션은 일을 처리하고, 운영 체제는 애플리케이션들이 자원, 즉 프로세서 시간, 메모리, 보조 기억 저장소, 네트워크 연결, 기타 장치들을 효율적이고 공평하게 공유하지만 서로 간섭하지 않는다는 것을 보장하는 조정자 및 교통경찰 역할을 한다. 기본적으로 오늘날 모든 컴퓨터에는 운영 체제가 있고, 전문화된 시스템보다는 리눅스 같은 범용 시스템을 사용하는 추세로 가고 있는데, 그 이유는 특이한 환경이 아니라면 원래 있는 코드를 사용하는 것이 새로 작성하는 것보다 쉽고 비용이 적게 들기 때문이다.

이 장에서 논한 내용 중 많은 부분은 개인 소비자용 애플리케이션 측면에서 표현한 것이지만, 많은 대형 소프트웨어 시스템은 사용자 대부분에게 보이지 않는다. 여기에는 전화통신망, 전력망, 운송 서비스, 은행 서비스, 다른 많은 서비스 같은 인프라를 운영하는 프로그램이 포함된다. 비행기와 항공 교통 관제, 자동차, 의료 기기, 군용 무기 등은 모두 대형 소프트웨어 시스템에 의해 작동된다. 사실 오늘날 이용되는 중요한 기술 중에서 주요한 소프트웨어 구성 요소를 갖지 않는 것을 생각해 내기가 어렵다.

소프트웨어 시스템은 크고, 복잡하고, 종종 버그가 있는데, 이 모든 점들이 거듭되는 변경으로 인해 더 악화된다. 대형 시스템에 얼마나 많은 양의 코드가 있는지 정확한 추정치를 얻기는 어렵지만, 우리가 의존하는 주요한 시스템은 최소한 몇 천만 행으로 이루어지는 경향이 있다. 이러한 까닭에 취약점으로 이용될 수 있는 중대한 버그가 생기는 것은 불가피하다. 시스템이 더 복잡해질수록 이러한 상황은 더 좋아지기보다는 나빠질 가능성이 있다.

7

프로그래밍 배우기

"스마트폰을 갖고 놀지만 말고 직접 프로그래밍을 해 보세요!"

"Don't just play on your phone, program it!"

미국 대통령 버락 오바마(Barack Obama), 2013년 12월.

나는 강의하는 과목에서 자바스크립트(JavaScript)라는 언어로 약간의 프로그래밍을 가르친다. 나는 박학다식한 사람이라면 프로그래밍에 대해 어느 정도 아는 게 중요하다고 생각하는데, 매우 간단한 프로그램이라도 제대로 작동하게 만드는 것이 의외로 어려울 수 있다는 점만이라도 알 필요가 있다. 이 교훈을 가르치기 위해 컴퓨터와 씨름하는 것에 견줄 만한 것이 없지만, 이는 프로그램이 처음으로 제대로 작동할 때 느끼는 멋진 성취감을 사람들에게 맛보게 해 주기 위함이기도 하다. 또한, 어떤 사람이 프로그래밍이 쉽다거나 프로그램에 에러가 없다고 말할 때 신중해질 수 있도록 프로그래밍 경험을 충분히 해 보는 것도 가치가 있다. 하루 동안 고생 끝에 힘들여 10줄의 코드가 작동하도록 해 봤다면 100만 행으로 된 프로그램을 제때 버그 없이 내놓을 것이라고 주장하는 사람을 만났을 때 의심을 품는 것이 당연하다. 반면에, 모든 프로그래밍 과제가 어렵지는 않다는 걸 아는 게 도움이 될 때도 있는데, 예를 들면 컨설턴트를 고용할 때가 그렇다.

어떤 프로그래밍 언어를 살펴봐야 할까? 엄청나게 많은 언어가 있는데, 여러분이 첫 언어로 배우거나 내가 이러한 책에서 설명하기에 이상적인 언어는 없다. 만일 오바마 대통령이 권한 것처럼 휴대 전화용 프로그램을 작성하고 싶다면 안드로이드폰용으로는 자바가 필요하고, 아이폰용으로는 스위프트(Swift)가 필요하다. 두 언어 모두 초보자들이 배울 수는 있지만 편하게 사용하기는 어렵고, 휴대 전화용 프로그래밍에는 많은 세부 작업도 필요하다. 다른 범용 언어(휴대 전화용이 아닌)로는 파이썬(Python)이 있는데, 시작하기 쉬운 데다 더 큰 프로그램으로 확장하기도 꽤 좋다. 만일 프로그래밍 언어를 진지하게 배우려는 사람들을 위한 프로그래밍 입문 강의를 가르쳤다면 파이썬을 사용했을 가능성이 크다. MIT에서 만든 시각적 프로그래밍 시스템인 스크래치(Scratch)는 어린 아이들이 배우기에 특히 좋다.

하지만 이들 중 어떤 것도 내 강의에 완전히 적합하지는 않다. 최선의 선택은 자바스크립트인 것 같은데, 몇 가지 장점이 있다. 모든 브라우저에 포함되어 있어서 소프트웨어를 다운로드하지 않아도 된다. 프로그램을 작성하게 되면 여러분 자신의 웹 페이지에 사용하여 친구들과 가족에게 보여 줄 수 있다. 언어 자체가 간단하고, 비교적 약간만 경험을 해도 썩 괜찮은 코드를 작성할 수 있다. 동시에 자바스크립트는 놀랄 만큼 유연하다. 거의 모든 웹 페이지가 자바스크립트를 어느 정도 포함하고 있고, 그 코드는 브라우저에서 '소스 보기' 같은 기능을 이용하여 검토해 볼 수 있다. 많은 웹 페이지 효과가 자바스크립트에 의해 가능해지는데, 구글 문서(Google Docs)와 다른 회사에서 만든 비슷한 프로그램이 여기에 해당한다. 자바스크립트는 트위터(Twitter), 페이스북, 아마존 등의 웹 서비스에서 제공하는 API를 위한 언어이기도 하다.

자바스크립트에는 확실히 단점도 있다. 브라우저 인터페이스는 우리가 바라는 만큼 표준화되어 있지 않아서 프로그램이 다양한 브라우저에서 항상 같은 방식으로 작동하지 않는다. 우리가 논하는 수준에서는 이것이 문제가 되지는 않고, 전문 프로그래머 입장에서도 이러한 면은 항상 개선되고 있다. 언어의 어떤 부분은 어색하고, 의외의 작동 방식도 분명히 있다. 자바스크립트 프로그램은 일반적으로 웹 페이지의 일부로 실행되지만, 브라우저가 아닌 환경에서 사용되는 경우도 빠르게 늘고 있다. 자바스크립트가 브라우저와 함께 호스트로 사용될 때는 보통 약간의 HTML을 배워야 하는데, HTML은 웹 페이지의 레이아웃을 묘사하는 언어다(10장에서 조금 살펴볼 것이다). 이러한 작은 단점들에도 불구하고, 노력해서 약간의 자바스크립트를 배울 가치는 충분하다.

여기 있는 내용을 따라간다면 최소한 매우 기본적인 수준에서라도 프로그램을 만드는 방법을 배울 수 있는데, 이는 보유할 만한 가치가 있는 기술이다. 여기서 습득한 지식은 다른 언어로도 이어져서 그 언어를 더 쉽게 배울 수 있게 해 줄 것이다. 더 깊이 파고들거나 다른 접근법을 알아보고 싶다면, 웹에서 '자바스크립트 튜토리얼(javascript tutorial)'로 검색하면 유용한 사이트들의 긴 목록이 나올 것이다. 코드카데미(Codecademy)와 칸 아카데미(Khan Academy)를 포함한 수많은 사이트가 완전 초보자에게 프로그래밍을 가르치는 데 자바스크립트를 사용한다.

이렇게 이야기하긴 했지만, 이 장을 훑어보고 구문상의 세부 사항은 지나쳐도 무방하다. 이 책의 나머지 내용을 이해하는 데는 영향을 미치지 않는다.

7.1 프로그래밍 언어의 개념

프로그래밍 언어들은 어느 정도 기본적인 아이디어를 공유하는데, 모두 계산을 일련의 단계로 풀어서 상세히 설명하기 위한 표기법이기 때문이다. 따라서 모든 프로그래밍 언어가 입력 데이터를 읽고, 산술 연산을 하고, 계산이 진행됨에 따라 중간 값을 저장하고 되찾아오고, 이전 계산을 기반으로 어떻게 진행할 것인지 결정하고, 그런 과정에서 결과를 표시하고, 계산이 완료되면 결과를 저장하기 위한 방법을 제공한다.

언어에는 **구문**(syntax), 즉 문법적으로 무엇이 맞고 무엇이 틀린지 정의하는 규칙이 있다. 프로그래밍 언어는 문법적인 측면에서 까다롭다. 정확하게 표현해야 하고, 그렇게 하지 않으면 항의를 받을 것이다. 언어에는 **의미론**(semantics)도 있는데, 이는 언어로 표현할 수 있는 모든 것에 대해 정의된 의미이다.

이론상으로는 특정 프로그램이 구문적으로 정확한지, 만약 그렇다면 그 의미가 무엇인지에 대해 모호함이 없어야 한다. 불행하게도 항상 이러한 이상적인 상태가 되지는 않는다. 언어는 대개 단어로 정의되고, 자연 언어로 작성된 다른 문서처럼 애매모호한 부분이 있고, 다른 해석을 할 수 있는 여지가 있다. 게다가, 구현하는 사람이 실수를 할 수도 있고, 언어는 시간이 흐르면서 점진적으로 변한다. 결과적으로 자바스크립트의 구현은 브라우저마다 다소 차이가 있고, 심지어 같은 브라우저의 버전별로 다를 수도 있다.

자바스크립트에는 실제로 세 가지 측면이 있다. 첫 번째는 언어 그 자체다. 이는 컴퓨터에게 산술 연산을 하고, 조건을 검사하고, 계산을 반복하라고 지시하는 문장이다. 두 번째로, 자바스크립트는 다른 이들이 작성해서 여러분이 자신의 프로그램에서 사용할 수 있는 라이브러리를 포함한다. 라이브러리는 여러분이 직접 작성하지 않아도 되는 사전 제작된 부품이다. 대표적인 사례로는 수학 함수, 달력 계산, 텍스트 검색과 조작을 위한 함수가 있다. 세 번째는 브라우저와 자바스크립트 프로그램이 포함된 웹 페이지에 대한 접근이다. 프로그램은 사용자로부터 입력을 받고, 사용자가 버튼을 누르거나 폼에 타이핑하는 것 같은 이벤트에 반응하며, 브라우저가 다양한 콘텐츠를 표시하거나 다른 웹 페이지로 가게 만들 수 있다.

7.2 첫 번째 자바스크립트 예제

첫 번째 자바스크립트 예제는 크기가 정말 작다. 웹 페이지가 로딩될 때 단지 'Hello, world'라는 대화 상자를 띄울 뿐이다. 아래에 HTML(HyperText Markup Language: 하이퍼텍스트 마크업 언어)로 된 전체 페이지 코드가 있는데, HTML은 10장에서 WWW(World Wide Web: 월드 와이드 웹)에 대해 논할 때 만나 볼 것이다. 우선은 <script>와 </script> 사이에 나타나는 강조 표시된 자바스크립트 코드에 집중하자.

```
<html>
    <body>
        <script>
            alert("Hello, world");
        </script>
    </body>
</html>
```

이 일곱 줄을 hello.html이라는 파일에 넣고 그 파일을 URL file:///파일까지의/경로/hello.html 라는 주소와 함께 브라우저에 로딩하면 그림 7.1에 있는 것들 중 하나처럼 결과가 뜰 것이다.

첫 번째 이미지 세 개는 맥오에스에서 파이어폭스, 크롬, 사파리로 실행한 화면이다. 비교를 위해, 다음 이미지 두 개는 윈도우 10에서 인터넷 익스플로러 11과 엣지(Edge)로 실행했을 때 나온 대화 상자를 보여 준다. 다양한 브라우저들은 분명히 서로 다른 방식으로 작동한다.

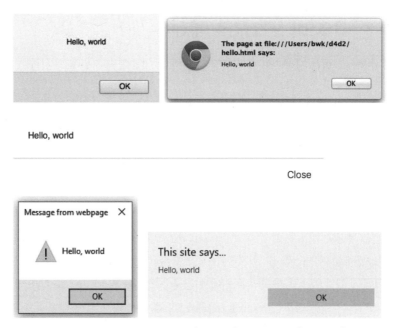

그림 7.1 **파이어폭스, 크롬, 사파리(맥오에스), IE11과 엣지 (윈도우 10)**

alert 함수는 브라우저와 상호작용하기 위한 자바스크립트 라이브러리의 일부다. 이 함수는 따옴표 사이에 나타나는 텍스트를 표시하는 대화 상자를 띄우고, 사용자가 OK를 누르기를 기다린다. 여담이지만, 자바스크립트 프로그램을 직접 만들 때는 일반적인 텍스트에서 볼 수 있는 이른바 지능형 따옴표(smart quotes, " ")가 아닌 " 처럼 생긴 표준 큰따옴표 문자를 사용해야 한다. 이것은 간단한 구문 규칙의 사례다. 워드(Word) 같은 워드 프로세서를 사용하여 HTML 파일을 만들지 말고, 메모장(Notepad) 또는 텍스트에디트(TextEdit) 같은 텍스트 편집기를 사용하고, 파일 확장자가 .html인 경우에도 파일을 일반 텍스트(즉, 서식 정보 없는 일반 아스키코드)로 저장하는지 확인해야 한다.

이 예제가 작동하게 하고 나면 더 흥미로운 계산을 수행하도록 예제를 확장할 수 있다. 지금부터는 HTML 부분은 보여 주지 않고, <script>와 </script> 사이에 있는 자바스크립트 코드만 보여 줄 것이다.

7.3 두 번째 자바스크립트 예제

두 번째 예제 프로그램은 사용자에게 이름을 요청하고, 맞춤형 인사말을 표시한다.

```
var username;
username = prompt("What's your name?");
alert("Hello, " + username);
```

이 프로그램에는 몇 가지 새로운 구성 요소와 그에 해당하는 아이디어가 있다. 첫째로, var라는 단어는 **변수를 선언한다**(declares a variable). 즉, 사용할 변수를 소개한다. 변수는 프로그램이 실행되는 동안 프로그램이 값을 저장할 수 있는 RAM상의 장소를 뜻한다. 프로그램이 무엇을 하는지에 따라 값이 변경될 수 있기 때문에 변수라고 한다. 변수를 선언하는 것은 모형 어셈블리 언어에서 했던 것처럼 메모리 위치에 이름을 지정하는 일의 고수준 언어 버전이다. 은유적으로, 선언문은 '등장인물들(dramatis personae)'로, 희곡에 나오는 인물의 목록이다. 변수를 username으로 명명했는데, 이 프로그램에서 맡은 역할을 말해 준다.

둘째로, 프로그램은 prompt라는 자바스크립트 라이브러리 함수를 사용한다. 이는 alert와 유사하지만 사용자에게 입력을 요청하는 대화 상자를 띄워준다. 사용자가 입력한 텍스트가 무엇이든 간에 prompt 함수가 계산한 값으로 프로그램이 이용할 수 있게 된다. 그 값은 아래 행에 의해 변수 username에 할당된다.

```
username = prompt("What's your name?");
```

등호 '='는 '오른쪽에 있는 연산을 수행하고 그 결과를 왼쪽에 있는 이름을 가지는 변수에 저장하라'는 것을 의미하고, 모형 컴퓨터에서 누산기에 저장하는 것과 같다. 이것은 의미론의 사례다. 이 연산을 **할당**(assignment)이라고 하며, =는 동등함을 의미하지 않고, 값을 복사하는 것을 의미한다. 대부분의 프로그래밍 언어는 수학에서 의미하는 같음과 혼동을 일으킬 수 있음에도 불구하고 할당을 위해 등호를 사용한다.

마지막으로, 더하기 부호 +가 alert 문에서 사용되는데,

```
alert("Hello, " + username);
```

이는 Hello라는 단어(쉼표와 공백 문자가 뒤따르는)와 사용자가 제공한 이름을 결합하기 위해 사용된다. 이 또한 혼동을 일으킬 수 있는데, 이 문맥에서 +는 수를 더하는 것이 아니라 텍스트 문자로 이루어진 두 문자열을 연결하는 것을 의미하기 때문이다.

이 프로그램을 실행하면 prompt는 그림 7.2처럼 여러분이 무엇인가를 입력할 수 있는 대화 상자를 표시한다.

그림 7.2 **입력을 기다리는 대화 상자**

'Joe'를 대화 상자에 입력한 다음 OK를 누르면 결과는 그림 7.3에 있는 메시지 상자와 같다.

그림 7.3 **대화 상자에 응답한 결과**

이름과 성이 따로따로 입력되는 경우를 고려하는 것은 간단한 기능 확장이 될 것이고, 실습용으로 시도해 볼 수 있는 변형 버전이 많이 있다. 'My name is Joe'로 응답하면 결과는 'Hello, My name is Joe'가 된다는 점을 주목하라. 만일 컴퓨터가 더 똑똑한 방식으로 작동하기를 원한다면 그렇게 되도록 직접 프로그래밍해야 한다.

7.4 루프

그림 5.6은 일련의 수를 더해 나가는 프로그램의 자바스크립트 버전이었다. 돌아가서 찾아보지 않아도 되도록 그림 7.4에 다시 프로그램을 나타냈다.

```javascript
var num, sum;
sum = 0;
num = prompt("Enter new value, or 0 to end");
while (num != 0) {
    sum = sum + parseInt(num);
    num = prompt("Enter new value, or 0 to end");
}
alert("Sum = " + sum);
```

그림 7.4 수를 더해 나가는 자바스크립트 프로그램

다시 떠올릴 수 있도록 설명하자면 이 프로그램은 0이 입력될 때까지 수를 읽은 다음, 전체 합계를 출력한다. 우리는 이미 이 프로그램에 있는 언어적 특징 몇 가지, 선언, 할당, prompt 함수를 보았다. 첫 번째 행은 프로그램이 사용할 두 개의 변수, num과 sum을 명명하는 변수 선언이다. 두 번째 행은 sum을 0으로 설정하는 할당문이고, 세 번째 행은 num을 사용자가 대화 상자에 입력하는 값으로 설정한다.

중요한 새로운 특징은 while 루프인데, 4행부터 7행이 여기에 해당된다. 컴퓨터는 명령어 시퀀스를 몇 번이고 반복하기에 매우 좋은 장치다. 문제는 프로그래밍 언어에서 반복을 표현하는 방법이다. 모형 컴퓨터 언어에서는 GOTO 명령어와 IFZERO 명령어를 소개했는데, GOTO는 시퀀스에서 다음 명령어가 아니라 프로그램에 있는 다른 곳으로 분기를 하고, IFZERO는 누산기의 값이 0일 경우에만 분기를 한다.

이러한 발상은 대부분의 고수준 언어에서 while 루프(while loop)라고 하는 문장에서 나타난다. 이 문장은 일련의 작업을 반복하기 위한 더 질서정연하고 절제된 방법을 제공한다. while은 조건(괄호 사이에 작성됨)을 검사하고, 만일 조건이 참이면 { ... }의 중괄호 사이에 있는 모든 문장을 순서대로 실행한다. 그런 다음 돌아가서 조건을 다시 검사한다. 이 사이클은 조건이 참인 동안은 계속된다. 조건이 거짓이 되면 실행은 루프의 닫는 중괄호 다음에 오는 문장부터 이어진다.

이는 3장에 있는 모형 컴퓨터 프로그램에서 IFZERO와 GOTO로 작성했던 것과 거의 일치한다. 차이는 while 루프에서는 라벨을 만들어 내지 않아도 되고, 검사 조건이 어떤 것도 될 수 있다는 점이다. 여기서 검사하는 것은 변수 num이 0이 아닌 값인지이다. 연산자 !=는 '같지 않다'를 뜻하며, while 문 자체와 마찬가지로 C에서 이어받은 것이다.

나는 이러한 샘플 프로그램이 처리하는 데이터의 유형에 대해서 그다지 규칙을 따지지는 않았지만, 컴퓨터는 내부적으로 123 같은 수와 Hello 같은 임의의 텍스트를 엄격하게 구분한다. 일부 언어에서는 프로그래머가 그런 구분을 신중하게 표현해 줘야 한다. 다른 언어는 프로그래머가 의미하려고 했던 바를 짐작하려고 한다. 자바스크립트는 후자의 입장에 가깝기 때문에 여러분이 다루는 데이터의 유형과 더불어 그 값을 해석할 방법을 명시해야 하는 경우가 있다. parseInt 함수가 그런 사례인데, 이 함수는 텍스트를 정수 연산에 사용할 수 있는 내부 형식으로 변환해 준다. 다시 말해서, 사용자가 입력한 값이 123이라고 가정하면, 이 함수는 입력 데이터를 우연히 십진 숫자가 되는 세 개의 문자가 아니라 정수로 처리하게 되어 있다. parseInt를 사용하지 않으면 prompt가 반환하는 데이터는 텍스트로 해석되고, + 연산자는 그것을 이전 텍스트의 끝에 이어 붙일 것이다. 그 결과는 사용자가 입력한 모든 숫자를 연결한 문자열이 될 테고, 어쩌면 흥미로운 값일 수 있겠지만 확실히 우리가 의도한 바는 아니다.

7.5 조건문

그림 7.5의 다음 예제는 약간 다른 작업을 수행하며, 제공된 모든 수 중에서 가장 큰 수를 찾는다. 이것은 또 다른 제어 흐름문인 if-else를 소개할 명목으로 보여 주는 예제로, if-else는 모든 고수준 언어에서 결정을 내리기 위한 방법으로서 일정한 형식으로 나타난다. 실제로 이는 IFZERO의 범용 버전이다. if-else의 자바스크립트용 버전은 C와 동일하다.

```javascript
var max, num;
max = 0;
num = prompt("Enter new value, or 0 to end");
while (num != 0) {
    if (parseInt(num) > max) {
        max = num;
    }
    num = prompt("Enter new value, or 0 to end");
}
alert("Maximum is " + max);
```

그림 7.5 **일련의 수 중에서 가장 큰 수 찾기**

if-else 문은 두 가지 형태로 제공된다. 여기에 표시된 코드에는 else 부분이 없다. 괄호 안의 조건이 참이면 다음에 나오는 { ... }의 중괄호 안에 있는 문장들이 실행된다. 조건과 무관하게, 닫는 중괄호 다음에 있는 문장부터 실행이 계속된다. 더 일반적인 형식에서는 조건이 거짓일 때 실행될 일련의 문장을 포함하는 else 부분이 있다. 조건이 참이든 거짓이든, 전체 if-else 문 다음에 나오는 문장부터 실행이 계속된다.

예제 프로그램에서 구조를 표시하기 위해 들여쓰기를 사용한다는 것을 알아챘을지도 모르겠다. while 및 if로 제어되는 문장은 들여쓰기되어 있다. 이 방법은 다른 문장을 제어하는 while 과 if 같은 문장의 영역을 한눈에 볼 수 있으므로 좋은 습관이다. 실제로 파이썬 같은 일부 프로그래밍 언어에서는 일관성 있게 들여쓰기를 해야만 한다.

이 프로그램을 웹 페이지에서 실행하면 쉽게 테스트할 수 있다. 그러나 전문 프로그래머라면 그보다 훨씬 전에 테스트를 할 텐데, 실제 컴퓨터가 작업을 수행하는 것처럼 한 번에 하나씩 프로그램의 문장을 신중하게 실행하며 작동 방식을 따라해 볼 것이다. 예를 들어, 입력 시퀀스 1, 2, 0과 2, 1, 0을 시도해 보라. 심지어 가장 간단한 경우가 제대로 작동하는지 확인하기 위해 시퀀스 0, 다음으로 1, 0부터 시작할 수도 있다. 그렇게 한다면(프로그램의 작동 방식을 이해하는지 확신하기 위한 좋은 습관이다), 프로그램이 입력 값의 모든 시퀀스에 대해 작동한다고 결론을 내릴 것이다.

정말 그런 것일까? 입력에 양수가 포함되어 있으면 제대로 작동하지만, 모두 음수이면 어떻게 될까? 이것을 시도해 보면 프로그램에서 최댓값이 0이라고 항상 이야기한다는 것을 알게 될 것이다.

왜 그런지 잠시 생각해 보자. 이 프로그램은 지금까지 본 최댓값을 max라는 변수에 계속 기록한다(방에서 가장 키 큰 사람을 찾는 것과 똑같이). 변수는 이후의 숫자와 비교하기 전에 초깃값을 가져야 하므로 사용자가 수를 제공하기 전에 변수를 처음에 0으로 설정한다. 키의 경우와 마찬가지로 적어도 하나의 입력값이 0보다 크다면 문제가 없다. 하지만 모든 입력이 음수이면 프로그램은 가장 큰 음수값을 출력하지 않고, 대신에 입력의 끝을 나타내는 값인 0을 출력해 버린다.

이 버그는 쉽게 제거할 수 있다. 이 장의 끝에 한 가지 해결책을 제시하겠지만, 스스로 해결 방법을 발견하기에 좋은 연습 문제다.

이 예제가 보여 주는 다른 점은 테스트의 중요성이다. 테스트는 프로그램에 임의의 입력을 던지는 것 이상을 필요로 한다. 좋은 테스터는 이상하거나 무효인 입력, 전혀 데이터가 없거나 0으로 나누는 것 같은 '엣지' 또는 '경계' 케이스를 포함하여 무엇이 잘못될 수 있는지에 대해 열심히 생각한다. 좋은 테스터는 가능한 모든 부정적인 입력에 대해 생각할 것이다. 문제는 프로그램이 커질수록 모든 테스트 케이스를 생각해 내기가 더욱더 어려워지는데, 특히 임의의 순서로 아무 때나 무작위 값을 입력할 가능성이 있는 사람이 참여하게 되면 더 그렇다. 완벽한 해결책은 없지만, 신중하게 프로그램을 설계하고 구현하는 것이 도움이 되고, 뭔가 문제가 발생하면 프로그램 자체에서 일찍 알아챌 수 있도록 처음부터 프로그램에 일관성 및 온전성 검사를 포함시키는 것도 도움이 된다.

7.6 라이브러리와 인터페이스

자바스크립트는 정교한 웹 애플리케이션을 위한 확장 메커니즘으로서 중요한 역할을 한다. 구글 지도가 좋은 예다. 마우스 클릭뿐만 아니라 자바스크립트 프로그램을 통해 지도 작업을 제어할 수 있도록 라이브러리와 API를 제공한다. 따라서 누구나 구글이 제공하는 지도에 정보를 표시하는 자바스크립트 프로그램을 작성할 수 있다. 이 API는 사용하기 쉽다. 예를 들어, 그림 7.6의 코드는(여기에 HTML 몇 줄만 추가하면) 그림 7.7의 지도 이미지를 표시하는데, 이 책의 독자 중 일부는 언젠가 여기에 살게 될지도 모를 일이다.

```
function initialize() {
    var latlong = new google.maps.LatLng(38.89768, -77.0365);
    var opts = {
        zoom: 18,
        center: latlong,
        mapTypeId: google.maps.MapTypeId.HYBRID
    };
    var map = new google.maps.Map(document.getElementById("map"),opts);
    var marker = new google.maps.Marker({
        position: latlong,
        map: map
    });
}
```

그림 7.6 구글 지도를 이용하기 위한 자바스크립트 코드

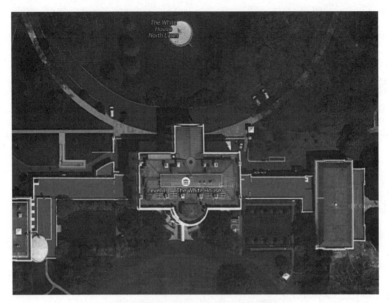

그림 7.7 **여러분이 언젠가 여기에 살게 될지도?**

11장에서 살펴볼 것처럼 웹은 구글 지도 API 같이 프로그램 가능한 인터페이스를 비롯하여 자바스크립트를 점점 더 많이 사용하는 추세를 보이고 있다. 소스 코드를 어쩔 수 없이 공개해야 한다면 지적 재산권을 보호하기는 어려운데, 자바스크립트를 사용하는 경우 반드시 그렇게 해야만 한다. 누구나 브라우저에서 소스 보기(View Source) 메뉴 항목으로 페이지의 소스 코드를 볼 수 있다. 일부 자바스크립트는 난독화되어 있는데, 이는 의도적인 것일 수도 있고, 더 빨리 다운로드할 수 있도록 크기를 줄이려는 노력의 부산물일 수도 있다. 난독화된 결과는 누군가 단단히 결심하지 않는다면 전혀 해독할 수 없다.

7.7 자바스크립트는 어떻게 작동할까

5장에서 컴파일러, 어셈블러 및 기계 명령어에 대해 설명했던 것을 떠올려 보자. 자바스크립트 프로그램은 비슷한 방법으로 실행 가능한 형식으로 변환되지만, 상당히 다른 세부 사항이 있다. 브라우저가 웹 페이지에서 자바스크립트를 발견하면(예를 들어, <script> 태그를 만나면) 프로그램의 텍스트를 자바스크립트 컴파일러로 전달한다. 컴파일러는 프로그램에 에러가 있는지 검사하고, 모형 컴퓨터와 유사한 만들어 낸 컴퓨터의 어셈블리 언어 명령어로 컴파일하는

데, 이 만들어 낸 컴퓨터는 더 다양한 명령어 레퍼토리를 가지고 있다. 이전 장에서 설명한 가상 머신이 여기에 해당한다. 그런 다음, 모형 컴퓨터 같은 시뮬레이터를 실행하여 자바스크립트 프로그램이 수행하기로 되어 있는 모든 기능을 수행한다. 시뮬레이터와 브라우저는 밀접하게 상호작용한다. 예를 들어, 사용자가 버튼을 눌렀을 때 브라우저는 시뮬레이터에게 버튼이 눌려졌음을 알려 준다. 시뮬레이터는 대화 상자 띄우기 같은 작업을 하고 싶을 때 alert 또는 prompt 함수를 호출함으로써 브라우저에게 작업을 수행하도록 요청한다.

이상이 자바스크립트에 관해 여기서 이야기할 전부이지만, 더 많은 정보를 찾고 싶다면 좋은 책과 온라인 지침서가 있다. 그중 일부는 자바스크립트 코드를 그 자리에서 편집하게 해 주고 결과를 즉시 보여 준다. 프로그래밍은 짜증날 수 있지만 매우 재미있는 일이 될 수도 있고, 심지어 그것으로 꽤 괜찮은 수입을 올릴 수도 있다. 누구나 프로그래머가 될 수 있지만, 세부 사항을 놓치지 않는 안목이 있고, 줌 인해서 미세한 부분을 보다가 다시 줌 아웃해서 큰 그림을 볼 줄 안다면 도움이 된다. 또한, 조심하지 않으면 프로그램이 제대로 작동하지 않거나 전혀 작동하지 않을 수도 있으므로 세부 사항을 바로잡지 않고는 못 배기는 습관을 가지는 것도 도움이 된다.

아래는 몇 페이지 앞에서 나온 프로그래밍 문제에 대한 한 가지 가능한 해답이다.

```
num = prompt("Enter new value, or 0 to end");
max = num;
while (num != 0) ...
```

max를 사용자가 제공하는 첫 번째 숫자로 설정한다. 양수이든 음수이든 그것이 지금까지는 가장 큰 값이다. 그 밖의 부분은 변경하지 않아도 되고, 프로그램은 이제 모든 입력을 처리하지만 그 값 중 하나가 0이면 조기에 종료될 것이다. 심지어 사용자가 값을 전혀 제공하지 않더라도 프로그램은 뭔가 분별 있게 작동하는데, 일반적으로 이러한 경우를 잘 처리하려면 prompt 함수에 대해 더 많이 알아야 한다.

7.8 요약

지난 몇 년간 모든 이들에게 프로그래밍하는 것을 배우도록 장려하는 일이 유행이 되었고, 유명하거나 영향력 있는 사람들이 동참하고 있다.

프로그래밍이 초등학교나 고등학교에서 필수 과목이 되어야 할까? 대학에서는 필수 과목이 되어야 할까?(우리 학교에서도 가끔 궁금해 하는 질문이다.)

나의 입장에서는 프로그래밍하는 방법을 아는 것이 정말 좋다고 생각한다. 기본적으로 컴퓨터가 무엇을 하는지, 어떻게 작동하는지 더 완전히 이해하는 데 도움이 된다. 프로그래밍은 시간을 보내기에 만족스럽고 보람 있는 방법이 될 수 있다. 프로그래머로서 사용하는 사고의 습관과 문제 해결 접근법은 삶의 다른 많은 부분에서 매우 잘 활용될 수 있다. 그리고 물론 프로그래밍하는 법을 아는 것은 취업 기회를 마련해 주기도 해서, 프로그래머로서 훌륭한 경력을 쌓고 높은 보수를 받을 수 있다.

그렇기는 하지만, 프로그래밍은 모든 사람들을 위한 것은 아니고 정말로 의무적으로 해야 되는 독서, 작문, 산수와 달리 모든 사람에게 프로그래밍을 배우도록 강요하는 것은 타당하지 않다고 생각한다. 흥미를 갖게 만들고, 시작하기 쉽도록 해 주고, 기회를 충분히 제공하고, 가능한 한 많은 장애물을 제거하고, 순리대로 흘러가도록 두는 것이 최선인 것 같다.

더욱이 같은 논의에서 자주 언급되는 컴퓨터 과학에서 프로그래밍이 중요한 부분이기는 하지만, 컴퓨터 과학이 프로그래밍에 관한 것만은 아니다. 학문으로서 컴퓨터 과학은 4장에서 엿보았던 알고리즘과 자료 구조에 대한 이론적이고 실용적인 연구도 포함한다. 그와 더불어 아키텍처, 프로그래밍 언어, 운영 체제, 네트워크, 그리고 컴퓨터 과학과 다른 학과목이 협력하는 광범위한 응용 분야를 포함한다. 다시 한 번 말하자면 어떤 사람에게는 훌륭한 학문이며 그 발상 중 많은 부분이 더 폭넓게 적용될 수 있지만, 모든 이가 정규적인 컴퓨터 과학 교육을 받도록 하는 것은 지나친 일이다.

소프트웨어 마무리

지난 네 개의 장에서 많은 내용을 다루었다. 다음은 가장 중요한 요점을 간략하게 요약한 것이다.

알고리즘(Algorithms). 알고리즘이란, 어떤 작업을 수행한 다음 중지하는 정확하고 명백한 단계의 시퀀스다. 알고리즘은 구현 세부 사항과는 무관한 계산 방법을 기술한다. 단계는 명확한 기본 연산 또는 원시 연산에 기반을 둔다. 많은 알고리즘이 있는데, 우리는 검색 및 정렬 같은 가장 핵심적인 알고리즘을 집중적으로 살펴보았다.

복잡도(Complexity). 알고리즘의 복잡도는 데이터 항목을 검사하거나 데이터 항목을 다른 항목과 비교하는 것 같은 기본 연산으로 측정한 연산량의 추상적인 척도이며, 연산의 수가 항목의 수에 의해 결정되는 방식으로 표현된다. 여기서 복잡도의 계층 구조가 생기며, 우리가 검토했던 사례에는 한쪽 끝에 있는 로그(항목 수를 두 배로 하면 단 하나의 연산만 추가됨)부터 선형(연산은 항목 수에 정비례하며 가장 일반적인 경우이자 가장 이해하기 쉬움)을 거쳐 지수(하나의 항목을 추가하면 연산 수가 두 배가 됨)까지 포함된다.

프로그래밍(Programming). 알고리즘은 추상적이다. 프로그램이란, 실제 컴퓨터가 완전한 실제 작업을 수행하게 만드는 데 필요한 모든 단계를 구체적으로 표현한 것이다. 프로그램은 제한된 메모리와 시간, 수의 한정된 크기와 정밀도, 삐딱하거나 악의적인 사용자, 그리고 끊임없이 변화하는 환경에 대응해야 한다.

프로그래밍 언어(Programming languages). 프로그래밍 언어는 이러한 모든 단계를 표현하는 표기법으로, 사람들이 수월하게 작성할 수 있지만 컴퓨터가 근본적으로 사용하는 이진 표현으로 변환할 수 있는 형태를 가진다. 변환은 몇 가지 방법으로 수행할 수 있지만, 가장 일반적인 경우 컴파일러가(아마도 어셈블러와 함께) C 같은 언어로 작성된 프로그램을 실제 컴퓨터에서 실행되도록 이진수로 변환한다. 서로 다른 종류의 프로세서는 명령어 레퍼토리와 그 표현이 다르므로 각기 다른 컴파일러가 필요하지만, 컴파일러의 일부는 다양한 프로세서에 공통적일 수도 있다. 인터프리터 또는 가상 머신은 실제 또는 만들어진 컴퓨터를 모방하여 작동하는 프로그램으로, 그에 대해 코드를 컴파일하고 실행할 수 있다. 이것이 일반적으로 자바스크립트 프로그램이 작동하는 방식이다.

라이브러리(Libraries). 실제 컴퓨터에서 실행되는 프로그램을 작성하는 것은 일반적인 작업에 대한 많은 복잡한 세부 사항을 포함한다. 라이브러리와 관련 메커니즘은 프로그래머가 자신의 프로그램을 만들 때 사용할 수 있는 사전 제작된 구성 요소를 제공해서 새로운 작업이 이미 만들어진 것을 기반으로 구축될 수 있도록 한다. 오늘날 프로그래밍은 새로운 코드를 작성하는 것만큼 기존 구성 요소를 이어 붙이는 경우가 많다. 구성 요소는 우리가 자바스크립트에서 본 것 같은 라이브러리 함수거나, 구글 지도 및 기타 웹 서비스 같은 대형 시스템일 수 있다. 그러나 그 내부는 모두 프로그래머가 이 책에서 나온 언어나 그와 비슷한 다른 언어로 상세한 명령어를 작성함으로써 만들어졌다.

인터페이스(Interfaces). 인터페이스 또는 API는 어떤 서비스를 제공하는 소프트웨어와 그 서비스를 이용하는 소프트웨어 양자 간의 계약이다. 라이브러리와 구성 요소는 애플리케이션 프로그래밍 인터페이스를 통해 서비스를 제공한다. 운영 체제는 시스템 콜 인터페이스를 이용하여 하드웨어를 더 균형 잡히고 프로그램 가능한 것처럼 보이게 한다.

추상화 및 가상화(Abstraction and virtualization). 소프트웨어를 사용하여 구현의 세부 사항을 숨기거나 다른 것인 것처럼 작동할 수 있다. 예로는 가상 메모리, 가상 머신, 인터프리터가 있다.

버그(Bugs). 컴퓨터는 잘못을 봐주지 않고, 프로그래밍은 실수를 하기 쉬운 프로그래머들이 지속적으로 오류 없이 성과를 내는 것을 요구한다. 따라서 모든 큰 프로그램에는 버그가 있고, 간단히 말해 의도한 바를 꼭 그대로 수행하지는 못한다. 일부 버그는 골칫거리에 불과하며 실제 오류라기보다는 나쁜 설계에 가깝다('이것은 버그가 아니고 기능이야'는 프로그래머들 사이에서 쓰는 속담이다). 일부는 희귀하거나 예외적인 상황에서만 나타나서 고치기는커녕 재현할 수조차 없다. 몇 가지 버그는 정말로 심각하여 잠재적으로 보안, 안전, 심지어 생명을 위태롭게 하는 심각한 결과를 초래할 수 있다. 법적 책임이 컴퓨팅 장치에서 지금까지보다 더 큰 문제가 될 가능성이 있는데, 특히 중요한 시스템이 갈수록 더 많이 소프트웨어를 기반으로 하고 있기 때문이다. 개인용 컴퓨팅에서 작동하는 '싫으면 그만두든지, 보증은 없음' 모델은 아마도 하드웨어 세계와 마찬가지로 더 합리적인 제품 보증과 소비자 보호로 대체될 것이다.

우리가 경험을 통해 배우고, 프로그램이 검증된 구성 요소를 더 많이 이용하여 만들어지고, 기존 버그가 완전히 해결됨에 따라, 원칙적으로는 프로그램에서 오류가 점점 더 없어져야 한다. 그러나 이러한 진전에도 불구하고, 컴퓨터와 언어가 발달해 나가고, 시스템이 새로운 요구 사항을 떠맡고, 마케팅과 소비자의 욕구로 인해 새로운 기능에 대한 끈질긴 압력이 가해짐에 따라, 변경이 거듭되면서 필연적으로 문제가 발생한다. 이 모든 것들로 인해 더 많은 프로그램이 개발되고 그 규모는 더 커진다. 불행하게도 버그는 항상 우리와 함께할 것이다.

PART

III

통신

통신(communications)이라는 주제는 3부 구성 중에서 하드웨어와 소프트웨어 다음으로 세 번째 주요 부분이다. 여러 면에서 여기서부터 상황이 진짜로 흥미로워지기 시작하는데(때로는 '흥미로운 시대에 살기를 바랍니다'라는 의미에서) 통신은 모든 유형의 컴퓨팅 장치가 대개 우리를 대신하여, 그러나 가끔은 전혀 좋지 않은 목적으로 서로 대화하는 것을 포함하기 때문이다. 대부분의 기술 시스템은 이제 하드웨어, 소프트웨어, 통신을 결합하므로 우리가 논의한 부분들이 모두 합쳐질 것이다. 또한, 통신 시스템은 대부분의 사회적 문제가 발생하는 곳으로 프라이버시, 보안, 그리고 개인, 기업, 정부 간의 권리 경쟁이라는 어려운 문제를 제시한다.

우리는 약간의 역사적 배경을 다루고 네트워크 기술에 관해 이야기한 다음, 인터넷에 대해 알아볼 것이다. 인터넷은 전 세계 컴퓨터 간 트래픽의 상당 부분을 전달하는 네트워크의 집합이다. 다음으로는 (월드 와이드) 웹에 대해 살펴볼 텐데, 웹은 주로 기술과 관련된 소규모 사용자 층이 이용하던 인터넷을 1990년대 중반에 모든 사람을 위한 유비쿼터스 서비스로 확장시켜 주었다. 그 다음에는 화제를 돌려 메일, 온라인 상거래, SNS같이 인터넷을 사용하는 일부 애플리케이션에 관해 설명하고, 위협과 대응책에 대해 살펴보겠다.

사람들은 많은 독창성과 놀랍도록 다양한 물리적 메커니즘을 사용하여 기록이 존재하는 만큼 오래전부터 장거리 통신을 했다. 모든 예는 각각에 대한 책을 써도 될 정도로 매우 흥미로운 이야기와 함께 나온다.

장거리 주자는 수천 년 동안 메시지를 전했다. 기원전 490년 페이디피데스(Pheidippides)는 아테네가 페르시아와의 전투에서 대승을 거뒀다는 소식을 전하기 위해 마라톤(Marathon)에 있는 전장부터 아테네까지 42km를 달렸다. 불행하게도 (적어도 전설에 따르면) 그는 "기뻐하라, 우리가 승리했다"라고 간신히 내뱉은 후 숨을 거뒀다.

헤로도토스(Herodotus)는 페르시아 제국 전역에 거의 동시에 메시지를 전하는 승마 기수 시스템에 대해 기술했다. 그의 묘사는 뉴욕 8번가에 있는 중앙 우체국 건물에 1914년에 새겨진 글

---

1 역사적으로 볼 때 혼란으로 가득 찬 시대가 오히려 흥미롭게 느껴진다는 맥락에서 사용하는 악담. 중국어에서 유래했다고 알려져 있지만 중국어로 정확히 같은 표현은 없다고 한다(출처: https://en.wikipedia.org/wiki/May_you_live_in_interesting_times).

을 통해 계속 전해진다. "눈도 비도 열기도 밤의 어둠도, 이 전달자가 정해진 메시지 전달을 신속하게 완료하는 것을 방해하지 못한다." 미주리 주 세인트조지프와 캘리포니아 주 새크라멘토 사이의 3,000km를 달려 우편물을 전달하는 승마 배달원이 있었던 포니 익스프레스(Pony Express)는 비록 1860년 4월부터 1861년 10월까지 채 2년이 안 되는 기간 동안 지속되기는 했지만 미국 서부의 상징이었다.

발광 신호와 봉화, 거울, 깃발, 북, 전령 비둘기, 사람의 목소리까지 모두 장거리 통신에 이용됐다. '목소리가 우렁찬(stentorian)'이라는 단어는 좁은 골짜기를 가로질러 큰 목소리로 메시지를 전달했던 사람을 뜻하는 그리스어 'stentor'에서 유래했다.

초기 기계적 시스템 중 한 가지는 그 중요성에 비해 덜 알려져 있다. 프랑스의 클로드 샤프(Claude Chappe)가 1792년경에 발명했으며, 스웨덴의 아브라함 에델크란츠(Abraham Edelcrantz)가 독자적으로 발명한 광학 전신(optical telegraph)이다. 광학 전신은 오른쪽 그림과 같이 탑에 설치된 기계식 셔터 또는 암(arm)을 기반으로 한 신호 시스템을 사용했다. 전신 운용자는 한쪽 인접한 탑에서 오는 신호를 읽고 반대쪽 다음 탑으로 전달했다. 암 또는 셔터는 고정된 수의 상태만 취할 수 있으므로 광학 전신은 정말로 디지털 방식이었다. 1830년대까지 유럽의 많은 지역과 미국의 일부 지역에 이 탑들의 광대한 통신망이 있었다. 탑들은 서로 약 10km 떨어져 있었다. 전송 속도는 분당 몇 글자였고, 한 설명에 따르면 약 10분 만에 릴에서 파리까지(230km) 한 개의 글자가 전송될 수 있었다.

현대 통신 시스템에서 발생하는 문제는 1790년대에도 나타났다. 정보를 표현하는 방법, 메시지를 교환하는 방법, 오류를 발견하고 정보를 복구하는 방법에 대한 표준이 필

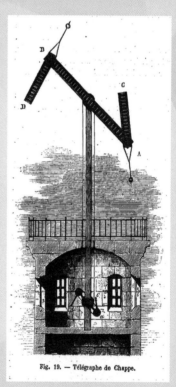

Fig. 19. — Télégraphe de Chappe.

그림 **광학 전신국**

요했다. 프랑스 한쪽 끝에서 다른 쪽 끝으로 짧은 메시지를 보내는 데 불과 몇 시간이 걸리기는 했지만, 정보를 신속하게 보내는 것은 항상 문제가 됐다. 보안 및 프라이버시 문제도 발생했

다. 1844년에 출판된 알렉상드르 뒤마(Alexandre Dumas)의 ≪몽테크리스토 백작(The Count of Monte Cristo)≫ 61장에는 백작이 전신 운영자를 매수해서 파리에 거짓 메시지를 보내도록 하여 사악한 당글라르 가문의 금전적인 파멸을 초래하는 방법이 나와 있다. 이것은 '중간자(man-in-the-middle)' 공격의 완벽한 예다.

광학 전신에는 한 가지 주요한 운영상의 문제가 있었다. 밤중이나 날씨가 궂을 때는 안 되고 가시성이 좋은 때에만 사용할 수 있었다. 1830년대에 새뮤얼 F. B. 모스(Samuel F. B. Morse)가 발명한 전기 전신은 1840년대에 결실을 보고 10년 이내에 광학 전신이 없어지게 만들었다. 상업용 전신 서비스는 곧 미국의 주요 도시들을 연결했다. 첫 번째는 1844년에 볼티모어와 워싱턴 D.C. 간의 연결이었고, 1858년에는 최초의 대서양 횡단 전신 케이블이 설치됐다. 전기 전신은 인터넷 붐의 초창기와 1990년대 후반의 닷컴 붕괴 동안에 사람들이 경험했던 것과 마찬가지로 많은 희망, 열망, 낙심의 원인이 됐다. 사람들은 거금을 벌거나 잃었고, 사기를 저지르는 자들도 있었고, 낙관론자들은 세계 평화와 이해의 시대가 도래한다고 예측했으며, 현실주의자들은 세부 사항이 다르긴 하지만 대부분은 이전에 봤던 현상들이라고 정확하게 감지했다. '이번엔 다르다'는 것은 거의 사실이 아니다.

전해지는 바에 따르면 1876년에 알렉산더 그레이엄 벨(Alexander Graham Bell)은 그의 발명품인 전화를 몇 시간 차이로 엘리샤 그레이(Elisha Gray)보다 먼저 미국 특허청에 신청했다고 하는데, 사건의 정확한 순서에 대해서는 여전히 불확실성이 있다. 전화가 그 이후 100년 동안 진화하면서, 비록 세계 평화와 이해 어느 쪽으로도 이어지지는 않았지만 통신에는 정말로 혁신을 일으켰다. 전화는 사람들이 서로 직접 대화할 수 있게 해 주었고, 사용하는 데 전문 지식이 필요하지 않았으며, 전화 회사 간의 표준과 협약을 통해 세계의 거의 모든 전화 간에 연결할 수 있게 됐다.

전화 시스템은 장기간의 상대적인 안정성으로 이득을 얻었다. 전화는 사람의 목소리만을 전달했다. 일반적인 통화는 3분 정도 걸렸으므로 전화 연결을 하는 데 몇 초가 걸리더라도 문제가 되지 않았다. 전화번호는 꽤 확실한 지리적 위치를 알려 주는 고유 식별자였다. 사용자 인터페이스는 매우 간소해서 회전식 다이얼이 달린 평범한 검은색 전화기였는데, 이제 대부분 사라졌고 '다이얼을 돌리다(전화 걸다)'라는 언어적 반향만을 남겼다. 이 전화기는 오늘날 스마트폰의 정반대였다. 모든 정보가 네트워크에 있었기 때문에 사용자가 할 수 있는 일은 전화기가 울리면 전화를 받거나, 전화를 걸기 위해 전화번호를 다이얼로 돌리거나, 운용자에게 복잡한 서비스를 요청하는 것이 전부였다.

사실 회전식 다이얼 전화기는 이제 거의 찾아보기 힘들지만, 아래의 사진은 친구가 보내준 자기 가족이 뉴저지에서 아직도 사용하고 있는 회전식 다이얼 전화기의 모습을 보여 준다.

그림 **회전식 다이얼 전화기**

이 모든 것이 전화 시스템이 핵심 가치, 즉 높은 신뢰성과 보장된 서비스 품질에 집중할 수 있었음을 의미한다. 50년 동안 누군가 수화기를 들면 다이얼 톤(또 다른 언어적 반향)이 울리고, 통화는 항상 연결되고, 상대방의 목소리를 분명하게 들을 수 있고, 양측 모두 전화를 끊을 때까지 그런 식으로 유지되었다. 나는 어쩌면 전화 시스템에 대해 지나치게 낙관적인 견해를 가지고 있을지도 모르는데, 그것은 AT&T(American Telephone and Telegraph company)의 일부인 벨 연구소(Bell Labs)에서 30년 이상 근무했고, 비록 활동의 중심에서 멀리 떨어져 있기는 했지만 내부에서 많은 변화를 보았기 때문이다. 다른 한편으로는 휴대 전화가 나오기 이전 통신 서비스의 거의 완벽한 신뢰성과 명료함을 정말로 그리워하고 있다.

전화 시스템의 경우 20세기의 마지막 사반세기는 기술, 사회, 정치 분야에서 급속한 변화가 일어난 시기였다. 1980년대에 팩스가 흔히 사용되면서 트래픽 모델이 변경됐다. 컴퓨터 간 통신도 흔하게 사용되었는데, 비트를 소리로 변환하거나 그 반대로 변환하는 모뎀을 사용했다. 팩스와 마찬가지로 모뎀도 아날로그 전화 시스템을 통해 디지털 데이터를 전달하기 위해 오디오를 사용했다. 기술을 이용하여 통화를 더 빨리 설정하고 더 많은 정보를 보내고(특히 광섬유 케이블을 사용하여, 국내와 해외 둘 다) 모든 것을 디지털 방식으로 인코딩할 수 있었다. 휴대 전화는 사용 패턴을 훨씬 더 극적으로 변화시켰다. 오늘날 많은 사람들이 휴대 전화 때문에 가정용 유선 연결을 포기할 정도로 휴대 전화가 전화 통신을 지배하고 있다.

정치적으로는 통신 업계의 지배권이 규제가 엄격한 회사와 정부 기관에서 규제 완화된 민간 기업으로 이동함에 따라 전 세계적인 혁명이 일어났다. 이것은 완전한 개방형 경쟁을 불러일으켰고, 이로 인해 구형 전화 회사의 수익이 급격히 감소하고 다수의 새로운 회사가 성공했다가 종종 쇠퇴하는 현상이 일어났다.

오늘날 통신 회사는 주로 인터넷 기반의 새로운 통신 시스템이 제기하는 위협에 지속적으로 대처하면서, 종종 수익과 시장 점유율이 떨어지는 상황에 직면하고 있다. 한 가지 위협은 인터넷 전화에서 비롯된다. 인터넷을 통해 디지털 음성을 보내는 것은 어렵지 않다. 스카이프(Skype) 같은 서비스는 한층 더 나아가서 컴퓨터 간 무료 통화와 함께 저렴한 가격으로 인터넷에서 기존 전화와 통화할 방법을 제공하는데, 그 가격은 기존 전화 회사가 청구하는 것보다 보통 훨씬 더 저렴하며, 특히 국제 전화는 더욱더 그렇다. 모든 사람이 예견했던 것은 아니지만 상당히 오래전부터 이러한 상황을 예고하는 불길한 조짐이 있었다. 나는 1990년대 초에 동료 중 한 명이 AT&T 경영진에게 국내 장거리 통화 요금이 분당 1센트로 떨어질 것이라고 말했다가(당시에는 AT&T가 분당 10센트에 가깝게 청구했다) 비웃음을 받았던 일을 기억한다.

당연히 기존 회사는 기술적, 법적, 정치적 수단을 통해 수익과 효과적인 독점을 유지하기 위해 노력하고 있다. 한 가지 대처 방법은 경쟁 업체가 주택 내 유선 전화에 접근하는 데 요금을 청구하는 것이다. 또 다른 방법은 인터넷을 사용하는 전화 서비스('voice over IP(IP를 통한 음성)', 즉 'VoIP')나 다른 경쟁 서비스를 제공하는 경쟁 업체의 통신 경로에 대역폭 제한과 기타 속도 저하를 가하는 것이다.

이것은 망 중립성(net neutrality)이라는 보편적인 문제와 관련이 있다. 효율적인 네트워크 관리와 관련된 순수하게 기술적인 것 이외의 이유로 서비스 제공 업체가 트래픽을 간섭, 저하 또는 차단하도록 허용해야 할까? 전화 회사와 케이블 회사는 모든 사용자에게 같은 수준의 인터넷 서비스를 제공해야 할까, 아니면 서비스와 사용자를 차별화해서 대할 수 있어야 할까? 만일 그렇다면 어떤 근거로? 예를 들어, 전화 회사가 경쟁 업체, 가령 보네이지(Vonage) 같은 VoIP 회사의 트래픽 속도를 줄이는 일이 허용돼야 할까? 컴캐스트(Comcast) 같은 케이블 및 엔터테인먼트 회사는 경쟁 관계에 있는 넷플릭스(Netflix) 같은 인터넷 영화 서비스에 대한 트래픽 속도를 줄이도록 허용돼야 할까? 서비스 제공 업체는 기업 소유자가 동의하지 않는 사회적, 정치적 견해를 지지하는 사이트의 트래픽을 방해할 수 있을까? 늘 그렇듯이, 양쪽 모두 각자의 주장이 있다.

망 중립성 문제의 해결은 인터넷의 미래에 큰 영향을 미칠 것이다. 지금까지 인터넷은 간섭이나 제한 없이 모든 트래픽을 전송하는 중립적인 플랫폼을 제공했다. 이것은 모든 사람들에게 유익했고, 나의 의견으로는 이 상태를 유지하는 것이 매우 바람직하다.

8

네트워크

> "왓슨—이리 와 보게—자네를 보고 싶군."
> "Mr. Watson—Come here—I want to see you."
> 전화로 보낸 첫 번째 알아들을 수 있는 메시지,
>
> 알렉산더 그레이엄 벨(Alexander Graham Bell), 1876년 3월 10일.

이 장에서는 일상생활에서 직접 접하는 네트워크 기술, 즉 전화, 케이블, 이더넷 같은 전통적인 유선 네트워크, 그리고 와이파이와 휴대 전화가 가장 흔히 사용되는 무선 네트워크에 관해 이야기할 것이다. 이것들은 대부분의 사람이 인터넷에 연결하는 방식인데, 다음 장인 9장의 주제가 인터넷이다.

모든 통신 시스템은 기본적인 속성을 공유한다. 보내는 쪽에서는 정보를 어떤 매체를 통해 전송할 수 있는 표현으로 변환한다. 받는 쪽에서는 그 표현을 사용할 수 있는 형태로 다시 변환한다.

대역폭(Bandwidth)은 모든 네트워크의 가장 기본적인 속성으로, 네트워크가 데이터를 얼마나 빨리 전송할 수 있는지를 의미한다. 대역폭의 범위는 심각한 전력 또는 환경 제약하에서 작동하는 시스템에 해당하는 초당 몇 비트부터 대륙과 대양을 가로질러 인터넷 트래픽을 전송하는 광섬유 네트워크에 해당하는 초당 몇 테라비트까지 다양하다. 대부분의 사람에게 대역폭은 가장 중요한 속성이다. 대역폭이 충분하면 데이터가 빠르고 원활하게 전달된다. 그렇지 않다면 통신이 멈추거나 자꾸 막힘을 반복하는 불만스러운 경험을 하게 될 것이다.

대기 시간(Latency) 또는 **지연**(delay)은 특정한 정보 덩어리가 시스템을 통과하는 데 걸리는 시간이다. 높은 대기 시간이 반드시 낮은 대역폭을 의미하는 것은 아니다. 디스크 드라이브로 가득 찬 트럭을 국토를 횡단해서 운전하면 지연은 높아도 대역폭은 어마어마하다.

지연의 변동성을 뜻하는 **지터**(Jitter)도 일부 통신 시스템에서 중요한데, 특히 음성과 비디오를 다루는 시스템에서 그렇다.

범위(Range)는 주어진 기술을 가지고 네트워크가 지리적으로 얼마나 커질 수 있는지를 정의한다. 일부 네트워크는 범위가 매우 작아서 최대 몇 미터이고, 다른 네트워크는 문자 그대로 전 세계에 걸쳐 있다.

다른 속성으로는 여러 수신자가 한 발신자의 음성을 들을 수 있도록(라디오처럼) 네트워크가 브로드캐스팅하는 방식인지, 또는 특정 발신자와 수신자를 짝지어 주는 점대점 방식인지가 있다. 브로드캐스트 네트워크는 본질적으로 도청에 더 취약해서 보안에 영향을 미칠 수 있다. 사용자는 어떤 종류의 오류가 발생할 수 있고 어떻게 처리할 수 있는지에 대해 신경을 써야 한다. 하드웨어와 인프라의 비용, 전송할 데이터의 양 같은 다른 요인도 고려해야 한다.

8.1 전화와 모뎀

전화 네트워크는 규모가 크고 성공적인 전 세계적 네트워크로, 처음에는 음성 트래픽을 전달하면서 시작했지만, 결국에는 상당한 양의 데이터 트래픽도 전송하는 방향으로 진화했다. 가정용 컴퓨터의 사용 초기에는 사용자 대부분이 전화선을 통해 온라인에 연결됐다.

주택용 유선 전화 시스템은 여전히 데이터가 아닌 아날로그 음성 신호를 주로 전달한다. 따라서 전화 시스템을 데이터 네트워크로 사용하기 전에 아날로그 소리를 디지털 데이터인 비트로 변환하는 장치가 필요하다. 정보 전달 패턴을 신호에 적용하는 과정을 **변조**(modulation)라고 한다. 반대쪽에서는 패턴을 원래 형태로 다시 변환해야 하는데, 이 과정을 **복조**(demodulation)라고 한다. 변조 및 복조를 수행하는 장치를 **모뎀**(modem)이라고 한다. 한때 전화 모뎀은 크고 값비싼 별도의 전자 장치로 된 상자였지만, 오늘날은 단일 칩이고 사실상 무료다. 그럼에도 불구하고 이제 인터넷에 연결하기 위해 유선 전화를 사용하는 일은 흔하지 않으며, 모뎀이 달린 컴퓨터는 거의 없다.

데이터 연결을 위해 전화를 사용하는 데는 단점이 있다. 전용 전화선이 필요하므로 가정에 전화선이 하나만 있는 경우 데이터 연결을 할 것인지 음성 통화를 사용할 수 있게 둘 것인지 선택해야 한다. 그러나 대부분의 사람에게 더 중요한 것은 전화로 정보를 송신하는 속도에 엄격한 한계가 있다는 점이다. 최대 속도는 약 56Kbps로(초당 56,000비트(bits). 바이트를 나타내는 대문자 'B'와 달리 소문자 'b'는 일반적으로 비트를 나타낸다), 초당 6~7KB다. 따라서 20KB 웹 페이지를 다운로드하는 데 3초가 걸리고, 400KB 이미지를 받는 데는 거의 60초가 걸리며, 소프트웨어 업데이트에는 족히 몇 시간이 걸릴 수 있다.

8.2 케이블과 DSL

아날로그 전화선의 신호 전송 속도에 대한 56Kbps 제한은 설계에 내재한 것이다. 다른 두 가지 기술은 100배의 대역폭과 함께 많은 사람들에게 대안을 제공해 준다.

첫 번째는 여러 가정에 케이블 TV를 전송하는 케이블을 사용하는 것이다. 이 케이블은 동시에 수백 개의 채널을 전송할 수 있다. 케이블은 충분한 초과 용량을 가지고 있으므로 가정에서 데이터를 주고받는 용도로도 사용될 수 있다. 케이블 시스템은 보통 10~20Mbps 정도로 폭넓은 속도를 제공한다. 케이블에서 나온 신호를 컴퓨터를 위해 비트로 변환했다가 다시 신호로 변환하는 장치는 **케이블 모뎀**(cable modem)이라고 불리는데, 이는 전화 모뎀과 똑같이 변조 및 복조를 수행하기 때문이다. 케이블 모뎀은 전화 모뎀보다는 꽤 빠르게 작동한다.

빠른 속도는 어떤 면에서는 환상에 불과하다. 시청 중인지 여부와 관계없이 같은 TV 신호가 모든 집으로 전송된다. 반면, 케이블이 공유 매체이긴 하지만 내 집으로 오는 데이터는 나를 위한 것이며, 같은 시점에 여러분의 집에 가는 것과 동일한 데이터가 아닐 것이므로 우리가 데이터의 내용을 공유할 방법은 없다. 케이블의 데이터 사용자 간에 데이터 대역폭을 공유해야 하는데, 내가 대역폭을 많이 사용하고 있다면 여러분은 그만큼 받지 못할 것이다. 더 그럴듯하게 이야기하면, 결과적으로 우리 둘 다 적게 받게 된다. 다행히도 우리는 서로 너무 많이 간섭하지 않을 가능성이 크다. 이것은 항공사와 호텔에서 계획적으로 초과 예약을 잡아 두는 것의 통신용 버전에 가깝다. 그들은 모든 사람이 나타나지 않으리라는 것을 알기 때문에 마음 놓고 자원을 과도하게 할당할 수 있다. 이 방식은 통신 시스템에서도 효과가 있다.

이제 다른 문제가 있다는 것을 알 수 있다. 우리는 모두 잠재적으로 같은 TV 신호를 시청하지만, 여러분이 자신의 데이터가 내 집에 가기를 바라지 않는 것처럼 나도 내 데이터가 여러분의 집에 가는 것을 원하지 않는다. 결국, 데이터는 사적인 것이다. 이메일, 온라인 쇼핑 및 뱅킹 정보, 어쩌면 다른 사람들이 몰랐으면 하는 개인적인 엔터테인먼트 취향까지 포함한다. 이 문제는 다른 사람이 내 데이터를 읽지 못하게 하는 암호화로 대응할 수 있고, 여기에 대해 12장에서 더 자세히 설명할 것이다.

아직 또 다른 문제가 남아 있다. 첫 번째 케이블 네트워크는 단방향이었다. 모든 가정에 신호가 브로드캐스팅되었으므로 구축하기 쉬웠지만, 고객으로부터 케이블 회사로 정보를 되돌려 보낼 방법이 없었다. 케이블 회사는 고객으로부터 정보를 받는 통신이 필요한 페이퍼뷰(pay-per-view) 및 기타 서비스를 가능하게 하려면 어쨌든 이를 처리할 방법을 찾아야 했다. 따라서 케이블 시스템은 양방향이 되었고, 컴퓨터 데이터용 통신 시스템으로 사용할 수 있게 됐다. 때때로 '양방향' 측면은 각 방향에 대해 두 가지 다른 경로를 사용한다. 예를 들어, 일부 위성 TV 시스템은 업스트림 링크, 즉 방송사로 거슬러 올라가는 링크에는 전화선을 사용한다. 이 방식은 인터넷에 접속하기에는 극도로 느리지만 영화를 주문하기에는 괜찮다. 보통 업스트림 속도가 다운스트림보다 훨씬 낮아서 이미지와 비디오를 업로드하다가는 좌절할 수도 있다.

꽤 빠른 가정용 네트워크 기술 중 다른 하나는 보통 집에 이미 있는 다른 시스템인 오래된 전화를 기반으로 한다. 이 기술은 디지털 가입자 루프(Digital Subscriber Loop[1]), 즉 DSL−때로는 '비대칭형(asymmetric)'을 의미하는 ADSL로 불리는데, 집으로 들어가는 대역폭이 집에서 나오는 대역폭보다 높기 때문이다−이라고 한다. DSL은 케이블과 거의 동일한 서비스를 제공하지만, 내부적으로 몇 가지 중요한 차이점이 있다.

DSL은 음성 신호를 간섭하지 않는 기법으로 전화선에 데이터를 전송하므로, 웹 서핑하는 동안 전화로 이야기할 수 있으며 어느 쪽도 다른 쪽에 영향을 미치지 않는다. 이것은 잘 작동하

---

1   처음 개발되었을 당시의 명칭이며, 이후에 Digital Subscriber Line으로 바뀌었다.

지만, 특정 거리까지만 작동한다. 도시와 교외에 사는 많은 사용자들처럼 지역 전화 회사 교환국에서 약 5km 이내에 거주한다면 DSL을 사용할 수 있다. 더 떨어진 곳에 산다면 운이 없는 것이다.

DSL에 대한 또 다른 좋은 점은 그것이 공유 매체가 아니라는 것이다. 집과 전화 회사 간에 다른 누구도 사용하지 않는 전용선을 사용하므로 이웃과 전송 용량을 공유하지 않고 여러분의 비트가 이웃의 집으로 가지도 않는다. 여러분의 집에 있는 특별한 상자(또 다른 모뎀으로, 전화 회사의 건물에 대응되는 모뎀이 있다)가 신호를 전선을 따라 전송하기에 적합한 형태로 변환해 준다. 그 외에는 케이블과 DSL은 모양과 기능 면에서 거의 비슷하다. 적어도 시장에서 경쟁이 이루어진다면 가격도 거의 같은 경향이 있다. 확실한 것은 아니지만, 전화 회사들이 광섬유를 밀면서 DSL 사용은 줄고 있는 것처럼 보인다.

기술은 계속해서 개선되고 있으며, 이제 구형 동축 케이블이나 구리 전선보다는 가정 광섬유 서비스를 이용할 수 있는 경우가 많다. 광섬유 시스템은 다른 기술들보다 훨씬 빠르다. 신호는, 매우 얇고 손실률이 낮은 극히 순수한 유리 섬유를 따라 빛의 펄스로 보내진다. 또한, 신호는 전체 세기로 다시 증폭돼야 하기 전까지 몇 킬로미터에 걸쳐 전파될 수 있다. 1990년대 초에 나는 '가정 내 광케이블' 연구 실험에 참여했고, 10년 동안 집에 160Mbps 통신 연결이 있었다. 많이 자랑할 만한 일이기는 했지만 그것 말고는 특별한 것이 없었는데, 그렇게 높은 대역폭을 이용할 수 있는 서비스가 없었기 때문이다. 요즘에는 또 다른 지리적인 우연으로 집에 기가비트 광섬유가 연결되었지만, 가정용 무선 네트워크로 인한 제약 때문에 유효 속도는 20~30Mbps 정도다. 내 사무실의 무선 네트워크에서는 노트북으로 약 80Mbps가 나오지만 같은 방에 있는 유선 연결된 컴퓨터에서는 500~700Mbps가 나온다. 여러분도 speedtest.net에서 자신의 연결 속도를 테스트할 수 있다.

8.3 근거리 통신망과 이더넷

전화, 케이블, DSL은 컴퓨터를 대형 시스템에, 대개 상당히 거리가 떨어져 있는 상태에서 연결하는 네트워크 기술이다. 역사적으로 볼 때 또 다른 갈래로 발전이 일어나서 오늘날 가장 일반적으로 사용되는 네트워크 기술 중 하나를 탄생시켰는데, 바로 이더넷이다.

1960년대 말과 1970년대 초, 제록스(Xerox)의 팔로 알토 연구소(PARC, Palo Alto Research Center)에서 알토(Alto)라는 개인용 컴퓨터를 개발했다. 이 컴퓨터는 매우 혁신적이었으며 수많은 다른 혁신으로 이어진 실험을 위한 수단으로 사용됐다. 알토는 최초의 윈도우 시스템과 최초의 비트맵 디스플레이, 즉 문자를 표시하는 데 국한되지 않는 디스플레이가 있었다. 비록 알토가 요즘 의미로 개인용 컴퓨터가 되기에는 너무 비쌌지만, PARC의 모든 연구원들은 하나씩 가지고 있었다.

한 가지 문제는 알토를 서로 연결하거나 프린터 같은 공유 자원에 연결하는 방법이었다. 1970년대 초 로버트 메트칼프(Robert Metcalfe)와 데이빗 바그스(David Boggs)가 발명한 해결책은 이더넷(Ethernet)이라고 명명한 네트워킹 기술이었다. 이더넷은 단일 동축 케이블에 모두 연결된 컴퓨터들 간에 신호를 전달했는데, 동축 케이블은 오늘날 케이블 TV를 집으로 전송하는 케이블과 물리적으로 비슷했다. 신호는 그 강도나 극성이 비트값을 인코딩하는 전압 펄스였다. 가장 단순한 형태는 비트값 1을 나타내는 데 양의 전압을 사용하고, 0을 나타내는 데 음의 전압을 사용하는 것이다. 각 컴퓨터는 고유한 식별 번호가 있는 장치를 통해 이더넷에 연결됐다. 한 컴퓨터가 다른 컴퓨터로 메시지를 보내려고 할 때, 다른 누군가가 이미 메시지를 보내고 있지 않은지 확인한 다음, 메시지를 의도된 수신자의 식별 번호와 함께 케이블에 브로드캐스팅한다. 케이블에 연결된 모든 컴퓨터가 메시지를 들을 수 있지만, 메시지가 향하는 컴퓨터만 메시지를 읽고 처리할 것이다.

모든 이더넷 장치에는 나머지 모든 장치와는 다른 48비트 식별 번호가 있는데, 이를 (이더넷) 주소라고 한다. 이 주소로 총 2^{48}(약 2.8×10^{14}) 개의 장치를 식별할 수 있다. 컴퓨터의 이더넷 주소는 쉽게 찾아볼 수 있는데, 가끔은 컴퓨터 하단에 인쇄되어 있고, 윈도우의 경우 ipconfig, Mac의 경우 ifconfig 같은 프로그램으로 화면에 나타낼 수도 있다. 이더넷 주소는 항상 십육진수로 주어지며, 1바이트당 두 자리이므로 모두 합쳐 12자리의 십육진 숫자가 있다. 00:09:6B:D0:E7:05(콜론이 있거나 없음) 비슷한 걸 찾아보라. 이 주소는 나의 노트북 중 한 개에서 나온 것이라서 여러분의 컴퓨터에서 정확히 같은 주소를 찾을 수는 없을 것이다. 스마트폰에도 와이파이용 이더넷 주소가 있다. 설정 이하 어딘가에서 찾아보기 바란다.

앞서 케이블 시스템 관련 논의에서 미루어 볼 때, 이더넷에도 프라이버시 및 한정된 자원에 대한 경쟁이라는 비슷한 문제가 있으리라고 생각할 수 있다.

경쟁은 깔끔한 묘책으로 처리된다. 네트워크 인터페이스가 전송을 시작했는데 다른 사람도 전송 중이라는 것을 감지하면, 중지하고 잠시 기다렸다가 다시 시도한다. 대기 시간이 임의로 정해지고 실패 횟수가 늘어남에 따라 점진적으로 증가한다면 결국에는 모든 전송이 이루어질 것이다.

프라이버시는 원래는 관심사가 아니었는데, 모든 사람이 같은 회사의 직원이었고 모두가 같은 작은 건물에서 일하고 있었기 때문이다. 그러나 오늘날 프라이버시는 중요한 문제. 소프트웨어를 이용하여 이더넷 인터페이스를 '무차별 모드(promiscuous mode)'로 설정할 수 있다. 이 모드에서는 이더넷 인터페이스가 자신에게 명확하게 의도된 것뿐만 아니라 네트워크상의 모든 메시지 내용을 읽는다. 이는 암호화되지 않은 비밀번호 같은 흥미로운 콘텐츠를 쉽게 찾을 수 있다는 것을 뜻한다. 이러한 '스니핑(sniffing)'은 대학 기숙사의 이더넷 네트워크에서 흔히 발생하는 보안 문제였다. 케이블상의 패킷을 암호화하는 것이 해결책이지만, 모든 트래픽이 기본적으로 암호화되는 것은 아니다.

무선을 포함해서 이더넷 트래픽에 대한 정보를 표시해 주는 와이어샤크(Wireshark)라는 무료 프로그램을 이용하여 스니핑을 시도해 볼 수 있다. 수업 시간에 학생들이 나보다 노트북과 휴대 전화에 더 많이 신경 쓰는 것처럼 보일 때 이따금 와이어샤크의 작동법을 보여 준다. 비록 잠깐이기는 하지만 이러한 시연은 확실히 학생들의 관심을 끈다.

이더넷에 대한 정보는 패킷으로 전송된다. 패킷(packet)은 정보를 전송하기 위해 담아 두었다가 수신되면 열어 볼 수 있도록 정확히 정의된 형식으로 정보를 담고 있는 일련의 비트 또는 바이트다. 패킷이 발신자 주소, 수신자 주소, 내용, 여러 가지 기타 정보가 표준 형식으로 구성돼 있는 봉투(또는 아마도 엽서)라고 생각하면 상당히 적절한 비유라고 볼 수 있고, 페덱스(FedEx) 같은 택배 회사에서 이용하는 표준화된 포장용 상자도 괜찮은 비유다.

앞으로 볼 것처럼, 패킷 형식과 내용의 세부 사항은 네트워크 간에 크게 다르다. 이더넷 패킷 (그림 8.1)은 6바이트의 발신지 주소와 수신지 주소, 몇 가지 기타 정보, 최대 약 1,500바이트의 데이터로 구성된다.

발신지 주소	수신지 주소	데이터 길이	데이터 (48~1,518바이트)	오류 검사

그림 8.1 **이더넷 패킷 형식**

이더넷은 매우 크게 성공을 거둔 기술이다. 이더넷은 먼저 상용 제품으로 만들어졌으며(제록스가 아니라 메트칼프가 설립한 회사인 3COM에 의해), 수년간 수십억 대의 이더넷 장치가 많은 공급 업체에서 판매됐다. 첫 번째 버전은 3Mbps로 작동했지만, 오늘날의 버전은 100Mbps에서 10Gbps까지 작동한다. 모뎀과 마찬가지로 첫 번째 장치는 부피가 크고 비쌌지만, 오늘날 이더넷 인터페이스는 저렴한 단일 칩이다.

이더넷은 일반적으로 수백 미터의 한정된 범위에서 작동한다. 원래 사용되던 동축 케이블은 표준 커넥터가 있는 8선 케이블로 대체되었는데, 표준 커넥터는 들어오는 데이터를 다른 연결된 장치로 브로드캐스팅하는 '스위치'에 각 장치를 연결하게 해 준다. 데스크톱 컴퓨터에는 대개 이 표준 커넥터를 연결할 수 있는 소켓이 있고, 이러한 소켓은 이더넷의 작동 방식을 모방하여 작동하는 무선 공유기, 케이블 모뎀, DSL 모뎀 같은 장치에도 보인다. 이 소켓은 무선 네트워킹에 의존하는 최신 노트북에는 훨씬 덜 흔하게 사용된다.

8.4 무선

이더넷에는 한 가지 중요한 결점이 있다. 이더넷은 통신선이 필요하며, 이 실재하는 물리적인 장비는 벽, 바닥, 때로는(개인적인 경험에서 이야기하자면) 복도를 가로질러, 계단을 따라 내려가서, 그리고 식당과 부엌을 통해 거실까지 구불구불 이어진다. 이더넷에 연결된 컴퓨터는 쉽게 움직일 수 없으며, 노트북을 무릎에 올려놓고 어딘가 기대고 싶다면 이더넷 케이블은 골칫거리가 된다.

다행히도 이를 모두 해결할 방법이 있으니, 무선을 이용하는 것이다. 무선 시스템은 무선 전자기파를 사용하여 데이터를 전송하므로 충분한 신호가 있는 장소라면 어디서든 통신할 수 있다. 무선 네트워크의 정상 범위는 수십에서 수백 미터다. TV 리모컨에 사용되는 적외선과 달리 무선은 시선이 향하는 방향으로만 사용할 필요는 없는데, 전파가 모든 물질은 아니라도 일부 물질을 통과할 수 있기 때문이다. 금속 벽과 콘크리트 바닥은 전파 간섭을 일으키므로 실제 범위는 야외에서보다 훨씬 더 적을 수 있다.

무선 시스템은 전자기 방사선을 이용하여 신호를 전달한다. 방사선은 Hz 단위로 측정된 특정 주파수의 파동으로, 우리가 접하는 시스템에서는 라디오 방송국의 103.7MHz처럼 MHz나

GHz 단위일 가능성이 더 크다. 변조 과정은 반송파에 정보 신호를 적용한다. 예를 들어, 진폭 변조('AM')는 정보를 전달하기 위해 반송파의 진폭 또는 강도를 변경하는 반면, 주파수 변조('FM')는 반송파의 주파수를 중심 주파수 값 기준으로 변경한다. 수신된 신호의 강도는 송신기에서의 전력 레벨에 정비례하고 송신기에서 수신기까지의 거리의 제곱에 반비례한다. 따라서 다른 수신기보다 2배 멀리 떨어진 수신기는 강도가 1/4에 불과한 신호를 수신하게 된다. 전파는 다양한 물질을 통과하면서 약해지고, 어떤 물질에 대해서는 다른 것보다 훨씬 더 약해진다. 다른 조건이 동일하다면 높은 주파수는 일반적으로 낮은 주파수보다 많이 흡수된다.

무선 시스템은 사용할 수 있는 주파수의 범위, 즉 **스펙트럼**(spectrum)과 전송에 사용할 수 있는 전력량에 대한 엄격한 규칙에 따라 작동한다. 스펙트럼 할당은 항상 상충하는 요구 사항이 많아서 열띤 논쟁이 벌어지는 과정이다. 스펙트럼은 미국에서는 연방 통신 위원회(FCC, Federal Communications Commission) 같은 정부 기관에 의해 할당되며, 국제 협약은 유엔 기구인 국제 전기 통신 연합(International Telecommunications Union), 즉 ITU에 의해 조정된다.

컴퓨터용 무선 표준은 IEEE 802.11b/g/n/ac라는 흥미로운 이름을 가지고 있는데, **와이파이**(Wi-Fi)라는 용어로 더 자주 접할 것이다. 와이파이는 산업 단체인 와이파이 연합(Wi-Fi Alliance)의 등록 상표다. IEEE는 전기 전자 기술자 협회(Institute of Electrical and Electronics Engineers)로, 다른 것보다도 무선 통신을 포함한 폭넓고 다양한 전자 시스템에 대한 표준을 수립하는 전문가 단체. 802.11은 표준의 번호이며, 여러 부분으로 구성되어 있다. 802.11b는 11Mbps 버전, 802.11g는 54Mbps, 802.11n은 600Mbps, 802.11ac은 802.11n의 더 빠른 버전이다. 이러한 명목상의 속도는 일반적인 조건에서 달성할 수 있는 속도를 과장한 것이며, 보통 실제 속도는 이 절반에 해당한다.

무선 장치는 디지털 데이터를 전파에 실어 전달하기에 적합한 형태로 인코딩한다. 일반적인 802.11 시스템은 이더넷처럼 작동하도록 패키지화되어 있다. 범위는 비슷할 수도 있지만, 통신선을 놓고 경쟁할 필요가 없다.

무선 이더넷 장치는 2.4~2.5GHz가량의 주파수에서 작동하고 최신 버전의 802.11은 5GHz에서도 작동한다. 무선 장치가 모두 같은 좁은 주파수 대역을 사용한다면 분명히 경쟁이 일어날 가능성이 있다. 더군다나 일부 무선 전화기, 의료 장비, 심지어 전자레인지를 포함한 다른 장치들도 이 동일한 과밀 대역을 사용한다.

이어서 광범위하게 사용되는 세 가지 무선 시스템을 간략하게 설명할 것이다. 첫 번째는 블루투스(Bluetooth)로, 단거리 애드혹 통신을 위해 만들어진 기술이고, 덴마크 왕 하랄드 블루투스(Harald Bluetooth, 약 935~985년)의 이름을 따서 명명됐다. 블루투스는 802.11 무선 통신과 동일한 2.4GHz 주파수 대역을 사용한다. 범위는 전력 레벨에 따라 1~100m이며, 데이터 속도는 1~3Mbps이다. 블루투스는 낮은 전력 소비가 중요한 TV 리모컨, 무선 마이크, 이어폰, 키보드, 마우스, 게임 컨트롤러에 사용된다. 또한, 자동차에서 전화를 핸즈프리로 받는 데도 사용된다.

RFID, 즉 무선 주파수 식별은 전자 도어록, 다양한 상품의 ID 태그, 자동 통행료 징수 시스템, 애완동물에 이식된 칩, 심지어 여권 같은 문서에도 사용되는 저전력 무선 기술이다. 태그는 기본적으로 비트의 스트림 형태로 식별 정보를 브로드캐스팅하는 소형 무선 수신기 및 송신기다. 수동 태그는 배터리가 없지만, RFID 리더가 브로드캐스팅한 신호를 수신하는 안테나로부터 전력을 얻는다. RFID 시스템은 다양한 주파수를 사용하는데, 13.56MHz가 일반적이다. RFID 칩을 사용하면 물건과 사람의 위치를 조용히 모니터링할 수 있다. 애완동물에게 칩을 이식하는 것이 유행이며, 나의 고양이도 잃어버렸을 때 식별할 수 있도록 칩을 이식해 두었다. 예상할 수 있는 것처럼 사람에게 칩을 이식하는 것에 대한 제안도 있었는데, 좋은 이유와 나쁜 이유 둘 다 포함한다.

GPS(Global Positioning System, 위성 항법 시스템)는 자동차와 휴대 전화 내비게이션 시스템에서 흔히 볼 수 있는 중요한 단방향 무선 시스템이다. GPS 위성은 정확한 시간 정보를 브로드캐스팅하고, GPS 수신기는 지상에서의 위치를 계산하기 위해 세 개 또는 네 개의 위성으로부터 신호가 도착하는 데 걸리는 시간을 사용한다. 그러나 반환 경로가 없다. GPS가 어떻게든 사용자를 추적한다는 것은 사람들이 흔히 하는 오해다. 몇 년 전에 〈뉴욕 타임스(New York Times)〉에 실린 한 기사 내용은 이렇다. "일부[휴대 전화]는 위성 항법 시스템, 즉 GPS에 의존한다. GPS는 사용자가 있는 곳을 거의 정확히 찾아낼 수 있는 위성에 신호를 보낸다." 이것은 명백히 틀렸다. GPS 기반 추적을 하려면 휴대 전화 같은 지상 기반 시스템이 위치를 전달해 줘야 한다. 휴대 전화는 다음에 설명할 것처럼 기지국과 끊임없이 통신하며, 그래서 전화가 사용자의 위치를 계속해서 보고할 수 있다(그리고 실제로 보고한다). 여기에 GPS 수신기를 함께 사용하면 훨씬 더 정확하게 위치를 파악할 수 있다.

8.5 휴대 전화

대부분의 사람들이 가장 흔히 접하는 무선 통신 시스템은 셀룰러폰 또는 휴대 전화로, 요즘에는 보통 줄여서 '셀' 또는 '모바일'이라고 한다. 1980년대에는 거의 존재하지 않았지만, 이제 전세계 인구의 절반이 훨씬 넘는 사람들이 사용하고 있는 기술이다. 휴대 전화는 이 책에서 다루는 종류의 주제(흥미로운 하드웨어, 소프트웨어, 물론 통신까지 포함해서)에 대한 사례 연구이며, 그와 관련된 사회적, 경제적, 정치적, 법적 문제가 많다.

최초의 상용 휴대 전화 시스템은 1980년대 초에 AT&T가 개발했다. 전화는 무겁고 부피가 컸다. 일례로 그 당시의 광고는 사용자가 안테나를 운반하는 자동차 옆에 서 있으면서 배터리를 넣은 작은 여행 가방을 들고 있는 것을 보여 준다. 왜 '셀'인가? 스펙트럼과 라디오의 범위가 모두 제한적이라서 지리적 영역은 가상의 육각형에 가까운 '셀'로 나뉘고(그림 8.2), 각 셀에는 **기지국**(base station)이 있다. 기지국은 나머지 전화 시스템에 연결된다. 전화는 가장 가까운 기지국과 통신하고, 한 셀에서 다른 셀로 이동할 때 진행 중인 통화는 이전 기지국에서 새로운 기지국으로 넘겨진다(handed off)[2]. 대부분의 경우 사용자는 이러한 일이 일어났다는 사실을 모른다.

수신 전력은 거리의 제곱에 비례하여 감소하므로 할당된 스펙트럼 이내의 주파수 대역은 인접하지 않은 셀에서는 큰 간섭 없이 재사용될 수 있다. 이러한 통찰력을 이용해 제한된 스펙트럼을 효과적으로 사용할 수 있게 됐다. 그림 8.2의 다이어그램에서 기지국 1은 기지국 2~7과 주파수를 공유할 수 없지만 기지국 8~19와는 공유할 수 있는데, 간섭을 피할 수 있을 정도로 멀리 떨어져 있기 때문이다. 세부 사항은 안테나 패턴 같은 요인에 따라 달라지므로 다이어그램은 이상화된 것이다.

그림 8.2 휴대 전화 셀

---

2   같은 의미로 핸드오버(Handover)를 더 많이 사용한다.

셀의 크기는 교통, 지형, 장애물 등에 따라 수백 미터에서 수십 킬로미터까지 다양하다.

휴대 전화는 일반 전화 네트워크의 일부이지만, 유선 대신 기지국을 통해 무선으로 연결된다. 휴대 전화의 핵심은 이동성이다. 전화기는 종종 고속으로 장거리 이동을 하며, 아무런 경고 없이 새로운 위치에 나타날 수 있는데, 장시간 비행 후에 다시 켜질 때가 그렇다.

휴대 전화는 정보를 운반하기 위해 용량이 제한적인 좁은 무선 주파수 스펙트럼을 공유한다. 휴대 전화는 배터리를 사용하므로 낮은 무선 전력으로 작동해야 하며, 법에 따라 다른 사람과의 간섭을 피하기 위해 송신 전력이 제한된다. 배터리가 클수록 덜 자주 충전해도 되지만, 전화가 더 크고 무거워진다. 이것은 결정이 필요한 또 다른 트레이드오프 중 하나다.

휴대 전화 시스템은 세계의 다양한 지역에서 서로 다른 주파수 대역을 사용하지만, 일반적으로 약 900MHz와 1,900MHz이다. 각 주파수 대역은 여러 채널로 나뉘고, 통화는 각 방향에 대해 한 개씩의 채널을 사용한다. 신호 채널은 셀 안에 있는 모든 전화기에서 공유되고, 일부 시스템에서는 문자 메시지와 데이터 송수신 용도로도 사용된다.

각 휴대 전화에는 국제 모바일 기기 식별코드(International Mobile Equipment Identity), 즉 IMEI라는 유일무이한 15자리 식별 번호가 있으며, 이는 이더넷 주소와 비슷하다. 전화기는 켜지면 자신의 식별 번호를 브로드캐스팅한다. 가장 가까운 기지국은 전화에서 오는 식별 번호를 받아 홈 시스템을 통해 전화의 유효성을 검사한다. 전화가 돌아다니면 기지국이 홈 시스템에 보고함으로써 전화의 위치 정보가 최신 상태로 유지된다. 누군가가 전화를 걸면 홈 시스템은 현재 어떤 기지국이 전화와 접촉하고 있는지를 알고 있다.

휴대 전화는 가장 강한 신호를 내는 기지국과 통신한다. 전화기는 지속적으로 전력 레벨을 조정하여 기지국에 가까이 있을 때 더 적은 전력을 사용한다. 이것은 자신의 배터리를 보존하고 다른 휴대 전화에 대한 간섭을 줄인다. 기지국과 통신을 유지하기만 하는 것은 전화 통화보다 전력이 훨씬 적게 들고, 그래서 대기 시간은 일 단위로 측정되는 반면 통화 시간은 시간 단위로 측정된다. 하지만 전화기가 신호가 약하거나 존재하지 않는 영역에 있으면 부질없이 기지국을 찾다가 배터리를 더 빨리 소모할 것이다.

미국에서는 두 가지의 호환되지 않는 다른 휴대 전화 기술이 사용된다. AT&T[3]와 T-모바일 (T-Mobile)은 GSM(Global System for Mobile Communications)을 사용한다. GSM은 주파수 대역을 좁은 채널로 나누고 각 채널 내의 연속적인 시간 슬롯에 여러 개의 통화를 넣는 유럽형 시스템으로, 미국을 제외한 나머지 국가에서 가장 널리 사용되는 시스템이다. 버라이즌(Verizon)과 스프린트(Sprint)는 CDMA(Code Division Multiple Access, 코드 분할 다중 접속)를 사용한다. CDMA는 전체 주파수 대역에 걸쳐 신호를 분산시키되, 독립적인 통화마다 주파수 변화 패턴을 다르게 하여 신호를 변조하는 '분산 스펙트럼' 기술이다. 이 기술은 비록 통화들이 모두 같은 주파수 대역을 공유하고 있다고 하더라도 대부분의 경우 통화들 사이에 집중적인 간섭이 없다는 것을 뜻한다.

두 시스템은 데이터 압축을 이용하여 가능한 한 적은 비트로 신호를 압축한 다음, 잡음이 많은 무선 채널을 통해 간섭을 받으면서 데이터를 전송할 때 불가피하게 발생하는 오류에 대처하기 위해 오류 수정 정보를 추가한다. 곧 이 주제에 대해 다시 살펴볼 것이다.

휴대 전화는 어려운 정치적, 사회적 문제들을 제기한다. 그중 하나는 분명히 스펙트럼 할당이다. 미국에서는 정부가 할당된 주파수의 사용을 각 밴드당 최대 두 개의 회사로 제한한다. 따라서 스펙트럼은 매우 귀중한 자원이다.

또 다른 문제로는 셀 타워의 위치가 있다. 휴대 전화 셀 타워는 옥외 구조물 중에서 미관상 보기 좋은 편은 아니다. 예를 들어, 그림 8.3은 불완전하게 나무로 위장한 셀 타워인 '프랑켄파인 (Frankenpine)'을 보여 준다. 많은 지역 사회에서는 물론 고품질의 전화 서비스를 원하지만, 자신들의 영역에 이러한 타워가 있는 것을 원하지는 않는다.

전화 회사는 종종 이러한 반대에도 불구하고 타워 배치와 공사를 추진하지만, 때로는 장기화된 법적 논쟁을 거친 다음에야 착수한다. 또한, 인근 지역에서 보통 가장 높은 기존 구조물인 첨탑이 있는 교회 같은 비과세 단체로부터 기업들이 휴대 전화 안테나용 공간을 임대할 경우에도 흥미로운 정책상의 문제가 있다.

---

3   AT&T는 2G용으로 GSM 네트워크 서비스를 제공해 왔으나 2017년 1월 1일부로 서비스를 중단했다(출처: https:// en.wikipedia.org/wiki/GSM, https://www.att.com/esupport/article.html#!/wireless/KM1084805).

그림 8.3 **나무로 (형편없이) 위장된 셀 타워**

휴대 전화 트래픽은 일반적으로 **스팅레이**(stingray)라고 알려진 장치에 의한 표적 공격에 취약하다. 이 장치는 '스팅레이(StingRay)'라는 상용 제품의 이름을 딴 것이다. 스팅레이는 셀 타워를 모방하여 근처에 있는 휴대 전화가 실제 타워 대신 자신과 통신하도록 한다. 이것은 수동적 감시 또는 휴대 전화와의 활발한 교전(중간자 공격)을 위해 사용될 수 있다. 전화기는 가장 강한 신호를 제공하는 기지국과 통신하도록 설계됐다. 따라서 스팅레이는 근처의 셀 타워보다 강한 신호를 줄 수 있는 작은 영역에서 효력을 발휘한다.

미국의 법 집행 기관은 스팅레이를 점점 더 많이 사용하는 것처럼 보이지만, 사용을 비밀로 유지하거나 적어도 언론의 관심을 피하려고 노력하고 있다. 잠재적인 범죄 활동에 대한 정보를 수집하려고 스팅레이를 사용하는 것이 합법적인지는 결코 확실하지 않다.

사회적 관점에서 휴대 전화는 삶의 많은 측면에 혁신을 일으켰다. 10대들은 하루에 수백에서 수천 개까지 문자 메시지를 보낸다. 문자 메시지는 거의 무료로 제공할 수 있어서 전화 회사 입장에서는 이윤이 높은 수익원이다. 아이폰(iPhone) 및 안드로이드(Android) 같은 스마트폰은 통신을 완전히 바꿔 놓았다. 이제 사람들은 휴대 전화를 통화보다는 나머지 모든 기능을 위해 주로 사용한다. 스마트폰은 소프트웨어 세계도 탈바꿈시켰다. 비록 화면이 작지만 휴대 전화는 웹 브라우징, 메일, 쇼핑, 엔터테인먼트, SNS 기능을 제공하므로 중요한 인터넷 접근 방식이 됐다. 휴대 전화가 매우 뛰어난 휴대성을 유지하면서 더 성능이 높아짐에 따라 확실히 노트북과 휴대 전화 간에 일부 통합되는 경향이 있다. 또한, 휴대 전화는 시계, 주소록, 카메라, GPS 내비게이션, 음악 및 영화 플레이어 등 다른 장치의 기능을 흡수하고 있다.

휴대 전화나 태블릿에 영화를 다운로드하려면 많은 대역폭이 필요하다. 휴대 전화와 태블릿의 사용이 늘어남에 따라 기존 시설의 부담은 증가하기만 할 것이다. 미국에서는 이동통신사가 데이터 요금제에 사용량에 따른 요금 책정과 대역폭 제한을 추가한다. 이것은 표면적으로는 장편 영화를 많이 다운로드하는 대역폭 독점 사용자를 저지하려는 목적이지만, 대역폭 제한은 트래픽이 적을 때도 적용된다. 노트북을 전화기에 '테더링(tethering)'할 수도 있는데, 이 방법은 컴퓨터가 휴대 전화를 이용하여 인터넷 연결을 하게 해 준다. 이동통신사는 이 방법도 좋아하지 않고 대역폭 제한과 추가 요금을 적용할지도 모르는데, 테더링 또한 대역폭을 많이 사용할 수 있기 때문이다.

8.6 대역폭

네트워크상의 데이터는 가장 느린 링크가 허용하는 속도 이하로 전송된다. 트래픽은 여러 곳에서 느려질 수 있어서, 병목 현상은 링크 자체와 중간에 거치는 컴퓨터에서 일어나는 처리 과정에서 흔히 발생한다. 빛의 속도 또한 제한 요인이다. 신호는 진공 상태에서 초당 3억 미터로 전파되며(그레이스 호퍼(Grace Hopper)가 그렇게 자주 말했던 것처럼 1나노초당 약 30cm) 전자 회로에서는 다소 느려지므로, 다른 지연 요소가 없더라도 한 곳에서 다른 곳으로 신호가 전달되기까지 시간이 걸린다. 진공 상태에서 빛의 속도로 미국 동해안에서 서해안까지(4,000km) 이동하는 시간은 약 13밀리초다. 비교를 위해, 같은 경로로 이동하는 데 걸리는 일반적인 인터넷의 지연은 약 40밀리초다. 서유럽까지는 약 50밀리초고, 시드니는 110밀리초, 베이징은 140밀리초다.

우리는 일상생활에서 다양한 대역폭을 접하게 된다. 내가 사용한 첫 번째 모뎀은 110비트/초(bps)로 실행되었는데, 이는 기계식 타자기 같은 장치와 엇비슷한 속도였다. 802.11을 작동시키는 가정용 무선 시스템은 이론상으로는 최대 600Mbps까지 작동할 수 있지만, 실제로는 속도가 훨씬 낮을 것이다. 유선 이더넷은 일반적으로 1Gbps이다. 집과 인터넷 서비스 제공 업체 간의 DSL 또는 케이블 연결은 초당 수 메가비트일 수 있으며, 광섬유를 사용하는 경우 더 빠르다. 두 서비스 모두 다운스트림보다 업스트림 속도가 느리다. 인터넷 서비스 제공 업체는 이론상으로 100Gbps 이상을 제공할 수 있는 광섬유를 통해 인터넷의 나머지 부분에 연결될 가능성이 있다.

휴대 전화는 실효 대역폭을 측정하기가 어려울 정도로 복잡한 환경에서 작동한다. 4G('4세대') 시스템은 휴대 전화가 정지된 경우 1Gbps, 이동하는 경우 100Mbps를 제공하게 되어 있지만, 이 속도는 실제로 그렇다기보다는 희망 사항에 불과하며, 통신 회사가 낙관적인 광고를 펼치는 데 도움이 된다. 그렇긴 하지만, 나의 4G 휴대 전화는 메일, 가끔 하는 웹 브라우징, 대화형 지도처럼 주로 사용하는 가벼운 작업용으로는 대개 속도가 충분하다.

8.7 압축

가용 메모리와 대역폭을 더 효율적으로 사용하는 한 가지 방법은 데이터를 압축하는 것이다. 압축의 기본 발상은 군더더기 정보, 즉 통신 링크의 반대쪽에서 가져오거나 수신했을 때 재현하거나 추론할 수 있는 정보를 저장하거나 전송하는 것을 피하는 것이다. 목표는 같은 정보를 더 적은 비트로 인코딩하는 것이다. 일부 비트는 정보를 가지고 있지 않으며 완전히 제거될 수 있다. 일부 비트는 다른 비트로부터 계산될 수 있다. 일부는 수신자에게 중요하지 않으며 버려져도 무방하다.

영어 텍스트를 고려해 보자. 영어에서 문자는 같은 빈도로 나타나지 않는다. 'e'가 가장 흔하며, 그다음에 대략 't', 'a', 'o', 'i', 'n' 순서로 자주 나온다. 반대로 'z', 'x', 'q'는 훨씬 덜 눈에 띈다. 텍스트의 아스키코드 표현에서 각 문자는 1바이트, 즉 8비트를 차지한다. 비트를 아끼는 한 가지 방법은 7비트만 사용하는 것이다. 8번째 비트(즉, 가장 왼쪽 비트)는 미국 아스키코드에서 항상 0이므로 어쨌든 정보를 전달하지 않는다. 더 나은 방법은 가장 흔히 나타나는 문자를 표현하기 위해 더 적은 비트를 사용하는 것이며, 필요하다면 빈번하게 사용되지 않는 문자를 표현하기 위해 더 많은 비트를 사용하여 총 비트 수를 크게 줄일 수 있다. 이는 모스 부호(Morse code)가 취하는 접근법과 비슷한데, 모스 부호에서는 자주 쓰이는 문자 'e'를 하나의 점으로, 't'를 하나의 대시로 인코딩하지만 드물게 쓰이는 'q'는 대시 – 대시 – 점 – 대시로 인코딩한다.

좀 더 구체화해 보자. 《오만과 편견(Pride and Prejudice)》에 포함된 텍스트는 97,000단어 또는 550,000바이트를 약간 웃돈다. 제일 흔한 문자는 사실 단어 사이의 공백 문자로, 91,000개가 넘는 공백 문자가 있다. 다음으로 가장 흔한 문자는 e(55,100), t(36,900), a(33,200)이다. 반대로 Z는 세 번 나오고 X는 한 번만 나온다. 가장 덜 자주 나오는 소문자는 j 469번, q 509번, 그리고 z와 x는 각각 약 700번이다. 만약 공백 문자, e, t, a 각각에 대해 2비트를 사용했다면 분명히 많은 비트를 절약할 수 있을 것이고, X, Z와 나머지 드물게 사용되는 문자에 8비트 이상을 사용해야 하더라도 문제가 되지 않을 것이다. 허프만 코딩(Huffman coding)이라고 하는 알고리즘은 이를 체계적으로 수행하여 개별 문자를 인코딩하는 최고 효율의 압축 방법을 찾는다. 허프만 코딩은 《오만과 편견》을 310,000바이트로 44% 압축한다. 따라서 사실상 평균적으로 한 문자는 약 4비트만 차지한다.

단일 문자보다 큰 덩어리, 예를 들어 단어나 구 전체를 압축하고 출처 문서의 속성에 맞게 조정하면 더 나은 결과를 얻을 수 있다. 여러 알고리즘이 이러한 방식을 잘 이용한다. 널리 사용되는 Zip 프로그램은 《오만과 편견》을 202,000바이트까지 64% 압축한다. 유닉스 프로그램인 bzip2는 145,000바이트까지 줄이는데, 원래 크기의 겨우 4분의 1에 불과하다.

이러한 모든 기술은 **무손실 압축**(lossless compression)을 수행한다. 즉, 압축해도 정보가 손실되지 않으므로 압축을 풀면 원본 소스가 정확하게 복원된다. 직관에 어긋나는 것처럼 보일 수도 있지만, 원본 입력을 정확히 재현하지 않아도 되는 상황이 있다. 대략적인 버전으로 충분한 경우가 있는 것이다. 이러한 상황에서는 **손실 압축**(lossy compression) 기술을 사용하면 훨씬 더 나은 결과를 얻을 수 있다.

손실 압축은 사람들이 보거나 듣게 되는 콘텐츠를 위해 가장 흔히 사용된다. 디지털카메라로 찍은 이미지를 압축하는 것을 고려해 보자. 사람의 눈은 서로 매우 가까이 있는 색상을 구별할 수 없으므로 입력의 정확한 색상을 보존하지 않아도 된다. 그래서 더 적은 수의 색상이면 충분하고, 이미지를 더 적은 비트로 인코딩할 수 있다. 마찬가지로 일부 미세한 세부 정보는 버릴 수 있다. 최종 이미지는 원래만큼 선명하지 않겠지만, 눈으로는 알아볼 수 없을 것이다. 밝기의 미세한 단계적 변화의 경우도 마찬가지다. 매우 흔히 사용되는 .jpg 이미지를 생성하는 JPEG 알고리즘은 이러한 방법을 사용하여 일반적인 이미지를 우리 눈으로 봤을 때 큰 품질 저하 없이 10배 이상의 비율로 압축한다. JPEG을 생성하는 프로그램 대부분은 압축하는 정도를 어느 정도 제어할 수 있다. '고품질'은 더 적게 압축하는 것을 뜻한다.

비슷한 논리가 영화와 TV를 압축하기 위한 MPEG 계열의 알고리즘에도 적용된다. 개별 프레임을 JPEG처럼 압축할 수 있는 것뿐만 아니라 한 프레임에서 다음 프레임으로 갈 때 많이 변하지 않는 일련의 블록을 압축할 수도 있다. 움직임의 결과를 예측하고 변경 사항만 인코딩할 수도 있으며, 심지어 정적인 배경에서 움직이는 전경을 분리할 수도 있는데, 배경에 더 적은 비트를 사용하는 방식으로 가능하다.

MP3와 그 후계자인 AAC는 MPEG의 오디오 부분이며, 음향을 압축하기 위한 **지각 부호화**(perceptual coding) 알고리즘이다. 무엇보다도 이 알고리즘들은 시끄러운 소리가 조용한 소리를 인식하기 어렵게 하고, 사람의 청각은 약 20kHz(이 수치는 나이가 들수록 떨어진다)보다 높은 주파수를 들을 수 없다는 점을 이용한다. 인코딩은 일반적으로 표준 CD 오디오를 약 10배 비율로 압축한다.

휴대 전화는 사람의 음성 위주로 압축을 많이 사용한다. 음성은 임의의 소리보다 훨씬 더 많이 압축할 수 있는데, 음성은 주파수 범위가 좁고, 말하는 사람 각각을 모델링할 수 있는 성도(vocal tract)에서 만들어지기 때문이다. 각 사람의 특성을 이용하면 압축 효율을 더 높일 수 있다.

모든 형태의 압축에 담긴 아이디어는 잠재적인 정보 내용을 완전히 전달하지 않는 비트를 줄이거나 없애는 것이다. 이를 위해서는 더 자주 발생하는 요소를 더 적은 비트로 인코딩하고, 빈번하게 나타나는 시퀀스의 사전을 작성하고, 반복되는 요소는 그 횟수로 인코딩하면 된다. 무손실 압축을 이용하면 원본을 완벽하게 재구성할 수 있다. 손실 압축은 수신자가 필요로 하지 않는 일부 정보를 버리는 것으로, 품질과 압축률 간의 트레이드오프가 필요하다.

다른 트레이드오프 간에 결정이 필요할 수도 있는데, 예를 들면 압축 속도 및 복잡도 대 압축 해제 속도 및 복잡도가 그러하다. 디지털 TV의 화면이 블록 모양으로 깨지거나 음향이 이상하게 들리기 시작하는 것은 압축 해제 알고리즘이 어떤 입력 오류에서 회복하지 못한 결과인데, 아마도 데이터가 충분히 일찍 도착하지 않았기 때문일 것이다. 마지막으로, 어떤 알고리즘을 사용하든 간에 일부 입력은 크기가 줄어들지 않는데, 알고리즘을 그 자신의 출력에 거듭해서 적용하는 것을 상상해 보면 이해할 수 있다.

8.8 오류 검출 및 수정

압축이 군더더기 정보를 제거하는 과정이라면, 오류 검출 및 수정은 오류를 검출하고 심지어 수정할 수 있게 해 주는 세심히 관리된 여분의 정보를 추가하는 과정이다.

흔히 사용되는 번호 중 일부에는 덧붙여진 정보가 없어서 오류가 발생했을 가능성이 있을 때 감지할 수가 없다. 예를 들어, 미국 사회 보장 번호(Social Security number)는 9자리이며 거의 모든 9자리 숫자 배열이 적법한 번호가 될 수 있다(이 점은 누군가 실제로 필요 없으면서 번호를 물어볼 때 도움이 된다. 그냥 지어내라). 하지만 여분의 숫자를 추가하거나 일부 가능한 값을 제외한다면 오류를 검출할 수 있을 것이다.

신용카드와 현금 인출 카드 번호는 16자리 숫자이지만, 모든 16자리 숫자가 유효한 카드 번호는 아니다. 이 번호들은 1954년에 IBM에서 근무하던 피터 룬(Peter Luhn)이 발명한 체크섬 알고리즘을 사용하여 한 자리 숫자 오류와 대부분의 교차 오류(두 개의 숫자가 서로 바뀐 경우)를 검출한다. 그것들은 실제로 발생하는 오류 중에서 가장 흔한 종류다.

알고리즘은 간단하다. 가장 오른쪽 숫자에서 시작하여 왼쪽으로 가면서 각 숫자에 1 또는 2를 번갈아 곱하라. 만약 곱해서 나온 값이 9보다 크면 거기에서 9를 뺀다. 결과로 나오는 숫자들을 더하라. 합계는 10으로 나누어떨어져야 한다. 자신의 카드 번호와 일부 은행에서 광고에 사용하는 번호인 4417 1234 5678 9112로 테스트해 보라. 후자에 대한 결과는 9이므로 유효한 번호는 아니지만, 마지막 숫자를 3으로 변경하면 유효하게 된다.

도서의 10자리 또는 13자리 ISBN에도 유사한 알고리즘을 사용하여 같은 종류의 오류를 막아주는 체크섬이 있다. 바코드와 US 포스트넷(POSTNET) 코드도 체크섬을 사용한다.

이러한 알고리즘은 특수 목적으로 사용되고 십진수에 맞춰져 있다. **패리티 코드**(parity code)는 비트에 적용되는 오류 검출의 가장 간단한 예다. 하나의 부가적인 **패리티 비트**(parity bit)가 각 비트 그룹에 붙여진다. 패리티 비트의 값은 그룹 내에서 1인 비트의 총 개수가 짝수가 되도록 선택된다. 그런 식으로 해서, 단일 비트 오류가 발생하면 수신자는 1인 비트가 홀수 개인 것을 보고 무언가가 손상되었음을 알게 된다. 물론 이것으로는 어느 비트에 오류가 있는지 식별하지 못하며, 두 개의 오류가 발생한 것을 검출할 수도 없다.

예를 들어, 그림 8.4는 대문자 첫 번째 여섯 개의 아스키코드를 이진수로 표시한다. 짝수 패리티 열에서는 사용되지 않는 가장 왼쪽 비트를 패리티를 짝수로 만드는(각 바이트에 1인 비트가 짝수 개 있도록 하는) 패리티 비트로 대체하고, 반면에 홀수 패리티 열에서는 각 바이트에 1인 비트가 홀수 개 있다. 이들 중 어떤 하나의 비트 값이 뒤집히면 그 결과로 만들어진 바이트는 올바른 패리티를 가지지 않으므로 오류를 검출할 수 있다. 만약 비트 몇 개를 더 사용한다면 코드가 단일 비트 오류를 수정할 수 있을 것이다.

문자	원본	짝수 패리티	홀수 패리티
A	01000001	01000001	11000001
B	01000010	01000010	11000010
C	01000011	11000011	01000011
D	01000100	01000100	11000100
E	01000101	11000101	01000101
F	01000110	11000110	01000110
...			

그림 8.4 짝수 및 홀수 패리티 비트를 추가한 아스키코드 문자

오류 검출 및 수정은 컴퓨팅과 통신 분야에서 폭넓게 사용된다. 오류 수정 코드는 임의의 이진 데이터에 사용될 수 있지만, 발생할 수 있는 다양한 종류의 오류에 대해 다른 알고리즘이 사용된다. 예를 들어, 메모리는 패리티 비트를 사용하여 임의의 위치에서 단일 비트 오류를 검출한다. CD와 DVD는 길게 연속적으로 손상된 비트를 수정할 수 있는 코드를 사용한다. 휴대 전화는 짧게 집중적으로 발생하는 노이즈에 대처할 수 있다. 그림 8.5에 있는 것 같은 QR코드는 많은 오류 수정 기능을 갖춘 2차원 바코드다. 압축과 마찬가지로 오류 검출은 모든 문제를 해결할 수는 없으며, 어떤 오류는 항상 그 정도가 너무 심각해서 검출되거나 수정될 수 없을 것이다.

그림 8.5 http://www.kernighan.com의 QR코드

8.9 요약

스펙트럼은 무선 시스템을 위해 대단히 중요한 자원이며, 수요에 비해 결코 충분하지 않다. 많은 정치적, 경제적 당사자가 스펙트럼 공간을 놓고 경쟁하며, 방송사와 전화 회사 같은 기득권 세력은 변화에 저항한다. 여기에 대처하는 한 가지 방법은 기존 스펙트럼을 더 효율적으로 사용하는 것이다. 휴대 전화는 원래 아날로그 인코딩을 사용했었지만, 이 시스템은 훨씬 적은 대역폭을 사용하는 디지털 시스템 때문에 오래전에 사용이 중단됐다. 때로는 기존 스펙트럼이 다른 용도로 사용된다. 2009년에 미국에서 디지털 TV로 전환한 결과, 다른 서비스들이 이용하려고 경쟁할 대단위의 유휴 스펙트럼 공간이 생겼다. 마지막으로, 더 높은 주파수를 사용할 수도 있지만, 높은 주파수는 보통 범위가 더 짧다는 것을 뜻한다.

무선은 브로드캐스트 매체이므로 누구든지 엿들을 수 있다. 암호화만이 접근을 제어하고 전송 중인 정보를 보호할 수 있는 유일한 방법이다. 802.11 네트워크의 무선 암호화에 대한 원래 표준인 WEP(Wired Equivalent Privacy, 유선 동등 프라이버시)는 심각한 약점이 있음이 입증됐다. 대신 WPA(Wi-Fi Protected Access, 와이파이 보호 접속) 같은 새로운 암호 표준이 더 우수하다. 어떤 사람들은 여전히 암호화가 전혀 없는 개방형 네트워크를 운영한다. 이러한 경우 근처에 있는 사람들은 엿들을 수 있을 뿐 아니라 무료로 무선 서비스를 사용할 수 있다. '워 드라이빙(war driving)'은 개방형 네트워크를 사용할 수 있는 장소를 찾는 것을 말한다. 들리는 바로는, 사람들이 도청과 무임승차의 위험에 더 민감해짐에 따라 요즘은 개방형 네트워크의 수가 몇 년 전보다 훨씬 적다고 한다.

커피숍, 호텔, 공항 등에서 제공되는 무료 와이파이 서비스는 예외다. 예를 들어, 커피숍 주인은 고객이 노트북을 사용하면서 오래 머물러 있기를(그리고 비싼 커피를 사기를) 바란다. 암호화를 사용하지 않는다면 해당 네트워크를 통해 전달되는 정보는 모두에게 공개되어 있고, 모든 서버가 언제든지 요청에 따라 암호화를 수행하지는 않을 것이다. 더군다나 개방형 무선 액세스 포인트가 모두 적법한 것은 아니다. 때로는 순진한 사용자를 함정에 빠뜨리려는 분명한 목적으로 설치되기도 한다. 민감한 사항은 공중 통신망을 통해 처리하지 말고, 모르는 액세스 포인트를 사용할 때는 특히 주의해야 한다.

유선 연결은 언제까지나 배후에서는 주요한 네트워크 구성 요소일 텐데, 특히 높은 대역폭과 긴 통신 거리가 주된 이유다. 그렇기는 하지만, 무선이 스펙트럼과 대역폭 면에서 제한이 있음에도 불구하고 미래의 네트워킹에서는 눈에 띄는 얼굴이 될 것이다.

9

인터넷

> LO
>
> 첫 번째 아파넷(ARPANET) 메시지. 1969년 10월 29일에 UCLA에서 스탠퍼드로 보냄.
> LOGIN이라고 하기로 되어 있었지만, 시스템 충돌(crash)이 발생했다.

우리는 이더넷과 무선 같은 로컬 네트워크 기술에 관해 이야기했다. 전화 시스템은 전 세계의 전화기를 연결한다. 컴퓨터 네트워크에 대해서도 그렇게 하려면 어떻게 해야 할까? 하나의 로컬 네트워크를 다른 로컬 네트워크와 연결하거나(아마도 건물 내의 이더넷을 모두 연결하려고), 내 집의 컴퓨터를 옆 동네 여러분의 건물에 있는 컴퓨터와 연결하거나, 캐나다의 회사 네트워크를 유럽에 있는 회사 네트워크와 연결하기 위해서 확장하려면 어떻게 해야 할까? 하부에 있는 네트워크가 관련 없는 기술을 사용하는 경우 어떻게 해야 작동하게 할 수 있을까? 더 많은 네트워크와 사용자가 연결되고, 통신 거리가 늘어나고, 시간이 흐르면서 장비와 기술이 바뀜에 따라 우아하게 확장되는 방식으로 처리하려면 어떻게 해야 할까?

인터넷은 이러한 질문들에 대한 하나의 대답이며, 대부분의 목적을 위해서는 '해답'이 되었을 정도로 매우 성공적이었다.

인터넷은 거대한 네트워크도 거대한 컴퓨터도 아니다. 인터넷은 느슨하고 체계가 없으며 혼란스럽고 임시적인 네트워크의 모임으로, 네트워크와 거기에 포함된 컴퓨터들이 서로 통신하는 방법을 정의하는 표준에 의해 긴밀하게 묶여 있다.

광섬유, 이더넷, 무선 등 서로 다른 물성을 가지고 서로 멀리 떨어져 있을지 모를 네트워크를 어떻게 연결할까? 네트워크와 컴퓨터를 식별하고 조회할 수 있도록 이름과 주소가 필요한데, 전화번호부에서 이름으로 전화번호를 찾는 것과 비슷한 방식을 사용한다. 또한, 직접 연결되지 않은 네트워크 사이의 경로를 찾을 수 있어야 한다. 정보가 이동함에 따라 그 형식이 어떻게 바뀌는지, 그리고 오류, 지연, 과부하에 대처하는 것 같은 다수의 다른 덜 명백한 문제에 대해 합의를 봐야 한다. 그러한 합의가 없으면 통신하기가 어렵거나 심지어 불가능할 수 있다.

누가 먼저 말하고 어떤 응답이 이어질 수 있는지, 오류를 어떻게 처리할 것인지 등 데이터 형식에 대한 합의는 모든 네트워크에서 **프로토콜**(protocols)을 이용하여 처리되는데, 인터넷에서는 특히 더 그렇다. '프로토콜'은 일반적인 담화에서와 어느 정도 같은 의미를 지닌다. 즉, 상대방과 소통하기 위한 일련의 규칙이다. 하지만 네트워크 프로토콜은 사회적 관습이 아닌 기술적 고려 사항을 기반으로 하며, 가장 엄격한 사회 구조의 규칙보다도 훨씬 더 엄밀하게 정의된다.

규칙이 완전히 명백하지는 않을 수도 있지만, 인터넷은 그러한 규칙을 강하게 필요로 한다. 정보를 형식화하는 방법, 컴퓨터 간에 정보를 교환하는 방법, 컴퓨터를 식별하고 인증하는 방법, 무언가가 실패할 때 수행할 작업에 대한 프로토콜 및 표준에 모두 동의해야 한다. 프로토콜이나 표준에 대해 합의를 보는 일은 복잡할 수 있는데, 장비를 만들거나 서비스를 판매하는 회사, 특허나 영업 비밀을 보유한 회사, 국경을 넘어 전송되거나 시민들 간에 전달되는 정보를 감시하고 통제하고자 하는 정부를 포함해서 많은 기득권 세력이 존재하기 때문이다.

일부 자원은 공급이 부족하다. 무선 서비스용 스펙트럼은 한 가지 분명한 예다. 웹 사이트의 이름은 무정부 상태로는 처리할 수 없다. 그런 자원은 누가 어떤 기준에 따라 할당할까? 한정된 자원을 사용하기 위해 누가 누구에게 무엇을 지불할까? 필연적인 분쟁에 대해 누가 판결을 내릴까? 분쟁을 해결하기 위해 어떤 법적 시스템(들)이 사용될까? 실제로 누가 규칙을 만들게 될까? 정부, 기업, 산업 컨소시엄, 유엔 국제 전기 통신 연합(ITU) 같은 명목상 객관적이거나 중립적인 기구가 될 수도 있지만, 결국 규칙을 준수하는 데 모두 동의해야 한다.

이러한 문제가 해결될 수 있다는 것은 분명하다. 일례로 전화 시스템은 다양한 국가의 서로 다른 장비를 연결하면서 결국 전 세계에서 작동하고 있다. 인터넷은 더 새롭고, 규모가 더 크고, 훨씬 더 무질서하고, 더 빠르게 변하기는 하지만 거의 비슷하다. 인터넷은 대부분 정부 독점이거나 엄격히 규제된 회사였던 전통적인 전화 회사의 통제된 환경과 비교하면 무질서 상태에 가깝다. 그러나 공권력과 상업적 압력하에서 인터넷은 덜 자유분방해지고, 더 심하게 구속을 받고 있다.

9.1 인터넷 개요

세부 사항에 관해 설명하기 전에, 큰 그림은 다음과 같다. 인터넷은 1960년대에 지리적으로 매우 멀리 떨어져 있는 컴퓨터를 연결할 수 있는 네트워크를 구축하려는 시도로 시작됐다. 이 작업의 대부분은 미국 국방성의 고등 연구 계획국(Advanced Research Projects Agency)에서 자금을 지원받았고, 그 결과로 만들어진 네트워크는 아파넷(ARPANET)이라고 불리게 됐다. 첫 번째 아파넷 메시지는 1969년 10월 29일에 UCLA에 있는 컴퓨터로부터 거기에서 약 550km 떨어진 스탠퍼드(Stanford)에 있는 컴퓨터로 전송되었고, 그러므로 이날이 인터넷의 생일이라고 할 수 있다(초기 실패의 원인이 된 버그는 신속하게 해결되었고 다음 시도는 성공했다).

처음부터 아파넷은 구성 요소 중 하나가 고장 나더라도 견고하게 작동하고 문제를 피해서 트래픽을 전송하도록 설계됐다. 최초의 아파넷 컴퓨터와 기술은 시간이 지남에 따라 교체됐다. 원래 네트워크 자체는 대학의 컴퓨터 과학과와 연구 기관을 연결했는데, 그런 다음 1990년대에 상업적 영역으로 확산되었고, 언젠가부터 '인터넷'이 됐다.

오늘날 인터넷은 느슨하게 연결된 수백만 개의 독립적인 네트워크로 구성된다. 가까이 있는 컴퓨터들은 근거리 통신망(종종 무선 이더넷)으로 연결된다. 다음으로 네트워크는 하나의 네트워크에서 다음 네트워크로 정보 패킷을 라우팅하는 특수한 컴퓨터인 **게이트웨이**(gateway) 또는 **라우터**(router)를 통해 다른 네트워크에 연결된다(위키피디아(Wikipedia)에 따르면 게이트웨이는 더 일반적인 장치이며 라우터는 특수한 경우라고 하는데, 이러한 단어의 용법 구분이 일반적인 것은 아니다). 게이트웨이는 라우팅 정보를 교환하여 적어도 국지적인 방식으로라도 무엇이 연결되어 있고 그래서 접근 가능한지 알게 된다.

각 네트워크는 가정, 사무실, 기숙사에 있는 컴퓨터와 전화 같은 많은 호스트 시스템을 연결할 수도 있다. 가정 내의 개별 컴퓨터는 라우터에 연결하기 위해 무선을 사용할 가능성이 있고, 라우터는 케이블이나 DSL로 **인터넷 서비스 제공 업체**(Internet Service Provider), 즉 ISP에 연결된다. 반면 사무실에 있는 컴퓨터는 유선 이더넷 연결을 사용할 수도 있다.

이전 장에서 언급했듯이 정보는 패킷이라고 하는 덩어리로 네트워크를 통해 이동한다. 패킷은 지정된 형식의 바이트 시퀀스로, 다른 장치는 다른 패킷 형식을 사용한다. 패킷의 일부에는 패킷이 어디서 오고 어디로 향하는지를 알려 주는 주소 정보가 들어 있다. 패킷의 나머지 부분에는 길이 같은 패킷 자체에 대한 정보가 들어 있고, 마지막으로는 전달하는 정보인 페이로드 (payload)가 들어 있다.

인터넷에서 데이터는 IP 패킷(IP packet, IP는 '인터넷 프로토콜'을 의미)으로 전달된다. IP 패킷은 모두 같은 형식으로 되어 있다. 특정 물리적 네트워크에서 IP 패킷은 하나 이상의 물리적 패킷으로 전송될 수 있다. 예를 들어, 가능한 한 가장 큰 이더넷 패킷(약 1,500바이트)이 가능한 한 가장 큰 IP 패킷(약 65,000바이트)보다 훨씬 작기 때문에 큰 IP 패킷은 여러 개의 작은 이더넷 패킷으로 분할된다.

각 IP 패킷은 여러 개의 게이트웨이를 통과한다. 각 게이트웨이는 최종 수신지에 더 가까운 게이트웨이로 패킷을 보낸다. 패킷이 여기저기로 이동함에 따라, 여남은 개의 다른 회사나 기관이 소유하고 운영하며 다른 국가에 있을 확률이 꽤 높은 20개의 게이트웨이를 통과할 수도 있다. 트래픽은 최단 경로를 따를 필요가 없다. 편의성과 비용으로 인해 더 긴 경로를 통해 패킷을 라우팅할 가능성이 있다. 발신지와 수신지가 미국 이외 지역으로 되어 있는 많은 패킷이 미국을 통과하는 케이블을 사용하는데, 이 점을 이용하여 NSA가 전 세계의 트래픽을 기록한 것이다.

여기까지 설명한 것처럼 작동하게 하려면 몇 가지 메커니즘이 필요하다.

주소(Address). 각 호스트 컴퓨터에는 인터넷상의 모든 호스트 중에서 유일무이하게 자신을 식별할 주소가 있어야 한다. 이는 전화번호와 상당히 비슷하다. 이 식별 번호인 IP 주소(IP address)는 32비트(4바이트) 또는 128비트(16바이트)다. 더 짧은 주소는 인터넷 프로토콜 버전 4('IPv4')이고, 긴 주소는 버전 6('IPv6')이다. IPv4는 수년간 사용됐고 여전히 지배적이지만, 이제 사용할 수 있는 모든 IPv4 주소가 할당되었으므로 IPv6로의 전환이 가속화되고 있다.

IP 주소는 이더넷 주소와 비슷하다. IPv4 주소는 관습적으로 4바이트 값의 각 바이트를 십진수로 나타내고 마침표로 구분해서 표기하는데, 140.180.223.42(www.princeton.edu의 주소) 같은 식이다. 이 특이한 표기법은 **점으로 구분된 십진수(dotted decimal)**라고 하며, 사람들이 순수한 십진수나 십육진수보다 쉽게 기억할 수 있기 때문에 사용된다. 그림 9.1은 IP 주소를 점으로 구분된 십진수, 이진수, 십육진수로 보여 준다.

IPv6 주소는 관습적으로 16개의 십육진수 바이트를 두 개씩 콜론으로 구분해서 작성하며, 예를 들면 2620:0:1003:100c:9227:e4ff:fee9:05ec같이 표시된다.

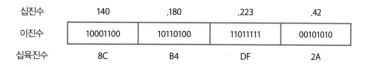

그림 9.1 IPv4 주소를 위한 점으로 구분된 십진수 표기법

이 표기법은 점으로 구분된 십진수보다 덜 직관적이므로 IPv4를 예로 사용하겠다. 맥오에스의 시스템 환경 설정(System Preferences)이나 윈도우의 비슷한 애플리케이션, 또는 와이파이를 사용하는 경우 휴대 전화의 설정을 통해 자신의 IP 주소를 알아낼 수 있다.

중앙 기관은 연속적인 IP 주소 블록을 네트워크 관리자에게 할당하고, 네트워크 관리자는 네트워크상의 호스트 컴퓨터들에 개별 주소를 할당한다. 따라서 각 호스트 컴퓨터에는 자신이 있는 네트워크에 따라 로컬로 할당된 고유한 주소가 있다. 이 주소는 데스크톱 컴퓨터에서는 영구적일 수 있지만, 모바일 장치의 경우 동적이며 적어도 장치가 인터넷에 다시 연결될 때마다 바뀐다.

이름(Name). 사람들이 직접 접근하려고 시도할 호스트는 사람이 사용하기에 적합한 이름을 가져야 한다. 우리 중 소수만이 임의의 32비트 숫자를 기억할 수 있고, 점으로 구분된 십진수를 사용하더라도 다르지 않기 때문이다. 이름은 www.stanford.edu 또는 www.microsoft.com같이 매우 흔한 형식이며, 이를 **도메인 네임(domain name)**이라고 한다. 인터넷 인프라에서 대단히 중요한 부분인 **도메인 네임 시스템(Domain Name System)**, 즉 **DNS**는 이름과 IP 주소 간 변환을 수행한다.

라우팅(Routing). 각 패킷에 대해 발신지에서 수신지까지의 경로를 찾는 메커니즘이 있어야 한다. 이것은 앞서 언급한 게이트웨이들이 제공하며, 게이트웨이들은 어느 것이 어디에 연결되어 있는지에 대해 자기들끼리 라우팅 정보를 끊임없이 교환하고 그 정보를 이용하여 각 수신 패킷을 최종 수신지에 더 가까운 게이트웨이 쪽으로 계속 전달한다.

프로토콜(Protocol). 마지막으로, 정보가 한 컴퓨터에서 다른 컴퓨터로 성공적으로 복사되도록 이상의 구성 요소와 나머지 구성 요소 모두의 작동 방식을 정확하고 자세하게 설명하는 규칙과 절차가 있어야 한다.

IP라고 하는 핵심 프로토콜은 전송 중인 정보에 대해 균일한 전송 메커니즘과 공통 형식을 정의한다. IP 패킷은 자체 프로토콜을 사용하는 다양한 종류의 네트워크 하드웨어에 의해 전달된다.

IP 위에 있는 **TCP**(Transmission Control Protocol: 전송 제어 **프로토콜**)라는 프로토콜은 IP를 사용하여 발신지에서 수신지까지 임의 길이의 바이트 시퀀스를 전송하는 안정적인 메커니즘을 제공한다.

TCP 위에서는 고수준의 프로토콜들이 웹 브라우징, 메일, 파일 공유 등 우리가 '인터넷'이라고 생각하는 서비스를 제공하기 위해 TCP를 사용한다. 다른 프로토콜도 많이 있다. 예를 들어, 동적으로 IP 주소를 변경하는 것은 DHCP(Dynamic Host Configuration Protocol: 동적 호스트 구성 프로토콜)라는 프로토콜에 의해 처리된다. 이 프로토콜들이 모두 합쳐져서 인터넷을 정의한다.

우리는 이 주제들 각각에 대해 차례차례 더 이야기할 것이다.

9.2 도메인 네임과 주소

누가 규칙을 만들까? 누가 이름과 번호의 할당을 통제할까? 누가 담당자일까? 수년 동안 인터넷은 소수의 기술 전문가들 간의 비공식적인 협력을 통해 관리됐다. 인터넷의 핵심 기술 대부분은 설계와 기술 작동 방식을 설명하는 문서를 만들기 위해 **국제 인터넷 표준화 기구**(IETF, Internet Engineering Task Force)라는 이름으로 운영되는 느슨한 연합체에 의해 개발됐다. 기술적인 사양은 정기적인 회의와 결국 표준이 되는 **RFC**(Requests for Comments)라는 빈번히 게재되는 문서를 통해 협의됐다(그리고 여전히 협의된다). RFC는 웹에서 구할 수 있다(현재 약 8,000개가 있다). 모든 RFC가 매우 진지한 것은 아니다. 1990년 4월 1일에 발표된 RFC-1149, '조류 전달자로 IP 데이터그램을 전송하기 위한 표준(A Standard for the Transmission of IP Datagrams on Avian Carriers)'을 확인해 보라.

인터넷의 다른 측면은 인터넷의 기술적인 조정을 제공하는 **ICANN**, 즉 **국제 인터넷 주소 관리 기구**(Internet Corporation for Assigned Names and Numbers, icann.org)라는 조직에 의해 관리된다. 여기에는 도메인 네임, IP 주소, 일부 프로토콜 정보같이 인터넷이 제대로 작동하기 위해 유일무이해야 하는 이름과 번호의 할당이 포함된다. ICANN은 또한 **도메인 네임 등록 대행 기관**(domain name registrar)을 승인하고, 도메인 네임 등록 대행 기관은 개인과 단체에 도메인 네임을 할당한다. ICANN은 미 상무부의 기관으로 시작되었지만, 지금은 캘리포니아 주에 기반을 둔 독립적인 비영리 조직이며, 등록 대행 기관과 도메인 네임 등록에서 얻는 수수료로 자금을 대부분 조달한다.

예상할 수 있듯이 복잡한 정치적 문제가 ICANN을 둘러싸고 있다. 일부 국가는 ICANN의 기원과 더불어 현재 위치가 미국에 있다는 점에 대해 불만을 품고 ICANN을 미국 정부의 도구라고 부른다. ICANN이 유엔이나 다른 국제기구의 일부가 되기를 바라는 관료들이 있는데, 그렇게 되면 더 쉽게 통제할 수 있기 때문이다.

9.2.1 도메인 네임 시스템

도메인 네임 시스템(Domain Name System), 즉 DNS는 berkeley.edu 또는 cnn.com 같은 이름을 부여해 주는 친숙한 계층적 이름 지정 체계를 제공한다. .com, .edu 등의 이름과 .us 및 .ca 같은 두 자로 된 국가 코드를 **최상위 도메인**(top-level domain)이라고 한다. 최상위 도메인은 관리 책임과 추가적인 이름에 대한 책임을 하위 수준에 위임한다. 예를 들어, 프린스턴 대학(Princeton University)은 princeton.edu를 관리할 책임을 지고 해당 범위 내의 하위 도메인 네임을 정의할 수 있다. 가령 고전학과의 경우 classics.princeton.edu, 컴퓨터 과학과의 경우 cs.princeton.edu같이 정의할 수 있다. 다음으로, 각 학과는 www.cs.princeton.edu 등의 도메인 네임을 정의할 수 있다.

도메인 네임은 논리적인 구조를 부여하지만, 지리적인 의미가 있어야 하는 것은 아니다. 예를 들어, IBM은 많은 국가에서 운영하고 있지만, 회사의 컴퓨터는 모두 ibm.com에 포함되어 있다. 단일 컴퓨터가 여러 개의 도메인을 제공할 수 있으며, 이는 호스팅 서비스를 제공하는 회사의 경우 흔하다. 페이스북(Facebook)이나 아마존(Amazon) 같은 대형 사이트처럼 단일 도메인이 많은 컴퓨터에 의해 제공될 수도 있다.

지리적 제약의 부족은 몇 가지 흥미로운 결과를 낳는다. 예를 들어, 하와이와 호주의 중간에 있는 남태평양의 작은 군도인 투발루(인구 1만 명)의 국가 코드는 .tv이다. 투발루는 해당 국가 코드에 대한 권리를 사업 관계자들에게 임대하며, 그들은 기꺼이 .tv 도메인을 여러분에게 판매할 것이다. 여러분이 원하는 이름이 상업적으로 효과가 있을 만한 의미를 지니고 있다면 (news.tv처럼), 후하게 지불해야 할 것이다. 반면에, kernighan.tv는 1년에 30달러 미만이다. 언어적 우연성으로 인해 복 받은 다른 국가들로는 국가 코드인 .md가 의사들의 관심을 끌 수 있는 몰도바 공화국이 있으며, 이탈리아의 경우도 play.it 같은 사이트 이름에 나타난다. 일반적으로 도메인 네임은 영문, 숫자 및 하이픈 26자로 구성되는 것으로 제한되지만, 2009년에 ICANN은 다국어 최상위 도메인 네임을 승인했다. 가령

.한국

은 한국에 해당하는 .kr 대신 사용될 수 있고

. رصم

는 이집트에 해당하는 .eg에 더해진 것이다.

2013년경에 ICANN은 .online 및 .club 같은 많은 새로운 최상위 도메인을 인가하기 시작했다. .info 같은 일부는 인기가 있는 것처럼 보이지만, 장기적으로 이것이 얼마나 성공적일지는 분명하지 않다. .toyota 및 .paris 같은 상업용과 정부용 도메인도 상당한 비용을 주고 이용할 수 있는데, 이로 인해 ICANN이 이러한 도메인을 만든 이유에 대한 의문이 제기됐다. 이러한 도메인이 과연 필요한가, 아니면 단지 더 많은 수익을 창출하기 위한 방법인가?

9.2.2 IP 주소

각 네트워크와 거기에 연결된 각 호스트 컴퓨터는 다른 개체와 통신할 수 있도록 IP 주소가 있어야 한다. IPv4 주소는 고유한 32비트 변수로, 한 번에 한 호스트만 해당 값을 사용할 수 있다. 주소는 ICANN에 의해 블록 단위로 할당되며 그 블록은 해당 블록을 수신하는 기관에 의해 하위 수준으로 할당된다. 예를 들어, 프린스턴 대학에는 128.112.ddd.ddd와 140.180.ddd.ddd라는 두 개의 블록이 있다. 각 ddd는 0부터 255까지의 십진수다. 이 블록들 각각이 최대

65,536(2^{16})개의 호스트를 허용해서, 합치면 약 131,000개의 호스트를 허용한다.

이러한 주소 블록에는 수치적 또는 지리적 의미가 전혀 없다. 바로 이어지는 전화 지역 번호 212과 213이 대륙만큼 떨어진 뉴욕과 로스앤젤레스에 해당하는 것처럼, 인접한 IP 주소 블록이 물리적으로 가까운 컴퓨터를 나타낼 것으로 예상할 이유가 없으며, IP 주소만으로는 지리적 위치를 추측할 방법이 없다. 하지만 다른 정보를 보고 IP 주소가 어디에 해당하는지 추정할 수는 있다. 예를 들어, DNS는 역방향 조회(IP 주소를 이용하여 이름을 알아냄)를 지원하며, 140.180.223.42는 www.princeton.edu라고 알려 주므로 뉴저지 주 프린스턴에 있다고 추측하는 것이 합당하지만, 서버는 완전히 다른 곳에 있을 수도 있다.

가끔은 whois라는 서비스를 사용하여 도메인 네임 뒤에 누가 있는지 더 자세히 알 수 있다. 이 서비스는 웹상의 whois.icann.org나 유닉스 명령행 프로그램 whois를 통해 이용할 수 있다.

존재할 수 있는 IPv4 주소는 2^{32}개, 즉 약 43억 개에 불과하다. 이는 지구상의 인구 1명당 한 개씩 쓰기에 부족하므로, 사람들이 점점 더 많이 통신 서비스를 사용하는 속도를 고려하면 언젠가는 다 소진될 것이다. 사실 IP 주소는 블록 단위로 분배되어 그다지 효율적으로 사용되지 않기 때문에 얼핏 생각할 수 있는 것보다 상황이 더 나쁘다(프린스턴 대학에서 동시에 131,000대의 컴퓨터가 사용 중인가?). 어쨌든 몇몇 지역 외에는 세계 대부분에서 모든 IPv4 주소가 할당되어 있다.

여러 개의 호스트를 단일 IP 주소로 편승시키는(piggy-back) 기법은 약간의 숨 쉴 여지를 제공했다. 가정용 무선 라우터는 일반적으로 단일 외부 IP 주소가 여러 개의 내부 IP 주소에 대응할 수 있는 **네트워크 주소 변환**(Network Address Translation), 즉 **NAT**를 사용한다. NAT가 지원되는 경우 모든 가정용 장치는 외부에서 볼 때 같은 IP 주소를 가지는 것처럼 보인다. 장치 내부에 있는 하드웨어와 소프트웨어가 양방향으로 변환을 처리한다.

전 세계가 128비트 주소를 사용하는 IPv6로 전환하면 압박감은 줄어들 것이다. IPv6에는 2^{128}, 즉 약 3×10^{38}개의 주소가 있으므로 빨리 소진되지는 않을 것이다.

9.2.3 루트 서버

DNS 서비스 중 매우 중요한 기능은 이름을 IP 주소로 변환하는 것이다. 최상위 도메인은 모든 최상위 도메인의 IP 주소를 알고 있는 일련의 **루트 네임 서버**(root name server)에 의해 처리된다.

mit.edu를 최상위 도메인의 예로 들어 보자. www.cs.mit.edu의 IP 주소를 결정하기 위해 루트 서버에 mit.edu의 IP 주소를 물어본다. 그것으로는 MIT까지 닿을 수 있고, 거기에서 MIT 네임 서버에 cs.mit.edu에 대해 물어본 다음, www.cs.mit.edu에 대해 알고 있는 네임 서버에 도달할 수 있다.

이와 같이 DNS는 검색에 분할 정복 방식을 사용한다. 최상위에서 처음 실행한 쿼리를 통해 대부분의 가능한 주소들을 다음 단계 고려 대상에서 즉시 제거한다. 검색이 트리를 따라 내려가면서 진행됨에 따라 이러한 패턴은 각 수준에서 똑같이 적용된다. 이전에 계층적 파일 시스템에서 본 것과 같은 발상이다.

실제로 네임 서버는 최근에 검색되고 자신을 거쳐 전달된 이름과 주소의 캐시를 유지하고 있어서, 새로운 요청에 대해 멀리서 찾을 필요 없이 로컬 정보를 가지고 응답할 수 있다. 만일 내가 kernighan.com에 접근하려 한다면 그 누구도 최근에 여기를 확인해 보지 않았고 로컬 네임 서버는 루트 서버에 IP 주소를 물어봐야만 할 공산이 크다. 그러나 곧 그 이름을 다시 사용하면 IP 주소가 근처에 캐싱되어 있어서 쿼리가 더 빨리 실행된다. 내가 이것을 시도했을 때 첫 번째 쿼리는 1/4초가 걸렸다. 몇 초 후 같은 쿼리가 그 1/10 미만의 시간이 걸렸으며, 몇 분 후에 한 번 더 쿼리를 실행해도 마찬가지였다.

nslookup 같은 명령어로 자신만의 DNS 실험을 할 수 있다. 다음 유닉스 명령어를 시도해 보라.

```
nslookup a.root-servers.net
```

이론상으로는 단 하나의 루트 서버가 있는 것을 상상해 볼 수도 있겠지만, 그럴 경우 단일 장애 지점으로 작용할 수 있을 것이고, 이렇게 중대한 시스템에 적용하기에는 정말 나쁜 아이디어다. 그래서 13개의 루트 서버가 전 세계에 퍼져 있고, 이 중 절반 정도가 미국에 있다. 이러한 서버 중 일부는 매우 멀리 떨어져 있으면서 단일 컴퓨터처럼 작동하는 여러 대의 컴퓨터로 구성되지만, 그중 가까이 있는 컴퓨터에게 요청을 라우팅하는 프로토콜을 사용한다. 루트 서버는 여러 종류의 하드웨어상에서 다양한 소프트웨어 시스템을 실행하므로 단일 종류의 시스템보다 버그와 바이러스에 덜 취약하다. 그럼에도 불구하고 가끔 루트 서버는 조직화된 공격을 받으며(2015년 11월 30일에 분명히 이러한 공격이 발생했다) 상황이 나쁘게 들어맞는다면 루트 서버 전부를 쓰러뜨리는 것도 상상해 볼 수 있다.

9.2.4 자신만의 도메인 등록하기

여러분이 원하는 이름이 이미 사용되고 있지 않다면 자신만의 도메인을 쉽게 등록할 수 있다. ICANN은 수백 개의 등록 대행 기관을 인가했기 때문에 그중 하나를 선택하고 도메인 네임을 선택한 다음, 비용을 지불하면 도메인 네임을 사용할 수 있다. 이름이 63자로 제한되고 문자, 숫자, 하이픈만 포함할 수 있는 등 몇 가지 제약 사항이 있다. 하지만 외설이나(몇 가지 시도를 통해 쉽게 검증된다) 인신공격을 막는 규칙은 없는 것으로 보이는데, 기업이나 유명인사들이 자기방어를 위해 bigcorpsucks.com 같은 도메인을 예방 차원에서 취득하게 만들 정도다.

여러분은 자신의 사이트를 위한 **호스트**(host), 즉 사이트가 방문자에게 표시할 콘텐츠를 보유하고 제공하는 컴퓨터가 필요하다. 또한, 누군가가 도메인의 IP 주소를 찾으려고 할 때 호스트의 IP 주소로 응답하려면 **네임 서버**(name server)가 필요하다. 네임 서버는 별도의 구성 요소이지만, 대개 등록 대행 기관이 해당 서비스를 제공하거나 그런 일을 처리하는 누군가에게 쉽게 접근할 수 있게 해 준다.

경쟁은 가격 상승을 억제한다. .com 등록은 보통 처음에는 10~20달러이고 유지 보수를 위한 연간 비용도 비슷하다. 호스팅 서비스는 저용량의 가벼운 사용을 위해서 한 달에 5~10달러가 든다. 평범한 웹 페이지가 있는 도메인을 단순히 '주차해 두는' 것은 아마도 무료일 것이다. 일부 호스팅 서비스는 무료이고, 사용량이 적은 경우나 미리 이용해 보는 짧은 시간 동안은 얼마 안 되는 가격이 책정된다.

누가 도메인 네임을 소유할까? 분쟁은 어떻게 해결될까? 다른 사람이 kernighan.com을 등록했다면 어떻게 할 수 있을까? 마지막 질문에 대한 답은 간단하다. 구매를 제안하는 것을 빼면 할 수 있는 일이 별로 없다. mcdonalds.com이나 apple.com처럼 상업적 가치가 있는 이름의 경우, 법원과 ICANN의 분쟁 해결 정책은 영향력 있는 당사자에게 유리한 경향이 있다. 여러분의 이름이 맥도날드(McDonald) 또는 애플(Apple)이라면 그들 중 한 곳으로부터 도메인을 뺏을 가망이 별로 없으며, 먼저 취득했더라도 문제가 생길 수도 있다(2003년 캐나다의 고등학생 마이크 로우(Mike Rowe)는 그의 소규모 소프트웨어 사업을 위해 웹 사이트 mikerowesoft.com을 시작했다. 이것은 이름이 비슷하면서 상당히 더 큰 회사가 소송을 걸겠다고 위협하는 상황으로 이어졌다. 결국 사건은 합의로 해결되었고 로우는 다른 도메인 네임을 선택했다).

9.3 라우팅

라우팅, 즉 발신지에서 수신지까지의 경로를 찾는 일은 모든 대규모 네트워크에서 핵심적인 문제다. 일부 네트워크는 모든 가능한 수신지에 대해 경로상의 다음 단계를 제공하는 정적 라우팅 테이블을 사용한다. 인터넷의 문제점은 정적 테이블을 사용하기에는 규모가 너무 크고 동적이라는 것이다. 결과적으로, 인터넷 게이트웨이는 인접한 게이트웨이와 정보를 교환하여 라우팅 정보를 지속적으로 새로 고친다. 이렇게 하면 기능하고 바람직한 경로에 대한 정보가 항상 비교적 최신 상태로 유지된다.

인터넷의 엄청난 규모만으로도 라우팅 정보를 관리하기 위한 계층적 조직이 필요하다. 최상위 레벨에서 수만 개의 **자율 시스템**(autonomous system)이 자기들이 포함하고 있는 네트워크에 대한 라우팅 정보를 제공한다. 일반적으로 자율 시스템은 대형 인터넷 서비스 제공 업체(ISP)에 해당한다. 단일 자율 시스템 내에서는 라우팅 정보가 로컬로 교환되지만, 외부 시스템에는 통합된 라우팅 정보를 제공한다.

공식적으로 정해지거나 엄격하게 지켜지지는 않지만, 일종의 물리적인 계층 구조도 있다. 사용자는 ISP를 통해 인터넷에 접근하는데, ISP는 다시 다른 인터넷 공급 업체에 연결되는 회사 또는 기타 단체다. 어떤 ISP는 작지만, 일부는 거대하다(예를 들면, 전화 회사와 케이블 회사가 운영하는 ISP). 일부는 회사, 대학, 정부 기관 같은 조직에서 운영하는 반면 다른 ISP는 유료 서비스로 인터넷 접근을 제공하는데, 전화 회사와 케이블 회사가 대표적인 사례다. 개인 사용자는 케이블(주택용 서비스로 흔히 사용되는) 또는 전화로 ISP에 연결한다. 회사와 학교에서는 이더넷 또는 무선 연결을 제공한다.

ISP는 게이트웨이를 통해 서로 연결된다. 주요 통신 사업자 간 대용량 트래픽의 경우 여러 개 회사의 네트워크 연결이 이루어지고 네트워크 간에 물리적 연결이 이루어지는 **인터넷 익스체인지 포인트**(Internet exchange point)가 있어서 한 네트워크의 데이터가 다른 네트워크로 효율적으로 전달된다. 큰 익스체인지 포인트는 한 네트워크에서 다른 네트워크로 초당 수 기가비트를 전달한다. 임의로 예를 들면, 런던 인터넷 익스체인지(LINX, London Internet Exchange)는 3Tbps 이상을 처리한다.

일부 국가에는 국내외로 접근을 제공하는 게이트웨이의 수가 비교적 적은데, 정부가 바람직하지 않다고 판단하는 트래픽을 감시하고 필터링하는 데 이 게이트웨이를 사용할 수 있다.

유닉스 시스템(Mac 포함)에서는 traceroute, 윈도우에서는 tracert라는 프로그램을 사용하여 라우팅을 탐색할 수 있으며, 웹 기반 버전도 있다. 그림 9.2는 프린스턴 대학에서 호주 시드니 대학에 있는 컴퓨터까지 경로를 보여 주며, 지면 관계상 편집된 상태다. 각 행에는 경로상에서 다음 홉(hop)에 대한 이름, IP 주소, 왕복 시간이 표시된다.

```
$ traceroute sydney.edu.au
traceroute to sydney.edu.au (129.78.5.8),
         30 hops max, 60 byte packets
 1 switch-core.CS.Princeton.EDU (128.112.155.129) 1.440 ms
 2 csgate.CS.Princeton.EDU (128.112.139.193) 0.617 ms
 3 core-87-router.Princeton.EDU (128.112.12.57) 1.036 ms
 4 border-87-router.Princeton.EDU (128.112.12.142) 0.744 ms
 5 local1.princeton.magpi.net (216.27.98.113) 14.686 ms
 6 216.27.100.18 (216.27.100.18) 11.978 ms
 7 et-5-0-0.104.rtr.atla.net.internet2.edu (198.71.45.6) 20.089 ms
 8 et-10-2-0.105.rtr.hous.net.internet2.edu (198.71.45.13) 48.127 ms
 9 et-5-0-0.111.rtr.losa.net.internet2.edu (198.71.45.21) 75.911 ms
10 aarnet-2-is-jmb.sttlwa.pacificwave.net (207.231.241.4) 107.117 ms
11 et-0-0-1.pe1.a.hnl.aarnet.net.au (202.158.194.109) 158.553 ms
12 et-2-0-0.pe2.brwy.nsw.aarnet.net.au (113.197.15.98) 246.545 ms
13 et-7-3-0.pe1.brwy.nsw.aarnet.net.au (113.197.15.18) 234.717 ms
14 138.44.5.47 (138.44.5.47) 237.130 ms
15 * * *
16 * * *
17 shared-addr.ucc.usyd.edu.au (129.78.5.8) 235.266 ms
```

그림 9.2 뉴저지 프린스턴 대학에서 호주 시드니 대학까지 Traceroute 결과

왕복 시간 정보는 미국을 가로지르는 구불구불한 이동 다음에 태평양을 건너 호주까지 두 번의 큰 홉을 보여 준다. 다양한 게이트웨이의 이름에 있는 아리송한 약어를 보고 그 위치를 알아내려고 시도하는 것은 재미있는 일이다. 한 국가에서 다른 국가로 연결되는 과정에서 또 다른 국가에 있는 게이트웨이도 통과하는 경향이 있는데, 또 다른 국가에는 흔히 미국이 포함된다. 이것은 트래픽의 종류 및 관련된 국가에 따라 놀라움을 주거나 어쩌면 달갑지 않을 수도 있다.

유감스럽게도 보안에 대한 우려로 인해 traceroute는 시간이 지남에 따라 유익한 정보를 덜 전달해 주게 되었는데, 점점 더 많은 웹 사이트가 그 명령어가 효과를 나타내는 데 필요한 정보를 제공하지 않기로 하고 있기 때문이다. 예를 들어, 일부 웹 사이트는 이름이나 IP 주소를 드러내지 않는다. 그런 경우는 그림에서 별표로 표시되어 있다.

9.4 TCP/IP 프로토콜

프로토콜은 두 사람이 서로 소통하는 방식을 통제하는 규칙을 정의한다. 악수를 청할 것인지, 어떤 각도로 인사할 것인지, 누가 먼저 문을 통과할 것인지, 도로의 어느 쪽에서 운전할 것인지 등을 결정한다. 일상생활에서 프로토콜은 대부분 어느 정도 비공식적이지만, 도로 운전 방향에는 법적 효력이 있다. 그와는 대조적으로 네트워크 프로토콜은 매우 정확하게 명시된다.

인터넷에는 많은 프로토콜이 있으며 그중 두 가지는 정말 필수적이다. IP는 **인터넷 프로토콜**(Internet Protocol)이다. IP는 개별 패킷의 형식을 지정하고 패킷을 전송하는 방법을 정의한다. **TCP**, 즉 **전송 제어 프로토콜**(Transmission Control Protocol)은 IP 패킷을 데이터 스트림으로 결합하고 서비스에 연결하는 방법을 정의한다. 이 둘을 합쳐서 **TCP/IP**라고 한다.

게이트웨이는 IP 패킷을 라우팅하지만 각 물리적 네트워크에는 IP 패킷을 전달하는 고유한 형식이 있다. 각 게이트웨이는 패킷이 들어오고 나갈 때 네트워크 형식과 IP 형식 간에 변환해야 한다.

IP 레벨 위에서는 TCP가 안정적인 통신을 제공하므로 사용자(실제로는 프로그래머)가 정보의 스트림에 불과한 패킷에 관해 생각할 필요가 없다. 우리가 '인터넷'이라고 생각하는 서비스의 대부분은 TCP를 사용한다.

이 프로토콜들 위에는 웹, 메일, 파일 전송 등의 서비스를 제공하는 애플리케이션 레벨 프로토콜들이 있고, 주로 TCP에 기반을 두고 구현된다. 따라서 여러 개의 프로토콜 계층이 있고, 각각은 아래에 있는 프로토콜의 서비스에 의존하고 위에 있는 프로토콜에 서비스를 제공한다. 이것은 6장에서 설명한 소프트웨어의 계층화에 대한 매우 좋은 예다. 전통적으로 사용되는 한 가지 다이어그램(그림 9.3)은 층으로 이루어진 웨딩 케이크와 약간 비슷해 보인다.

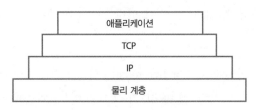

그림 9.3 **프로토콜 계층**

UDP, 즉 사용자 데이터그램 프로토콜(User Datagram Protocol)은 TCP와 같은 레벨의 또 다른 프로토콜이다. UDP는 TCP보다 훨씬 간단하고 양방향 스트림을 필요로 하지 않는 데이터 교환에 사용되며, 몇 가지 추가 기능을 갖춘 효율적인 패킷 전달만 가능하다. DNS가 UDP를 사용하고, 비디오 스트리밍, VoIP, 일부 온라인 게임도 UDP를 사용한다.

9.4.1 IP, 인터넷 프로토콜

IP, 즉 인터넷 프로토콜은 신뢰할 수 없고 연결이 없는 패킷 배달 서비스를 제공한다. '연결이 없다'는 것은 각 IP 패킷이 자립적이며, 다른 IP 패킷과 관계가 없음을 뜻한다. IP에는 상태나 메모리가 없다. 프로토콜은 패킷이 다음 게이트웨이로 전달되고 나면 그 패킷에 대해 아무것도 기억할 필요가 없다.

'신뢰할 수 없다'는 것은 표면상의 의미보다 많고 적은 의미가 있다. IP는 패킷을 얼마나 잘 전달하는지에 대해 보장하지 않는 '최선형(best effort)' 프로토콜이다. 무엇인가 잘못되면 처리하기 힘들어진다. 패킷은 분실되거나 손상될 수 있고, 순서가 뒤바뀌어 전달될 수 있으며, 처리하기에는 너무 일찍 도착하거나 쓸모가 있기에는 너무 늦게 도착할 수도 있다. 실제 사용 시 IP는 매우 신뢰성이 있다. 하지만 패킷이 정말로 분실되거나 손상돼도 복구를 시도하지 않는다. 마치 이상한 장소에 있는 우편함에 엽서를 넣는 것과 같다. 엽서는 도중에 손상될지는 몰라도 아마 배달될 것이다. 가끔은 전혀 도착하지 않으며, 가끔은 예상보다 배달이 훨씬 오래 걸린다 (엽서에는 없는 IP의 실패 모드가 하나 있다. IP 패킷은 중복으로 전송될 수 있어서 수신자가 둘 이상의 사본을 받게 된다).

IP 패킷의 최대 크기는 약 65KB다. 따라서 긴 메시지는 따로따로 전송되는 작은 덩어리로 분할된 다음 수신하는 쪽에서 재조합되어야 한다. 이더넷 패킷과 마찬가지로 IP 패킷은 지정된 형식을 가진다. 그림 9.4는 IPv4 형식 중 일부를 보여 준다. IPv6 패킷 형식은 비슷하지만, 발신지 및 수신지 주소의 길이가 각각 128비트다.

버전	타입	헤더 길이	전체 길이	TTL	발신지 주소	수신지 주소	오류 검사	데이터 (최대 65KB)

그림 9.4 IPv4 패킷 형식

IP 패킷에서 흥미로운 부분 중 하나는 타임 투 리브(Time To Live), 즉 TTL이다. TTL은 패킷의 발신지에서 초깃값으로 설정되고, 패킷을 처리하는 각 게이트웨이에 의해 1씩 감소되는 1바이트 필드다. 카운트가 0까지 내려가면 패킷은 폐기되고 오류 패킷이 송신자에게 되돌려 보내진다. 인터넷을 통해 이동하는 일반적인 경로에는 15~20개의 게이트웨이가 포함될 수 있으므로 255개의 홉이 걸리는 패킷은 분명히 문제가 있는 것이며, 아마도 루프에 빠진 것일 수 있다. TTL 필드는 루프를 제거하지는 않지만, 개별 패킷이 영원히 살아 있는 문제는 확실히 방지해 준다.

IP 프로토콜 그 자체는 데이터 전송 속도에 대해 보장을 하지 않는다. 최선형 서비스로서 IP는 전송 속도는 고사하고 정보가 도착할 것이라는 것조차 약속하지 않는다. 인터넷은 일이 계속 진행되도록 하려고 캐싱을 광범위하게 사용한다. 우리는 이미 네임 서버에 대한 논의에서 이것을 보았다. 웹 브라우저 또한 정보를 캐싱하므로 최근에 보았던 웹 페이지나 이미지에 접근하려고 하면 네트워크가 아닌 로컬 캐시에서 가져올 수도 있다. 주요 인터넷 서버도 응답 속도를 높이기 위해 캐싱을 사용한다. 아카마이(Akamai) 같은 회사는 야후(Yahoo) 같은 다른 회사를 위해 콘텐츠 배포 서비스를 제공한다. 이것은 수신자에 더 가까운 위치에 콘텐츠를 캐싱하는 일에 해당한다. 또한, 검색 엔진은 웹 크롤링 중에 발견한 페이지의 대규모 캐시를 유지하는데, 11장의 주제 중 하나가 바로 검색 엔진이다.

9.4.2 TCP, 전송 제어 프로토콜

상위 레벨의 프로토콜은 이 신뢰할 수 없는 하위 계층으로부터 신뢰할 수 있는 통신을 만들어 낸다. 이러한 프로토콜 중 가장 중요한 것은 TCP, 즉 전송 제어 프로토콜이다. TCP는 자신의 사용자에게 신뢰할 수 있는 양방향 스트림을 제공한다. 데이터를 한쪽 끝에 넣으면 반대쪽 끝에서 나오는데, 전송 지연이 적고 오류 발생 확률이 낮다. 마치 한쪽 끝에서 반대쪽 끝까지 직접 전화선으로 연결된 것처럼 된다.

TCP의 작동 방식에 대해 상세히 설명하지는 않겠지만(세부 사항이 많이 있다), 기본 아이디어는 매우 간단하다. 바이트 스트림이 여러 개의 조각으로 나뉘어 TCP 패킷, 즉 세그먼트(segment)에 담긴다. TCP 세그먼트에는 실제 데이터뿐만 아니라 수신자가 각 패킷이 스트림의 어느 부분을 나타내는지 알 수 있도록 해 주는 시퀀스 번호를 포함한 제어 정보가 있는 '헤더'도 들어 있다. 이러한 방식으로 어느 세그먼트가 분실되었는지 알고 재전송할 수 있다. 오류 검출 정보가 포함되어 있으므로 세그먼트가 손상된 경우 그 또한 검출될 가능성이 있다. 각 TCP 세그먼트는 IP 패킷에 실려서 전송된다. 그림 9.5는 TCP 세그먼트 헤더의 내용을 보여 주는데, 헤더 정보는 데이터와 함께 IP 패킷 내부에 실려서 전송된다.

발신지 포트	수신지 포트	시퀀스 번호	확인 응답	오류 검사	기타 정보

그림 9.5 TCP 세그먼트 헤더 형식

각 세그먼트에 대해 수신자가 긍정적 또는 부정적으로 확인 응답을 해야 한다. 내가 여러분에게 보내는 각 세그먼트에 대해 여러분은 그것을 받았다는 **확인 응답**(acknowledgment)을 나에게 보내야 한다. 적절한 시간 간격 후에 확인 응답을 받지 못하면, 나는 해당 세그먼트가 분실됐다고 가정해야 하고 다시 보낼 것이다. 마찬가지로 여러분이 특정 세그먼트를 기다리고 있는데 받지 못한 경우 **부정 응답**(negative acknowledgment) ('세그먼트 27 도착하지 않음')을 보내야 하며, 나는 다시 보내야 한다는 것을 알게 될 것이다.

물론 확인 응답 자체가 분실된 경우 상황은 훨씬 더 복잡하다. TCP에는 무언가가 잘못됐다고 가정하기까지 기다리는 시간을 결정하는 많은 타이머가 있다. 작업이 너무 오래 걸리면 복구를 시도할 수 있다. 결국은 연결이 '시간 초과'되면 중단하게 된다(아마도 반응이 없는 웹 사이트에서 이 문제를 접했을 것이다). 이 모든 것은 프로토콜의 일부다.

TCP 프로토콜에는 이것이 효율적으로 작동하게 만들 수 있는 메커니즘도 있다. 예를 들어, 보낸 사람은 이전 패킷에 대한 확인 응답을 기다리지 않고 패킷을 보낼 수 있으며, 받는 사람은 여러 개의 패킷에 대해 단일 확인 응답을 보낼 수 있다. 트래픽이 원활하게 흐르면 확인 응답으로 인한 오버헤드가 줄어든다. 하지만 정체 현상이 발생하고 패킷이 분실되기 시작하면 보낸 사람은 더 낮은 속도로 재빨리 되돌렸다가 다시 천천히 속도를 올리는 수밖에 없다.

두 호스트 컴퓨터 간에 TCP 연결을 설정하면 연결은 특정 컴퓨터뿐 아니라 해당 컴퓨터의 특정 **포트**(port)와 결부된다. 각 포트는 서로 다른 대화를 나타낸다. 포트는 2바이트(16비트) 숫자로 표현되므로 가능한 포트는 65,536개가 있고, 따라서 호스트는 이론상으로 65,536개의 서로 다른 TCP 대화를 동시에 수행할 수 있다. 이것은 회사에는 단일 전화번호가 있고 직원들은 다른 내선 번호를 가지는 것과 비슷하다.

100개 정도의 '잘 알려진' 포트는 표준 서비스에 대한 연결용으로 예약되어 있다. 예를 들어,

웹 서버는 포트 80을 사용하고, 메일 서버는 포트 25를 사용한다. 브라우저가 www.yahoo. com에 접근하려면 야후(Yahoo)의 포트 80에 TCP 연결을 설정하지만, 메일 프로그램은 야후 우편함에 포트 25를 사용하여 접근한다. 발신지 및 수신지 포트는 데이터에 딸려 전송되는 TCP 헤더의 일부다.

더 많은 세부 사항이 있지만, 기본 아이디어는 이보다 복잡하지 않다. TCP와 IP는 원래 빈트 서프(Vinton Cerf)와 로버트 칸(Robert Kahn)이 1973년경에 설계했고, 이들은 이 공로로 2004년 튜링상을 공동 수상했다. TCP/IP 프로토콜은 개량을 거쳤지만, 네트워크 규모와 트래픽 속도 가 수십 배 증가했음에도 본질적으로는 여전히 같다. 원래 설계가 놀라울 정도로 잘 된 것으 로, 오늘날 TCP/IP는 인터넷상의 트래픽 대부분을 처리한다.

9.5 상위 레벨 프로토콜

TCP는 두 대의 컴퓨터 간에 데이터를 주고받는 신뢰할 수 있는 양방향 스트림을 제공한다. 인터넷 서비스와 애플리케이션은 TCP를 전송 메커니즘으로 사용하지만, 필요한 기능에 특 유한 자신만의 프로토콜을 가지고 있다. 예를 들어, HTTP, 즉 하이퍼텍스트 전송 프로토콜 (HyperText Transfer Protocol)은 웹 브라우저와 서버에서 사용되는 특히 간단한 프로토콜이다. 링 크를 클릭하면 브라우저가 서버(가령 amazon.com)의 포트 80에 TCP/IP 연결을 열고 특정 페이 지를 요청하는 짧은 메시지를 보낸다. 그림 9.6에서 브라우저는 왼쪽 상단의 클라이언트 애플 리케이션이다. 메시지는 프로토콜 체인을 따라 내려가서 인터넷을 건너고(보통 훨씬 더 많은 단계 를 거친다), 반대쪽 끝에서 상응하는 서버 애플리케이션까지 올라간다.

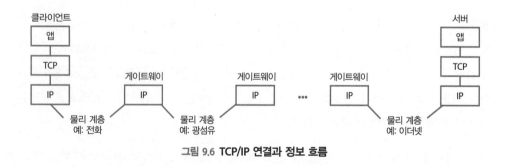

그림 9.6 TCP/IP 연결과 정보 흐름

아마존(Amazon)에서 서버는 페이지를 준비한 다음, 페이지 인코딩 방식에 대한 정보 같은 약간의 추가 데이터와 함께 보낸다. 돌아오는 경로는 원래 경로와 같을 필요는 없다. 브라우저는 이 응답을 읽고 그 정보를 이용하여 내용을 표시한다. 여러분도 다른 컴퓨터에서 원격 로그인 세션을 설정하기 위한 TCP 서비스인 텔넷(Telnet)을 사용하여 직접 시도해 볼 수 있다. 일반적으로 텔넷은 포트 23을 사용하지만 다른 포트도 대상으로 할 수 있다. 명령행 창에 다음 행을 입력하라.

```
telnet www.amazon.com 80
GET / HTTP/1.0
    [여기에 빈 줄을 추가로 입력하라]
```

그러면 브라우저가 페이지를 표시하는 데 사용할 225,000개 이상의 문자가 나타날 것이다.

GET은 몇 안 되는 HTTP 요청 중 하나이며, '/'는 서버에서 기본 파일을 요구하고 HTTP/1.0은 프로토콜 이름과 버전이다. 다음 장에서 HTTP와 웹에 대해 더 자세히 이야기할 것이다.

정보 전달 매개체로서 인터넷을 고려해 볼 때, 인터넷으로 무엇을 할 수 있을까? 우리는 초창기 인터넷을 사용했던 초기 TCP/IP 애플리케이션 몇 가지를 살펴볼 것이다. 이 애플리케이션들은 1970년대 초반부터 시작되었지만 오늘날에도 여전히 사용되고 있고, 이는 그 설계와 유용성의 효력을 입증하는 것이다. 이 애플리케이션들은 명령행 프로그램이며 대부분 사용하기 쉽지만, 일반 사용자보다는 비교적 전문가를 대상으로 한다.

9.5.1 텔넷과 SSH: 원격 로그인

텔넷은 마치 직접 연결되어 있는 것처럼 원격 컴퓨터에 접근하는 방법을 제공한다. 텔넷은 클라이언트의 키 입력을 받아들이고 마치 거기서 직접 입력된 것처럼 서버로 전달한다. 그리고 서버의 출력을 가로채서 클라이언트로 다시 보낸다. 적절한 권한이 있다면 텔넷을 사용하여 인터넷상의 모든 컴퓨터를 로컬 네트워크에 있는 것처럼 사용할 수 있다. 부가 기능으로는 파일 복사, 원격 대신 로컬 시스템으로 키 입력 보내기 등이 가능하지만, 기본 사용법은 간단하다. 텔넷은 원래 원격 로그인용이었지만, 모든 포트에 연결하는 데 사용할 수 있으므로 다른 프로토콜을 사용하는 간단한 실험에 사용할 수 있다. 예를 들어, 텔넷을 이용하여 검색을 수행하는 방법은 다음과 같다.

```
telnet www.google.com 80
GET /search?q=whatever
    [여기에 빈 줄을 추가로 입력하라]
```

결과로 약 80,000바이트의 출력이 나오는데, 대부분 자바스크립트이지만 주의 깊게 보면 검색 결과를 찾을 수 있다.

텔넷에는 보안 기능이 없다. 원격 시스템이 비밀번호 없이 로그인을 받아들인다면 아무것도 요청하지 않는다. 원격 시스템에서 비밀번호를 묻는 경우, 텔넷은 클라이언트에서 입력한 비밀번호를 평문으로 전송하므로 데이터 흐름을 관찰하는 누구라도 비밀번호를 볼 수 있을 것이다. 이러한 총체적 보안 부족은 보안이 중요하지 않은 특별한 상황을 제외하고는 텔넷이 이제 거의 사용되지 않는 이유 중 하나다. 하지만 텔넷에서 유래한 SSH(Secure Shell, 시큐어 셸)는 양방향으로 모든 트래픽을 암호화하므로 안전하게 정보를 교환할 수 있어서 널리 사용된다. SSH는 포트 22를 사용한다.

9.5.2 SMTP: 간이 전자 우편 전송 프로토콜

두 번째 프로토콜은 SMTP, 즉 간이 전자 우편 전송 프로토콜(Simple Mail Transfer Protocol)이다. 우리는 보통 브라우저 또는 독립 실행형 프로그램을 사용하여 메일을 보내고 받는다. 그러나 인터넷상의 다른 많은 것들과 마찬가지로 이 외관 아래에는 몇 개의 계층이 있으며, 각 계층은 프로그램과 프로토콜에 의해 작동할 수 있게 된다. 메일에는 두 가지 기본 종류의 프로토콜이 필요하다. SMTP는 다른 시스템과 메일을 교환하는 데 사용된다. SMTP는 받는 사람의 메일 컴퓨터에서 포트 25에 대한 TCP/IP 연결을 설정하고 프로토콜을 사용하여 보낸 사람과 받는 사람을 식별하고 메시지를 전송한다. SMTP는 텍스트 기반이다. 프로토콜이 어떻게 작동하는지 보고 싶다면 포트 25에서 텔넷으로 실행할 수 있지만, 여러분의 컴퓨터에서 로컬로 사용하기에도 어려움을 겪을 만큼 보안 제한이 있다. 그림 9.7은 로컬 시스템을 이용한 실제 세션에서 나온 대화 샘플(분량을 줄이고자 편집됨)을 보여 준다. 여기서는 마치 다른 사람에게서 온 것처럼(사실상 스팸) 나 자신에게 메일을 보냈다. 내가 타이핑한 부분은 *굵게 기울임* 꼴로 되어 있다.

```
$ telnet localhost 25
Connected to localhost (127.0.0.1).
220 localhost ESMTP Sendmail 8.13.8/8.13.1
HELO localhost
250 localhost Hello localhost [127.0.0.1], pleased to meet you
mail from:liz@royal.gov.uk
250 2.1.0 liz@royal.gov.uk... Sender ok
rcpt to:bwk@princeton.edu
250 2.1.5 bwk@princeton.edu... Recipient ok
data
354 Enter mail, end with "." on a line by itself
Subject: recognition

Dear Brian --
Would you like to be knighted? Please let me know soon.
ER
.
250 2.0.0 p4PCJfD4030324 Message accepted for delivery
```

그림 9.7 **SMTP로 메일 보내기**

이 터무니없는(혹은 적어도 일어날 것 같지 않은) 메시지는 그림 9.8에서 볼 수 있는 것처럼 나의 우편함으로 때맞춰 배달됐다.

그림 9.8 **메일 수신!**

이 실험을 정말로 시도할 것이라면 자신 이외의 아무한테라도 메일을 보내는 것은 어리석은 일이다.

SMTP는 메일 메시지가 아스키코드 텍스트일 것을 요구하기 때문에 MIME(Multipurpose Internet Mail Extensions: 다목적 인터넷 전자 우편 확장, 사실상 또 다른 프로토콜)이라는 표준은 다른 종류의 데이터를 텍스트로 변환하는 방법과 여러 개의 조각을 단일 메일 메시지로 결합하는 방법을 기술한다. 이것은 사진과 비디오 같은 메일 첨부 파일을 포함시키는 데 사용되는 메커니즘이며 HTTP에서도 사용된다.

SMTP는 종단 간(end-to-end) 프로토콜이지만, TCP/IP 패킷은 일반적으로 발신지에서 수신지로 가는 도중에 15~20개의 게이트웨이를 통과한다. 경로상의 어떤 게이트웨이라도 얼마든지 패킷을 조사하고 나중에 여유 있게 검사할 수 있도록 사본을 만들 수 있다. SMTP 자체는 내용의 사본을 만들 수 있으며, 메일 시스템이 내용과 헤더를 파악한다. 내용을 비공개로 유지하려면 발신지에서 암호화해야 한다. 내용을 암호화한다고 해서 발신자와 수신자의 정체가 숨겨지는 것은 아니라는 점을 명심하라. 트래픽 분석을 통해 누가 누구와 통신하고 있는지 알 수 있다. 이러한 메타데이터는 종종 실제 내용만큼이나 유용한 정보를 준다.

SMTP는 발신지에서 수신지로 메일을 전송하지만, 그 후에 메일에 접근하는 것과는 아무런 관련이 없다. 메일이 대상 컴퓨터에 도착하면 대개 수신자가 읽어갈 때까지 기다리는데, 이 과정에서 일반적으로 IMAP(Internet Message Access Protocol: 인터넷 메시지 접근 프로토콜)이라는 또 다른 프로토콜이 사용된다. IMAP을 사용하면 메일이 서버에 남아 있으므로 여러 곳에서 메일에 접근할 수 있다. IMAP은 브라우저와 휴대 전화에서 메일을 처리하는 경우처럼 동시에 읽거나 업데이트하는 사람이 여러 명 있더라도 우편함이 항상 일관성 있는 상태를 유지하도록 한다. 메시지 사본을 여러 개 만들거나 컴퓨터 간에 복사할 필요가 없다.

메일이 지메일(Gmail)이나 아웃룩닷컴(Outlook.com) 같은 시스템에 의해 '클라우드'에서 처리되는 것은 흔한 일이다. 그 아래에서 이러한 시스템은 전송을 위해 SMTP를 사용하고 클라이언트 접근을 위해 IMAP처럼 작동한다. 11장에서 클라우드 컴퓨팅에 관해 이야기할 것이다.

9.5.3 파일 공유와 P2P 프로토콜

1999년 6월, 노스이스턴 대학(Northeastern University)의 신입생이었던 숀 패닝(Shawn Fanning)은 MP3 포맷으로 압축된 음악을 사람들이 정말 쉽게 공유할 수 있게 해 주는 프로그램인 냅스터(Napster)를 공개했다. 패닝의 타이밍은 매우 좋았다. 대중음악의 오디오 CD는 어디서나 이용되었지만 가격이 비쌌다. 개인용 컴퓨터는 MP3 인코딩과 디코딩을 수행할 수 있을 정도로 빨랐고, 거기에 필요한 알고리즘은 여러 곳에서 구할 수 있었다. 대역폭은 네트워크를 통해 노래를 꽤 빨리 전송할 수 있을 만큼 컸고, 특히 기숙사 이더넷을 이용하는 대학생들에게는 더욱 그랬다. 패닝의 설계와 구현은 훌륭했고, 냅스터는 삽시간에 퍼져 나갔다. 1999년 중반에 이 서비스를 제공하기 위해 회사가 설립되었으며, 정점일 때 8,000만 명의 사용자를 보유하고 있었다고 한다. 1999년 후반에 첫 번째 소송이 제기되어 저작권이 있는 음악을 대규모로 도용했다는 혐의를 받았고, 법정 판결에 따라 2001년 중반쯤 냅스터는 사업을 중단했다. 겨우 2년 사이에 아무것도 없는 상태에서 8,000만 명의 사용자를 얻었다가 다시 아무것도 없는 상태로 돌아가는 현상은 당시에 유행했던 표현인 '인터넷 시대'를 생생하게 보여 준다.

냅스터를 사용하기 위해서는 자신의 컴퓨터에서 실행되는 냅스터 클라이언트 프로그램을 다운로드해야만 했다. 클라이언트는 공유할 수 있는 파일들에 대한 로컬 폴더를 설정했다. 그 이후에 클라이언트가 냅스터 서버에 로그인하면 공유할 수 있는 파일들의 '이름'을 업로드하고 냅스터는 현재 사용 가능한 파일 이름을 담고 있는 중앙 디렉터리에 그 이름들을 추가했다. 중앙 디렉터리는 계속해서 업데이트됐다. 새 클라이언트가 연결되면 파일 이름이 추가되었고, 클라이언트가 조사에 응답하지 못하면 그 클라이언트가 업로드한 파일들의 이름은 목록에서 제거됐다.

사용자가 중앙 디렉터리에서 노래 제목이나 가수를 검색하면 냅스터는 현재 온라인 상태이고 해당 파일을 공유할 용의가 있는 다른 사용자의 목록을 제공했다. 사용자가 공급자를 선택하면 냅스터는 IP 주소와 포트 번호를 제공하여 연락을 주선하고(데이트 소개 서비스와 다소 비슷하게), 사용자 컴퓨터의 클라이언트 프로그램이 공급자와 직접 연락하여 파일을 가져왔다. 공급자와 소비자는 냅스터에 상태를 보고했지만, 중앙 서버는 그 외에는 '관련되지 않았는데' 음악 자체는 전혀 건드리지 않았기 때문이다.

우리는 브라우저(클라이언트)가 웹 사이트(서버)에 무엇인가를 요청하는 클라이언트-서버 모델에 익숙하다. 냅스터는 다른 모델의 예다. 냅스터는 현재 공유할 수 있는 음악을 나열한 중앙 디렉터리를 제공했으나, 음악 자체는 사용자 컴퓨터에만 저장되어 있었고, 파일이 전송될 때 중앙 시스템을 통하지 않고 한 냅스터 사용자에서 다른 냅스터 사용자로 직접 이동했다. 이러한 이유로 이 구조는 P2P(peer-to-peer, 피어 투 피어)라고 불렸고, 공유하는 사용자들이 피어였다. 음악 자체는 피어 컴퓨터에만 저장되었고 중앙 서버에는 절대 저장되지 않았으므로 냅스터는 저작권 문제를 회피하기를 기대했지만, 그런 법적인 세부 사항은 법원을 설득하지 못했다.

냅스터 프로토콜은 TCP/IP를 사용했으므로 사실상 HTTP 및 SMTP와 동일한 수준의 프로토콜이었다. 패닝의 작업 결과물을 아무런 반감 없이 바라보자면(정말 매우 깔끔하게 만들어졌다), 냅스터는 인터넷, TCP/IP, MP3를 포함한 인프라와 그래픽 사용자 인터페이스 구축 도구가 이미 마련된 상태에서는 간단한 시스템이다.

대부분의 최신 파일 공유는 합법적이든 아니든 간에 2001년에 브램 코언(Bram Cohen)이 개발한 비트토런트(BitTorrent)라는 P2P 프로토콜을 사용한다. 비트토런트는 영화와 TV 프로그램처럼 매우 용량이 큰 인기 있는 파일을 공유할 때 특히 유용하다. 왜냐하면 비트토런트로 파일을 다운로드하기 시작한 각각의 사용자 또한 다운로드하려는 다른 사람들에게 파일 조각을 업로드하기 시작해야만 하기 때문이다. 파일은 분산된 디렉터리를 검색하여 발견되며 작은 용량의 '토런트(torrent) 파일'은 누가 어떤 블록을 보내고 받았는지에 대한 기록을 관리하는 트래커(tracker)를 식별하는 데 사용된다. 비트토런트 사용자는 저작권 수사에서 탐지되기 쉬운데, 프로토콜에 따라 다운로더도 업로드해야 하므로 이른바 저작권이 있는 자료를 구할 수 있게 하는 행위에서 쉽게 식별되기 때문이다.

P2P 네트워크는 합법성이 의심스러운 파일 공유 이외의 용도로도 사용된다. 12장에서 간략하게 논의할 디지털 통화 및 결제 시스템인 비트코인(Bitcoin)이 P2P 프로토콜을 사용한다. 음악 스트리밍 서비스인 스포티파이(Spotify)와 인터넷 전화 서비스인 스카이프(Skype)도 마찬가지다.

9.6 인터넷상의 저작권

엔터테인먼트 업계는 미국 음반 산업 협회(RIAA)와 미국 영화 협회(MPAA) 같은 동업자 단체를 통해 저작권이 있는 자료의 공유를 막으려고 끊임없이 애쓰고 있다. 여기에는 다수의 저작권 침해 혐의자에 대한 소송 및 법적 조치 위협, 그리고 그러한 행위를 불법화하는 법률 제정을 지지하는 치열한 로비 활동이 포함된다. 이와 관련해서 앞으로 어떻게 될지는 두고 볼 일이지만, 품질을 보증하는 만큼 합당한 가격을 청구함으로써 기업들이 돈을 벌 수 있는 것으로 보인다. 애플의 아이튠즈 뮤직 스토어가 한 가지 사례고, 넷플릭스 같은 스트리밍 비디오 서비스도 마찬가지다.

미국에서 디지털 저작권 문제에 대한 주요한 법은 1998년 디지털 밀레니엄 저작권법(Digital Millennium Copyright Act), 즉 DMCA이다. DMCA는 인터넷상에서 저작권이 있는 자료를 배포하는 일을 포함하여 디지털 미디어의 저작권 보호 기술을 우회하는 것을 불법으로 만들었다. 다른 국가에도 비슷한 법이 있다. DMCA는 저작권 침해자를 추적하기 위해 엔터테인먼트 업계에서 사용하는 법적 메커니즘이다.

DMCA는 인터넷 서비스 제공 업체들에 '면책(safe harbor)' 조항을 제공한다. ISP가 합법적인 저작권 소유자로부터 ISP의 사용자가 저작권이 있는 자료를 공급하고 있다는 통보를 받은 경우, 해당 ISP 자체는 침해자에게 저작권이 있는 자료를 삭제하라고 요구하면 저작권 침해에 대한 책임을 지지 않는다. 이 면책 조항은 대학에서 중요한데, 왜냐하면 대학이 학생과 교수를 위한 ISP가 되기 때문이다. 따라서 모든 대학에는 침해 혐의를 처리하는 몇 명의 공무원이 있다. 그림 9.9는 프린스턴 대학에 대한 DMCA 통지다.

> 프린스턴 대학 정보 기술 자료 또는 서비스와 관련된 저작권 침해를 신고하려면 미국 공법 105-304 디지털 밀레니엄 저작권법에 따라 지정된 대리인인 [...]에게 통보해 주십시오. 프린스턴 대학 웹 사이트에 있는 저작권 침해를 주장하는 신고에 응하기 위해 조치를 취하고 있습니다.

그림 9.9 웹 페이지에 있는 DMCA 통지 정보

DMCA는 또한 더 대등한 상대방 간의 법적 싸움에서(양쪽 모두) 적용된다. 2007년에 주요 영화, TV 업체인 바이어컴(Viacom)은 구글(Google)의 서비스인 유튜브(YouTube)에서 입수할 수 있는 저작권이 있는 자료에 대해 구글에 10억 달러의 소송을 제기했다. 바이어컴은 DMCA가 저작권이 있는 자료의 대량 도용을 가능하게 할 의도로 만들어진 것이 아니라고 했다. 구글의 답변 중 일부는 DMCA 삭제(take-down) 통지가 적절하게 제시되었을 때는 구글이 적합하게 응했지만, 바이어컴이 그렇게 하지 않았다는 것이었다. 판사는 2010년 6월에 구글에 우호적으로 판결을 내렸지만, 항소 법원은 판결의 일부를 뒤집었고, 그런 다음 다른 판사가 유튜브가 DMCA 절차를 제대로 따르고 있다는 이유로 한 번 더 구글에 우호적으로 판결을 내렸다. 양측은 2014년에 합의했지만, 유감스럽게도 합의 조건은 공개되지 않았다.

2004년에 구글은 학술 도서관에서 주로 보유하고 있는 많은 책을 스캔하는 프로젝트를 시작했다. 2005년에 미국 작가 협회(Authors Guild)가 구글에 소송을 제기했는데, 협회는 구글이 저자의 저작권을 침해함으로써 이익을 얻고 있다고 주장했다. 이 소송은 매우 오랫동안 이어졌지만, 2013년에 나온 판결은 구글이 유죄가 아니라고 결정했다. 그 근거로는 이러한 활동이 없다면 소실될지도 모를 도서를 보존하고, 학문 연구를 위해 디지털 포맷으로 사용할 수 있게 했으며, 심지어 저자와 출판사를 위한 수입을 창출할 수도 있다는 점이 포함됐다. 항소 법원은 구글이 각 도서를 한정된 양만 온라인으로 제공한다는 점에 부분적으로 기초하여 2015년 말에 이 판결을 확인했다. 미국 작가 협회는 대법원에 상고했지만, 2016년에 대법원이 이 소송에 대한 공판을 하는 것을 거절해서 실질적으로 논란을 종결시켰다. 이것은 양측 모두에서 합리적인 주장을 내놓는 것을 볼 수 있는 또 다른 경우이다. 나는 작가로서는 사람들이 불법 복제물을 다운로드하기보다는 내가 쓴 책의 합법적인 카피를 구매하기를 바라지만, 연구자로서는 이러한 활동 없이는 내가 볼 수 없거나 심지어 모르고 지나칠 수도 있는 책들을 대상으로 검색할 수 있기를 원한다.

DMCA는 때로는 원래 의도를 벗어나는 것으로 짐작되는 반경쟁적 방식으로 사용된다. 예를 들어, 필립스(Philips)는 컨트롤러로 밝기와 색상을 조정할 수 있게 해 주는 '스마트' 네트워크 연결 전구를 생산한다. 2015년 말에 필립스는 필립스 전구만 필립스 컨트롤러와 함께 사용할 수 있도록 펌웨어를 수정 중이라고 발표했다. DMCA를 따른다면 타사의 전구를 사용할 수 있게 하려고 다른 누군가가 소프트웨어를 리버스 엔지니어링하지 못할 것이다. 격렬한 항의가 빗발쳤고 이 특정한 경우에 대해서 필립스는 방침을 철회했지만, 다른 회사에서는 경쟁을 제한하기 위해 DMCA를 계속 사용하고 있다. 예를 들면, 프린터와 커피 메이커용 교체형 카트리지가 그에 해당한다.

9.7 사물 인터넷

스마트폰은 표준 전화 시스템을 사용할 수 있는 컴퓨터일 뿐이지만, 모든 최신 전화기는 와이파이가 이용 가능하다면 그것을 통해 인터넷에 접근할 수 있다. 이러한 접근 용이성은 전화 네트워크와 인터넷의 구별을 모호하게 하고, 이러한 구별은 결국 사라질 가능성이 있다.

오늘날 휴대 전화가 이처럼 세상 곳곳에 스며들게 했던 같은 동력이 다른 디지털 장치에도 작용한다. 앞서 말했듯이 많은 기기와 장치에 강력한 프로세서와 메모리가 있고, 흔히 무선 네트워크 연결도 포함되어 있다. 자연스럽게 이러한 장치를 인터넷에 연결하기를 원하게 되고, 모든 필요한 메커니즘이 이미 마련되어 있고 증분 비용이 0에 가까우므로 그렇게 하기는 어렵지 않다. 따라서 우리가 주변에서 보는 와이파이로 사진을 업로드할 수 있는 카메라, 위치와 엔진의 원격 측정값을 업로드하는 동안 오락물을 다운로드하는 자동차, 환경을 측정 및 제어하고 밖에 있는 집주인에게 알려 주는 온도 조절기, 어린이와 보모를 계속 관찰하는 비디오 모니터, 그리고 바로 위에서 언급한 것처럼 네트워크로 연결된 전구가 모두 인터넷 연결을 기반으로 한다. 이 모든 것에 대한 인기 있는 유행어가 **사물 인터넷**(Internet of Things), 즉 **IoT**이다.

여러 가지 면에서 이것은 훌륭한 아이디어이며 미래에는 점점 더 많은 종류가 생겨날 거라는 점은 확실하다. 그러나 큰 단점도 있다. 이러한 전문화된 장치는 범용 장치보다 문제에 더 취약하다. 해킹, 침입, 보안 손상 등이 일어날 가능성이 높고, 사실 그럴 가능성이 더 커지는 이유는 사물 인터넷과 관련한 보안 및 프라이버시에 대한 경각심이 개인용 컴퓨터와 휴대 전화의 최신 기술보다 많이 뒤떨어져 있기 때문이다.

다양한 사례가 있지만 그중 하나를 이야기하자면, 2016년 1월에 어떤 웹 사이트에서 전혀 보호 처리되지 않은 비디오를 보여 주는 웹 카메라를 사용자가 검색할 수 있게 해 주었다. 이 사이트는 '마리화나 농장, 은행의 밀실, 어린이, 부엌, 거실, 차고, 앞마당, 뒷마당, 스키장, 수영장, 대학과 학교, 실험실, 소매점의 금전등록기 카메라에 대한 이미지를 제공한다. 단순한 관음증에서부터 훨씬 더 나쁜 용도까지 사용하는 것을 상상해 볼 수 있다.

실제로 두 가지 다른 종류의 IoT 취약점이 있는데, 주로 얼마나 무방비 상태인지와 관련되어 있다. 하나는 위에서 언급한 웹캠 같은 소비자 제품이다. 다른 하나는 인프라로, 전력, 통신, 운송 및 기타 많은 것들을 위한 기존 시스템들이 충분히 주의를 기울여서 보호되지 않은 채로 인터넷에 연결되어 있다. 일례로 2015년 12월에 보도된 바로는 특정 제조사의 풍력 터빈에 웹 기반 관리 인터페이스가 있는데, 매우 쉽게(단지 URL을 편집함으로써) 공격해서 터빈이 발생시키는 전력을 차단할 수 있었다고 한다.

9.8 요약

인터넷 배후에는 몇 가지 기본적인 아이디어만 있다. 그렇게 적은 메커니즘으로(비록 많은 엔지니어링이 필요하기는 하지만) 얼마나 많은 것을 실현할 수 있는지는 주목할 만하다.

인터넷은 패킷 네트워크다. 정보는 표준화된 개별 패킷으로 전송되며, 패킷은 대규모의 변화하는 네트워크의 집합을 통해 동적으로 라우팅된다. 이것은 전화 시스템의 회선 네트워크와는 다른 모델이다. 회선 네트워크에서는 각 대화에 전용 회선이 있으며, 개념상으로는 두 통화 당사자 간의 사설 회선이 있다.

인터넷은 현재 연결된 각 호스트에 고유한 IP 주소를 할당하고 같은 네트워크에 있는 호스트는 공통 IP 주소 접두사(prefix)를 공유한다. 노트북과 휴대폰 같은 모바일 호스트는 연결될 때마다 IP 주소가 달라질 가능성이 있고, 호스트가 이동함에 따라 IP 주소가 변경될 수도 있다. 도메인 네임 시스템은 이름을 IP 주소로 변환하거나 그 반대로 변환하는 대규모 분산 데이터베이스다.

네트워크는 게이트웨이에 의해 연결된다. 게이트웨이는 패킷이 수신지로 나아감에 따라 한 네트워크에서 다음 네트워크로 패킷을 라우팅하는 전문화된 컴퓨터다. 게이트웨이는 라우팅 프로토콜을 이용하여 라우팅 정보를 교환하므로, 네트워크 토폴로지가 바뀌고 연결이 끊겼다 이어졌다 하더라도 패킷이 향하는 곳으로 더 가까이 갈 수 있게 패킷을 전달하는 방법을 항상 알고 있다.

인터넷은 프로토콜과 표준에 따라 살아 숨쉬고 있다. IP는 공통적인 메커니즘으로, 정보를 교환하기 위한 만국 공통어. 이터넷과 무선 시스템 같은 특정 하드웨어 기술은 IP 패킷을 캡슐화하지만, 하드웨어의 특정 부분이 작동하는 방식이나 심지어 그 부분이 관련되어 있는지에 대한 세부 사항은 IP 수준에서는 드러나 보이지 않는다. TCP는 IP를 사용하여 호스트의 특정 포트로 향하는 안정적인 스트림을 만들어 준다. 상위 레벨 프로토콜은 TCP/IP를 사용하여 서비스를 만들어 낸다.

프로토콜은 시스템을 계층으로 나눈다. 각 계층은 그 바로 아래에 있는 계층에서 제공하는 서비스를 사용하고, 그 바로 위의 계층에 서비스를 제공한다. 어떤 계층도 모든 일을 하려고 시도하지 않는다. 이러한 프로토콜의 계층화는 인터넷을 운영하는 데 핵심적이다. 이것은 관련성이 없는 구현 세부 사항을 숨기면서 복잡한 특성을 조직화하고 통제하는 방법이다. 각 계층은 자신이 할 줄 아는 일을 계속한다. 하드웨어 네트워크는 네트워크상의 한 컴퓨터에서 다른 컴퓨터로 바이트를 이동하고, IP는 개별 패킷을 인터넷을 통해 옮기며, TCP는 IP로부터 안정적인 스트림을 만들어 내고, 애플리케이션 프로토콜은 스트림상에서 데이터를 앞뒤로 전송한다. 각 계층이 나타내는 프로그래밍 인터페이스는 5장에서 다뤘던 API의 좋은 예다.

이러한 프로토콜들의 공통점은 컴퓨터 프로그램 간에 정보를 이동시키는 것으로, 해석하거나 처리하려고 하지 않고 한 컴퓨터에서 다른 컴퓨터로 바이트를 효율적으로 복사하는 바보 네트워크로 인터넷을 사용한다. 이것은 인터넷의 중요한 속성이다. 인터넷은 데이터를 건드리지 않는다는 의미에서 '바보'다. 더 완곡하게 표현해서, 이 속성은 단대단 원칙(end-to-end principle)으로 알려져 있다. 이 말은 지능이 종단점, 즉 데이터를 보내고 받는 프로그램에 있다는 것을 의미한다. 이러한 측면은 전통적인 전화 네트워크와 대조를 이룬다. 전화 네트워크에서는 모든 지능이 네트워크에 있었고, 구식 전화기 같은 종단점은 네트워크에 연결하고 음성을 전달하는 것 이상은 거의 제공하지 못하는 진짜 바보에 불과했다.

'바보 네트워크' 모델은 매우 생산적이었는데, 좋은 아이디어가 있는 사람이라면 누구나 똑똑한 종단점을 만들고, 네트워크가 바이트를 전달할 것이라고 믿을 수 있다는 것을 의미했기 때문이다. 전화 회사나 케이블 회사가 좋은 아이디어를 구현하거나 지원해 주기를 기다리는 것은 효과가 없을 것이다. 예상되는 것처럼 이동통신사는 더 많은 통제력을 가질수록 더 좋아할 텐데, 특히 대부분의 혁신이 다른 분야에서 비롯되는 모바일 영역에서 그렇다. 아이폰과 안드로이드폰 같은 스마트폰은 대개 인터넷 대신 전화 네트워크를 통해 통신하는 컴퓨터일 뿐이다. 이동통신사는 그런 휴대 전화에서 실행되는 서비스로 돈을 벌고 싶어 하지만, 기본적으로 데이터를 전송해야만 수익을 올릴 수 있다. 초기에는 대부분의 휴대 전화가 데이터 서비스에 대해 월별 정액 요금제를 사용했지만, 적어도 미국에서는 사용량이 늘어날수록 더 많은 요금을 청구하는 구조로 오래전에 변경됐다. 영화를 다운로드하는 것 같은 대용량 서비스의 경우 정말 함부로 쓰는 사용자에게는 높은 가격과 대역폭 제한이 합당할 수도 있겠지만, 문자 메시지 같은 서비스에 적용하는 것은 옹호하기 힘들어 보이는데, 문자 메시지는 사용하는 대역폭이 워낙 작아서 이동통신사에게 거의 비용이 들지 않기 때문이다.

마지막으로, 초기 프로토콜과 프로그램이 사용자를 얼마나 신뢰하는지 주목하라. 텔넷은 비밀번호를 평문으로 전송한다. 오랫동안 SMTP는 어떤 방식으로든 발신자나 수신자를 제한하지 않고 아무개한테서 아무개에게 메일을 중계하곤 했다. 이러한 '공개 중계(open relay)' 서비스는 스팸 메일 발송자에게 매우 유용했다. 직접 답장을 받을 필요가 없으면 발신지 주소를 거짓으로 넣을 수 있는데, 이는 사기 메일 발송과 서비스 거부 공격을 수월하게 만들어 준다. 인터넷의 프로토콜들과 거기에 기반을 둔 프로그램들은 신뢰할 수 있는 당사자들로 구성된 정직하고 협조적이며 선의로 가득찬 공동체를 위해 고안됐다. 이는 오늘날 인터넷의 모습과는 크게 차이가 있어서, 다양한 영역에서 우리는 정보 보안과 인증에 익숙해지려고 하고 있다.

다음 세 개의 장에서 더 자세히 설명할 것처럼, 인터넷상에서 프라이버시와 보안을 지키기는 어렵다. 그것은 마치 공격자와 수비자 간의 군비 경쟁처럼 느껴지며, 공격자가 더 자주 이기는 쪽이 된다. 데이터는 전 세계에 흩어져 있는 공유되고 규제를 받지 않는 다양한 매체와 웹 사이트를 통과하며, 경로상의 어느 지점에서든 정권 통치, 상업적 목적, 범죄 목적을 위해 기록되고 검사되고 저지될 수 있다. 이러한 과정에서 접근을 통제하고 정보를 보호하기는 어렵다. 많은 네트워킹 기술은 브로드캐스팅을 사용하는데, 이는 도청에 취약하다. 이더넷상에서 공격하려면 케이블을 찾고 물리적으로 연결해야 하지만, 무선상에서 자행되는 공격은 스누핑[1]하기 위해 물리적으로 접근할 필요가 없다.

더 넓게 보면, 인터넷의 전반적인 구조와 개방성은 나라 안팎을 오가는 정보의 흐름을 차단하거나 제한하는 국가 방화벽에 의한 정부의 통제에 취약하다. 인터넷 거버넌스[2]에 대한 압력도 커지고 있는데, 관료주의적 통제가 기술적 고려 사항보다 우선할 수 있는 위험이 있다. 이러한 것들이 강요될수록 범용 네트워크가 발칸화[3]되어 궁극적으로는 훨씬 덜 가치 있게 될 위험이 커진다.

---

1 네트워크상에서 남의 정보를 염탐하여 불법으로 가로채는 행위를 말한다. 소프트웨어 프로그램(스누퍼)으로 다른 컴퓨터에 침입하여 개인적인 메신저 내용, 로그인 정보, 전자 우편 등의 정보를 몰래 획득한다. 반면, 네트워크 트래픽을 분석하기 위해 사용되기도 한다.
2 인터넷 거버넌스(Internet governance)는 정부, 민간, 시민 사회가 맡은 역할을 통해 인터넷의 발전 및 이용과 관련하여 원칙, 규범, 규칙, 의사결정 절차를 공유하며 인터넷을 발전시키고 활용하는 것이다.
3 어떤 나라나 지역이 서로 적대적이거나 비협조적인 여러 개의 작은 나라나 지역으로 쪼개지는 현상.

10

월드 와이드 웹

"월드 와이드 웹(W3)은 막대한 양의 문서에 범세계적으로 접근할 수 있게 하는 것을 목표로 하는 광역 하이퍼미디어 정보 검색 계획이다."

"The WorldWideWeb (W3) is a wide-area hypermedia information retrieval initiative aiming to give universal access to a large universe of documents."

info.cern.ch/hypertext/WWW/TheProject.html 첫 번째 웹 페이지에서, 1990

인터넷에서 가장 눈에 띄는 부분은 월드 와이드 웹(World Wide Web)으로, 지금은 그냥 '웹'이라고 한다. 인터넷과 웹을 하나로 보는 경향이 있지만, 둘은 서로 다르다. 9장에서 보았듯이 인터넷은 전 세계 수백만 대의 컴퓨터가 서로 쉽게 통신할 수 있도록 해 주는 통신 인프라 또는 하위 계층이다. 웹은 정보를 제공하는 컴퓨터들(서버들)과 정보를 요청하는 컴퓨터들(여러분과 나 같은 클라이언트들)을 연결한다. 웹은 인터넷을 '사용하여' 연결을 맺고 정보를 전달하며 인터넷에서 이용할 수 있는 다른 서비스에 접근하기 위한 인터페이스를 제공한다.

많은 훌륭한 아이디어와 마찬가지로, 웹은 본질적으로 간단하다. 어디나 연결되어 있고 효율적이며 개방적이고 기본적으로 무료인 기저 네트워크가 존재한다는 전제하에(매우 중요한 조건이다) 단지 네 가지만이 중요하다.

첫 번째는 URL, 즉 균일 자원 지시자(Uniform Resource Locator)로, http://www.amazon.com같이 정보 출처에 대한 이름을 명시한다.

둘째는 HTTP, 즉 하이퍼텍스트 전송 프로토콜(HyperText Transfer Protocol)로, 앞 장에서 상위 레벨 프로토콜의 예로 간략하게 언급한 것이다. HTTP는 간단하다. 클라이언트가 특정 URL을 요청하면 서버는 요청된 정보를 반환한다.

셋째는 HTML, 즉 하이퍼텍스트 마크업 언어(HyperText Markup Language)로, 서버가 반환하는 정보의 서식이나 표현 방식을 설명하기 위한 언어다. 이것도 마찬가지로 간단하고 매우 조금만 알아도 기본적인 사용법을 익힐 수 있다.

마지막으로, 브라우저(browser)가 있는데, 컴퓨터에서 실행되는 크롬(Chrome), 파이어폭스 (Firefox), 사파리(Safari), 인터넷 익스플로러(Internet Explorer) 같은 프로그램으로, URL과 HTTP 를 사용하여 서버에 요청을 보내고 서버에서 보낸 HTML을 가져와서 표시해 준다.

웹은 1989년에 시작되었는데, 제네바 근처에 있는 유럽 과학 연구 센터인 CERN(유럽 공동 원자핵 연구소)에서 근무하던 영국인 컴퓨터 과학자인 팀 버너스리(Tim Berners-Lee)가 과학 문헌과 연구 결과를 인터넷을 통해 더 쉽게 이용할 수 있도록 하는 시스템을 만들기 시작하면서 태어났다. 그의 설계에는 URL, HTTP, HTML이 포함되어 있었고, 이용할 수 있는 내용을 보기 위한 텍스트 전용 클라이언트 프로그램이 있었다.

이 프로그램은 1990년에 사용되고 있었는데, 나는 1992년 10월에 이 프로그램이 작동하는 것을 보았다. 인정하고 싶지 않지만 그 당시에는 그다지 인상적이라고 생각하지 않았고, 6개월도 지나지 않아 만들어진 첫 번째 그래픽 브라우저가 세상을 바꿀 것이라는 사실은 정말 몰랐다. 앞날을 예측하기는 너무 어렵다.

첫 번째 브라우저인 모자이크(Mosaic)는 일리노이 대학(University of Illinois)의 학생들이 만들었다. 모자이크는 1993년 2월 첫 출시 이후 빠르게 성장했으며, 겨우 1년 후에 첫 번째 상용 브라우저인 넷스케이프 내비게이터(Netscape Navigator)가 나왔다. 넷스케이프 내비게이터는 초창기의 성공작이었으며, 인터넷에 대한 관심이 급증하면서 마이크로소프트(Microsoft)는 놀랐으나 시장에 뛰어들 준비가 되어 있지 않았다. 마이크로소프트는 정신을 차리고 경쟁작인 인터넷 익스플로러(IE)를 신속하게 만들었으며, 이것은 매우 큰 격차로 가장 널리 사용되는 브라우저가 됐다.

마이크로소프트의 PC 시장 지배로 인해 여러 분야에서 독점 금지와 관련된 우려가 제기되었으며 1998년에 미국 법무부가 마이크로소프트에 소송을 제기했다. IE는 그 소송 절차의 일부였는데, 마이크로소프트가 넷스케이프를 인터넷 사업에서 몰아내기 위해 지배적인 지위를 이용하고 있다는 혐의가 제기되었기 때문이다. 마이크로소프트는 이 소송에서 패소했고, 일부 사업 관행을 변경하라는 요구를 받았다.

인터넷 익스플로러의 우세한 지위는 강력한 경쟁자의 등장으로 인해 낮아졌다. 오늘날 노트북과 데스크톱에서 가장 널리 사용되는 브라우저는 크롬이다. 파이어폭스, 사파리, IE는 각각 시장 점유율이 거의 비슷하며, 세 개의 점유율을 합하면 크롬과 비슷하다. 2015년에 마이크로소프트는 윈도우 10용 엣지(Edge)라는 새로운 브라우저를 출시했다.

웹의 기술적 진화는 비영리 단체인 월드 와이드 웹 컨소시엄(World Wide Web Consortium), 즉 W3C(w3.org)가 관리하거나 적어도 방향을 제시한다. W3C의 설립자 겸 현 이사인 버너스리는 그의 작업 덕분에 가능해진 인터넷과 웹의 유행에 편승한 많은 사람들이 매우 부유해졌음에도 불구하고 자신의 발명을 통해 이익을 얻으려고 하지 않았으며, 관대하게도 모든 사람들에게 무료로 제공하는 것을 선호했다. 버너스리는 2004년에 엘리자베스 2세 여왕으로부터 기사 작위를 받았다.

10.1 웹은 어떻게 작동할까

여기서는 웹의 기술적 구성 요소와 메커니즘을 더 자세히 살펴볼 텐데, 우선 URL과 HTTP로 시작해 보자.

좋아하는 브라우저로 간단한 웹 페이지를 보는 것을 상상해 보라. 그 페이지의 일부 텍스트는 파란색이고 밑줄이 그어져 있을 것이다. 해당 텍스트를 클릭하면 현재 페이지가 파란색 텍스트에서 연결되는 새 페이지로 바뀐다. 이처럼 페이지를 연결하는 것을 하이퍼텍스트(hypertext: '텍스트를 초월한')라고 한다. 이는 오래된 발상이지만, 브라우저를 통해 모든 사람들이 하이퍼텍스트를 경험할 수 있게 됐다.

링크가 'W3C 홈페이지'같이 되어 있다고 가정해 보자. 마우스를 링크 위로 이동하면 브라우저

창 하단의 상태 표시줄에 링크가 가리키는 URL이 표시된다. http://w3.org 같은 식으로 표시될 텐데, 어쩌면 도메인 네임 뒤에 추가 정보가 나올 수도 있다.

링크를 클릭하면 브라우저가 도메인 w3.org에 포트 80에 대한 TCP/IP 연결을 열고, 나머지 URL에서 제공한 정보에 대한 HTTP 요청을 보낸다. 링크가 http://w3.org/index.html인 경우 index.html 파일에 대한 요청을 보낸다.

w3.org의 서버가 이 요청을 받으면 수행할 작업을 결정한다. 요청이 서버상의 기존 파일에 대한 거라면 서버는 해당 파일을 보내 주고, 클라이언트인 브라우저는 이를 표시한다. 서버에서 반환되는 텍스트는 거의 항상 HTML 형식으로 되어 있다. HTML은 실제 내용과 함께 서식을 지정하거나 표시하는 방법에 대한 정보를 결합한 형식이다.

현실에서도 이렇게 단순할 수 있겠지만, 보통 이보다는 더 복잡하다. HTTP 프로토콜을 사용하면 브라우저가 클라이언트의 요청과 함께 몇 줄의 추가 정보를 보낼 수 있으며, 서버의 응답에는 일반적으로 얼마나 많은 데이터가 따라오고 어떤 종류인지 나타내는 여분의 행이 포함된다.

URL 자체는 정보를 인코딩한다. 첫 번째 부분인 http는 사용할 특정 프로토콜을 알려 주는 몇 가지 가능한 값 중 하나다. HTTP가 가장 흔하지만 주의 깊게 보면 다른 종류도 볼 수 있는데, (웹 대신) 로컬 컴퓨터에 있는 정보를 나타내는 file, HTTP의 안전한(암호화된) 버전을 나타내는 https가 있다. https에 대해서는 곧 다시 이야기할 것이다.

:// 다음에는 서버의 이름을 지정하는 도메인 네임이 나온다. 도메인 네임 뒤에는 슬래시(/)와 문자열이 있을 수 있다. 이 문자열은 그대로 서버로 전달되며, 서버는 문자열을 원하는 대로 처리할 수 있다. 가장 단순한 경우에는 아무것도 없으며(슬래시조차도) 서버는 index.html 같은 기본 페이지를 반환한다. 파일 이름이 있는 경우 해당 내용이 있는 그대로 반환된다. 파일 이름의 처음 부분 다음에 오는 물음표는 일반적으로 서버가 물음표 앞에 있는 부분에 해당하는 이름을 가지는 프로그램을 실행하고, 나머지 텍스트를 해당 프로그램에 전달해야 함을 뜻한다. 이는 웹 페이지의 폼(form)에 입력된 정보가 처리되는 방법 중 하나다. 예를 들어, Bing 검색은 다음처럼 생겼는데,

http://www.bing.com/search?q=funny+cat+pictures

브라우저의 주소 표시줄에 직접 입력하여 확인할 수 있다.

URL은 공백을 비롯해서 영문자와 숫자가 아닌 대부분의 문자를 제외한 한정된 문자 집합으로 작성되므로 이러한 문자들은 인코딩되어야 한다. 위 예처럼 더하기 부호 '+'는 공백을 인코딩하며, 다른 문자들은 % 부호와 두 개의 십육진 숫자로 인코딩된다. 예를 들어, URL의 일부인 5%2710%22%2D6%273%22는 5'10"−6'3"을 의미하는데, 십육진수 27은 작은따옴표 문자, 십육진수 22는 큰따옴표 문자, 십육진수 2D는 마이너스 부호이기 때문이다.

10.2 HTML

서버 응답은 일반적으로 내용과 서식 정보가 결합된 HTML 형식이다. HTML은 매우 간단하여 여러분이 좋아하는 텍스트 편집기로 웹 페이지를 쉽게 만들 수 있다(워드 같은 워드 프로세서를 사용하는 경우 웹 페이지를 기본 포맷이 아닌 .txt 같은 텍스트 포맷으로 저장해야 한다). 서식 정보는 내용을 기술하고 페이지에서 영역의 시작과 끝을 표시하는 **태그(tag)**로 제공된다(끝을 표시하는 태그는 생략 가능한 경우도 있다).

가장 단순한 웹 페이지의 HTML은 그림 10.1과 같을 수 있다. 이 코드는 그림 10.2와 같이 브라우저에 표시될 것이다.

```
<html>
    <title> My Page </title>
    <body>
        <h2>A heading</h2>
        <p> A paragraph...
        <p> Another paragraph ...
            <img src="wikipedia.jpg" alt="Wikipedia">
            <a href="http://www.wikipedia.org">link to Wikipedia</a>
            <h3>A sub-heading</h3>
                <p> Yet another paragraph
    </body>
</html>
```

그림 10.1 간단한 웹 페이지의 HTML

그림 10.2 **그림 10.1에 있는 HTML의 브라우저 표시**

기본적으로 이미지 파일은 HTML 파일과 같은 위치에서 가져오지만, 웹의 어느 곳에서나 가져올 수 있다. 이 점은 곧 보게 될 것처럼 함축된 의미가 있다. 이미지 태그인 <img>에 이름이 지정된 파일에 접근할 수 없는 경우 브라우저는 그 위치에 어떤 '깨진' 이미지를 표시한다. alt= 속성은 이미지 자체를 표시할 수 없는 경우 표시할 텍스트를 제공한다.

일부 태그는 <img>같이 독립적으로 사용된다. 일부는 <body>와 </body>처럼 시작과 끝이 있다. <p> 같은 다른 태그는 실제로는 닫는 태그가 없어도 되지만, 엄밀한 정의에 따르면 </p>를 필요로 한다. 들여쓰기와 줄 바꿈은 필수적이지는 않지만, 텍스트를 읽기 쉽게 만든다.

대부분의 HTML 문서에는 CSS(Cascading Style Sheets: 캐스케이딩 스타일 시트)라는 또 다른 언어로 된 정보도 들어 있다. CSS를 사용하면 제목 서식 같은 스타일 속성을 한 곳에서 정의하고 그 스타일을 사용하는 모든 항목에 적용할 수 있다. 예를 들어, 다음 CSS를 사용하면 모든 h2와 h3 제목을 빨간색 이탤릭체로 표시할 수 있다.

```
h2, h3 { color: red; font-style: italic; }
```

HTML과 CSS 모두 '언어(language)'이지만, '프로그래밍 언어(programming language)'는 아니다. 형식적인 문법과 의미론을 가지고 있지만, 루프와 조건문이 없으므로 알고리즘을 표현할 수 없다.

이 절의 요점은 웹 페이지가 어떻게 작동하는지를 이해하기 쉽게 하기에 충분할 정도만

HTML을 보여 주는 것이다. 상용 웹 사이트에서 볼 수 있는 세련된 웹 페이지를 만들려면 상당한 기술이 필요하지만, 기본적인 사항은 매우 간단해서 몇 분만 공부하면 자신만의 평범한 페이지를 만들 수 있다. 십여 개의 태그를 이용하면 텍스트로만 이루어진 대부분의 웹 페이지를 작성할 수 있게 될 것이고, 다른 십여 개를 더 이용하면 일반적인 사용자가 관심을 가질 만한 거의 모든 작업을 할 수 있다. 직접 페이지를 쉽게 만들 수 있고, 워드 프로세서에는 'HTML 작성' 옵션이 있으며, 전문적으로 보이는 웹 페이지를 만드는 데 특별히 맞춰진 프로그램이 있다. 웹 디자인을 진지하게 할 것이라면 그러한 도구가 필요하겠지만, 표면 아래에서 일이 어떻게 이루어지는지 이해하는 것은 언제라도 도움이 된다.

HTML의 원래 설계에서는 브라우저가 표시할 일반 텍스트만 처리했다. 그러나 브라우저에 GIF 포맷으로 된 로고와 웃는 얼굴 그림 같은 간단한 아트워크, JPEG 포맷의 사진을 포함한 이미지를 표시하는 기능이 추가되기까지는 오래 걸리지 않았다. 웹 페이지는 내용을 채워야 하는 폼, 눌러야 하는 버튼, 팝업으로 표시되거나 현재 창을 대체하는 새 창을 제공했다. 음향, 애니메이션, 동영상도 곧 뒤이어 추가되었는데, 일반적으로 콘텐츠를 신속하게 다운로드할 수 있는 대역폭과 이를 표시할 수 있는 처리 능력이 생기면 지원이 됐다.

이름이 그리 직관적이지 않은 CGI, 즉 공용 게이트웨이 인터페이스(Common Gateway Interface)라는 간단한 메커니즘도 있다. 이는 클라이언트(브라우저)에서 서버로 정보를 전달하는데, 정보의 예로는 이름과 비밀번호, 검색 쿼리, 또는 라디오 버튼과 드롭다운 메뉴로 선택한 내용이 있다. 이 메커니즘은 HTML <form> ... </form> 태그에 의해 제공된다. <form> 태그 내에는 텍스트 입력 영역, 버튼, 체크 박스 같은 공통적인 사용자 인터페이스 요소를 포함시킬 수 있다. '제출' 버튼이 있는 경우 버튼을 누르면 해당 데이터를 사용하여 특정 프로그램을 실행하라는 요청과 함께 폼 내의 데이터가 서버로 보내진다.

폼에는 한계가 있다. 버튼, 드롭다운 메뉴 같은 몇 가지 종류의 인터페이스 요소만 지원한다. 폼 데이터는 자바스크립트 코드를 작성하거나 처리를 위해 서버로 보내지 않는 한 유효성을 검사할 수 없다. 입력된 문자를 별표로 대체하는 비밀번호 입력 필드가 있지만, 비밀번호가 암호화되지 않고 전송되고 로그에 저장되므로 아무런 보안도 제공하지 않는다. 그럼에도 불구하고 폼은 웹에서 상당히 중요한 부분이다.

10.3 쿠키

HTTP 프로토콜은 **무상태**(stateless)다. 이는 HTTP 서버가 클라이언트 요청에 대해 아무것도 기억하지 않아도 된다는 것을 뜻하는 약간의 전문 용어다. 서버는 요청된 페이지를 반환한 후 각 데이터 교환의 모든 기록을 폐기해도 된다.

서버가 실제로 무엇인가를 기억할 필요가 있다고 가정해 보자. 아마도 여러분이 이미 이름과 비밀번호를 제공한 경우 그 다음에 상호작용할 때 계속 묻지 않아도 되도록 그 사실을 기억할 필요가 있을 것이다. 어떻게 해야 이렇게 작동하게 할 수 있을까? 문제는 첫 번째 방문과 두 번째 방문 사이의 간격이 몇 시간 또는 몇 주일 수도 있고, 두 번째 방문이 전혀 일어나지 않을 수도 있으며, 이는 서버가 추측에 근거해서 정보를 보유하기에는 긴 시간이라는 점이다.

1994년에 넷스케이프가 **쿠키**(cookie)라는 해결책을 발명했는데, 이는 프로그램들 간에 전달되는 작은 정보 조각을 뜻하며, 깜찍해 보일지 몰라도 의미가 확립된 프로그래머들의 용어다. 서버가 웹 페이지를 브라우저에 보낼 때, 거기에는 브라우저가 저장하기로 되어 있는 부가적인 텍스트 덩어리들(각각 최대 약 4,000바이트)이 포함될 수 있다. 각 덩어리를 쿠키라고 한다. 브라우저가 차후에 같은 서버에 요청을 보낼 때, 브라우저는 쿠키를 다시 전송한다. 실제로 서버는 클라이언트의 메모리를 사용하여 클라이언트의 이전 방문에 대한 정보를 기억하는 셈이다. 흔히 서버는 클라이언트에 고유한 식별 번호를 할당하고 이 번호를 쿠키에 포함시킨다. 해당 식별 번호와 관련된 영구적인 정보가 서버의 데이터베이스에서 유지 관리된다. 이 정보는 로그인 상태, 장바구니 내용, 사용자 환경 설정 등이 될 수 있다. 사용자가 사이트를 다시 방문할 때마다 서버는 쿠키를 이용하여 사용자를 이전에 본 사람으로 식별하고, 정보를 설정하거나 복원할 수 있다.

추적을 줄이기 위해 나는 보통 모든 쿠키를 허용하지 않는다. 그래서 아마존 웹 사이트를 방문하면 초기 페이지가 '안녕하세요'라고 반겨 준다. 하지만 뭔가 사고 싶으면 로그인하여 장바구니에 상품을 추가해야 하고, 이렇게 하려면 아마존이 쿠키를 설정할 수 있도록 허용해야 한다. 그 후 방문할 때마다 쿠키를 삭제하기 전까지는 '안녕하세요, 브라이언'이라고 표시된다.

각 쿠키에는 이름이 있으며, 단일 서버에 방문할 때마다 여러 개의 쿠키가 저장될 수 있다. 쿠키는 프로그램이 아니며, 액티브 콘텐츠가 없다. 쿠키는 완전히 수동적이다. 쿠키는 저장됐다가 이후에 다시 전송되는 문자열일 뿐이고, 서버에서 비롯하지 않은 어떤 것도 그 서버로 돌아가지 않는다. 쿠키는 자신이 유래한 도메인으로만 전송된다. 쿠키는 유효 기간이 있어서 그 이후에는 브라우저에 의해 삭제된다. 브라우저가 실제로 쿠키를 받아들이거나 반환해야 한다는 요구 사항은 없다.

컴퓨터에서 쿠키를 확인하는 방법은 간단하다. 브라우저 자체에서 찾아 볼 수 있다. 예를 들어, 최근에 아마존을 방문했을 때 여섯 개의 쿠키가 보관됐다. 그림 10.3은 파이어폭스를 통해 확인한 쿠키를 보여 준다.

이론상으로 이 모든 것은 상당히 좋게 들리고 쿠키는 분명히 그런 의도로 만들어졌지만, 무릇 선행도 역풍을 맞는 것처럼 쿠키는 덜 바람직한 용도로도 사용되도록 변질됐다. 가장 흔한 용도는 사람들이 웹에서 돌아다니는 것을 추적하고, 방문한 사이트의 기록을 만든 다음, 맞춤형 광고를 제공하는 것이다. 우리는 다음 장에서 이것의 작동 방식과 함께 웹 곳곳을 돌아다니는 여러분을 추적하는 다른 기법들에 관해서 이야기할 것이다.

10.4 웹 페이지에 있는 액티브 콘텐츠

웹의 원래 설계는 클라이언트가 강력한 컴퓨터이자 범용 프로그램 가능 장치라는 점을 특별히 활용하지 못했다. 처음 나온 브라우저들은 사용자를 대신하여 요청을 하고, 폼에 있는 정보를 보내며, 도우미 프로그램의 도움을 받아 특수 처리가 필요한 사진과 음향 같은 콘텐츠를 표시할 수 있었다. 하지만 브라우저는 곧 웹에서 코드를 다운로드하여 실행할 수 있게 해 주었고, 이를 종종 **액티브 콘텐츠**(active content)라고 한다. 예상할 수 있듯이 액티브 콘텐츠는 사용자에게 영향을 주는데, 일부는 좋고 일부는 확실히 그렇지 않다.

넷스케이프 내비게이터의 초기 버전에는 브라우저 내에서 자바 프로그램을 실행하는 방법이 포함돼 있었다. 당시에 자바는 비교적 새로운 언어였다. 이 언어는 컴퓨팅 성능이 그리 높지 않은 환경(가전제품 같은)에 쉽게 설치될 수 있도록 설계되어, 브라우저에 자바 인터프리터를 포함시키는 것이 기술적으로 실행 가능했다. 이것은 브라우저에서 중요한 계산을 수행할 수 있는 가능성을 보여 줬고, 어쩌면 브라우저가 워드 프로세서나 스프레드시트 같은 기존 프로그램을 대체하고 심지어 운영 체제 자체를 대체할 수 있다는 전망을 밝혀 주었다. 이 아이디어는 마이크로소프트에 우려를 안겨 주었고, 마이크로소프트는 자바의 사용 기반을 약화시키기 위한 일련의 조치를 취했다. 1997년에 자바 개발사인 썬 마이크로시스템즈(Sun Microsystems)가 마이크로소프트에 소송을 제기했고, 몇 년 후에 마이크로소프트가 썬에 수십억 달러를 훨씬 넘게 지급하는 조건으로 합의를 보았다.

그림 10.3 **아마존에서 온 쿠키**

여러 가지 이유로 자바는 브라우저를 확장하는 방법으로는 인기를 얻지 못했다. 자바 자체는 매우 광범위하게 사용되지만, 브라우저와의 통합은 더 제한적이며 오늘날에는 그런 역할로는 드물게 사용된다.

넷스케이프는 또한 브라우저 내에서 사용하기 위해 특별히 새로운 언어를 만들었는데, 1995년에 등장한 자바스크립트가 그것이다. 그 이름에도 불구하고(마케팅을 위해 선택된 이름이다), 자바스크립트는 5장에서 본 것처럼 둘 다 C 프로그래밍 언어와 표면적으로 비슷하다는 점을 제외하면 자바와는 관련이 없다. 두 가지 모두 가상 머신 구현을 사용하지만, 중요한 기술적 차이점이 있다. 자바 소스 코드는 만들어진 위치에서 컴파일되고 그 결과로 생성된 '오브젝트 코드'가 해석을 위해 브라우저로 전송된다. 즉, 원래 자바 소스 코드가 어떻게 생겼는지 알 수 없다. 그와 대조적으로, 자바스크립트는 '소스 코드'가 브라우저로 보내지고 거기에서 컴파일된다. 수신자는 실행되고 있는 소스 코드를 볼 수 있으며, 이를 실행할 수 있을 뿐만 아니라 연구해서 다른 용도에 맞게 수정할 수 있다.

오늘날 대부분의 웹 페이지에는 자바스크립트가 어느 정도 포함되어 있는데, 그래픽 효과를 제공하고, 폼에 있는 정보의 유효성을 검사하고, 유용하거나 짜증스러운 팝업 창을 띄우는 등의 용도로 사용된다. 광고 팝업을 위한 자바스크립트 사용은 최근에 브라우저에 포함된 팝업 차단기로 완화되었지만, 정교한 추적과 감시에는 자바스크립트가 널리 사용된다. 자바스크립트는 그야말로 어디에나 있어서 그것 없이는 웹을 쓰기가 어렵지만, 노스크립트(NoScript)나 고스터리(Ghostery) 같은 브라우저 애드온을 이용하면 어떤 자바스크립트 코드를 실행할 것인지에 대한 약간의 통제권을 가질 수 있다. 다소 아이러니하게도, 애드온 자체는 자바스크립트로 작성된다.

모든 것을 감안할 때 자바스크립트는 해롭기보다는 이로운 점이 더 많지만, 반대쪽으로 생각이 기우는 때가 있다. 특히 자바스크립트가 추적을 위해 얼마나 많이 사용되는지 고려해 볼 때 그렇다(11장에서 이 부분에 대해 논의할 것이다). 나는 일상적으로 노스크립트로 자바스크립트를 완전히 비활성화시키지만, 관심이 있는 사이트를 이용하려면 선택적으로 되살려야만 한다.

다른 언어와 콘텐츠도 브라우저에서 처리되는데, 브라우저 자체의 코드 또는 애플(Apple) 퀵타임(Quicktime)과 어도비(Adobe) 플래시(Flash) 같은 **플러그인(plug-in)**을 이용하여 처리된다. 플러그인은 일반적으로 서드 파티가 작성한 프로그램으로, 필요에 따라 브라우저에 동적으로 로딩된다. 만일 여러분이 브라우저가 바로 처리할 수 없는 포맷의 콘텐츠가 있는 페이지를 방문하면 '플러그인을 받을' 기회가 제공될 수도 있다. 이 말은 브라우저와 긴밀하게 협력해서 컴퓨터에서 실행될 새로운 프로그램을 다운로드할 것이라는 뜻이다.

플러그인은 무엇을 할 수 있을까? 본질적으로 원하는 것은 무엇이든 할 수 있어서, 여러분은 거의 억지로 공급 업체를 신뢰하거나, 아니면 콘텐츠를 이용하지 않아야 한다. 플러그인은 컴파일된 코드로, 브라우저에서 제공하는 API를 사용하여 브라우저의 일부로 실행되며 실제로는 플러그인이 실행될 때 브라우저의 일부가 된다. 어도비 플래시는 비디오와 애니메이션용으로 널리 사용된다. PDF 문서용 어도비 리더(Adobe Reader)는 또 다른 흔히 사용되는 플러그인이다. 요컨대 만약 그 출처를 신뢰한다면, 버그가 있고 여러분의 행동을 감시할 수 있는 코드의 통상적인 위험 정도를 감수하면서 플러그인을 사용할 수 있다는 것이다. 유감스럽게도 플래시는 오랫동안 중대한 보안 취약점 문제가 있었다. HTML5라는 HTML의 새 버전은 플러그인(특히 비디오 및 그래픽용)의 필요성을 줄일 수 있는 브라우저 기능을 제공하지만, 플러그인은 한동안 중요하게 사용될 것이다.

6장에서 본 것처럼 브라우저는 전문화된 운영 체제와 비슷해서 '여러분의 웹 브라우징 경험을 향상시키기 위해' 더 풍부하고 훨씬 더 복잡한 콘텐츠를 처리하도록 확장될 수 있다. 좋은 소식은 브라우저에서 실행 중인 프로그램으로 많은 것을 할 수 있고, 계산이 로컬에서 수행되는 경우 상호작용이 흔히 더 빠르게 실행된다는 것이다. 단점은 이렇게 하려면 다른 사람이 작성했고 여러분이 그 특성을 거의 틀림없이 이해하지 못하는 프로그램을 브라우저가 실행해야 한다는 것이다. 출처를 알 수 없는 코드를 여러분의 컴퓨터에서 실행하는 데는 진짜로 위험 요소가 존재한다. '전 항상 낯선 사람들의 친절에 의지해 왔어요"는 신중한 보안 정책이 아니다. 마이크로소프트에서 작성한 '10가지 불변의 보안 법칙(10 Immutable Laws of Security)'이라는 제목의 글[2]에서 첫 번째 법칙은 '나쁜 사람이 당신의 컴퓨터에서 자신의 프로그램을 실행하도록 유도할 수 있다면 그것은 더 이상 당신만의 컴퓨터가 아니다(If a bad guy can persuade you to run his program on your computer, it's not solely your computer any more).'이다. 자바스크립트와 플러그인을 사용하는 데 대해 보수적으로 접근하라.

10.5 다른 곳에 있는 액티브 콘텐츠

액티브 콘텐츠는 웹 페이지가 아닌 다른 곳에도 나타날 수 있으며, 클라우드 서비스(다음 장에서 설명할 예정이다)의 증가는 이 잠재적인 문제를 악화시키고 있다. 이메일을 생각해 보라. 메일이 도착하면 메일을 처리하는 프로그램이 표시해 줄 것이다. 분명히 메일 처리 프로그램은 텍스트를 표시해야 한다. 문제는 함께 들어 있을 수 있는 다른 종류의 콘텐츠를 해석하는 경우 프로그램이 어디까지 처리를 해야 되는지인데, 왜냐하면 프라이버시와 보안에 큰 영향을 미치기 때문이다.

메일 메시지에 있는 HTML은 어떨까? 글자 크기와 폰트 태그를 해석하는 것은 문제가 되지 않는다. 큰 빨간색 글자로 메시지의 일부분을 표시하는 것이 받는 사람 눈에 거슬릴지는 모르지만, 위험성은 없다. 메일 처리 프로그램이 이미지를 자동으로 표시해야 할까? 그렇게 하면

---

1   연극을 원작으로 하고 영화로도 유명한 〈욕망이라는 이름의 전차(A streetcar named desire)〉의 여주인공인 블랑쉬 드부아(Blanche DuBois)의 대사로 잘 알려져 있다.

2   출처: https://technet.microsoft.com/ko-kr/library/2008.10.securitywatch.aspx ac 및 https://technet.microsoft. com/en-us/library/hh278941.aspx

사진을 쉽게 볼 수 있지만, 콘텐츠가 다른 출처에서 왔다면 더 많은 쿠키를 담고 있을 가능성이 커진다. 우리는 쿠키가 없어지도록 법을 만들 수는 있겠지만, 메일 발신자가 메시지 또는 수신자에 대한 어떤 정보를 인코딩한 URL을 포함하고 있는 1x1 투명 픽셀로 구성된 이미지를 포함시키는 것을 막을 방법은 없다(이러한 보이지 않는 이미지를 **웹 비컨**(web beacon)이라고도 하며 웹페이지에서는 자주 사용된다). HTML을 지원하는 메일 처리 프로그램에서 이미지를 요청하면, 그 이미지를 제공한 사이트는 여러분이 특정 메일 메시지를 특정한 시점에 읽는 중임을 알게된다. 이렇게 하면 메일이 언제 읽혔는지 쉽게 추적할 수 있고, 어쩌면 여러분이 비공개로 유지하기를 원하는 정보를 누설하게 될 수도 있다.

메일 메시지에 자바스크립트가 포함되어 있으면 어떻게 될까? 워드, 엑셀, 파워포인트 문서 또는 플래시 동영상이 포함된 경우에는 어떻게 될까? 메일 처리 프로그램이 자동으로 그런 프로그램들을 실행해야 할까? 메시지의 어떤 지점을 클릭하면 그렇게 작동하도록 간단한 방법을 제공해야 할까? 그리고 보니, 메시지에 있는 링크를 여러분이 직접 클릭할 수 있게 허용해야할까? 이는 희생자가 어리석은 일을 하도록 유도하는 가장 좋은 방법이다. PDF 문서는 자바스크립트 코드를 포함할 수 있는데(처음 이 사실을 알았을 때 놀랐다), 메일 처리 프로그램에서 자동으로 불러오는 PDF 뷰어가 이 코드를 자동으로 실행해야 할까?

문서, 스프레드시트, 발표용 슬라이드를 이메일 메시지에 첨부하는 것은 편리하고 회사 업무에서 표준화된 운영 절차이지만, 곧 보게 될 것처럼 이러한 문서는 바이러스를 전달할 수 있으며 무턱대고 문서를 클릭하는 것은 바이러스를 전파하는 방법 중 하나다.

만약 메일 메시지에 윈도우 .exe 파일이나 그와 유사한 실행 파일이 포함된 경우 훨씬 더 심각하다. 그중 하나를 클릭하면 프로그램이 시작되는데, 여러분이나 시스템에 피해를 줄 수 있는 종류일 확률이 높다. 악당들은 여러분이 그런 프로그램을 실행하게 만들려고 다양한 속임수를 쓴다. 예전에 나는 러시아의 테니스 선수인 안나 쿠르니코바(Anna Kournikova)의 사진을 포함하고 있다고 주장하면서 그것을 클릭하라고 부추기는 메일을 받았다. 파일 이름은 kournikova.jpg.vbs였지만, .vbs 확장자는 숨겨져 있어서(윈도우의 잘못된 기능) 사진이 아니라 비주얼 베이직(Visual Basic) 프로그램이라는 사실을 은폐했다. 다행스럽게도 나는 유닉스 시스템에서 오래된 텍스트 전용 메일 프로그램을 사용하고 있었기 때문에 클릭하는 것은 선택 사항이 아니었고, 그래서 나중에 검사할 수 있도록 '사진'을 파일로 저장했다.

10.6 바이러스, 웜, 트로이 목마

안나 쿠르니코바 '사진'은 사실 바이러스였다. 바이러스와 웜에 대해 조금 이야기해 보자. 이 두 용어는 모두 한 시스템에서 다른 시스템으로 전파되는(흔히 악성인) 코드를 나타낸다. 그리 중요한 것은 아니지만, 기술적으로 구분하자면 바이러스는 전파되는 데 도움이 필요해서 사용자가 바이러스를 활성화하기 위해 뭔가 해야만 다른 시스템에 도달할 수 있는 반면, 웜은 사용자의 도움 없이도 전파될 수 있다.

이러한 프로그램들이 만들어질 가능성은 오랫동안 알려져 있었지만, 저녁 뉴스를 장식했던 첫 번째 사례는 1988년 11월 로버트 모리스(Robert T. Morris)가 만들었던 '인터넷 웜(Internet worm)' 이었다. 이는 우리가 최신 인터넷 시대라고 부르는 시기보다 훨씬 전의 일이다. 모리스의 웜은 자신을 다른 시스템으로 복사하기 위해 두 가지 메커니즘을 사용했는데, 로그인하기 위한 사전 공격(dictionary attack: 일반적인 단어들을 비밀번호로 입력 가능한지 시도하는 방법)과 함께 널리 사용되는 프로그램의 버그를 이용했다. 모리스는 악의적인 의도가 없었다. 그는 코넬 대학(Cornell University)의 컴퓨터 과학 대학원생이었으며, 인터넷의 규모를 측정하기 위한 실험을 구상하고 있었다. 불행하게도 프로그래밍 오류로 인해 웜은 예상보다 훨씬 더 빨리 전파되었고, 그 결과 많은 컴퓨터가 여러 번 감염돼서 트래픽 양을 감당할 수 없게 되어 인터넷과의 연결을 끊어야만 했다. 모리스는 당시에 새로 제정된 컴퓨터 사기와 남용에 관한 법(Computer Fraud and Abuse Act)에 따라 중죄 혐의로 유죄 판결을 받았으며, 벌금을 내고 사회봉사 활동을 수행해야 했다.

한동안 감염된 플로피 디스크를 통해 바이러스가 전파되는 것이 흔한 일이었다. 플로피 디스크는 인터넷이 널리 사용되기 전에 PC 간에 프로그램과 데이터를 교환하기 위한 표준 매체였다. 감염된 플로피에는 대개 플로피가 로딩될 때 자동으로 실행되는 프로그램이 포함되어 있었다. 프로그램은 다음 플로피 디스크에 데이터가 기록될 때마다 바이러스가 전달되도록 자기 자신을 로컬 컴퓨터에 복사했다.

비주얼 베이직(VB, Visual Basic)이 마이크로소프트 오피스(Office) 프로그램, 특히 워드에 도입되면서 바이러스 전파가 훨씬 쉬워졌다. 워드 대부분의 버전에는 VB 인터프리터가 포함되어 있으며, 워드 문서(.doc 파일)는 VB 프로그램을 포함할 수 있는데, 엑셀과 파워포인트 파일도 마찬가지다. 문서가 열렸을 때 시스템을 조종하는 VB 프로그램을 매우 간단하게 작성할 수 있으며, VB은 윈도우 운영 체제 전체에 대한 접근을 제공하므로 프로그램은 원하는 것은 무엇이든 할 수 있다. 일반적으로 진행되는 순서는 바이러스가 로컬에 이미 설치되어 있지 않은 경우 자신을 설치한 다음, 다른 시스템에 자신을 전파하도록 준비하는 것이다. 한 가지 공통적인 전파 유형은 다음과 같다. 감염된 문서가 열리면 바이러스가 현재 피해자의 이메일 주소록에 있는 모든 항목을 대상으로 자신의 복사본을 무해해 보이거나 흥미를 끄는 메시지와 함께 우편으로 보낸다(안나 쿠르니코바 바이러스가 이 방법을 사용했다). 받는 사람이 문서를 열면 바이러스가 자신을 새 시스템에 설치하고 이러한 과정이 반복된다.

1990년대 중후반에는 그러한 VB 바이러스가 많이 있었다. 당시 워드의 기본 설정은 허락을 구하지 않고 맹목적으로 VB 프로그램을 실행하는 것이었으므로 바이러스 감염이 급속하게 퍼졌고, 큰 회사에서는 컴퓨터를 다 끄고 바이러스를 완전히 없애기 위해 한 대씩 치료해야만 했다. VB 바이러스는 여전히 주위에 있지만, 워드 및 유사한 프로그램의 기본 작동 방식을 변경하는 것만으로 그 영향이 크게 줄어들었다. 또한, 대부분의 메일 시스템은 이제 수신되는 메일에서 VB 프로그램과 기타 의심스러운 콘텐츠를 메일이 수신자에게 도달하기 이전에 제거한다.

VB 바이러스는 작성하기가 매우 쉬워서 그것을 만든 사람들은 '스크립트 꼬마(script kiddie)'라고 불렸다. 들키지 않고 자기 임무를 다하는 바이러스나 웜을 만들기는 어렵다. 2010년 말에 스턱스넷(Stuxnet)이라는 정교한 웜이 다수의 처리 제어 컴퓨터에서 발견됐다. 이 웜의 주요 목표물은 이란에 있는 우라늄 농축 장비였던 것으로 보인다. 웜의 접근 방법은 교묘했다. 원심 분리기 모터에 속도 변동을 일으켜서 평범한 마모처럼 보일 수 있는 손상 혹은 파손까지 발생시켰다. 동시에, 모니터링 시스템에 아무 이상이 없다고 알려서 누구도 문제를 알아채지 못하게 했다. 아무도 이 프로그램을 자기가 만들었다고 나서지 않았지만, 이스라엘과 미국이 관여했던 것으로 널리 생각되고 있다.

트로이 목마(Trojan horse, 흔히 이 맥락에서는 Trojan으로 줄여 씀)는 유익하거나 무해한 것으로 가장하지만 실제로는 해로운 일을 하는 프로그램이다. 뭔가 도움이 되는 것처럼 보이기 때문에 피해자는 트로이 목마를 다운로드하거나 설치하도록 유도된다. 한 가지 전형적인 예는 시스템에 대한 보안 분석을 수행한다고 제안하면서 실제로는 악성코드를 대신 설치하는 것이다.

대부분의 트로이 목마는 이메일로 배달된다. 그림 10.4의 메시지(약간 편집됨)에는 워드 첨부 파일이 있는데, 윈도우에서 부주의하게 열면 드리덱스(Dridex)라는 악성코드가 설치된다. 물론 이 공격은 쉽게 알아챌 수 있었다. 발신인을 모르고, 회사에 대해 들어 본 적이 없으며, 발신자 주소는 해당 회사와 관련이 없다. 굳이 경계심을 갖지 않더라도 나는 리눅스에서 텍스트 전용 메일 프로그램을 사용하므로 꽤 안전하다. 이 공격은 윈도우 사용자를 표적으로 삼는다(그 후 그럴듯한 정도에 차이가 있는 최소 이십여 개의 변종을 받았다).

```
From: Efrain Bradley <BradleyEfrain90@renatohairstyling.nl>
Subject: Invoice 66858635 19/12
Hi,
Happy New Year to you ! Hope you had a lovely break.
Many thanks for the payment. There's just one invoice that hasn't
been paid and doesn't seem to have a query against it either.
Its invoice 66858635 19/12 ?4024.80 P/O ETCPO 35094
Can you have a look at it for me please? Thank-you !
Kind regards
Efrain Bradley
Credit Control, Finance Department, Ibstock Group
Supporting Ibstock, Ibstock-Kevington & Forticrete
----------------------------------------------
( +44 (0)1530 dddddddd
[ Attachment: "invoice66858635.doc" 18 KB. ]
```

그림 10.4 **트로이 목마 시도**

플로피 디스크가 초창기에 바이러스를 전파한 매개체였다고 언급했다. 최근에 같은 역할을 하는 것은 감염된 USB 플래시 드라이브다. 플래시 드라이브는 단지 메모리이므로 수동적인 장치라고 생각할지도 모르겠다. 그러나 일부 시스템, 특히 윈도우는 CD, DVD 또는 플래시 드라이브가 연결될 때 '드라이브에서' 프로그램을 자동으로 실행하는 '자동 실행' 서비스를 제공한다. 이 기능이 활성화되면 어떤 경고나 개입할 기회도 없이 악성 소프트웨어가 설치되고 시스템에 손상을 줄 수 있다. 대부분의 회사가 업무용 컴퓨터에 USB 드라이브를 연결하는 것에 대해 엄격한 정책을 시행하고 있지만, 회사 시스템이 이러한 방식으로 감염되는 것은 꽤 흔한 일이다. 때로는 신상품 드라이브가 이미 바이러스가 있는 상태로 출하되는데, 이는 일종의 '공급망' 공격이다. 더 간단한 공격은 회사의 로고가 붙어 있는 드라이브를 회사 주차장에 두는 것이다. 드라이브에 '경영진연봉.xls'같이 호기심을 강하게 끄는 이름의 파일이 있으면 자동 실행이 필요하지 않을 수도 있다.

10.7 웹 보안

웹은 많은 어려운 보안 문제를 제기한다. 위협은 대체로 세 가지 범주로 분류할 수 있다. 클라이언트(바로 여러분)에 대한 공격, 서버(가령 온라인 상점 또는 은행)에 대한 공격, 전송 중인 정보에 대한 공격(무선 통신을 스누핑하거나 NSA가 광섬유 케이블상의 모든 트래픽을 탈취하는 행위 등). 각각에 대해 차례대로 이야기하고, 어떤 곤란한 상황이 벌어질 수 있는지, 그리고 사태를 완화하기 위해 무슨 일을 할 수 있는지 알아보자.

10.7.1 클라이언트에 대한 공격

'여러분에 대한 공격'에는 스팸 및 추적 같은 골칫거리뿐만 아니라 더 심각한 우려들, 특히 다른 사람이 여러분으로 가장할 수 있게 해 주는 신용카드 번호, 은행 계좌 번호 또는 비밀번호 같은 개인 정보 유출이 포함된다.

다음 장에서는 여러분이 웹에서 하는 활동을 관찰하기 위해 (표면적으로는 더 흥미롭고 덜 짜증스러운 광고를 제공하는 것처럼 하면서) 쿠키와 다른 추적 메커니즘이 어떻게 사용될 수 있는지 자세히 설명할 것이다. 수행되는 추적의 양과 맞먹는 제3자 쿠키(third-party cookie, 여러분이 방문한 웹 사이트가 아닌 다른 웹 사이트에서 온 쿠키)를 금지하고, 트래커를 비활성화하고 자바스크립트를 끄고 플래시를 차단하는 등의 브라우저 애드온을 사용함으로써 추적을 감당할 수 있을 정도로 유지할 수 있다. 방어 태세를 유지하는 것은 귀찮은 일인데, 보호 수준을 최대한으로 설정해 둔 채로는 많은 웹 사이트를 사용할 수 없기 때문이다. 일시적으로 수준을 낮추어야만 하는데, 그런 다음 재설정하는 것을 잊지 말라. 그래도 이 정도 노력을 들일 만하다고 생각한다.

스팸(Spam), 즉 일확천금을 벌 방법, 주식 정보, 신체 부위 향상, 각종 기능 개선제, 다수의 다른 원치 않는 상품과 서비스를 권하는 요청하지 않은 메일은 너무 많아져서 이메일 사용 자체를 위태롭게 만들 정도다. 나는 일반적으로 하루에 스팸 메일을 50개에서 100개까지 받는데, 진짜 메일의 수보다 많은 것이다. 스팸이 이토록 자주 발생하는 것은 보내는 것이 거의 무료이기 때문이다. 수백만 명의 수신자 중 극히 일부만 응답하더라도 수익성을 유지하기에 충분하다.

스팸 필터는 알려진 패턴('맛있는 음료가 원치 않는 여분의 지방을 제거해 줍니다'라고 최근에 받은 것 중 홍보물에 써도 될 만한 스팸이 약속한다), 희귀한 이름, 기묘한 철자(\/I/-\GR/-\), 또는 스팸 발송 업자가 선호하는 주소를 찾기 위해 텍스트를 분석해서 진짜 메일과 스팸을 구별하려고 노력한다. 하나의 기준만으로는 충분하지 않으므로 필터 조합이 사용된다. 스팸 필터링은 '머신 러닝 (machine learning)'의 주요 응용 분야다. 스팸 또는 스팸이 아닌 것으로 표시된 사례의 훈련 집합이 주어지면 머신 러닝 알고리즘은 훈련 집합의 특성과의 유사성을 기반으로 후속 입력을 분류한다.

스팸은 군비 경쟁의 또 다른 예인데, 수비자가 한 가지 종류의 스팸에 대처하는 방법을 배우면 공격자는 새로운 방법을 찾아내기 때문이다. 출처가 꼭꼭 숨겨져 있어서 스팸을 원천적으로 중단시키기는 어렵다. 많은 스팸이 보안 손상을 입은 개인용 컴퓨터에 의해 전송되는데, 이러한 컴퓨터는 흔히 윈도우를 실행하고 있다. 보안 허점과 사용자의 관리 소홀로 인해 컴퓨터에 **악성코드**(malware)가 설치될 수 있는 취약점이 생기는데, 악성코드란 시스템을 손상시키거나 방해하려는 악의적인 소프트웨어를 의미한다. 어떤 종류의 악성코드는 업스트림 제어의 명령에 따라 스팸 메일을 브로드캐스팅하는데, 이 업스트림 제어는 또 다른 컴퓨터에서 제어되는 것일 수도 있다. 단계가 늘어날수록 그만큼 최초 발신자를 찾기가 훨씬 더 어려워진다.

피싱(Phishing) 공격은 도용에 사용할 수 있는 정보를 수신자가 자발적으로 넘겨주도록 설득하려고 시도한다. 여러분은 거의 틀림없이 '나이지리아인' 사기 편지를 받아 보았을 것이다. 그렇게 말도 안 되는 내용에 누군가 답장을 보낸다는 것을 믿는 어렵지만, 실제로 아직 그런 사람들이 있는 것으로 보인다. 피싱 공격은 더 교묘하다. 그럴듯한 메일이 표면적으로는 합법적인 기관이나 친구 또는 동료로부터 배달되고, 웹 사이트를 방문하거나 문서를 읽거나 어떤 자격 증명을 확인하도록 요청한다. 그렇게 하면 상대방은 이제 여러분의 컴퓨터에 무엇인가를 설치했거나 여러분에 관한 정보를 얻게 된다. 어떤 쪽이든 상대방이 여러분의 돈이나 신원을 도용하거나 고용주를 공격할 가능성이 있다. 그림 10.5는 전형적인 예다. 문법과 철자법 실수를 보면 조작한 티가 난다. 이 그림에는 보이지 않지만, 링크 위로 마우스를 옮기면 각 링크가 러시아에 있는 사이트로 연결된다는 것이 드러난다.

회사 로고 같은 형식과 이미지를 실제 사이트에서 복사할 수 있으므로 공식적인 것처럼 보이는 메시지는 쉽게 만들 수 있다. 보낸 사람이 진짜인지 확인하지 않으므로 반송 주소는 중요하지 않다. 피싱도 스팸처럼 비용이 거의 들지 않으므로 낮은 성공률로도 수익을 올릴 수 있다.

그림 10.5의 예는 명백한 사기다. 더 주도면밀한 표적 공격은 알아채기가 더 어렵다. 2010년 후반에 나는 그림 10.6에 있는 메일 메시지를 받았는데, 보아하니 친구가 매우 작은 개인 전자우편 목록으로 보낸 것이었다.

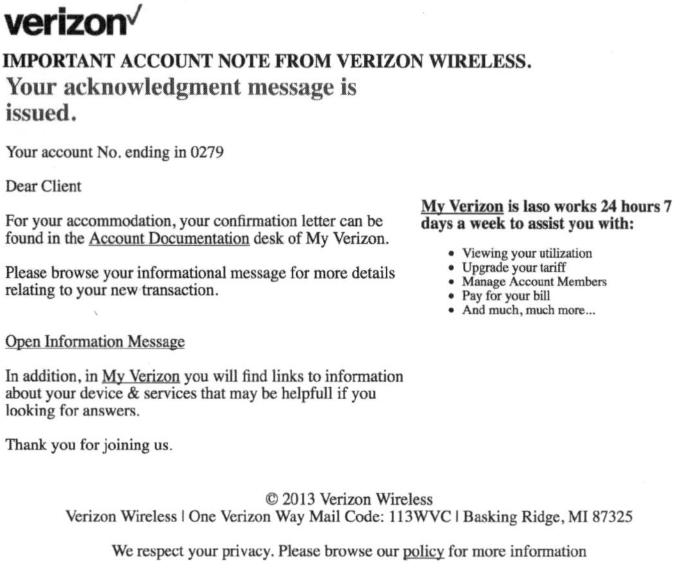

verizon√

IMPORTANT ACCOUNT NOTE FROM VERIZON WIRELESS.
Your acknowledgment message is
issued.

Your account No. ending in 0279

Dear Client

For your accommodation, your confirmation letter can be found in the Account Documentation desk of My Verizon.

Please browse your informational message for more details relating to your new transaction.

Open Information Message

In addition, in My Verizon you will find links to information about your device & services that may be helpfull if you looking for answers.

Thank you for joining us.

My Verizon is laso works 24 hours 7 days a week to assist you with:

- Viewing your utilization
- Upgrade your tariff
- Manage Account Members
- Pay for your bill
- And much, much more...

© 2013 Verizon Wireless
Verizon Wireless I One Verizon Way Mail Code: 113WVC I Basking Ridge, MI 87325

We respect your privacy. Please browse our policy for more information

그림 10.5 러시아에서 온 피싱 공격

메일 내용은 그럴듯했다. 찰리는 자주 여행을 다녔기 때문에 여행을 떠난 것일 수도 있었다. 몇 주 동안 그를 보지 못한 상태였다. 혹시나 해서 여기 있는 번호로 전화를 걸었지만, 전화 신호음이 울리지 않아서 조금 이상했다. 메일에 답장을 보냈고, 즉시 그림 10.7에 나오는 것처럼 개별 회신을 받았다.

나는 설명을 요청했는데, 이와 함께 진짜 찰리만 대답할 수 있는 질문을 했다. 돌아온 것은 웨스턴 유니온(Western Union)을 사용하는 방법에 대한 자세한 설명이었지만, 질문에 대한 답변은 없었다. 이쯤 되면 의심스러운 정도를 넘어섰기에, 바로 전화번호를 검색해 보니 몇 달 동안 계속된 잘 알려진 사기라는 것이 드러났다. 범인들은 메일 내용이나 번호조차 바꾸지 않았다.

날짜: 수요일, 2010년 12월 1일 04:55:37 −0800 (PST)
발신: Charles [...] <[...]@gmail.com>
이런 일로 연락해서 미안하지만, 영국으로 짧게 여행을 온 동안에 여권과 신용카드가 들어 있는 가방을 도둑맞았네. 대사관의 협조를 받아 임시 여권을 발급받기는 했는데, 이제 항공권을 사고 호텔 숙박비를 내야 한다네.

솔직히 말하자면 가지고 있는 돈이 없고, 은행에 연락해 보니 그쪽에서 해 줄 수 있는 것은 우편으로 새 카드를 보내 주는 건데 도착하려면 근무일 기준으로 2~4일이 걸린다고 하네. 그래서 말인데 갖고 있는 돈이 있으면 얼마 정도 보내 줄 수 있겠나? 도착하자마자 다시 갚을 생각이네. 몇 시간 있다 출발하는 마지막 항공편을 꼭 타야 한다네.

돈을 보내줄 수 있는 방법은 내가 알려 주겠네. 스마트폰으로 접속할 수 있으니 ([...]@aol.com) 주소로 이메일을 보내든지 호텔 프런트의 전화로 연락하게. 번호는 +447045749898이네.
고맙네.
찰리

그림 10.6 **스피어 피싱 공격**

브라이언,
어려운 상황에 처했으니 1,800달러만 빌려 주게. 웨스턴 유니온 계좌로 보내 주면 좋겠네. 송금과 관련된 상세 정보가 필요하면 알려 주게. 미국으로 돌아가면 바로 갚겠네.
찰리

그림 10.7 **피싱 공격자가 보낸 답장**

나중에 밝혀진 바로는 찰리의 지메일(Gmail) 계정이 해킹되었고, 공격자가 이를 통해 잠재적인 피해자의 집중적인 명단과 확실한 개인 정보를 입수한 것이었다. 이러한 까닭에 이렇게 정확한 표적 공격을 때로는 **스피어 피싱**(spear phishing)이라고 한다. 스피어 피싱은 일종의 **소셜 엔지니어링**(social engineering)이다. 서로 아는 친구처럼 개인적인 관계가 있거나 같은 회사에서 일한다고 주장함으로써 피해자가 어리석은 일을 하도록 유도하는 것이다. 페이스북(Facebook) 같은 데서 자신의 삶을 더 많이 공개할수록 누군가가 여러분을 더 쉽게 범죄 대상으로 삼을 수 있다는 것을 명심하라. SNS는 소셜 엔지니어링 사기꾼에게 도움이 된다.

표면상으로 CEO나 다른 고위 간부한테서 온 것처럼 해서 부하를 겨냥하는 스피어 피싱은 특히 효과적인 것 같다. 소득세 신고 마감 몇 달 전에 유행하는 스피어 피싱 중 한 가지는 대상이 각 직원에 대한 세금 정보(미국의 W-2 양식 같은)를 보내도록 요청하는 것이다. 이 양식에는 정확한 이름, 주소, 급여, 사회 보장 번호가 포함되어 있으므로 사기성 세금 환급을 신청하는 데 이용될 수 있다. 직원과 세무 당국이 알아챘을 때쯤에는 범인은 이미 돈을 가지고 없어진지 오래다.

스파이웨어(Spyware)는 컴퓨터에서 실행되면서 사용자에 대한 정보를 다른 곳으로 보내는 프로그램을 뜻한다. 이 중 일부는 분명히 악의적인데, 가끔은 단순히 상업적인 스누핑도 있다. 예를 들어, 대부분의 최신 운영 체제는 설치된 소프트웨어의 업데이트된 버전이 있는지 자동으로 확인한다. 보안 문제에 대한 버그 수정을 위해 소프트웨어를 업데이트할 것을 권장하기 때문에 좋은 일이라고 주장할 수도 있지만, 어쩌면 이것도 똑같이 프라이버시 침해라고 불릴 수도 있다. 여러분이 어떤 소프트웨어를 실행 중인지는 아무도 신경 쓰지 않는다. 업데이트가 강제되는 경우 문제가 될 수 있다. 너무 많은 경우에 새로운 버전의 프로그램이 크기는 더 크더라도 반드시 더 나은 것은 아니며, 새 버전은 기존 작동 방식을 바꿔 놓을 수 있다. 업데이트로 인해 수업에 필요한 뭔가가 바뀔 수도 있으므로 나는 학기 동안에는 중요한 소프트웨어를 업데이트하지 않으려고 노력한다.

개인용 컴퓨터에는 공격자가 **좀비**(zombie)를 설치하는 일이 흔하다. 좀비란, 인터넷을 통해 잠에서 깨어나서 스팸을 보내는 것 같은 적대적인 행동을 수행하라고 명령을 받을 때까지 기다리는 프로그램이다. 보통 이러한 프로그램은 **봇**(bot)이라 불리우며, 공통으로 통제되는 봇의 네트워크를 **봇넷**(botnet)이라고 한다. 언제든지 임무에 투입될 수 있는 수천 개의 알려진 봇넷과 대략 수십만에서 수백만 개의 봇이 있다. 공격을 위한 봇 판매는 잘나가는 사업이다.

악당은 파일 시스템에서 정보를 찾거나 몰래 설치된 **키 로거**(key logger)를 사용하여 비밀번호와 다른 데이터가 입력될 때 이를 캡처함으로써 클라이언트 컴퓨터에 침투해서 원천적으로 정보를 도용할 수 있다. 키 로거는 클라이언트의 모든 키 누름을 모니터링하여 키가 입력될 때 비밀번호를 캡처할 수 있는 프로그램이다. 암호화는 여기서 도움이 되지 않는다. 악성코드는 컴퓨터의 마이크와 카메라도 켤 수 있다.

악성코드가 컴퓨터에 있는 콘텐츠를 암호화하여 비밀번호에 대한 비용을 지급하기 전까지는 사용할 수 없게 할 수도 있다. 자연히 이러한 종류의 공격을 **랜섬웨어**(ransomware)라고 한다. 더 단순한 버전은 그저 컴퓨터가 악성코드에 감염됐다고 주장하면서 협박하는 화면을 띄우지만, 이는 제거할 수 있다. 아무것도 건드리지 말고 거기 있는 수신자 부담 전화번호로 전화를 걸면 적당한 돈을 주고 구출될 수 있을 것이다. 이것은 일종의 **스케어웨어**(scareware)다. 나의 친척이 이 사기에 속아 넘어갔고 수백 달러를 지급했다. 다행히도 그녀가 불만을 제기하니 신용카드 회사가 그 결제 건을 취소해 주었다. 모두가 그렇게 운이 좋은 것은 아니다.

앞서 설명한 드리덱스 악성코드는 키 로깅을 이용하여 은행 계좌 접속 정보를 훔치려고 하지만, 그 외에 스팸을 보내고 다른 공격에 참여하기 위한 봇으로 사용될 수도 있다. 최신 버전은 랜섬웨어를 설치하는 것으로 보인다.

여러분이 쓰는 브라우저나 다른 소프트웨어에 악한들이 컴퓨터에 소프트웨어를 설치할 수 있게 해 주는 버그가 있다면 위험이 더욱 커진다. 브라우저는 대규모의 복잡한 프로그램이며 지금까지 사용자에 대한 공격을 허용하는 수많은 버그가 있었다. 브라우저를 최신 상태로 유지하는 것은 불완전한 방어책이며, 불필요한 정보를 공개하지 않거나 임의의 다운로드를 허용하지 않도록 브라우저의 환경을 설정하는 것도 마찬가지다. 예를 들면, 브라우저에서 워드 또는 엑셀 문서 같은 콘텐츠 유형을 열기 전에 확인 메시지를 표시하도록 브라우저 기본 설정을 지정하라. 다운로드한 파일을 열 때 주의하라. 웹 페이지나 프로그램이 요청한다고 그저 클릭하지 말라. 몇 페이지 뒤에서 더 많은 방어책에 관해 설명할 것이다.

휴대 전화에서 아마도 가장 큰 위험은 나쁜 일을 하는 앱을 다운로드하는 것이다. 앱은 연락처, 위치 데이터, 통화 기록을 비롯한 휴대 전화의 모든 정보에 접근할 수 있으며, 이 정보들을 필시 여러분에게 불리하게 사용할 수 있다.

10.7.2 서버에 대한 공격

'서버에 대한 공격'은 여러분이 할 수 있는 일이 많지는 않다는 점에서 직접적으로 여러분의 문제는 아니지만, 그로 인해 여러분이 피해를 받지 않을 것이라는 사실을 의미하지는 않는다.

서버는 클라이언트 요청이 아무리 교묘하게 만들어졌더라도 그로 인해 서버가 승인되지 않은 정보를 유출하거나 무단 접근을 허용하게 하지 않도록 주의 깊게 프로그래밍되고 구성되어야 한다. 서버는 크고 복잡한 프로그램을 실행하므로 버그와 환경 설정 오류가 자주 발생하는데, 둘 다 악용될 수 있다. 서버는 보통 SQL(Structured Query Language: 구조화 쿼리 언어)이라는 표준 인터페이스를 통해 접근되는 데이터베이스의 지원을 받는다. 빈번한 공격 중 하나는 SQL 주입(SQL injection)이라는 것이다. 접근을 신중하게 제한하지 않으면 영리한 공격자가 데이터베이스 구조에 대한 정보를 얻고 승인되지 않은 정보를 추출하며, 심지어 서버에서 공격자의 코드를 실행하기 위한 쿼리를 제출할 수 있다. 이러한 코드는 전체 시스템에 대한 제어 권한을 얻을 수 있을지도 모른다. 그러한 공격은 잘 알려져 있으며 그에 대한 방어책도 마찬가지로 잘 알려져 있지만, 여전히 놀라울 정도로 자주 발생한다.

시스템이 침입을 받고 나면 피해를 입을 수 있는 범위에는 거의 제한이 없는데, 공격자가 최고 수준의 관리자 권한으로 접근할 수 있는 '루트' 접근권을 얻어냈다면 특히 그렇다. 이는 대상이 서버인지 개별 가정용 컴퓨터인지에 관계없이 적용된다. 이 시점에서 공격자는 웹 사이트를 파손하거나 외관을 훼손하거나, 혐오 발언 같은 당혹스러운 자료를 게시하거나, 시스템을 파괴하는 프로그램을 다운로드하거나, 아동 포르노 및 불법 복제된 소프트웨어 같은 불법 콘텐츠를 저장하고 배포할 수 있다. 서버에서 데이터를 대량으로 도용하거나, 개인용 컴퓨터에서는 그보다 적은 데이터를 도용할 수도 있다.

이러한 보안 위반은 이제 거의 매일 일어나는 사건이며, 때로는 대규모로 발생한다. 2013년에 미국의 주요 소매 체인인 타깃(Target)은 고객 4,000만 명의 신용카드 정보를 도용당했다. 나중에 타깃은 아마 일부 중복된 피해자가 있겠지만, 7,000만 개의 이름, 주소, 전화번호도 도용당했다고 밝혔다.

미국 내 최대 하드웨어 상점 체인인 홈디포(Home Depot)는 2014년에 6,000만 건의 기록을 도용당했다. 범인들은 공급 업체에서 도용한 로그인 자격 증명을 사용하여 셀프 계산대 금전 등록기에 악성코드를 설치했다. 직원들을 속여서 자격 증명을 입수하기 위해 스피어 피싱을 사용했음이 분명하다. 나도 단독 주택에 사는 만큼 정기적으로 홈디포에서 쇼핑을 하고 자주 셀프 계산대를 사용하므로 공격의 영향을 받았을 수 있다. 홈디포는 '영향을 받은 고객'에게 통보했다고 한다. 비록 아무 소식도 듣지는 못했지만, 나는 신용카드 사용 명세서를 매우 주의 깊게 확인한다.

2015년에 미국 정부의 인사관리처(OPM, Office of Personnel Management)는 2,100만 명 이상의 이름, 주소, 고용 정보, 사회 보장 번호, 비밀 취급 인가 데이터를 유출하는 보안 위반을 겪었다. 또한, 그들 중 560만 명에 대한 지문 데이터가 노출됐다.

2016년에 해커들은 파나마에 본사를 둔 법무법인인 모색 폰세카(Mossack Fonseca)로부터 1,100만 건 이상의 문서를 입수하여 많은 국가의 고위 정치인들 수백 명이 해외 계좌에 비자금을 보유하고 있다는 것을 밝혔다. 이 특정 침입이 공공 서비스였다고 주장하는 사람도 있겠지만, 계좌가 공개된 사람들은 다르게 느낄 것 같다.

서버는 DoS(Denial of Service, 서비스 거부) 공격의 대상이 될 수도 있다. DoS 공격자는 순전히 트래픽 용량만으로 사이트를 다운시키기 위해 대량의 트래픽이 사이트로 향하게 만든다. 이것은 흔히 봇넷으로 조정된다. 피해를 당한 컴퓨터들은 특정 시간에 특정 사이트로 요청을 보내라는 명령을 받고, 이는 조직화된 트래픽의 범람으로 이어지게 된다. 많은 출처에서 동시에 오는 공격을 DDoS(Distributed Denial of Service, 분산 서비스 거부) 공격이라고 한다.

10.7.3 전송 중인 정보에 대한 공격

'전송 중인 정보에 대한 공격'은 그동안은 아마도 가장 적게 우려의 대상이었지만, 분명히 아직도 심각하고 꽤 흔히 발생한다. 무선 시스템이 확산됨에 따라 바뀔지도 모르지만, 좋은 방향으로는 아니다. 돈을 훔치려는 사람이 은행과 여러분 간의 대화를 도청하여 계좌 번호와 비밀번호를 수집할 수 있다. 그러나 만약 사용자와 은행 간 트래픽이 암호화되어 있다면 도청자가 트래픽 내용을 이해하기는 어려울 것이다. HTTPS는 HTTP의 다른 버전으로, TCP/IP 트래픽을 양방향으로 암호화하여 도청자가 내용을 읽거나 대화 당사자 중 하나로 가장하는 일을 매우 어렵게 만든다. HTTPS 사용이 늘어나고 있지만, 보편적인 것은 절대 아니다. 개방형 무선접근을 제공하는 곳이면 어디서든 프로그램이 암호화되지 않은 연결을 스누핑할 수 있으며, 거의 감지할 수 없는 방식으로 공격자가 여러분인 척할 수 있다는 것을 의식하고 있어야 한다. 신용카드 데이터의 대량 도용 사건 중 하나는 상점에 있는 단말기 간의 암호화되지 않은 무선통신을 듣는 방법을 이용했다. 범인들은 상점 바깥에 주차하고 있으면서 신용카드 정보가 흘러갈 때마다[3] 그 정보를 캡처했다.

중간자(man-in-the-middle) 공격을 하는 것도 가능하다. 중간자 공격은 공격자가 메시지를 가로채서 수정한 다음 마치 원래 출처에서 직접 온 것처럼 보낸다(3부 첫머리에서 언급한 ≪몽테크리스토 백작(The Count of Monte Cristo)≫의 이야기가 한 가지 사례). 적절한 암호화는 이러한 종류의 공격도 막아 준다. 국가 방화벽은 또 다른 종류의 중간자 공격으로, 그로 인해 트래픽이 느려지거나 검색 결과가 변경된다.

VPN(Virtual Private Network, 가상 사설망)은 두 컴퓨터 간에 암호화된 통신 경로를 설정하므로 일반적으로 양방향으로 정보의 흐름을 안전하게 보호한다. 기업에서는 직원들이 집에서 또는 통

---

3   무선으로 정보를 캡처하는 것을 묘사한 것이라고 한다.

신 네트워크의 보안을 신뢰할 수 없는 국가에서 일할 수 있도록 하고자 VPN을 자주 이용한다. 개인 사용자는 VPN을 사용하여 개방형 와이파이를 제공하는 커피숍과 다른 장소에서 더 안전하게 작업할 수 있다.

10.8 자기 자신을 방어하기

방어는 어렵다. 수비자는 가능한 모든 공격을 막아내야 하지만, 공격자는 약점 하나만 찾아내면 된다. 공격자에게 유리한 면이 있는 것이다. 그럼에도 불구하고 방어 확률을 높일 수 있는데, 특히 잠재적인 위협에 대해 현실을 직시해서 평가한다면 그렇게 할 수 있다.

자기 자신을 방어하려면 무엇을 할 수 있을까? 누군가 조언을 구할 때 내가 알려 주는 내용을 아래에 정리해 보았다. 나는 방어책을 세 가지 범주로 나눈다. 매우 중요한 것들, 신중하고 조심스러운 것들, 얼마나 편집증적인지에 달려 있는 항목들이 그것이다(미리 알려 주자면 나는 편집증적인 쪽에 훨씬 가까운데, 사람들 대부분은 이 정도는 아닐 것이다).

중요한 방어책들

아무도 추측할 수 없고 많은 가능한 조합을 시도해도 빨리 드러나지 않을 정도로 신중하게 비밀번호를 선택하라. 한 단어, 생일, 가족이나 애완동물 또는 배우자나 애인의 이름, 특히 놀랍도록 자주 선택되는 'password' 그 자체보다 확실한 비밀번호가 필요하다. 대문자, 소문자, 숫자 및 특수 문자가 포함된 여러 단어의 구를 만드는 것이 안전성과 사용 편의성 사이에서 적절한 절충안이다. 비밀번호를 때때로 변경하라. 그러나 끝에 있는 숫자를 하나씩 증가시키는 것처럼 뻔하고 정형화된 방법은 안 된다.

온라인 신문이나 소셜 미디어 사이트처럼 중요하지 않은 곳의 비밀번호와 은행이나 전자 메일처럼 중요한 사이트에 같은 비밀번호를 절대 사용하지 말라. 개인 계정과 동일한 비밀번호를 직장에서 사용하지 말라. 다른 사이트에 로그인하기 위해 페이스북이나 구글 같은 단일 사이트를 사용하지 말라. 뭔가 잘못되었을 때 단일 실패 지점이 되며, 물론 여러분은 자신에 대한 정보를 그냥 내주는 격이 된다.

래스트패스(LastPass) 같은 비밀번호 관리 프로그램은 여러분이 사용하는 모든 사이트에 대해 안전한 무작위 비밀번호를 생성하고 저장한다. 여러분은 하나의 비밀번호만 기억하면 된다. 물론 그 비밀번호를 잊어버리거나, 비밀번호들을 보유하고 있는 회사나 소프트웨어가 해킹당하거나 강제로 정보가 유출되는 경우 이것도 단일 실패 지점이 된다.

이용할 수 있다면 이중 인증을 사용하라. 이중 인증은 비밀번호와 함께 사용자가 소유한 실제 장치를 필요로 한다. 사용자가 무엇인가를 알고(비밀번호) 무엇인가를 가지고 있기를(장치) 요구하기 때문에 비밀번호만 사용하는 것보다 안전하다. 그 장치는 서버 측에서 같은 알고리즘으로 생성된 번호와 일치해야 하는 번호를 생성하는 휴대 전화 앱일 수 있고, 휴대 전화로 전송되는 메시지일 수도 있다. 또는 그림 10.8에 있는 것처럼 비밀번호와 함께 제공해야 하는 새롭게 생성된 난수를 표시하는 특수 목적 장치일 수도 있다.

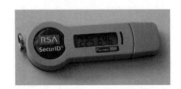

그림 10.8 **RSA SecurID 이중 인증 장치**

아이러니하게도 SecurID(그림 10.8)라고 하는 널리 사용되는 이중 인증 장치를 만드는 회사인 RSA는 2011년 3월에 해킹당했다. 보안 정보가 도용되어 그로 인해 일부 SecurID 장치가 취약해졌다.

낯선 사람들이 보낸 첨부 파일을 열거나 친구나 동료가 보낸 예기치 않은 첨부 파일을 열지 말라(거의 매일 나는 몇 년 동안 사용하지 않은 주소로 발송된 메일을 받는다. 그것은 모두 사기성이지만, 표면적으로 '보낸 사람'은 친구로 되어 있어서 부주의해지기 쉽다). 마이크로소프트의 오피스 프로그램에서 비주얼 베이직 매크로를 허용하지 말라. 요청을 받는다고 절대 무의식적으로 수락하거나, 클릭하거나, 설치하지 말라. 출처가 미심쩍은 프로그램을 다운로드하지 말라. 신뢰할 수 있는 출처에서 온 것이 아니라면 어떤 소프트웨어도 다운로드하고 설치하는 것을 조심하라. 이것은 컴퓨터와 마찬가지로 휴대 전화에도 똑같이 적용된다!

개방형 와이파이를 제공하는 곳에서 어떤 중요한 일도 하지 말라. 스타벅스에서 은행 업무를 수행하면 안 된다. 연결이 HTTPS를 사용한다는 것을 확인하되, HTTPS는 내용만 암호화한다는 사실을 잊지 말라. 통신 경로에 있는 모든 사람은 발신자와 수신자를 알고 있다. 이러한 메타데이터는 사람들을 식별하는 데 매우 유용할 수 있다.

바이러스 백신 소프트웨어를 사용하고 최신 상태로 유지하라. 컴퓨터 보안 검사를 실행하겠냐고 권하는 팝업을 클릭하지 말라. 브라우저와 운영 체제 같은 소프트웨어는 보안 수정이 자주 일어나므로 최신으로 유지하라.

애플(Apple)의 타임머신(Time Machine) 같은 서비스를 사용하여 자동으로, 또는 여러분이 부지런하다면 수동으로 정보를 안전한 장소에 정기적으로 백업하라. 어쨌든 정기적으로 백업을 하는 것이 현명한 습관이고, 악성코드가 디스크를 엉망으로 만들거나 몸값을 노리고 암호화한 경우 훨씬 마음이 놓일 것이다.

신중한 방어책들

팝업과 제3자 쿠키를 꺼라. 귀찮게도 브라우저마다 쿠키가 저장되므로 사용하는 각 브라우저에 대해 방어 기능을 설정해야 하며, 쿠키를 활성화하는 방법에 대한 세부 사항도 브라우저별로 다르지만, 그만큼 수고할 가치가 있다.

애드블록 플러스(Adblock Plus), 유블록(uBlock), 프라이버시 배저(Privacy Badger), 플래시블록(Flashblock) 같은 애드온을 사용하여 광고 및 추적과 그것들이 활성화할 수 있는 잠재적 악성코드를 차단하라. 고스터리(Ghostery)를 사용하여 자바스크립트 추적을 대부분 제거하라. 광고주는 광고 차단 프로그램 사용자가 왠지 속임수를 쓰거나 도둑질을 하고 있다고 주장하지만, 광고가 악성코드를 전달하는 주요 매개체 중 하나인 한 광고를 비활성화하는 것이 그냥 웹 위생 면에서 깔끔하다.

비공개 탐색 또는 익명 모드를 사용 설정하고, 각 세션이 끝날 때 쿠키를 삭제하라. 단, 이는 자신의 컴퓨터에만 영향을 주므로 여러분은 여전히 온라인에서는 추적당할 수 있다. '추적 안함(Do Not Track)' 옵션을 켜라. 하지만 이 항목은 어쩌면 그다지 도움이 안 될 수도 있다.

메일 프로그램에서 HTML을 비활성화하라.

어도비 리더(Adobe Reader)와 메일 프로그램에서 자바스크립트를 꺼라.

사용하지 않는 운영 체제 서비스를 꺼라. 예를 들어, Mac에서는 프린터, 파일, 장치를 공유하고 다른 컴퓨터에서 로그인하여 컴퓨터를 원격으로 관리할 수 있도록 허용하는 기능을 제공한다. 윈도우에도 비슷한 설정이 있다. 나는 그 기능을 모두 끈다.

방화벽(firewall)은 들어오고 나가는 네트워크 연결을 모니터링하고 접근 규칙을 위반하는 연결을 차단하는 프로그램이다. 컴퓨터의 방화벽을 켜라.

비밀번호를 사용하여 휴대 전화와 노트북을 잠그라. 지문 인식 장치가 있으면 사용하라.

편집증적 방어책들

자바스크립트를 줄이기 위해 브라우저에서 노스크립트(NoScript)를 사용하라.

화이트리스트(허용 목록)에 명시적으로 입력한 사이트를 제외하고는 모든 쿠키를 꺼라.

휴대 전화를 사용하지 않을 때는 휴대 전화를 꺼라. 휴대 전화를 암호화하라. 이 기능은 iOS 최신 버전에서 자동으로 제공되며 안드로이드(Android)에서도 사용할 수 있다. 노트북도 암호화하라.

익명으로 웹 브라우징하기 위해 Tor(토어) 브라우저를 사용하라(12장에서 이것에 대해 더 자세히 살펴본다).

휴대 전화가 더 많이 표적이 되고 있기 때문에 더 많은 예방책이 필요하다. 다운로드하는 앱을 특히 조심하라. 그리고 사물 인터넷(Internet of Things)에도 비슷한 문제가 있다는 것을 여러분에게 장담할 수 있는데, 이 경우 예방책을 취하기가 더 어려울 것이다.

10.9 요약

웹은 1990년에 아무것도 아니었던 상태에서 오늘날 우리 삶의 필수적인 부분으로 성장했다. 웹은 검색, 온라인 쇼핑, 평가 시스템, 가격 비교 및 제품 평가 사이트를 통해 특히 소비자 관점에서 보는 사업의 모습을 변화시켰다. 웹은 우리가 친구, 공통 관심사를 가진 사람들, 심지어 배우자를 찾는 방법에 이르기까지 우리의 행동도 바꿔 놓았다. 웹은 우리가 세상에 대해 알게 되는 방법과 우리가 뉴스를 어디서 얻는지를 결정한다. 만약 우리의 관심사에 초점이 맞춰져 있는 한정된 출처로부터 뉴스와 여론을 얻는다면 그것은 좋지 않다. 정말로 **필터 버블**(filter bubble)이라는 용어는 웹이 우리의 생각과 의견을 형성하는 데 얼마나 영향력을 미치는지를 반영한다.

무수한 기회와 혜택과 더불어 웹은 멀리 떨어진 곳에서도 나쁜 활동을 할 수 있도록 해 주기 때문에 문제와 위험을 가져왔다. 우리는 단 한 번도 만난 적 없는 멀리 있는 사람들에게 드러나 보이고, 그들이 가하는 공격에 취약하다.

웹은 해결되지 않은 법적 관할권 문제를 제기한다. 예를 들어, 미국에서는 많은 주에서 주 경계 내 상품 구매에 대해 판매세가 청구되지만, 온라인 상점은 보통은 구매자로부터 판매세를 징수하지 않는다. 이는 주 내에 물리적으로 존재하지 않으면 그 주 세무 당국의 대리인으로 행동할 필요가 없다는 생각에 기초한 것이다. 구매자는 주 외부 구매를 신고하고 세금을 내야 하지만, 아무도 그렇게 하지 않는다.

명예 훼손은 법적 관할권이 불확실한 또 다른 영역이다. 일부 국가에서는 명예 훼손 혐의가 있는 사람이 소송이 제기된 국가에 한 번도 간 적이 없더라도 웹 사이트(다른 곳에서 호스팅되는)를 해당 국가에서 볼 수 있다는 이유만으로 명예 훼손 소송을 제기할 수 있다.

어떤 활동은 한 국가에서는 합법적이지만 다른 국가에서는 그렇지 않다. 외설물 배포, 온라인 도박, 정부 비판은 일반적인 예다. 시민들이 국경 내에서 불법적인 활동을 위해 인터넷과 웹을 사용할 때 정부는 그들에게 어떻게 자국의 규칙을 시행할까? 일부 국가는 국내외로 연결된 한정된 수의 인터넷 경로를 제공하며, 이를 통해 승인하지 않은 트래픽을 차단, 필터링 또는 감속시킬 수 있다. 중국의 '방화장성(Great Firewall of China)[4]'은 가장 잘 알려진 사례지만, 분명히 유일한 사례는 아니다.

사람들에게 인터넷상에서 자기 신분을 증명하도록 요구하는 것은 또 다른 접근법이다. 이것은 익명으로 욕설하고 괴롭히는 일을 막는 좋은 방법인 것처럼 보이지만, 행동주의자 및 반대론자의 사기를 저하시키는 효과도 있다.

페이스북과 구글 같은 회사가 사용자들에게 실제 이름을 사용하도록 강요하려고 했던 시도는 강한 저항에 부닥쳤는데, 그렇게 반대하는 이유는 정당했다. 온라인 익명성에는 많은 단점이

---

4 중국의 인터넷 검열 시스템에 대해 주로 서구권에서 만리장성에 빗대어 부르는 이름이다. 일반적으로는 금순공정 또는 황금방패로 알려져 있다.

있지만(혐오 발언, 왕따 몰이, 온라인 도발은 강력한 사례다), 사람들이 보복을 두려워하지 않고 자유롭게 표현할 수 있는 것도 중요하다. 우리는 아직 알맞은 균형을 찾지 못했다.

개인, 정부(시민들의 지지 여부와 관계없이), 기업(흔히 이해관계가 국경을 초월하는)의 적법한 이해관계 간에는 항상 갈등이 존재할 것이다. 물론 범죄자들은 법적 관할권이나 다른 당사자의 적법한 이해관계에 대해 별로 걱정하지 않는다. 인터넷은 이러한 모든 우려가 주는 압박의 강도를 더 높인다.

11

데이터와 정보

> "당신이 인터넷을 쳐다보면 인터넷도 당신을 쳐다본다.'
> "When you look at the Internet, the Internet looks back at you."
>
> 프리드리히 니체(Friedrich Nietzsche)에게 심심한 사과와 함께, 《선악의 저편(Beyond Good and Evil)》, 1886.

여러분이 컴퓨터, 휴대 전화, 또는 신용카드로 하는 거의 모든 일은 여러분에 대한 데이터를 생성한다. 그 데이터는 신중하게 수집되고, 분석되고, 영구히 저장되며, 흔히 여러분이 전혀 모르는 기관에 판매된다.

일상적으로 일어나는 상호작용에 대해 생각해 보라. 여러분은 컴퓨터나 휴대 전화를 사용하여 구매할 물품이나 방문할 장소나 더 알고 싶은 주제에 대해 검색할 수 있다. 검색 엔진은 여러분이 무엇을 검색했는지, 언제 어디에 있었는지, 그리고 어떤 결과에 클릭했는지를 기록하고, 가능하다면 구체적으로 여러분과 관련짓는다. 우리 모두가 온라인으로 검색하고, 쇼핑하고, 영화와 TV 프로그램을 보며 즐거워한다. 우리는 이메일이나 문자로, 때로는 음성으로도 친구나 가족들과 대화한다. 페이스북(Facebook)으로 친구나 지인과 연락하고, 링크트인(LinkedIn)으로 잠재적인 직업적 인맥을 유지하며, 데이트 사이트를 통해 로맨스를 찾을 수도 있다. 블로그와 트위터(Twitter) 피드와 온라인 뉴스를 읽으며 주변 세상의 흐름에 발을 맞춘다. 또한, 온라인으로 돈을 관리하고 요금을 지불한다. 우리는 항상 우리가 어디에 있는지 정확히 알고 있는 휴대 전화를 가지고 끊임없이 움직인다.

이렇게 이어지는 수많은 개인적인 데이터 하나하나가 모두 수집된다. 2015년에 시스코(Cisco)가 예측한 바에 따르면 2016년에 연간 전 세계 인터넷 트래픽이 제타바이트를 초과할 것이라고 한다. 접두사인 '제타(zetta)'는 10^{21}로, 이는 틀림없이 많은 용량이다. 이 모든 데이터가 어디에서 왔으며 어떻게 이용되는 것일까? 해답은 흥미롭고 여러 면에서 정신을 번쩍 들게 한다. 왜냐하면 그 데이터 중 일부는 우리를 위한 것은 아니지만, 우리에 관한 것이기 때문이다. 더 많은 데이터가 존재할수록 낯선 사람들이 우리에 대해 더 많이 알게 되고, 우리의 프라이버시와 보안이 약해지게 된다.

웹 검색부터 살펴볼 텐데, 상당량의 데이터 수집이 검색 엔진에서 시작되기 때문이다. 이어서 추적에 관해 설명한다. 이는 곧 여러분이 어떤 사이트를 방문했고 방문하는 동안 무슨 일을 했는지 추적하는 것이다. 다음으로, 사람들이 기꺼이 내주거나 오락이나 편리한 서비스를 위해 맞바꾸는 개인 정보에 관해 이야기할 것이다. 그 모든 데이터가 어디에 보관되는 것일까? 이 질문은 모든 종류의 당사자가 수집한 데이터의 모임을 의미하는 데이터베이스와 더불어 데이터 집계와 데이터 마이닝으로 이어진다. 왜냐하면 데이터의 가치 중 많은 부분은 다른 데이터와 결합돼서 새로운 통찰력을 제공할 때 만들어지기 때문이다. 여기서 또한 중대한 프라이버시 문제가 발생하는데, 여러 출처에서 나온 우리에 대한 데이터를 결합하면 다른 누구도 상관해서는 안 되는 사실을 너무나 쉽게 알 수 있기 때문이다. 마지막으로, 클라우드 컴퓨팅에 관해 설명할 텐데, 클라우드 컴퓨팅을 이용한다는 것은 우리가 자신의 컴퓨터 대신 서버상에서 저장과 처리 기능을 제공하는 회사에 모든 정보를 넘겨준다는 것을 뜻한다.

11.1 검색

웹 검색은 오늘날의 기준으로 볼 때 웹이 작았던 1994년경부터 시작됐다. 웹 페이지의 수와 쿼리의 수는 이후 몇 년 동안 급격히 증가했다. 구글(Google)에 대한 최초의 논문인 세르게이 브린(Sergey Brin)과 래리 페이지(Larry Page)의 〈대규모 하이퍼텍스트 웹 검색 엔진의 분석(The anatomy of a large-scale hypertextual web search engine)〉은 1998년 초에 출간됐다. 논문에 따르면 초기 검색 엔진 중 가장 성공적이었던 것 중 하나인 알타비스타(AltaVista)는 1997년 말에 하루

2,000만 건의 쿼리를 처리했다고 하며, 2000년이 되면 웹에 수십억 페이지가 존재하게 될 것이고 하루에 수억 개의 쿼리를 처리하리라는 것을 정확하게 예측했다. 2016년에 나온 가장 그럴법한 추측은 약 500억 개의 웹 페이지가 있고, 구글 단독으로 하루에 30억 건이 훨씬 넘는 쿼리를 처리한다는 것이다.

검색은 큰 사업으로, 아무것도 없는 상태에서 20년도 지나지 않아 주요 산업이 됐다. 예를 들면, 구글은 1998년에 설립되어 2004년에 상장했으며, 2016년 말 기준으로 5,500억 달러의 시가 총액을 기록하면서 6,000억 달러를 기록한 애플(Apple)에 이어 2위에 올랐고, 엑손 모빌(Exxon Mobil)(3,500억 달러, 우연히도 페이스북과 거의 비슷함)과 제너럴 일렉트릭(General Electric)(2,750억 달러)같이 오랫동안 확립된 기업들보다 훨씬 앞섰다. 구글은 수익성이 매우 높지만, 검색 시장은 경쟁이 치열하니 무슨 일이 일어날지는 아무도 모를 일이다. (여기서 밝혀 두는 편이 좋겠다. 나는 구글의 파트타임 직원이고, 그 회사에 많은 친구가 있다. 물론 이 책의 어떤 내용도 특정 주제에 대한 구글의 입장으로 간주돼서는 안 된다.)

검색 엔진은 어떻게 작동할까? 사용자 관점에서 볼 때, 웹 페이지의 폼에 쿼리를 입력하고 서버로 보내면 거의 즉시 링크와 텍스트 토막의 목록이 반환된다. 서버 쪽에서 보면 더 복잡하다. 서버는 쿼리의 단어나 단어들을 포함하는 페이지의 목록을 생성하고, 관련성 순서로 정렬하며, 페이지의 토막을 HTML로 감싼 다음 사용자에게 보낸다.

하지만 웹은 각 사용자 쿼리가 웹 전체에 대해 새로운 검색을 시작하기에는 너무 크므로, 검색 엔진의 작업 중 주요한 부분은 미리 페이지 정보를 서버에 저장하고 구조화하여 쿼리에 답할 준비를 하는 것이다. 이 작업은 웹 **크롤링**(crawl)으로 수행된다. 웹 크롤링은 페이지를 훑어보면서 관련 내용을 데이터베이스에 저장하여 이후 쿼리에 신속하게 응답할 수 있도록 한다. 이것은 거대 규모 캐싱의 예다. 검색 결과는 인터넷 페이지의 실시간 검색이 아니라 캐싱된 페이지 정보의 미리 계산된 인덱스에 기반을 둔다.

그림 11.1은 검색 엔진의 대략적인 구조를 보여 주는데, 결과 페이지에 광고가 삽입되는 부분도 포함하고 있다.

문제는 규모다. 수십억 명의 사용자와 수백억 개의 웹 페이지가 있다. 구글은 인덱스를 구축하기 위해 크롤링하는 페이지의 수를 발표하곤 했지만, 페이지 수가 100억을 초과한 후에 언젠가부터 이를 중단했다. 일반적인 웹 페이지가 20KB인 경우 1,000억 페이지를 저장하려면 몇 페타바이트의 디스크 공간이 필요하다. 웹의 일부는 몇 달 또는 심지어 몇 년 동안 변하지 않는 정적인 페이지이지만, 상당 부분은 급속히 변하므로(주식 시세, 뉴스 사이트, 블로그, 트위터 피드) 크롤링은 지속적이고 매우 효율적으로 수행되어야 한다. 인덱스가 생성된 정보가 구식이 되지 않도록 하려면 검색 엔진은 쉴 틈이 없다. 검색 엔진은 하루에 수십억 개의 쿼리를 처리한다. 각각의 처리 과정에는 데이터베이스를 조사하고, 관련 페이지를 찾고, 적합한 순서로 정렬하는 작업이 필요하다. 또한, 검색 결과에 붙어서 나올 광고를 선택하는 작업, 검색 품질을 개선하고 경쟁 업체보다 앞서 나가며 더 많은 광고를 판매하기 위한 데이터를 얻기 위해 배후에서 모든 것을 기록하는 작업이 포함된다.

우리가 볼 때 검색 엔진은 알고리즘이 실제로 작동하는 훌륭한 예지만, 트래픽 양으로 인해 단순한 검색이나 정렬 알고리즘을 이용해서는 충분히 빨리 작동할 수 없다.

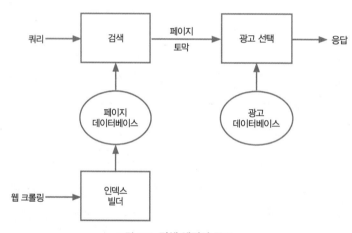

그림 11.1 **검색 엔진의 구조**

어떤 부류의 알고리즘들은 크롤링을 처리한다. 즉, 다음에 어떤 페이지를 볼지 결정하고, 거기서 인덱싱 가능한 정보(단어, 링크, 이미지 등)를 추출하며, 이를 인덱스 빌더로 전달한다. URL을 추출하고, 중복되거나 관련성이 없는 항목을 제거한 다음, 남은 항목들을 차례대로 검사할 목록에 추가한다. 크롤러가 사이트를 너무 자주 방문할 수 없다는 점 때문에 문제가 더 복잡해지는데, 그렇게 하다가는 사이트의 트래픽 부담이 상당히 늘어나서 골칫거리가 될 수 있기 때문이다. 심지어 크롤러가 접근을 거부당할지도 모른다. 페이지별로 변경되는 속도가 크게 다르므로, 페이지 변경 빈도를 정확하게 평가하고 느리게 바뀌는 페이지보다 빨리 바뀌는 페이지를 더 자주 방문할 수 있는 알고리즘을 이용하여 성능을 향상시킬 수도 있다.

다음 구성 요소는 인덱스 구축이다. 크롤러에서 페이지를 가져와서 각 페이지에서 관련성이 있는 부분을 추출하고, 각 부분에 대해서 그 URL과 페이지상의 위치와 함께 인덱싱한다. 이 과정의 세부 사항은 인덱싱할 콘텐츠에 따라 다르다. 텍스트, 이미지, 스프레드시트, PDF, 비디오 등 모든 콘텐츠가 각기 다른 처리를 필요로 한다. 실제로 인덱싱은 어떤 웹 페이지에서 발견되는 각 단어나 다른 인덱싱 가능한 항목에 해당하는 페이지와 위치의 목록을 만드는데, 이 목록은 특정 항목에 해당하는 페이지 목록을 빠르게 검색할 수 있는 형태로 저장된다.

마지막 작업은 쿼리에 대한 응답을 만들어 내는 것이다. 기본 아이디어는 쿼리의 모든 단어를 가져와서 인덱싱 목록을 사용하여 일치하는 URL들을 빠르게 찾은 다음, (또한 신속하게) 가장 잘 일치하는 URL들을 선택하는 것이다. 이 과정의 세부 사항은 검색 엔진 회사에는 가장 핵심이 되는 자산이므로 웹에서 찾아봐도 특정 기술에 대해 많이 알아내지 못할 것이다. 다른 단계와 마찬가지로 여기서도 작업 대상의 규모가 가장 큰 문제다. 어떤 주어진 단어가 수백만 개의 페이지에 나타날 수도 있고, 한 쌍의 단어가 여전히 백만 개의 페이지에 있을지도 모르며, 그런 가능한 응답들로부터 가장 잘 일치하는 10개 정도를 빠르게 골라내야 한다. 검색 엔진이 정확하게 일치하는 항목을 상위 목록에 표시하고 더 빨리 응답할수록 경쟁 업체보다 우선적으로 사용될 것이다.

처음 나온 검색 엔진들은 단순히 검색어가 포함된 페이지의 목록만 표시했지만, 웹이 커질수록 검색 결과는 거의 관련성이 없는 페이지가 뒤죽박죽 섞인 상태가 됐다. 구글의 **페이지랭크** (PageRank) 알고리즘은 각 페이지에 품질 측정값을 할당한다. 페이지랭크는 다른 페이지가 링크를 걸고 있거나 높은 순위가 매겨진 페이지에서 링크를 걸고 있는 페이지에 더 많은 가중치를 부여한다. 이는 그런 페이지가 쿼리와 관련성이 있을 가능성이 가장 크다는 이론에 기반을 두고 있다. 브린(Brin)과 페이지(Page)가 논문에서 설명한 바에 따르면 "직관적으로, 웹 전반적으로 많은 곳에서 많이 인용된 페이지는 살펴볼 가치가 있다." 물론 품질이 높은 검색 결과를 만들어 내려면 이보다 훨씬 더 많은 일이 필요하고, 검색 엔진 회사는 경쟁사보다 검색 결과를 더 향상시키기 위해 지속적으로 노력하고 있다.

완전한 검색 서비스를 제공하기 위해서는 막대한 컴퓨팅 자원이 필요하다. 수백만 개의 프로세서, 테라바이트의 RAM, 페타바이트의 디스크, 초당 기가비트의 대역폭, 기가 와트의 전력,

그리고 물론 많은 사람들이 필요하다. 이것들 모두에 대해서 어떻게든 비용을 지불해야 하는데, 보통은 광고 수익을 통해 충당된다.

가장 기본적인 수준에서 광고주는 웹 페이지에 광고를 표시하기 위해 비용을 지불하는데, 그 가격은 얼마나 많은 사람이, 그리고 어떤 종류의 사람이 페이지를 볼 것인지를 일정한 방식으로 측정함으로써 결정된다. 가격은 페이지 노출(임프레션(impression)이라고도 하며, 광고가 페이지에 나타나기만 해도 1회로 친다), 클릭(노출자가 광고를 클릭함), 또는 노출자가 실제로 무엇인가를 구매했음을 의미하는 '전환'의 측면에서도 결정될 수 있다. 광고되는 내용에 관심이 있는 노출자는 분명히 가치가 있으므로 가장 일반적인 모델에서 검색 엔진 회사는 검색어에 대해 실시간 경매를 실시한다. 광고주는 특정 검색어에 대한 결과와 함께 광고를 표시할 권리를 얻고자 입찰하고, 검색 엔진 회사는 노출자가 광고를 클릭하면 수익을 올린다.

예를 들어, '자동차 사고'를 검색하는 사람은 손해배상을 전문으로 하는 변호사에게 연락하는데 관심이 있을지도 모른다. 검색자의 위치가 알려져 있다면 유용한데, 변호사는 자신의 지역에 있는 사람들에게 광고하기를 원할 것이기 때문이다. 성별, 혼인 상태, 연령 같이 검색자의 인구 통계적 특성에 대해 알면 검색어를 더 가치 있게 만들 수도 있다. 그림 11.2는 뉴저지 주 프린스턴에 있는 나의 사무실에서 검색한 결과다. 정보를 자진해서 제공하지 않았는데도 대략적인 지리적 위치가 알려졌음을 주목하라. 이는 나의 IP 주소를 통해 추정됐을 가능성이 있다.

광고('Ad')로 라벨이 붙은 상위 두 개의 검색 결과는 법률 사무소에 대한 것으로, 그중 하나는 신체적 상해를 전문으로 하고 있다. 이러한 링크를 클릭한다면 광고주는 경매를 거쳐 설정된 가격을 구글에 지불하게 된다. 검색 엔진 회사는 가짜 클릭으로 인한 사기를 방지하기 위한 정교한 메커니즘을 가지고 있다. 이것은 공개적으로 자세히 설명된 것을 보기 힘든 구현의 세부 사항 중 한 가지로, 특히 이전 장에서 설명한 것처럼 가짜 클릭을 생성하는 것이 봇넷의 인기 있는 사용 목적이기 때문이다.

세 번째와 네 번째 결과는 광고로 분류되지 않았지만, 확실히 광고처럼 보인다. 다른 검색 엔진을 사용하여 다시 검색해 보면 다른 결과가 나오고, 일반적으로 더 많은 광고가 맨 위에 표시된다. 물론 검색어에 '변호사'를 추가하면 훨씬 더 범위가 좁혀진 결과를 얻을 수 있다.

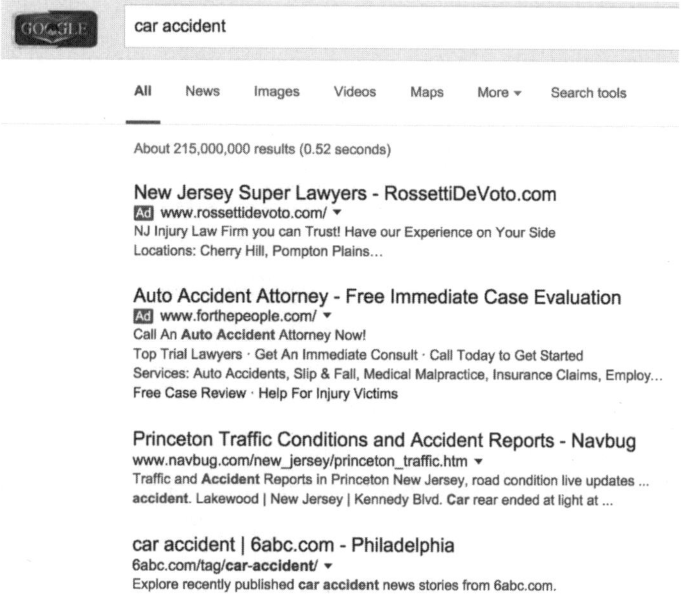

그림 11.2 '자동차 사고'에 대한 구글 검색

구글의 애드워즈(AdWords)를 사용하면 제안된 광고 활동을 간단하게 시험해 볼 수 있다. 예를 들어, 그 서비스의 평가 도구는 검색어 'kernighan'의 예상 비용이 클릭당 22센트가 될 것이라고 알려 준다. 즉, 누군가가 'kernighan'을 검색하고 내 광고를 클릭할 때마다 나는 구글에 22센트를 지불해야 한다. 그 서비스는 또한 한 달에 약 900건의 검색이 행해질 것이라고 추정하지만, 물론 누구도 얼마나 많은 사람들이 내 광고를 클릭하여 내가 돈을 지불하게 만들지 알지 못한다. 실제로 무슨 일이 일어나는지 확인하려고 실험을 해 본 적은 없다.

광고주가 검색 결과를 자신에게 유리하도록 편향되게 만들고자 비용을 지불할 수 있을까? 이 것은 브린과 페이지가 우려했던 바인데, 같은 논문에 쓴 내용을 보면 다음과 같다. "우리는 광고로 자금을 지원받는 검색 엔진이 본질적으로 광고주에게 유리하고 소비자의 요구에 덜 유리한 쪽으로 편향될 것이라고 예상한다." 구글은 수익의 대부분을 광고에서 얻는다. 다른 주요 검색 엔진들과 마찬가지로 구글은 검색 결과와 광고 간에 명확한 구분을 유지하지만, 수많은 법적 이의 제기에서 구글의 자체 제품에 유리한 불공정성 또는 편향성에 대한 주장이 있었다. 그에 대한 구글의 응답은 검색 결과가 경쟁 업체에 불리한 방향으로 편향되어 있지 않으며, 대신 사람들이 가장 유용하다고 생각하는 것을 반영하는 알고리즘에 전적으로 기반을 두고 있다는 것이다.

명목상 중립적인 검색 광고의 결과가 인종, 종교 또는 민족에 대한 프로파일링을 기반으로 미묘하게 특정 그룹에 유리하도록 치우쳐 있는 경우 또 다른 형태의 편향성이 발생한다. 예를 들어, 어떤 이름은 인종적 배경이나 민족적 배경을 예측할 수 있게 해 줘서 광고주는 그 이름이 검색될 때 결과가 해당 그룹에 우호적이거나 비우호적이 되도록 할 수 있다.

11.2 추적

여기까지는 검색 측면에서 설명한 것이지만, 물론 어떤 종류의 광고에도 같은 종류의 고려 사항이 적용된다. 더 정확하게 타깃팅할수록 조회하는 사람이 호의적으로 반응하도록 유도할 가능성이 커지고, 따라서 광고주가 더 기꺼이 대가를 지불할 것이다. 여러분이 온라인에서 하는 일, 즉 무엇을 검색하는지, 어떤 사이트를 방문하는지, 방문하는 동안 무엇을 하는지 추적하면 여러분이 누구인지와 여러분의 삶을 구성하는 요소들을 놀랄 만큼 많이 알 수 있다. 대부분의 경우 오늘날 행해지는 추적의 목표는 더 효과적으로 상품이나 서비스를 판매하기 위한 것이지만, 그러한 세부 정보를 다른 용도로 사용하는 것을 어렵지 않게 상상해 볼 수 있다. 어쨌든 이 절은 주로 추적 메커니즘에 초점을 맞추며, 여기에는 쿠키, 웹 버그, 자바스크립트 (JavaScript), 브라우저 핑거프린팅이 포함된다.

우리가 인터넷을 사용하는 동안에 우리에 관한 정보가 수집되는 것은 불가피하다. 흔적을 남기지 않고는 아무것도 할 수 없다. 항상 우리의 물리적 위치를 알고 있는 다른 시스템(특히 휴대 전화)을 사용할 때도 마찬가지다. 모든 스마트폰을 포함해서 GPS가 지원되는 휴대 전화는 일반적으로 여러분이 밖에 있을 때 약 10m 이내까지 위치를 알고, 언제든지 여러분의 위치를 보고할 수 있다. 일부 디지털카메라에도 GPS가 포함되어 있어서 찍은 사진 각각에 지리적 위치를 인코딩할 수 있다. 이것을 **지오태깅(geo-tagging)**이라고 한다. 최신 카메라에는 사진을 업로드하기 위한 와이파이가 있다. 이 기능이 추적 용도로도 사용되지 못할 이유는 없다.

이러한 흔적이 여러 출처에서 수집되면, 이것들이 모여서 우리의 활동, 관심사, 재정 상태, 직장 동료, 기타 여러 측면에서 우리의 삶에 대한 상세한 그림을 그리게 된다. 가장 양호한 경우에 그 정보는 광고주가 우리를 더 정확하게 타깃팅하는 데 도움을 주고자 사용돼서 우리는 자신이 반응할 가능성이 큰 광고를 보게 될 것이다. 그러나 추적이 거기서 반드시 멈추라는 법은 없고, 그 결과는 각종 차별, 재정적 손실, 신분 도용, 정부의 감시, 심지어 신체적 상해 등 훨씬 덜 순수한 목적으로 사용될 수 있다.

정보는 어떻게 수집될까? 브라우저에서 만들어지는 모든 요청과 함께 어떤 정보가 자동으로 전송되는데, 여기에는 IP 주소, 보고 있던 페이지(리퍼러(referer[1])), 브라우저의 유형과 버전(사용자 에이전트(user agent)), 운영 체제, 언어 설정이 포함된다. 이에 대해 여러분이 통제할 수 있는 범위는 제한적이다. 그림 11.3은 전송되는 정보 중 일부를 보여 주며, 지면 관계상 편집된 상태다.

```
HTTP_ACCEPT text/html,application/xhtml+xmll;q=0.9,*/*;q=0.8
HTTP_ACCEPT_ENCODING gzip, deflate
HTTP_ACCEPT_LANGUAGE en-US,en;q=0.5
HTTP_DNT 1
HTTP_HOST [...]mycpanel.princeton.edu
HTTP_REFERER http://[...]mycpanel.princeton.edu/env.html
HTTP_USER_AGENT Mozilla/5.0 (Macintosh; Intel Mac OS X 10.7;
      rv:45.0) Gecko/20100101 Firefox/45.0
QUERY_STRING [...]
REMOTE_ADDR 128.112.139.195
```

그림 11.3 **브라우저가 보낸 정보 중 일부**

게다가 서버의 도메인에서 온 쿠키가 있다면 그 쿠키도 전송된다. 이전 장에서 설명한 것처럼 쿠키는 자신이 생겨났던 원래 도메인으로만 되돌아간다. 그렇다면 어떤 사이트가 다른 사이트에 대한 방문을 추적하는 데 쿠키를 어떻게 사용할 수 있을까?

해답은 링크의 작동 방식에 내포되어 있다. 웹 페이지에는 다른 페이지로 가는 링크가 포함되어 있고, 이것이 하이퍼링크의 본질이다. 그리고 우리는 연결된 위치로 가려면 명시적으로 클릭해야 하는 링크에 익숙하다. 하지만 이미지와 스크립트 링크는 클릭할 필요가 없다. 그런 링크들은 페이지가 로딩되는 동안에 소스에서 자동으로 로딩된다. 만일 웹 페이지에 이미지에 대한 참조가 포함되어 있으면 해당 이미지는 지정된 도메인이 어디든 간에 거기에서 로딩된다. 일반적으로 이미지 URL이 요청을 하는 페이지의 식별 정보를 인코딩해서, 브라우저가 이미지를

---

[1] 웹 브라우저로 월드 와이드 웹을 서핑할 때, 하이퍼링크를 통해서 각각의 사이트로 방문 시 남는 흔적을 말한다. HTTP 리퍼러를 정의한 RFC에서 'referrer'를 'referer'라고 잘못 친 것에서 기인하여 HTTP 리퍼러는 'HTTP referer'라고 불린다(출처: https://ko.wikipedia.org/wiki/리퍼러).

가져올 때 이미지를 제공하는 도메인은 내가 어느 페이지에 접근했는지를 알고, 그 도메인도 내 컴퓨터나 휴대 전화에 쿠키를 저장하고 이전 방문에서 생긴 쿠키를 검색할 수 있다. 자바스크립트로 작성된 스크립트의 경우도 마찬가지다.

이것이 추적의 핵심 개념이다. 그러면 더 구체적으로 들어가 보자. 나는 새 차를 사려고 생각하고 있었기에 실험 삼아 모든 방어책을 해제하고 사파리(Safari)를 사용하여 toyota.com을 방문했다. 처음 방문했을 때 79개의 서로 다른 서버에서 200개가 훨씬 넘는 쿠키, 이미지, 스크립트와 기타 콘텐츠를 다운로드했고, 받은 용량이 4MB를 넘었다. 일부 쿠키는 수년간 유지될 것이다. 이 페이지는 내가 거기에 남아 있는 한 계속 네트워크 요청을 하는 것처럼 보였다.

그림 11.4는 내가 이 숫자들을 지어낸 것이 아니라는 것을 보여 준다.

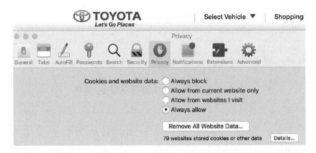

그림 11.4 단일 웹 페이지를 조회하면서 로딩된 쿠키와 기타 데이터

솔직히 말하자면 놀랐는데, 평소에 내가 사용하는 방어책을 활성화해 두면 쿠키나 스크립트를 전혀 받지 않기 때문이다. 하지만 이 실험은 내가 학생들에게 쿠키의 수를 세도록 요청하면 왜 그들이 일반적으로 수천 개가 있다고 알려 주는지 해명해 준다. 실험은 또한 이러한 페이지들이 왜 천천히 로딩되는지를 설명해 준다(여러분 스스로 실험을 해 볼 수 있다. 이 정보는 브라우저의 방문 기록과 개인 정보 설정 같은 곳에서 가져온 것이다). 휴대 전화에서 실험을 해 보지는 않았는데, 적어도 데이터 사용량에 꽤 영향을 줄 수 있기 때문이다.

고스터리(Ghostery), 애드블록 플러스(Adblock Plus), 유블록(uBlock) 같은 방어책을 다시 켜고 쿠키와 로컬 데이터 저장을 금지하면, 쿠키가 0으로 줄어들고 고스터리가 세 개의 자바스크립트 트래커를 차단했다고 알려 준다.

페이지에 있는 상당수의 링크는 다음 같은 형식이었다.

```
<img style="display:none"
src="http://tapestry.tapad.com/tapestry/1?ta_partner_id=937
&ta_partner_did=2137759864004613637&ta_format=gif"
width="1" height="1">
```

이 <img> 태그는 tapad.com에서 이미지를 가져온다. 이미지는 너비와 높이가 각각 1픽셀이며 표시되지 않으므로 분명히 의도적으로 보이지 않게 해 둔 것이다.

이러한 단일 픽셀 이미지를 흔히 **웹 버그**(web bug) 또는 **웹 비컨**(web beacon)이라고 한다. 이것의 유일한 목적은 추적이다. 내 브라우저가 그런 이미지를 요청하면 타패드(Tapad)는 내가 특정 도요타(Toyota) 페이지를 보고 있었다는 것을 알고 (만일 내가 허용한다면) 쿠키를 저장할 수 있다. 내가 타패드를 사용하는 또 다른 사이트를 방문하면 타패드는 내가 무엇을 보고 있는지에 대한 그림을 만들어 내기 시작한다. 만약 대부분 자동차에 관한 것이라면 타패드는 유망한 광고주에게 알려 줄 것이고, 나는 자동차 판매업자, 대출, 수리 서비스, 자동차 액세서리에 대한 광고를 보기 시작할 것이다. 만약 사고와 통증 완화에 관한 것이라면 변호사와 치료사에 대한 광고를 더 많이 보게 될 수도 있다. 이것은 내가 어디에서 왔든 관계없이 마찬가지일 것이다. 타패드의 설명을 그대로 옮기자면 다음과 같다. "타패드의 획기적인 전매특허 기술은 수십억 개의 데이터 포인트를 분석하고 완전히 이해해서 스마트폰, 데스크톱, 노트북, 태블릿, 커넥티드 TV, 게임 콘솔 간에 나타나는 인간관계를 찾아냅니다. 타패드를 사용하면 광고 게시자와 광고주가 활동의 비용 효율성을 높이면서 더 매끄러운 경험을 통해 소비자 참여를 심화시킬 수 있습니다." 타패드를 딱히 지목할 의도는 없지만(비슷한 종류의 수천 개의 기업 중 하나일 뿐이다), 나는 어떤 광고주와도 더 깊이 연루되고 싶지는 않다. 이 정도만 해도 충분하다.

더블클릭(DoubleClick), 타패드 및 수많은 다른 유사한 회사들은 사람들이 방문한 사이트에 대한 정보를 수집한 다음 도요타 같은 고객에게 광고 공간을 팔기 위해 이 정보를 사용한다. 다음으로, 고객은 이 정보를 표적 광고와 더불어 (어쩌면) IP 주소 이상의 나에 대한 다른 정보와의 상관관계를 찾아내고자 사용할 수 있다. 내가 더 많은 웹 페이지를 방문하는 동안 그런 회사들은 추정된 나의 특성과 관심사에 대해 예전보다 훨씬 더 상세한 데이터베이스를 만들고, 결국 내가 남성이고, 기혼이고, 60세 이상이며, 몇 대의 차가 있고, 뉴저지 중부에 살고 프린스턴 대학에서 일한다는 것을 추론해 낼 수도 있다. 그들이 나에 대해 많이 알면 알수록 그들의 고객은 광고를 더 정확하게 타깃팅할 수 있다. 당연히 타깃팅 '그 자체는(per se)' 개인 식별과 같지 않지만, 어떤 시점이 되면 그들은 나를 개별적으로 식별할 수 있을지도 모르는데, 그런 회사들은 대부분 그런 일을 하지 않는다고 말하기는 한다. 그러나 어떤 웹 페이지에 내 이름이나 이메일 주소를 제공하면 그것이 여기저기 돌아다니지 않을 것이라는 보장은 없다.

온라인 마케팅 회사는 실제로 우리에 대해 무엇을 알고 있을까? 2013년 최대 마케팅 회사 중 하나인 액시엄(Acxiom)에서 aboutthedata.com이라는 사이트를 만들었다. 이 사이트에서 소비자는 그들에 대한 액시엄의 데이터를 볼 수 있다. 내가 이것을 한 번도 직접 찾아보지 않은 이유는 액시엄의 개인 정보 보호 정책 때문인데, 부분적으로 이렇게 말하고 있다. "등록 과정에서 여러분이 제공하는 정보, 즉 이름, 주소, 이메일 주소는 각 요소에 대한 편집 내용과 함께 액시엄이 여러분을 대상으로 실시하는 마케팅 활동과 액시엄의 마케팅 데이터 제품에 포함될 수 있고 자사 파트너와 공유될 수 있습니다." 〈뉴욕 타임스(New York Times)〉 저널리스트인 스티브 로어(Steve Lohr)는 자신의 저서 《데이터이즘(Data-ism)》에서 그의 경험을 전해 주었다. 많은 확연한 오류 중에서도 액시엄은 그의 혼인 상태를 잘못 파악하고 있었는데, 아마도 지금쯤은 데이터가 수정되었을 것이다.

인터넷 광고는 복잡한 시장이다. 여러분이 웹 페이지를 요청하면 웹 페이지 게시자는 구글 애드 익스체인지(Google Ad Exchange) 또는 앱넥서스(AppNexus) 같은 광고 거래소에 해당 페이지의 공간을 사용할 수 있다는 것을 알리고, 광고를 볼 것 같은 노출자에 대한 정보를 제공한다(예를 들면, 샌프란시스코에 살고 과학 기술과 맛집을 좋아하는 25~40세의 독신 여성). 광고주는 광고 공간에 대해 입찰을 하고 낙찰자의 광고가 페이지에 삽입되는데, 이 모든 일이 수백 밀리초 이내에 일어난다.

추적당하는 것이 마음에 들지 않는다면 상당 부분 줄일 수 있지만, 약간의 노력이 따른다. 브라우저에서는 쿠키를 완전히 거부하거나 제3자 쿠키를 비활성화하는 기능을 제공한다. 설정을 통해 쿠키를 언제든지 명시적으로 제거할 수 있으며, 브라우저가 닫힐 때 자동으로 제거되도록 설정할 수도 있다. 주요한 추적 회사들은 옵트아웃(opt-out) 메커니즘을 제공한다. 만일 그 회사가 컴퓨터에서 특정 쿠키를 발견하면 표적 광고에 대한 상호작용을 추적하지 않지만, 여전히 자신의 사이트에서는 여러분을 추적할 가능성이 매우 크다.

약속한 것보다는 미흡해 보이는 기능을 제공하는 준(準)공식적인 '추적 안 함(Do Not Track)' 메커니즘이 있다. 브라우저에는 '추적 안 함'이라는 체크 박스가 있다. 이 옵션을 설정하면 추가적인 HTTP 헤더가 요청과 함께 전송된다(그림 11.3은 이것의 예를 보여 준다). DNT 헤더를 준수하는 웹 사이트는 여러분에 대한 정보를 다른 사이트에 전달하지는 않겠지만, 자체적으로 사용하기 위해 정보를 보유하는 것은 자유다. 어쨌든 방문자의 의도를 존중할 것인지는 전적으로 자진해서 결정하는 것이며, 많은 사이트는 그 설정을 무시한다. 예를 들어, 넷플릭스(Netflix)는 "현재 저희는 웹 브라우저의 '추적 안 함' 신호에 대응하지 않습니다"라고 말한다.

비공개 탐색(private browsing) 또는 **익명 모드**(incognito mode)는 브라우저 세션이 종료되면 브라우저가 방문 기록, 쿠키 및 기타 탐색 데이터를 지우도록 지시하는 클라이언트 측 메커니즘이다. 그렇게 하면 컴퓨터의 다른 사용자가 여러분이 그때까지 무엇을 했는지 알 수 없지만(그래서 비공식적으로 '포르노 모드'로 알려져 있다), 여러분이 방문한 사이트에 기억된 내용에는 아무런 영향을 미치지 않으며, 그래서 사이트는 어떻게든 높은 확률로 여러분을 다시 알아볼 수 있다.

이러한 메커니즘은 여러 브라우저 간이나 같은 브라우저의 서로 다른 버전 간에도 표준화되지 않은 상태이고, 보통 기본값은 사용자가 무방비 상태가 되도록 설정된다.

불행하게도 많은 사이트가 쿠키 없이는 작동하지 않지만, 제3자 쿠키는 없어도 대부분 잘 작동하므로 그것들은 항상 해제해야 한다. 쿠키의 사용 목적 중 일부는 타당해서, 웹 사이트는 여러분이 이미 로그인했는지를 알아야 하고 장바구니의 내용을 계속 파악하기를 원한다. 하지만 흔히 쿠키는 단순히 추적 용도로만 사용된다. 이것은 내가 그런 사이트를 이용하지 않으려고 할 만큼 짜증 나게 한다.

플래시(Flash)가 없으면 아무것도 표시되지 않는 사이트도 마찬가지다. 광고의 애니메이션을 포함해서 웹상의 일부 비디오에 사용되는 어도비(Adobe)의 플래시 플레이어 또한 컴퓨터에 '플래시 쿠키'를 저장한다. 이것들은 일반적인 쿠키 메커니즘과 관련이 없으며, 파일 시스템의 다른 위치에 저장된다. 이 쿠키는 동영상 재생을 빠르게 시작하는 데 도움이 되는 정보를 캐싱하기 위한 것이지만, 추적 용도로도 사용된다. 어도비는 플래시 쿠키를 비활성화하는 메커니즘을 제공하는데, adobe.com을 방문해서 몇 개의 페이지를 넘어가면서 설정해야만 한다. 개인적인 경험을 이야기하자면 나는 플래시 쿠키를 해제한 후에도 성능 차이가 없는 것을 확인했는데(플래시 쿠키 해제는 새로운 컴퓨터마다 다시 해 줘야 한다), 이렇듯이 캐싱이 별로 효과가 없는 것으로 보인다.

자바스크립트는 주요한 추적 도구다. 브라우저는 원본 HTML 파일에 있거나 <script> 태그에 src="name.js"가 포함된 URL에서 로딩된 모든 자바스크립트 코드를 실행할 것이다. 이는 특정 페이지가 조회되는 방법을 측정하려고 시도하는 '분석(analytics)'에 매우 많이 사용된다. 예를 들어, 다음 스크립트는 자신을 포함하고 있는 페이지가 조회될 때 구글에서 자바스크립트 코드를 로딩하고 실행한다.

```
<script>
  src="http://pagead.googlesyndication.com/pagead/show_ads.js">
</script>
```

자바스크립트 코드는 자신이 왔던 사이트에서 쿠키를 설정하고 검색할 수 있으며, 브라우저의 방문한 페이지 기록 같은 다른 정보에 접근할 수 있다. 또한, 마우스의 위치를 지속적으로 모니터링하여 서버에 보고할 수 있고, 서버는 웹 페이지의 어떤 부분이 관심을 끄는지 그렇지 않은지 추측할 수 있다. 게다가 링크처럼 민감한 영역이 아니더라도 클릭한 위치를 모니터링할 수 있다. 자바스크립트 추적은 늘어나고 있는 것으로 보인다.

브라우저 핑거프린팅(Browser fingerprinting)은 브라우저의 개별적인 특성을 사용하여 쿠키 없이 사용자를 흔히 고유하게 식별한다. 운영 체제, 브라우저, 버전, 언어 설정, 설치된 글꼴과 플러그인의 조합은 많은 특징적인 정보를 제공한다. HTML5의 새로운 기능을 사용하면 캔버스 핑거프린팅(canvas fingerprinting)이라는 기술을 이용하여 개별 브라우저에서 특정 문자 시퀀스를 렌더링하는 방법을 확인할 수 있다. 이러한 소수의 식별 신호가 주어지면 쿠키 설정과는 무관하게 개별 사용자를 구별하고 알아볼 수 있다. 당연히 광고주와 다른 단체는 쿠키와는 상관없이 개인을 정확히 식별하기를 원한다.

전자 프런티어 재단(EFF)은 파놉티클릭(Panopticlick)이라는 유익한 서비스를 제공한다(이는 제러미 벤담(Jeremy Bentham)의 '파놉티콘(Panopticon)'을 본뜬 것으로, 파놉티콘은 수감자가 언제 감시당하고 있는지 모르는 상태로 계속 감시할 수 있도록 고안된 교도소다). panopticlick.eff.org를 방문하면 방문한 모든 사람들 중에서 여러분이 얼마나 고유하게 식별되는지 알 수 있다. 단단한 방어책을 갖추고 있더라도 여러분을 고유하게 식별할 가능성이 크고(다음번에 여러분을 보면 알아볼 것이다) 그렇지 않더라도 최소한 근접할 것이다.

추적 메커니즘은 브라우저에만 국한되지 않고 메일 프로그램, 비디오 플레이어 및 다른 시스템에서 사용될 수 있다. 메일 프로그램이 HTML을 해석하면 누군가 당신을 추적하게 해 주는 종류의 단일 픽셀 이미지를 '표시'할 것이다. 애플 TV(Apple TV), 크롬캐스트(Chromecast), 로

쿠(Roku), 티보(TiVo), 아마존(Amazon)의 파이어 TV 스틱(Fire TV Stick)은 모두 여러분이 무엇을 보고 있는지 알고 있다. 아마존 에코(Amazon Echo) 같은 음성 인식 가능 장치는 여러분이 말한 것을 분석하기 위해 전송한다. 여기서는 감시 카메라와 얼굴 인식은 완전히 논외로 했는데, 이러한 기술들은 치안 유지뿐만 아니라 상업적 목적으로도 점점 더 자주 사용되고 있다.

한 가지 특히 해로운 추적과 감시 책략이 이따금 드러나는데, **심층 패킷 검사**(deep packet inspection)가 그것이다. 앞에서 언급했듯이 모든 IP 패킷은 컴퓨터에서 수신지로 가는 도중에 15~20개의 게이트웨이를 통과하며, 패킷이 돌아오는 경우에도 마찬가지다. 해당 경로의 각 게이트웨이는 각 패킷을 검사하여 패킷에 포함된 내용을 확인하고, 심지어 어떻게 해서든 패킷을 수정할 수도 있다. 보통 이러한 침범은 ISP에서 발생하는데, 여러분을 가장 쉽게 식별할 수 있는 곳이기 때문이다. 광고주와 정부 기관은 이러한 종류의 정보를 정말 좋아하는데, 웹 브라우징에 국한되지 않고 여러분과 인터넷 간의 모든 트래픽을 포함하고 있기 때문이다. 유일한 방어책은 HTTPS를 사용하는 종단 간 암호화로, 전송되는 내용이 검사되거나 변경되지 않게 보호해 주지만, 메타데이터는 숨겨 주지 않는다.

어떤 개인 식별 정보가 수집될 수 있는지, 그 정보가 어떻게 사용될 수 있는지 통제하는 규칙은 국가마다 다르다. 지나치게 단순화된 설명일 수 있지만, 미국에서는 무슨 일이든 허용된다. 어떤 회사나 단체라도 사전에 통보하거나 심지어 거부할 기회조차 주지도 않고 여러분에 관한 정보를 수집하고 배포할 수 있다. 유럽 연합에서는(다시 한 번 지나치게 단순화해서) 프라이버시 문제가 더 심각하게 받아들여진다. 회사는 개인의 명시적인 허가 없이 개인에 관한 데이터를 합법적으로 수집하거나 사용할 수 없다.

11.3 SNS

우리가 방문하는 웹 사이트를 추적하는 것이 우리에 관한 정보를 수집할 수 있는 유일한 방법은 아니다. 실제로 SNS 사용자는 오락거리를 얻거나 다른 사람들과 연락을 유지하는 대가로 '자발적으로' 놀랄 만한 양의 개인 프라이버시를 포기한다.

몇 년 전에 나는 이러한 내용으로 된 웹 게시물을 봤다. '취업 인터뷰에서 면접관들은 저에게 이력서에 언급되지 않은 내용에 관해 질문했어요. 그들은 페이스북 페이지를 봐 왔던 것인데,

페이스북은 내 사생활에 관한 것이고 그들과 아무 관련이 없기 때문에 너무나 충격적이었습니다.' 이것은 가슴 아플 정도로 순진무구한 이야기지만, 회사 고용 담당자들과 대학 입학처가 지원자에 대해 더 많이 알아내기 위해 검색 엔진, SNS 및 유사한 정보 출처를 일상적으로 사용한다는 사실이 잘 알려져 있음에도 불구하고 보통 사람들은 많은 페이스북 사용자들이 유사하게 침해를 당했다고 느낄 것이라고 생각한다. 미국에서 취업 지원자에게 연령, 민족, 종교, 성적 취향, 혼인 상태 및 다른 다양한 개인 정보를 물어보는 것은 불법이지만, SNS 검색을 통해 쉽고 조용하게 알아낼 수 있다.

거의 분명히 SNS 사이트는 사용자에 대한 다량의 정보를 수집하고 이를 광고주에게 판매함으로써 돈을 벌기 때문에 프라이버시 문제가 발생할 수 있다. 만들어진 지는 얼마 되지 않았지만, 그들은 극적으로 성장했다. 페이스북은 2004년에 창업해서 현재 매달 17억 명이 넘는 활발한 사용자를 보유하고 있다고 하는데, 이는 전 세계 인구의 20% 이상을 차지한다. 이러한 급격한 성장 속도를 유지하려면 정책을 세심하게 고려하는 데 충분한 시간을 쓰기가 어렵고, 보안 면에서 견고한 컴퓨터 프로그램을 여유롭게 개발할 수 없다. 결과적으로 모든 SNS 사이트는 신중하지 못하게 계획된 기능, 개인 정보 설정(자주 변경되는)에 대한 사용자 혼란, 소프트웨어 오류, 전체 시스템에 내재하는 데이터 노출로 인한 비공개 정보 누설과 관련된 문제를 겪어왔다.

가장 크고 성공적인 SNS인 만큼 페이스북의 문제가 가장 자주 이슈화됐다. 어떤 문제는 페이스북이 서드 파티에게 페이스북 사용자의 환경에서 실행되는 애플리케이션을 작성하기 위한 API를 제공하고, 그런 애플리케이션이 페이스북의 개인 정보 보호 정책에 반하는 비공개 정보를 드러낼 수 있기 때문에 발생했다. 물론 이러한 문제가 페이스북에만 해당하는 것은 아니다.

위치 정보(Geolocation) 서비스는 사용자의 위치를 휴대 전화로 표시해 줘서 친구를 직접 만나거나 위치 기반 게임을 하는 일을 쉽게 해 준다. 표적 광고는 잠재적인 고객의 물리적 위치가 알려져 있으면 특히 효과적일 수 있다. 신문에서 식당에 대한 기사를 읽을 때보다 식당 밖에 서 있을 때 식당에서 권하는 서비스에 응답할 가능성이 더 크다. 반면에 휴대 전화가 매장 내에서 여러분을 추적하는 데 사용되고 있다는 사실을 알게 되면 조금 오싹해진다. 그럼에도 불구하고 상점에서는 **매장 내 비컨(in-store beacon)**을 사용하기 시작하고 있다. 보통은 특정 앱을 다운로드하고 추적되는 데 묵시적으로 합의함으로써 시스템 이용에 참여하기로 하면, 블루투스를 사용하여 휴대 전화의 앱과 통신하는 비컨이 매장 내에서 여러분의 위치를 모니터링하고 여러분이 특정 상품에 관심이 있을 것 같아 보이면 구매를 권한다. 비컨 시스템을 만드는 한 회사는 이렇게 말한다. "비컨은 실내 모바일 마케팅의 혁신을 이끌고 있습니다."

위치 정보 프라이버시(Location privacy), 즉 여러분의 위치를 비공개로 유지할 권리는 신용카드, 고속도로와 대중교통의 요금 지불 시스템, 그리고 물론 휴대 전화 같은 시스템에 의해 위태롭게 된다. 지금까지 다녔던 모든 장소에 흔적을 남기지 않는 것이 점점 더 어려워지고 있다. 휴대 전화 앱은 이러한 면에서 가장 나쁘게 이용되는 도구로, 통화 데이터와 물리적 위치 등을 포함하여 휴대 전화가 여러분에 관해 알고 있는 모든 정보에 대한 접근을 요청하는 경우가 많다. 손전등 앱에 과연 내 위치, 연락처, 통화 기록이 필요한가?

정보기관들은 당사자들 간에 무슨 이야기가 오갔는지 몰라도 누가 누구와 통신하는지를 분석함으로써 많은 것을 알아낼 수 있다는 것을 오래전부터 알고 있었다. NSA가 미국 내에서 있었던 모든 전화 통화에 대한 메타데이터, 즉 전화번호와 통화 시각 및 통화 지속 시간을 수집해 온 것은 바로 이러한 이유 때문이다. 초기 수집은 2001년 9월 11일 세계 무역 센터(World Trade Center) 공격에 대한 성급한 대응의 하나로서 인가되었지만, 2013년에 스노든(Snowden)의 문서가 공개되고 나서야 데이터 수집의 규모를 제대로 인식할 수 있었다. '그것은 대화가 아니라 메타데이터일 뿐이다.'라는 주장을 받아들인다고 하더라도, 메타데이터는 매우 많은 정보를 드러내 준다. 2013년 10월에 상원 사법위원회 청문회에서 한 증언에서 프린스턴 대학의 에드 펠튼(Ed Felten) 교수는 메타데이터로 인해 개인적인 이야기가 완전히 공개적인 것으로 바뀌는 몇 가지 가상 시나리오를 제시했다.

> 친밀한 관계에 있는 두 사람이 자주 서로에게 전화하고, 흔히 밤늦게 통화를 할 수 있다. 이러한 통화가 덜 빈번해지거나 아주 끝나 버리면 메타데이터는 관계 또한 끝났을 가능성이 있다는 것을 알려주며, 새로운 관계가 시작되고 있다는 것을 알려 준다. 더 일반화시켜서 말하자면 당신이 1년에 한 번 이야기하는 사람은 일주일에 한 번씩 대화하는 사람에 비해 절친한 친구일 확률이 낮다.

> 다음 같은 가상의 예를 생각해 보라. 젊은 여인이 산부인과 의사에게 전화한다. 그리고 바로 그녀의 어머니에게 전화하고, 다음으로 지난 몇 달 동안 밤 11시 이후에 여러 차례 통화했던 남자에게 전화한다. 그리고 나서 임신 중절 수술도 제공하는 가족계획 센터에 전화한다. 한 번의 전화 통화 기록을 조사하는 것만으로는 확실하지 않았을 그럴듯한 줄거리가 그려진다.

> 마찬가지로, 마권 업자에게 한 번 전화한 것을 드러내는 메타데이터는 감시 대상이 내기를 걸 것을

암시할 수도 있지만, 시간에 걸쳐 메타데이터를 분석하면 대상에게 도박 문제가 있다는 것을 밝혀 줄 수도 있다. 특히 통화 기록에서 월급날 대출 서비스로 여러 번 전화한 사실이 드러나면 더욱 그렇다.

만약 어떤 공무원이 갑자기 다수의 언론 기관, 다음으로 ACLU(미국 시민 자유 연맹), 그리고 이어서 형사 전문 변호사 등과 연관된 전화번호로 연락하기 시작하면 그 사람의 신원이 곧 밝혀질 내부고발자라고 추정할 수 있을 것이다.

SNS에서의 명시적, 암시적 연결에 대해서도 마찬가지다. 사람들이 링크를 명시적으로 제공할 때 사람들 사이에 연결을 맺는 것이 훨씬 쉽다. 예를 들어, 페이스북의 '좋아요'를 사용하면 성별, 민족적 배경, 성적 취향, 정치적 성향 같은 특성을 꽤 정확하게 예측할 수 있다. 이것은 SNS 사용자가 무료로 제공한 정보로 얻어 낼 수 있는 종류의 추론을 보여 준다.

페이스북의 '좋아요' 버튼과 트위터, 링크트인 및 다른 SNS의 유사한 기능들은 추적과 데이터 연계를 훨씬 쉽게 해 준다. 페이지에 소셜 아이콘이 나타나는 것만으로도 여러분이 페이지를 보고 있다는 것을 드러낸다. 아이콘은 숨겨져 있지 않고 뚜렷하게 보이지만 사실상 광고용 이미지이고, 광고 공급 업체에는 쿠키를 보낼 기회를 제공한다. 그것을 클릭하면 물론 여러분의 선호도에 대한 정보가 공급 업체에 전송된다.

SNS와 다른 사이트에서는 심지어 비사용자에 대한 개인 정보도 유출된다. 예를 들면, 만일 내가 어떤 친구가 선의로 보낸 전자 초대장('e-vite')을 받으면 초대 서비스를 운영하는 회사는 이제 나에 대해 확인된 전자 메일 주소를 갖게 되는데, 내가 초대에 답하거나 어떤 식으로든 내 주소를 사용해도 된다고 허락하지 않더라도 그렇다. 페이스북에 게시된 사진에서 친구가 나를 태그하면 나의 동의 없이 개인 정보가 노출된다. 페이스북은 친구들이 서로 쉽게 태그를 지정할 수 있도록 얼굴 인식 기능을 제공하는데, 기본값은 태그되는 사람의 허락 없이 태깅을 허용하게 되어 있다. 사용자의 수가 많은 어떤 시스템에서라도 간단하게 직접적인 사용자 간의 상호작용에 대한 '소셜 그래프'를 만들고, 동의하지 않거나 알지도 못하는 상태로 간접적으로 참여하게 된 사람들을 포함시킬 수 있다. 이 모든 경우에서 개인이 문제를 사전에 피할 방법이 없으며, 일단 정보가 생성되고 나면 제거하기 어렵다.

나는 페이스북을 전혀 사용하지 않아서 페이스북 페이지를 '가지고 있다'는 것을 알게 되어 놀랐는데, 위키피디아(Wikipedia)에서 자동으로 생성된 것이 분명하다.

여러분이 자신에 대해 세상에 무슨 이야기를 할 것인지에 대해 잘 생각해 보라. 메일을 보내거나 게시물이나 트윗을 올리기 전에 잠시 멈추고 여러분의 글이나 사진이 〈뉴욕 타임스〉의 첫 페이지에 나타나거나 TV 뉴스 프로그램의 머리기사로 등장한다면 마음이 편할 것인지 스스로에게 물어보라. 메일, 게시물, 트윗은 영원히 저장될 가능성이 있으며, 수년 후에 어떤 당황스러운 상황에 다시 나타날 수도 있다.

11.4 데이터 마이닝과 집계

인터넷과 웹은 사람들이 정보를 수집, 저장, 제공하는 방법에 혁신을 일으켰다. 검색 엔진과 데이터베이스는 모든 사람에게 막대한 가치가 있어서, 인터넷이 있기 이전에는 어떻게 지내 왔는지 기억하기가 어려울 정도다. 엄청난 양의 데이터('빅데이터')는 음성 인식, 언어 번역, 신용카드 부정 사용 방지, 추천 시스템, 실시간 교통 정보 및 많은 다른 유용한 서비스를 위한 원자재를 제공한다.

하지만 온라인 데이터의 급증에는 중대한 단점도 있는데, 특히 마음 편하게 생각할 만한 수준보다 우리 자신에 대해 더 많은 사실을 드러내는 정보의 경우가 그렇다.

어떤 정보는 분명히 공개적인 것이고, 일부 정보의 더미는 검색되고 인덱스가 붙게 되어 있다. 만약 내가 이 책을 위한 웹 페이지를 만들면 검색 엔진에서 쉽게 찾을 수 있게 하는 편이 유리하다.

공공 기록은 어떨까? 법률상 특정 종류의 정보는 일반 시민 누구나 신청하면 구할 수 있다. 미국의 경우 일반적으로 비공개가 아닌 재판 기록, 대출 관련 문서, 주택 가격, 지방 재산세, 출생 및 사망 기록, 혼인 허가서, 선거인 명부, 정치 헌금 등이 포함된다(출생 기록에는 생년월일이 표시되며, 신원을 확인하는 과정에서 흔히 사용되는 '어머니의 처녀 적 성'이 노출될 가능성이 있다는 점을 주의하라).

예전에는 이 정보를 얻기 위해 지방 관공서에 다녀와야 했기 때문에 엄밀히 말하면 '공공'이었더라도 약간의 노력을 들이지 않고는 접근할 수 없었다. 데이터를 찾는 사람이 직접 나타나야 했고, 아마도 자신의 신원을 밝혀야 했으며, 어쩌면 각 물리적 사본에 대해 수수료를 내야 할 수도 있었다. 오늘날 이러한 데이터는 흔히 온라인으로 구할 수 있고, 집에서 편하게 익명으로 공공 기록을 검토할 수 있다. 심지어 데이터를 대량으로 수집하고 다른 정보와 결합하여 사업을 운영할 수도 있다. 인기 있는 사이트 질로우닷컴(zillow.com)은 지도, 부동산 광고, 부동산 및 매매에 대해 공개된 데이터를 결합하여 지도상에 주택 가격을 표시해 준다. 이것은 어떤 이가 부동산을 사거나 팔기를 원할 경우 가치 있는 서비스이지만, 그렇지 않은 경우 프라이버시를 침해하는 것으로 생각될 수 있다. fec.gov에 있는 연방 선거 위원회(Federal Election Commission)의 선거 기부금 데이터베이스는 어느 입후보자가 친구와 유명 인물들로부터 지원을 받았는지 보여 주는데, 그 과정에서 집 주소 같은 정보가 드러날 수 있다. 이것은 대중의 알 권리와 개인의 프라이버시를 지킬 권리 사이의 불안정한 균형을 이룬다.

어떤 정보에 쉽게 접근할 수 있어야 하는지에 대한 질문은 대답하기가 어렵다. 정치 기부금은 공개해야 하지만, 주소는 감춰져야 할 것이다. 미국 사회 보장 번호 같은 개인 식별자는 신분 도용에 너무 쉽게 사용되므로 절대 웹에 올려서는 안 된다. 체포 기록과 사진은 때로는 공개되며 그런 정보를 표시해 주는 사이트가 있다. 그들의 비즈니스 모델은 사진을 제거하는 대가로 개인에게 비용을 청구하는 것이다! 기존의 법률은 항상 그런 정보의 유출을 막지는 못하고, 많은 경우 이미 손을 쓰기에는 늦은 것이다. 웹에 한 번 올라가면 정보는 항상 웹상에 있을 가능성이 있다. 유럽 연합(EU)의 '잊힐 권리' 법은 정보를 찾기 더 어렵게 할 수는 있겠지만, 이 법은 불완전한 도구다.

서로 별개인 것처럼 보일 수 있는 여러 출처에서 데이터가 결합되면 자유롭게 이용할 수 있는 정보에 대한 우려가 더욱 커진다. 예를 들어, 웹 서비스를 제공하는 회사는 사용자에 대한 많은 정보를 기록한다. 검색 엔진은 모든 쿼리를 기록하는데, 쿼리를 보낸 IP 주소와 이전 방문에서 생긴 쿠키도 함께 기록한다.

2006년 8월에 AOL은 연구용으로 사용할 대량의 쿼리 로그 샘플을 선의로 공개했다. 3개월간 사용자 65만 명에 의한 쿼리 2,000만 건에 대한 로그는 익명화되었으므로 이론상으로는 개별 사용자를 식별할 수 있는 모든 정보가 완전히 제거된 상태였다. 좋은 의도에도 불구하고 실제로는 로그가 AOL이 생각했던 것만큼 익명화되지 않았음이 금방 분명해졌다. 각 사용자에게는 무작위이지만 고유한 ID 번호가 할당되었고, 이를 통해 같은 사람이 작성한 일련의 쿼리를 찾을 수 있게 되었으며, 그것을 이용하여 적어도 몇 명의 개인을 고유하게 식별할 수 있었다. 사람들은 자신의 이름과 주소, 사회 보장 번호와 다른 개인 정보를 검색했다. 검색들 간의 상관관계를 통해 AOL이 생각했던 것보다 더 많고, 원래 사용자가 원했을 것보다는 틀림없이 훨씬 더 많은 정보가 드러났다. AOL은 신속하게 웹 사이트에서 쿼리 로그를 제거했지만 물론 너무 늦었다. 데이터는 이미 세계 곳곳에 퍼졌다.

쿼리 로그에는 사업을 운영하고 서비스를 향상시키는 데 필요한 귀중한 정보가 포함되어 있지만, 잠재적으로 민감한 개인 정보도 분명히 포함될 수 있다. 검색 엔진은 이러한 정보를 얼마나 오래 보유해야 할까? 여기에는 상충하는 외부적인 압력이 있다. 즉, 프라이버시 보호를 위해 짧은 기간 동안 보유할 것인지, 아니면 법 집행 목적으로 장기간 보유할 것인지 간의 대립이다. 데이터를 더 익명으로 만들려면 내부적으로 데이터를 얼마나 많이 처리해야 할까? 대부분의 회사는 각 쿼리에 해당하는 IP 주소 중 일부(일반적으로 가장 오른쪽 바이트)를 제거한다고 주장하지만, 사용자의 식별 정보를 없애기에는 충분하지 않을 수도 있다. 정부 기관은 이 정보에 대해 어떤 접근 권한을 가져야 할까? 민사 소송에서 얼마나 많이 신원을 노출할 수 있을까? 이 질문에 대한 답변은 결코 명확하지 않다. AOL 로그 중 일부 쿼리는 무시무시한 것이어서(예를 들어, 배우자를 죽이는 방법에 대한 질문) 제한된 상황에서는 법 집행 기관에 로그를 제공하는 것이 바람직할 수 있지만, 어디까지 선을 그어야 할 것인지는 대부분 확실하지 않다. 한편, 쿼리 로그를 보관하지 않는다고 말하는 소수의 검색 엔진이 있으며, 덕덕고(DuckDuckGo)가 가장 눈에 띈다.

AOL 이야기는 일반적인 문제를 실제로 보여 준다. 즉, 데이터를 완전히 익명화하는 것은 어렵다. 식별 정보를 제거하려는 시도는 다음처럼 편협한 관점을 취하는 경향이 있다. '이 특정 데이터에는 특정 개인을 식별할 수 있는 정보는 아무것도 없으므로 틀림없이 무해하다.' 하지만 현실 세계에는 다른 정보 출처가 존재하며, 원래 정보 제공자에게 전혀 알려지지 않았을 수 있고 어쩌면 정보가 제공된 이후에야 생겨났을 수도 있는 여러 출처로부터 온 사실을 결합하여 흔히 많은 것을 알게 될 수 있다.

유명한 예가 이러한 재식별 문제를 뚜렷하게 표면화했다. 1997년에 MIT의 박사 과정 학생이었던 라타냐 스위니(Latanya Sweeney)는 135,000명의 매사추세츠 주 직원에 대해 표면적으로는 식별 정보가 제거된 의료 기록을 분석했다. 이 데이터는 주 보험위원회가 연구 목적으로 공개했으며 심지어 민간 기업에 판매됐다. 여러 가지 중에서, 각 기록에는 생년월일, 성별, 우편 번호가 포함돼 있었다. 스위니는 1945년 7월 31일에 태어난 6명의 사람을 발견했다. 3명은 남성이었고 케임브리지에는 1명밖에 살지 않았다. 그녀는 이 정보를 공개된 유권자 등록 목록과 결합하여 그 사람이 당시의 매사추세츠 주지사인 윌리엄 웰드(William Weld)라는 것을 확인할 수 있었다.

그들이 충분히 알지 못하기 때문에 아무도 비밀을 알아낼 수 없다고 생각하는 것은 솔깃한 일이다. 그러나 적들은 이미 당신이 생각하는 것보다 많이 알고 있을 수 있으며, 당장은 그렇지 않더라도 시간이 지나면서 더 많은 정보가 입수 가능해질 것이다.

11.5 클라우드 컴퓨팅

6장에서 설명한 계산 모델을 다시 생각해 보라. 여러분에게는 개인용 컴퓨터 한 대 또는 여러 대가 있다. 각기 다른 작업을 위해 별도의 애플리케이션을 실행하는데, 문서 작성을 위한 워드(Word), 개인 재무 관리를 위한 퀵큰(Quicken) 또는 엑셀(Excel), 사진 관리를 위한 아이포토(iPhoto) 등이 있다. 프로그램은 여러분의 컴퓨터에서 실행되지만, 일부 서비스를 위해서 인터넷에 연결할 수도 있다. 종종 여러분은 버그를 수정한 새로운 버전을 다운로드할 수 있으며, 때로는 새로운 기능을 얻기 위해 업그레이드를 구매해야 할 수도 있다.

이 모델의 본질은 프로그램과 그 데이터가 여러분이 소유한 컴퓨터에 존재한다는 것이다. 한 컴퓨터에서 파일을 변경한 다음, 다른 컴퓨터에서 파일이 필요한 경우 직접 전송해야 한다. 사무실에 있거나 여행 중일 때 집에 있는 컴퓨터에 저장된 파일이 필요하면 운이 없는 것이다. 윈도우 PC와 Mac 모두에서 엑셀이나 파워포인트(PowerPoint)가 필요하다면 각각을 위한 프로그램을 구매해야 한다. 그리고 휴대 전화는 여기서 전혀 고려 대상이 아니다.

이제는 다른 모델이 표준으로 자리 잡고 있다. 즉, 브라우저나 휴대 전화를 사용하여 인터넷 서버에 저장된 정보에 접근하고 조작하는 방식이다. 지메일(Gmail)이나 아웃룩(Outlook) 같은 메일 서비스가 가장 보편적인 예다. 어떤 컴퓨터나 휴대 전화에서도 메일에 접근할 수 있다. 로컬로 작성된 메일 메시지를 업로드하거나 메시지를 로컬 파일 시스템에 다운로드할 수는 있지만, 주로 서비스를 제공하는 업체에 그냥 정보를 맡겨 둔다. 소프트웨어 업데이트에 대한 개념은 없어도 이따금 새로운 기능이 생긴다. 친구와 계속 연락하고 그들의 사진을 보는 것은 흔히 페이스북으로 한다. 여기서 대화와 사진은 여러분이 소유한 컴퓨터가 아닌 페이스북에 저장된다. 이러한 서비스들은 무료다. 눈에 띄는 유일한 '비용'은 메일을 읽거나 친구들이 무엇을 하고 있는지 확인하려고 방문할 때 광고를 볼 수도 있다는 것이다.

그림 11.5 **'클라우드'**

이 모델은 흔히 **클라우드 컴퓨팅**(cloud computing)이라고 하는데, 인터넷이 특정 물리적 위치가 없는 '클라우드(cloud, 구름)'(그림 11.5)이며 정보가 '클라우드에' 어딘가 저장되어 있다는 비유 때문이다. 메일과 페이스북은 가장 흔한 클라우드 서비스지만, 인스타그램(Instagram), 드롭박스(Dropbox), 트위터, 링크트인, 온라인 달력 같은 다른 것들도 많이 있다. 데이터는 로컬에 저장되지 않고 클라우드에, 즉 서비스 제공 업체에 의해 저장된다. 여러분의 메일과 달력은 구글 서버상에, 사진은 드롭박스 또는 페이스북 서버상에, 마찬가지로 다른 데이터도 업체의 서버상에 존재한다.

클라우드 컴퓨팅은 몇 가지 요인이 맞물려서 가능해진다. 개인용 컴퓨터의 성능이 더 강력해짐에 따라 브라우저의 성능도 높아졌다. 브라우저는 이제 집중적인 디스플레이 요구 사항이 있는 대형 프로그램을 효율적으로 실행할 수 있다(사용된 프로그래밍 언어가 해석 과정이 필요한 자바스크립트라고 하더라도). 클라이언트와 서버 간의 대역폭과 대기 시간은 대부분의 사용자에게 10년 전보다 훨씬 더 좋아져서 데이터를 빨리 보내고 받을 수 있는데, 사용자가 입력하는 동안 검색어를 추천하기 위해 개별 키 입력에 반응하기까지 한다. 결과적으로, 브라우저는 과거에 독립 실행형 프로그램이 필요했을 사용자 인터페이스 작업을 대부분 처리할 수 있으며, 대부분의 데이터를 보유하고 무거운 연산을 수행하는 데 서버를 사용한다. 이 구조는 휴대 전화의 경우에도 잘 작동해서, 앱을 다운로드할 필요가 없다.

브라우저 기반 시스템은 거의 데스크톱 시스템만큼 응답성이 좋을 수 있으며, 어느 곳에서나 데이터에 대한 접근을 제공한다. 구글 문서(Google Docs) 같은 클라우드 기반 '오피스' 도구를 생각해 보라. 적어도 이론상으로는 마이크로소프트 오피스(Microsoft Office)와 경쟁하는 워드 프로세서, 스프레드시트, 프리젠테이션 프로그램을 제공하지만, 동시에 여러 명의 사용자가 데이터에 접근하고 업데이트할 수 있게 해 준다.

한 가지 흥미로운 문제는 이러한 클라우드 도구가 궁극적으로 데스크톱 버전 도구를 완전히 대체하기에 충분할 만큼 잘 작동하는지다. 상상할 수 있듯이 마이크로소프트는 이에 대해 우려하고 있는데, 오피스가 회사 수익의 상당 부분을 차지하고, 오피스는 나머지 수익의 대부분을 제공하는 윈도우에서 주로 실행되기 때문이다. 브라우저 기반의 워드 프로세서와 스프레드시트는 마이크로소프트로부터 어떤 것도 필요로 하지 않으므로 두 핵심 사업 모두에 위협이 된다. 현재 구글 문서 및 그와 유사한 시스템은 워드, 엑셀, 파워포인트의 모든 기능을 제공하지는 않지만, 기술적 발전의 역사를 보면 성능이나 기능 면에서 확실히 열등한 시스템이 등장하고 그 정도면 만족하는 새로운 사용자를 확보한 다음, 기존 시스템의 점유율을 잠식해나간 사례가 충분히 많다. 마이크로소프트는 분명히 이 문제를 잘 알고 있으며, 실제로 오피스 365(Office 365)라는 클라우드 버전을 제공한다.

클라우드 컴퓨팅은 클라이언트의 빠른 처리 능력과 많은 메모리, 그리고 서버로 연결되는 높은 대역폭이 필요하다. 클라이언트 측 코드는 자바스크립트로 작성되며 보통 상당히 복잡하다. 자바스크립트 코드는 마우스 드래그 같은 사용자의 동작과 콘텐츠 업데이트 같은 서버의 작동에 반응하면서 그래픽 자료를 신속하게 업데이트하고 표시하도록 브라우저에 많은 요구를 한다. 이것만 해도 어렵지만, 브라우저와 자바스크립트 버전 간의 호환성 문제로 인해 더 까다로워지는데, 이로 인해 공급 업체는 클라이언트에게 알맞은 코드를 보낼 수 있는 가장 좋은 방법을 찾아야 한다. 그러나 컴퓨터가 더 빨라지고 개발자들이 표준을 더 주의해서 지키면 이 두 가지 모두 개선될 것이다.

클라우드 컴퓨팅에서는 계산이 수행되는 위치와 처리하는 동안 정보가 있는 위치 간의 트레이드오프를 고려할 수 있다. 예를 들어, 자바스크립트 코드를 특정 브라우저에 얽매이지 않게 독립적으로 만드는 한 가지 방법은 코드 자체에 테스트를 포함시키는 것이다. 이를테면 '브라우저가 인터넷 익스플로러(Internet Explorer) 버전 11이면 이걸 수행하고, 그렇지 않고 사파리 7이면 이걸 수행하고, 그것도 아니라면 저걸 수행하라' 같은 테스트를 할 수 있다. 이러한 코드는 부피가 크므로 자바스크립트 프로그램을 클라이언트에 보내는 데 더 많은 대역폭이 필요하며, 추가 테스트로 인해 브라우저가 더 느리게 실행될 수도 있다. 대안으로는 서버가 클라이언트에게 사용되고 있는 브라우저가 무엇인지 물어보고, 그 특정 브라우저에 맞춰진 코드를 보내는 방식이 있다. 이 코드는 더 크기가 작고 더 빨리 실행될 가능성이 있지만, 작은 프로그램의 경우 별로 차이가 나지 않을 것이다.

웹 페이지 내용은 압축되지 않은 상태로 전송될 수 있는데, 양단에서 요구되는 처리량은 줄어들지만 대역폭이 더 많이 필요하다. 대안은 압축하는 것인데, 대역폭은 더 적게 들지만 양단 각각에서 처리해 줘야 한다. 가끔 압축은 한쪽에만 적용된다. 대형 자바스크립트 프로그램은 일상적으로 불필요한 공백을 모두 제거하고, 변수와 함수에 한 자 또는 두 자로 된 이름을 사용하여 압축된다. 그 결과를 보는 사람은 이해할 수 없게 되지만, 클라이언트 컴퓨터가 해석하는 데는 상관이 없다.

기술적인 어려움에도 불구하고, 클라우드 컴퓨팅은 여러분이 항상 인터넷에 접근할 수 있다고 가정하면 많은 장점을 제공한다. 소프트웨어는 항상 최신이고, 용량이 넉넉하고 전문적으로 관리되는 서버에 정보가 저장되며, 클라이언트 데이터는 항상 백업되므로 데이터를 잃을 가능성이 거의 없다. 문서 사본은 하나뿐이고, 서로 다른 컴퓨터에 여러 개의 내용이 다를 가능성이 있는 복사본들이 있는 것이 아니다. 또한, 쉽게 문서를 공유하고 실시간으로 공동 작업할 수 있다. 가격 면에서도 더 낫기는 어렵다.

반면에 클라우드 컴퓨팅은 어려운 프라이버시 및 보안 문제를 제기한다. 누가 클라우드에 저장된 데이터를 소유할까? 어떤 상황에서 누가 데이터에 접근할 수 있을까? 정보가 뜻하지 않게 유출되면 누군가 법적 책임을 질까? 누군가 데이터 유출을 강제할 수 있을까? 예를 들어, 어떤 상황에서 메일 제공 업체가 자발적으로 또는 법적 조치의 위협을 받고 정부 기관이나 법정에(소송의 일부로) 여러분의 이메일 서신을 공개하겠는가? 그랬는지 아닌지를 여러분은 알아낼 수 있을까? 미국에서는 이른바 '국가 안보 서한(National Security Letter)'에 의해 회사가 고객에게 그들이 정부가 정보를 요청한 대상임을 알리는 것이 흔히 금지되어 있다. 어떻게 그 대답이 국가가 어디인지, 여러분이 사는 곳이 어디인지에 따라 결정될까? 여러분이 개인 데이터의 보호에 대한 규칙이 비교적 엄격한 유럽 연합에 거주하지만, 클라우드 데이터는 미국에 있는 서버에 저장되며 애국자 법(Patriot Act) 같은 법률의 지배를 받는다면 어떻게 될까?

이것들은 가설적인 질문이 아니다. 대학교수로서 나는 어쩔 수 없이 학생에 관한 사적인 정보에 접근할 수 있는데, 이메일로 와서 대학 컴퓨터에 저장되는 정보 중에는 물론 성적도 있지만 가끔은 민감한 개인 정보와 가족 정보도 있다. 성적 파일과 이메일 관리용으로 마이크로소프트의 클라우드 서비스를 사용하는 것이 법적으로 허용될까? 만약 내가 저지른 실수로 인해 이 정보가 세상과 공유된다면 무슨 일이 일어날 수 있을까? 한 명 또는 여러 명의 학생에 관한 정보를 얻으려는 정부 기관이 마이크로소프트에 관련 자료를 제출하도록 요구하면 어떻게 될까? 나는 변호사가 아니라서 답을 모르지만, 이러한 점이 걱정돼서 학생 기록을 보관하거나 연락을 주고받을 용도로 클라우드 서비스를 사용하지 않는다. 그러한 자료를 모두 학교에서 제공하는 컴퓨터에 보관하므로, 학교 측의 과실이나 실수로 인해 어떤 개인 정보가 누출되면 법적 책임에 대한 청구로부터 어느 정도 보호받을 것이다. 물론 내가 개인적으로 실수한 경우라면 데이터가 어디에 보관됐는지는 아마 중요하지 않을 것이다.

누가 어떤 상황에서 여러분의 메일을 읽을 수 있을까? 이것은 부분적으로는 기술적인 질문이며, 부분적으로는 법적인 문제다. 법적 부분에 대한 답변은 여러분이 어느 법적 관할권에 거주하는지에 달려 있다. 내가 알기로 미국에서는 여러분이 어떤 회사의 직원인 경우 고용주가 여러분에게 통보하지 않고 회사 계정에 있는 여러분의 메일을 마음대로 읽을 수 있다. 그것이 전부다. 이것은 메일이 업무와 관련이 있는지와 관계없이 적용되는데, 고용주가 시설을 제공하기 때문에 그 시설이 업무 목적으로 회사의 요구 사항과 법적인 요구 사항에 따라 사용되고 있는지 확인할 권리가 있다는 생각에 기반을 둔다.

내 메일은 대개 매우 흥미롭지는 않지만, 고용주가 그렇게 할 합법적인 권리가 있더라도 심각한 이유 없이 내 메일을 읽는다면 신경이 많이 쓰일 것이다. 여러분이 학생이라면 대부분의 대학은 학생의 이메일이 학생용 우편물과 마찬가지로 사적인 것이라는 입장을 취할 것이다. 내 경험상 학생들은 메일을 중계하는 용도 이외로는 대학 메일 계정을 사용하지 않고, 모든 것을 지메일로 전달한다. 이 점을 암묵적으로 인정하여 많은 대학들은 학생용 메일 서비스를 외부 업체에 위탁한다. 이러한 계정들은 학생의 프라이버시 보호에 관한 규정에 따라 일반적인 서비스와 분리되도록 하고 있으며, 광고가 붙지 않는다.

대부분의 사람들이 그렇듯이 여러분이 개인용 메일로 ISP 또는 클라우드 서비스를 사용하는 경우(예를 들어, 지메일, 야후(Yahoo), 아웃룩닷컴(Outlook.com), 버라이즌(Verizon), AOL 이외 많은 소규모 회사들) 개인 정보는 여러분과 그들만의 것이다. 일반적으로 그러한 서비스는 고객의 이메일은 비공개이며 법적 요청이 없이는 누구도 들여다보거나 내용을 밝힐 수 없다는 공식적인 입장을 취하지만, 너무 광범위해 보이는 자료 제출 요구나 '국가 안보'라는 구실로 오는 비공식적인 요청에 얼마나 단호하게 저항할 것인지에 대해서는 대개 논의하지 않는다. 당신의 프라이버시는 서비스 공급 업체가 얼마나 기꺼이 강력한 압력에 맞설지에 달려 있다. 미국 정부는 9.11 테러 이전에는 조직범죄에, 그 이후에는 테러에 더 효과적으로 대비하기 위해 이메일에 더 쉽게 접근하기를 원한다. 이러한 종류의 접근에 대한 압력은 꾸준히 증가하고, 테러 사건이 발생한 이후에는 항상 급격하게 증가한다.

개인으로서, 심지어 영향력 있는 사람이라고 해도, 여러분이 프라이버시를 보호받을 가능성은 크지 않다. 2011년에 CIA 국장이었던 데이비드 패트래어스(David Petraeus) 장군은 폴라 브로드 웰(Paula Broadwell)과 불륜을 저질렀는데, 그 과정에서 둘은 어떤 클라우드 서비스에서 이메일 초안을 통해 쪽지를 주고받았다. 한 사람이 메시지를 초안으로 작성하면 다른 사람이 초안을 읽은 다음 삭제하는 식이었다. FBI가 수사를 시작했을 때 서버 회사가 요청된 정보를 넘겨주었 다고 추측할 수 있다.

'클라우드 컴퓨팅'이라는 용어는 누구나 자신만의 제품을 구매하는 대신 공급 업체의 컴퓨터, 저장소, 대역폭을 사용할 수 있도록 가상 머신을 제공하는 아마존 같은 회사에서 공급하는 서 비스에도 적용된다. AWS(Amazon Web Services, 아마존 웹 서비스)는 모든 사용자에 대한 용량이 작업량이 변경됨에 따라 늘어나거나 줄어들 수 있는 클라우드 컴퓨팅 서비스다. 가격 책정은 사용량에 따라 변하지만, 아마존은 개별 사용자가 즉시 사용 규모를 확장하거나 축소하게 해 줄 만한 자원을 가지고 있다. AWS는 매우 성공적이었다. 넷플릭스 같은 대형 기업을 포함하여 많은 기업들이 규모의 경제, 변화하는 작업량에 대한 적응력, 사내 인력 필요성 감소 때문에 자체 서버를 운영하는 것보다 AWS가 더 비용 효율이 높다는 사실을 알게 됐다.

내가 AWS를 사용해서 'Space in the Cloud'라는 서비스를 제공하고 싶다고 가정해 보자. 이 서 비스는 사용자가 원하는 어떤 것이든 업로드하고, 사용자의 모든 장치 간에 자동으로 동기화 할 수 있게 해 준다. 호기심을 가지고 엿보는 사람이 볼 수 없도록 나는 사용자의 데이터를 암 호화하는 기능을 제공할 것이다. 나는 클라우드 서비스용 프로그램을 작성하고 아마존의 서 버에 업로드한 다음 공개한다. 이제 누가 프라이버시를 유지할 의무와 법적 책임을 질까? 만약 아마존 서비스의 버그로 인해 타인이 내 유료 고객의 파일이나 신용카드 정보와 납세 신고서 에 접근할 수 있다면 어떻게 될까? 내 사업이 실패하면 누가 데이터에 접근할 수 있을까? 정부 가 찾아와서 의심스러운 사용자 행동에 대해 질문할 때 무엇을 해야 할까? 어쨌든 내 서비스 는 암호화를 수행하므로 나한테 암호화 키가 있다.

다시금 이것은 가설적인 질문이 아니다. 2013년에 고객에게 보안 메일 서비스를 제공하던 라바 빗(Lavabit)이라는 소규모 회사는 미국 정부가 메일에 접근할 수 있도록 회사 네트워크에 감시 프로그램을 설치하라는 명령을 받았다. 정부는 또한 암호화 키를 넘겨줄 것을 명령했고, 회사

소유주인 라다 레비슨(Ladar Levison)에게 "당신은 고객들에게 이러한 일이 일어나고 있다는 걸 이야기할 수 없다"고 말했다. 레비슨은 그가 정당한 법적 절차를 거치도록 허락되지 않았다고 주장하면서 거절했다. 결국 그는 정부가 고객의 메일에 접근하도록 해 주는 대신 회사를 닫기로 결정했다. 시간이 지나서야 정부가 단 한 사람의 계정, 즉 에드워드 스노든(Edward Snowden)의 계정에 대한 정보를 쫓고 있었다는 것이 마침내 분명해졌다.

프라이버시와 보안 우려는 제쳐 두고, 아마존이나 다른 클라우드 서비스 제공 업체는 어떤 법적 책임을 지고 있을까? 어떤 환경 설정 오류로 인해 AWS 서비스가 하루 동안 용납할 수 없을 정도로 느려지는 경우를 가정해 보라. AWS 고객은 어떤 의지할 수단을 가지고 있을까? 서비스 수준 협약은 계약에서 이러한 점을 명백히 기술하는 표준화된 방법이지만, 계약이 좋은 서비스를 보장하지는 않는다. 그것은 뭔가 심각하게 잘못됐을 때 법적 조치를 취하기 위한 근거를 제공할 뿐이다.

서비스 제공 업체는 고객에게 어떤 의무를 지고 있을까? '당국'의 법적인 위협이나 조용한 요청에 대해 언제 맞서 싸워야 하고, 언제 굴복할 가능성이 있을까? 그러한 질문은 무한정으로 많고 명확한 대답은 거의 없다. 정부와 개인은 항상 자신과 관련해서 입수할 수 있는 정보의 양을 줄이려고 노력하는 반면 다른 사람들에 대해서는 더 많은 정보를 원하는 성향이 있다. 아마존, 페이스북, 구글을 포함한 몇몇 주요 업체들이 이제 '투명성 보고서'를 발표하고 있는데, 이는 정부의 정보 삭제 요청, 사용자에 대한 정보 요청, 저작권 침해 자료 삭제 요청 및 이와 비슷한 내용의 개략적인 집계를 제공한다. 무엇보다도 그런 보고서는 주요한 기업들이 얼마나 자주 저항하고 어떤 근거에서 그렇게 하는지에 대해 궁금증만 더 자아내는 암시를 제공한다. 예를 들어, 2010년부터 구글은 유럽 연합의 '잊힐 권리' 법에 따라 검색 결과에서 백만 개가 훨씬 넘는 URL을 삭제하라는 요청을 받았다. 구글은 그중 약 42%를 제거했지만, 나머지는 거부했다. 2015년 하반기에 페이스북은 미국 법 집행 기관으로부터 19,000건이 넘는 요청을 받았고, 그중 81%에 대한 대응으로 '어떤 데이터'를 생성했다.

11.6 요약

우리는 기술을 사용하면서 방대하고 상세한 데이터의 흐름을 만들어 내고, 그 규모는 우리가 생각하는 것보다 훨씬 더 크다. 데이터는 모두 상업적 용도로 캡처되어, 우리가 인식하는 것보다 훨씬 더 많이 공유되고, 결합되고, 연구되고, 판매된다. 이는 검색, SNS, 무제한 온라인 저장소같이 우리가 당연시하는 값진 무료 서비스에 대한 보상으로 주는 것이다. 데이터 수집의 범위에 대한 대중의 인식이 높아지고 있다(결코 충분하지는 않지만). 이제 광고 차단 프로그램은 광고주들이 알아차리고 있을 정도로 많은 사람들이 사용하고 있다. 광고 네트워크가 흔히 의도하지 않게 악성 코드를 공급한다는 사실을 고려하면 광고를 차단하는 것은 신중한 조치지만, 모두가 고스터리와 애드블록 플러스를 사용하기 시작하면 어떤 일이 생길지는 분명하지 않다. 우리가 알고 있는 웹이 작동을 멈출 것인가, 아니면 누군가가 구글, 페이스북, 트위터를 지원하기 위한 대체 지불 메커니즘을 발명할 것인가?

SNS조차 사용할 필요가 있는지 생각해 보라. 나는 예전에 내 수업을 들은 학생을 최근에 만났는데, 그녀는 내 수업에서 무엇인가를 배웠다고 말했다. 그녀는 페이스북 계정을 삭제했고, 나에게 "저는 아직 친구가 있어요"라고 말했다.

데이터는 또한 정부가 사용할 목적으로 캡처되는데, 장기적으로는 더 해로운 것 같다. 정부는 상업적 기업에는 없는 권력을 가지고 있고, 그래서 더욱 저항하기 어렵다. 정부의 행동을 바꾸려는 노력은 국가마다 크게 다르지만, 어떤 경우에도 문제에 대한 정보를 얻는 것이 좋은 첫걸음이다.

1980년대 초반에 '손을 뻗어 누군가와 연락하세요(Reach out and touch someone)'라는 매우 효과적인 AT&T 광고 슬로건이 있었다. 웹, 이메일, 문자 메시지, SNS, 클라우드 컴퓨팅 모두로 인해 그렇게 하기 쉬워졌다. 가끔은 괜찮을 때도 있다. 평생 직접 만날 수 있는 것보다 훨씬 많은 사람이 있는 커뮤니티에서 친구를 사귀고 관심사를 공유할 수 있다. 그와 동시에, 손을 뻗는 행동은 여러분이 전 세계 어디서든 눈에 띄고 접근될 수 있게 하는데, 모든 사람이 여러분의 이익을 염두에 두고 있는 것은 아니다. 그로 인해 스팸, 신용 사기, 스파이웨어, 바이러스, 추적, 감시에 더 취약해지고, 신원 도용, 프라이버시 침해, 심지어는 금전적 손실까지 발생할 수 있다. 조심하는 것이 현명한 일이다.

12

프라이버시와 보안

> "어쨌든 당신에게 프라이버시란 없다. 그냥 잊고 살아라."
> "You have zero privacy anyway. Get over it."
>
> 스콧 맥닐리(Scott McNealy), 썬 마이크로시스템즈(Sun Microsystems) CEO, 1999.
>
> "기술 발달로 인해 이전에는 가장 상상력이 풍부한 공상 과학 소설 작가의 영역이었던 전방위적인 유형의 감시가 이제 가능해졌다."
> "Technology has now enabled a type of ubiquitous surveillance that had previously been the province of only the most imaginative science fiction writers."
>
> 글렌 그린월드(Glenn Greenwald), 《더 이상 숨을 곳이 없다(No Place to Hide)》, 2014.

디지털 기술은 우리에게 엄청나게 많은 혜택을 가져다 주었고, 우리의 삶은 그런 기술 없이는 훨씬 덜 윤택할 것이다. 동시에 기술은 개인의 프라이버시와 보안에 크게 부정적인 영향을 주었고 (저자의 견해를 밝히자면) 이러한 현상은 점점 악화되고 있다. 프라이버시가 침식되는 현상의 일부는 인터넷 및 인터넷이 지원하는 애플리케이션과 관련이 있는 반면, 일부는 그저 디지털 장치가 작아지고 저렴해지고 빨라지는 경향의 부산물일 뿐이다. 처리 성능, 저장 용량, 통신 대역폭의 증가가 결합해서 다양한 출처로부터 개인 정보를 쉽게 캡처해서 보존하고, 효율적으로 분석하고, 널리 보급할 수 있게 해 주는데, 모두 최소한의 비용으로 가능해진다.

정부는 **보안**(security)이라는 단어를 '국가 안보'라는 의미에서 사용한다. 즉, 국가 전체를 테러리스트의 공격 같은 위협으로부터 보호한다는 것이다. 기업은 이 단어를 범죄자 및 다른 회사로부터 자산을 보호하는 일을 나타내고자 사용한다. 개인에게 있어 보안은 흔히 프라이버시와 묶어서 취급되는데, 사생활의 대부분이 널리 알려지거나 알아내기가 쉽다면 편안하게 지내거나 안심하기 어렵기 때문이다. 특히 인터넷은 우리 각각의 개인 보안에 큰 영향을 미쳤는데(물리적인 면보다는 경제적인 면에서), 여러 곳에서 비공개 정보가 쉽게 수집될 수 있게 했고 전자 세계상의 침입자에게 우리 생활을 드러내 주었기 때문이다.

개인 프라이버시와 온라인 보안에 관심이 있다면 대부분의 사람보다 최신 기술에 능통해지는 것이 필수적이다. 기본 지식을 알아 두면 정보를 덜 습득한 친구들보다 훨씬 더 잘 대처할 수 있다. 이 장에서는 프라이버시 침해의 속도를 늦추고 보안을 개선하기 위해 개인이 취할 수 있는 대책에 대해 살펴볼 것이다. 하지만 이것은 큰 주제이므로 이 장의 내용은 전체 이야기가 아닌 표본에 불과하다.

12.1 암호 기법

암호 기법(Cryptography), 즉 '남이 모르게 쓰기'의 기술은 여러 가지 면에서 앞서 언급한 공격과 이후에 설명할 공격에 대한 최선의 방어책이다. 적절하게 수행되면 암호 기법은 놀랍도록 유연하고 강력하다. 불행하게도 좋은 암호 기법은 또한 어렵고 교묘하며, 인간의 실수로 인해 너무 자주 무산된다.

암호 기법은 수천 년 동안 다른 사람들과 은밀한 정보를 교환하는 데 사용됐다. 율리우스 카이사르(Julius Caesar)는 자신의 비밀 메시지에 있는 글자를 세 자리만큼 옮기는 간단한 책략(우연의 일치로 카이사르 암호(Caesar cipher)라고 불림)을 사용했고, A는 D가 되고 B는 E가 되는 식이었다. 따라서 'HI JULIUS'라는 메시지는 'KL MXOLXV'로 인코딩될 것이다. 이 알고리즘은 13 자리만큼 옮기는 rot13이라는 프로그램으로 이어져서 남아 있다. 이 기법은 뉴스그룹에서 스포일러와 불쾌한 자료를 누군가 우연히 보지 못하게 숨기는 데 사용되는데, 암호와 관련된 용도는 아니다(여러분은 영어 텍스트에 대해 왜 13이라는 수가 편리한지 생각하고 있을지도 모르겠다).

그림 12.1 **독일의 에니그마 암호 기계**

암호 기법은 역사가 길고, 암호화가 자신의 비밀을 안전하게 지켜 줄 것으로 생각했던 사람들에게 종종 흥미진진한 경험을 안겨 주었으며, 가끔은 위험한 지경으로 몰아넣었다. 스코틀랜드의 여왕(Queen of Scots) 메리(Mary)는 서투른 암호 기법 때문에 1587년에 참수됐다. 그녀는 엘리자베스 1세(Elizabeth I)를 폐위시키고 자신을 왕좌에 앉히고 싶어 하는 공모자들과 메시지를 주고받고 있었다. 암호 체계가 간파되었고 중간자 공격을 이용하여 모의 내용과 협력자의 이름이 밝혀졌다. 그들은 차라리 참수되는 편을 바랄 만한 방법으로 최후를 맞았다. 일본 연합 함대(Japanese Combined Fleet)의 총사령관인 야마모토 이소로쿠(山本五十六) 제독은 일본의 암호화 체계가 안전하지 않았기 때문에 1943년에 살해당했다. 미국의 정보기관이 야마모토의 비행 계획을 알아냈고, 미군 비행사들이 그의 비행기를 격추할 수 있었다. 그리고 일반적으로 받아들여지는 것은 아니지만, 앨런 튜링(Alan Turing)의 컴퓨팅 기술과 전문 지식을 사용하여 영국군이 에니그마(Enigma) 기계(그림 12.1)로 암호화된 독일의 군용 통신을 해독할 수 있었던 덕분에 제2차 세계대전의 기간이 크게 단축됐다는 주장이 있다.

암호 기법의 기본 아이디어는 앨리스(Alice)와 밥(Bob)이 내용은 비공개로 유지하되 서로 통신 중이라는 점은 숨기지 않으면서 메시지를 주고받기를 원한다는 것이다. 이렇게 하려면 다른 사람은 이해할 수 없고 앨리스와 밥만 이해할 수 있도록 메시지를 변형했다가 다시 복원하는 데 사용할 수 있는 일종의 공유된 비밀이 있어야 한다. 이 비밀을 키(key)라고 한다. 예를 들어, 카이사르 암호에서 키는 알파벳이 옮겨지는 거리, 즉 A를 D로 바꾸기 위한 3 등의 값이 된다. 에니그마 같은 복잡한 기계식 암호화 장치에서 키는 여러 개의 코드 휠 설정과 한 조의 플러그 배선 연결을 조합한 것이다. 최신 컴퓨터 기반 암호화 체계에서 키는 어떤 알고리즘에 사용되는 큰 비밀 수로, 이 알고리즘은 그 비밀 수를 모르고는 메시지를 복원하기가 실행 불가능한 방식으로 메시지의 비트를 변형시킨다.

암호 기법 알고리즘은 다양한 방법으로 공격받을 수 있다. 각 기호의 출현 횟수를 세는 빈도 분석(Frequency analysis)은 카이사르 암호와 신문 퍼즐의 간단한 대체 암호를 공격하는 데 잘 통한다. 빈도 분석을 막기 위해서는 알고리즘에서 모든 기호가 균등하게 사용되고 암호화된 형태에서 분석할 패턴이 없도록 해야 한다. 또 다른 공격으로는 기지 평문(known plaintext), 즉 대상 키로 암호화된 것으로 알려진 메시지를 이용하거나, 선택된 메시지에 대상 키와 함께 알고리즘을 실행해서 선택 평문(chosen plaintext)을 이용하는 방식이 가능하다. 좋은 알고리즘은 이러한 모든 공격을 견딜 수 있어야 한다.

암호 체계가 알려져 있고 상대방이 완벽하게 이해하고 있어서, 모든 보안은 키에 달려 있다고 가정해야 한다. 그와는 달리 어떤 책략이 사용되고 있거나 어떻게 작동하는지를 상대방이 모른다고 가정하는 것은 **모호함에 의한 보안**(security by obscurity)이라고 하며, 혹시 작동하더라도 결코 매우 오랫동안 효과가 있지는 않다. 사실, 누군가가 자신의 암호 체계가 완벽하게 안전하다고 말하지만 어떻게 작동하는지를 알려 주지 않으려 한다면 그 체계가 안전하지 않다고 확신해도 된다.

암호 체계를 개발할 때 개방형으로 진행하는 것은 필수적이다. 암호 체계의 취약성을 찾아내려면 가능한 한 많은 전문가의 경험이 필요하다. 그렇다고 하더라도 체계가 제대로 작동하는지 확신하기는 어렵다. 알고리즘의 약점은 초기 개발과 분석 단계 훨씬 이후에 나타날 수도 있다. 코드에서는 버그가 발생하며, 실수로 또는 악의적으로 삽입된다. 게다가 암호 체계를 약화시키려는 의도적인 시도가 행해질 수 있는데, NSA가 중요한 암호 표준에 사용되는 어떤 난수 발생기의 중대한 매개 변수를 정의하려고 했을 때가 이러한 경우에 해당하는 것처럼 보인다.

12.1.1 비밀 키 암호 기법

근본적으로 다른 두 종류의 암호 체계가 오늘날 사용되고 있다. 더 오래된 방식은 보통 비밀 키 암호 기법(secret-key cryptography) 또는 대칭 키 암호 기법(symmetric-key cryptography)이라고 한다. 암호화 및 복호화에 같은 키를 사용하므로 '대칭 키'가 특징을 더 잘 묘사해 주지만, '비밀 키'는 새로운 종류의 암호 체계의 이름인 공개 키 암호 기법(public-key cryptography)과 더 잘 대비 되는데, 이는 다음 절에서 다룬다.

비밀 키 암호 기법에서는 같은 비밀 키를 사용하여 메시지를 암호화하고 복호화한다. 이 비밀 키는 메시지를 교환하고자 하는 모든 당사자에 의해 공유된다. 알고리즘이 완전히 이해되고 결함이나 약점이 없다고 가정하면, 메시지 암호를 해독하는 유일한 방법은 무차별 대입 공격(brute force attack)이다. 이 방법은 가능한 모든 비밀 키를 시도해서 암호화에 사용된 키를 찾는다. 이것은 오랜 시간이 걸릴 수 있다. 만약 키가 N 비트라면 키를 찾는 데 드는 노력은 대략 2^N에 비례한다. 하지만 무차별 대입이 멍청한 것을 의미하지는 않는다. 공격자는 긴 키보다 짧은 키를 먼저 시도하고 가능성이 작은 것보다 그럴듯한 키를 먼저 시도할 것이다. 예를 들면, 'password'와 '12345'같이 흔한 단어나 숫자 패턴을 기반으로 하는 사전 공격(dictionary attack)을 시도한다. 사람들이 키를 고르는 데 성의가 없거나 부주의할 경우 이러한 공격은 매우 성공적일 수 있다.

1976년경부터 2000년대 초반까지 가장 널리 사용된 비밀 키 암호 알고리즘은 IBM과 NSA가 개발한 데이터 암호화 표준(Data Encryption Standard), 즉 DES였다. NSA가 DES로 인코딩된 메시지를 쉽게 해독하려고 은밀한 백도어 메커니즘을 마련해 두었다는 의혹이 있었지만, 이것은 한 번도 사실로 확인되지는 않았다. 어쨌든 DES는 56비트 키를 이용했는데, 컴퓨터가 빨라짐에 따라 56비트는 너무 짧다는 것이 판명됐다. 1999년쯤에는 꽤 저렴한 특수 목적 컴퓨터를 사용하여 하루 동안의 컴퓨팅을 동원한 무차별 대입으로 DES 키를 찾아낼 수 있었다. 이로 인해 더 긴 키를 이용하는 새로운 알고리즘들을 만들게 됐다.

이들 중 가장 널리 사용되는 것은 고급 암호화 표준(Advanced Encryption Standard), 즉 AES다. 이 표준은 미국 국립 표준 기술 연구소(NIST)가 후원하는 전 세계 공개 공모의 일환으로 개발됐다. 수십 개의 알고리즘이 전 세계에서 제출되었으며 집중적인 공개 테스트와 평가를 받았다. 벨기에 암호학자인 조언 다먼(Joan Daemen)과 빈센트 레이먼(Vincent Rijmen)이 만든 레인달(Rijndael)이 우승하여 2002년에 미국 정부의 공식 표준이 됐다. 이 알고리즘은 공개되어 있어 누구나 라이선스나 수수료 없이 사용할 수 있다. AES는 128비트, 192비트, 256비트의 세 가지 키 길이를 지원하므로 수많은 가능한 키가 있으며, 어떤 약점이 발견되지 않는 한 수년 동안 무차별 대입 공격이 통하지 않을 것이다.

여기에 수를 대입해서 성능을 가늠해 볼 수도 있다. 한 개의 GPU(3장에서 간략히 언급된)는 초당 약 10^{13}번의 연산을 수행할 수 있으므로 100만 개의 GPU는 초당 10^{19}번의 연산을 수행할 수 있다. 이는 연간 약 3×10^{26}번이며 거의 2^{90}이다. 이 값은 2^{128}에 한참 못 미치므로 AES-128조차도 무차별 대입 공격으로부터 안전할 것이다.

AES 및 나머지 비밀 키 체계에서 큰 문제점은 키 분배(key distribution)다. 통신하고 있는 각 당사자가 키를 알아야 하므로 키를 각자에게 가져다줄 안전한 방법이 있어야만 한다. 이것은 저녁 식사를 하자며 모두를 집에 모이도록 하는 것만큼 간단할 수도 있겠지만, 일부 참가자가 적대적인 환경에 있는 간첩이나 반대파인 경우 비밀 키를 전송하기 위한 안전하고 확실한 채널이 없을 수도 있다. 또 다른 문제는 키 확산(key proliferation)이다. 서로 관련되지 않은 당사자들과 각각 별개로 은밀한 대화를 하려면 각 그룹에 대해 별도의 키가 필요하므로 분배 문제가 더 어려워진다. 이 같은 고려 사항들로 인해 다음 주제인 공개 키 암호 기법이 개발됐다.

12.1.2 공개 키 암호 기법

공개 키 암호 기법은 완전히 다른 아이디어로, 스탠퍼드 대학의 윗필드 디피(Whitfield Diffie)와 마틴 헬먼(Martin Hellman)이 1976년에 발명했다. 디피와 헬먼은 이 업적으로 2015년 튜링상을 공동 수상했다. 이 아이디어는 영국 정보기관 GCHQ의 암호학자인 제임스 엘리스(James Ellis)와 클리퍼드 칵스(Clifford Cocks)가 그보다 몇 년 전에 독자적으로 발견했지만, 그들의 작업은 1997년까지는 비밀로 유지되었으므로 내용을 발표할 수 없어 거의 공로를 인정받지 못했다.

공개 키 암호 체계에서 각 사람은 공개 키와 개인 키로 구성된 키 쌍(key pair)을 가지고 있다. 쌍으로 된 키들은 수학적으로 연관성이 있는 정수이며, 쌍 중 하나의 키로 암호화된 메시지는 나머지 키로만 해독할 수 있으며 그 반대도 마찬가지인 속성을 지니고 있다. 키가 충분히 길다면 공격자가 비밀 메시지를 해독하거나 공개 키에서 개인 키를 추론하는 것은 실행 불가능하다. 공격자가 사용할 수 있는 가장 잘 알려진 알고리즘은 키 길이에 따라 기하급수적으로 증가하는 실행 시간을 필요로 한다.

실제로 사용될 때, 공개 키는 정말로 공개된다. 흔히 웹 페이지에 게시되어 모든 사람이 이용할 수 있다. 개인 키는 엄격히 비공개로 유지되며, 이 키 쌍의 소유자에게만 알려져 있는 비밀로 유지되어야 한다.

앨리스가 밥에게 밥만 읽을 수 있도록 암호화된 메시지를 보내고 싶다고 가정해 보자. 앨리스는 밥의 웹 페이지로 가서 그의 공개 키를 가져오고 그에게 보낼 자신의 메시지를 암호화하는 데 사용한다. 그녀가 암호화된 메시지를 보내면 도청자 이브(Eve)는 앨리스가 밥에게 메시지를 보낸다는 것을 알 수 있을지 모르지만, 메시지가 암호화되어 있어서 그 내용은 알 수 없다.

밥은 자신의 개인 키로 앨리스의 메시지를 해독하는데, 이는 그만이 알고 있는 정보이자 자신의 공개 키로 암호화된 메시지를 해독하는 유일한 방법이다(그림 12.2 참조). 밥이 앨리스에게 암호화된 답신을 보내고자 한다면 '앨리스의' 공개 키로 암호화한다. 마찬가지로 이브는 답신을 볼 수는 있지만, 이해할 수 없는 암호화된 형태로만 볼 수 있다. 앨리스는 그녀만 알고 있는 자신의 개인 키로 밥의 답신을 해독한다.

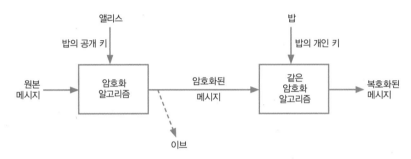

그림 12.2 **앨리스(Alice)가 밥(Bob)에게 암호화된 메시지를 보내는 과정**

이러한 책략은 키 분배 문제를 해결해 주는데, 분배해야 할 공유된 비밀이 없기 때문이다. 앨리스와 밥은 자신들의 웹 페이지에 각자의 공개 키를 가지고 있으며, 누구나 사전 협의나 아무런 비밀 교환 없이 둘 중 누구와도 비공개 대화를 계속할 수 있다. 정말로 당사자들끼리 한 번이라도 만나야 할 필요가 없다.

공개 키 암호 기법은 인터넷에서 보안 통신의 필수 구성 요소다. 내가 온라인에서 책을 사고 싶다고 가정해 보자. 아마존(Amazon)에 내 신용카드 번호를 알려 줘야 하지만, 나는 그 정보를 평문으로 보내고 싶지는 않으므로 암호화된 통신 채널이 필요하다. 공유된 키가 없어서 AES를 곧장 사용할 수는 없다. 공유된 키를 마련하기 위해 내 브라우저는 임의의 임시 키를 생성한다. 그런 다음 아마존의 공개 키를 사용하여 임시 키를 암호화하고 아마존으로 안전하게 보낸다. 아마존은 자신의 개인 키를 사용하여 임시 키를 해독한다. 아마존과 내 브라우저는 이제 공유된 임시 키를 사용하여 AES로 내 신용카드 번호 같은 정보를 암호화한다.

공개 키 암호 기법의 한 가지 결점은 알고리즘이 더 느린 경향이 있다는 것인데, 어쩌면 AES 같은 비밀 키 알고리즘보다 몇백에서 몇천 배 더 느릴 수 있다. 따라서 모든 것을 공개 키로 암호화하는 대신 2단계 절차를 이용한다. 공개 키를 사용하여 임시 비밀 키에 대해 합의를 본 다음, AES를 사용하여 대량으로 데이터를 전송한다.

통신은 각 단계에서 보안이 유지되는데, 처음에는 임시 키를 설정하기 위해 공개 키를 사용하고, 다음으로 대량의 데이터 교환을 위해 AES를 사용하기 때문에 안전하다. 인터넷 상점, 온라인 메일 서비스 및 다른 여러 사이트를 방문하는 경우 여러분은 이 기법을 사용하고 있는 것이다. 실제로 작동하는 것을 확인할 수 있는데, 이러한 경우 브라우저에서 HTTPS 프로토콜(보안 처리된 HTTP)로 연결하고 있다는 것을 보여 주고 링크가 암호화되었음을 나타내는 닫힌 자물쇠 아이콘을 표시해 주기 때문이다.

점점 더 많은 웹 사이트들이 기본적으로 HTTPS를 사용하고 있다. 이것은 트랜잭션을 약간 느리게 할 수 있지만 그 정도가 크지는 않고, 특정한 용도에 보안 통신이 필요한 즉각적인 이유가 없을지라도 보안성이 높아지는 것은 중요하다.

공개 키 암호 기법에는 다른 흥미로운 속성이 있다. 예를 들면, 디지털 서명(digital signature) 처리 방식으로 사용될 수 있다. 메시지가 사칭하는 자가 아니라 앨리스에게서 왔다고 수신자가 확신할 수 있도록 앨리스가 메시지에 서명하기를 원한다고 가정해 보자. 그녀가 개인 키로 메시지를 암호화하고 결과를 보내면 누구나 그녀의 공개 키로 메시지를 해독할 수 있다. 앨리스가 자신의 개인 키를 아는 유일한 사람이라고 가정하면 메시지는 앨리스에 의해 암호화되었을 것이다. 이 방식은 명백히 앨리스의 개인 키가 손상되지 않은 경우에만 작동한다.

또한, 앨리스가 밥에게 보내는 비공개 메시지에 서명하는 방법을 알 수 있는데, 이는 다른 누구도 메시지를 읽을 수 없고 밥이 메시지가 앨리스에게서 왔음을 확신할 수 있도록 하기 위해서 필요하다. 앨리스는 먼저 밥의 공개 키로 메시지를 암호화한 다음, 자신의 개인 키로 그 결과에 서명한다. 이브는 앨리스가 밥에게 무언가를 보냈음을 알 수 있지만, 밥만 그것을 해독할 수 있다. 그는 앨리스의 공개 키로 그 결과를 해독하여 앨리스가 보낸 것이 맞는지 확인한 다음, 자신의 개인 키로 해독하여 메시지를 읽는다.

물론 공개 키 암호 기법은 만병통치약이 아니다. 앨리스의 개인 키가 공개되면 이전에 그녀에게 전송된 모든 메시지를 읽을 수 있으며, 과거에 그녀가 했던 모든 서명은 의심의 대상이 된다. 대부분의 키 생성 처리 방식에 키가 언제 만들어졌고 언제 만료될 예정인지에 관한 정보가 포함되어 있기는 하지만, 키를 취소하기(revoke a key), 즉 특정 키가 더 이상 유효하지 않다고 말하는 일은 어렵다. 이와 관련해서 순방향 비밀 유지(forward secrecy)라는 기법이 유용하다. 각각의 메시지는 앞서 설명한 것처럼 일회용 비밀번호로 암호화되고, 그러고 나서 비밀번호는 폐기된다. 만약 적수가 재생성할 수 없는 방법으로 일회용 비밀번호가 생성되면 개인 키가 손상되더라도 한 메시지에 대한 비밀번호를 아는 것으로는 이전 메시지들을 해독하는 데 도움이 되지 않는다.

가장 자주 사용되는 공개 키 알고리즘은 RSA라고 하는데, 1978년에 MIT에서 이 알고리즘을 발명한 컴퓨터 과학자인 로널드 리베스트(Ronald Rivest), 아디 샤미르(Adi Shamir), 레너드 애들먼(Leonard Adleman)의 이름을 딴 것이다. RSA 알고리즘은 매우 큰 합성수를 인수 분해하는 것이 어렵다는 점에 기반을 두고 있다. RSA는 큰 정수(예를 들면, 500자리)를 생성하는데 이 수는 두 개의 큰 소수의 곱이고, 각각의 소수는 자릿수가 원래 수의 절반 정도다. RSA는 이 값들을 공개 키와 개인 키의 기준으로 사용한다. 인수를 알고 있는 사람(개인 키 보유자)은 암호화된 메시지를 빨리 해독할 수 있지만, 그 밖의 모든 사람들은 사실상 큰 정수를 인수 분해해야 하며, 이는 계산적으로 실행 불가능한 것으로 여겨진다. 리베스트, 샤미르, 애들먼은 RSA 알고리즘 발명으로 2002년 튜링상을 받았다.

키의 길이는 중요하다. 우리가 알고 있는 한, 비슷한 크기의 두 소수의 곱인 큰 정수를 인수 분해하는 데 필요한 계산 노력은 정수의 길이에 따라 빠르게 증가하고 인수 분해는 실행 불가능해진다. RSA 특허권을 보유했던 회사인 RSA 연구소(RSA Laboratories)는 1991년부터 2007년까지 인수 분해 도전 대회를 열었다. 점점 길이가 늘어나는 합성수의 목록을 발표하고 각각을 처음으로 인수 분해한 사람에게 상금을 제공했다. 가장 작은 수는 약 100자리였으며 꽤 빨리 인수 분해됐다. 대회가 2007년에 끝났을 때, 인수 분해된 가장 큰 수는 193자리(640비트)였고 2만 달러의 상금이 주어졌다. 한번 도전해 보고 싶다면 시도해 보자. 목록은 아직 온라인에 있다.

공개 키 알고리즘의 속도가 느리기 때문에 문서는 간접적으로 서명되는 경우가 많은데, 위조가 불가능한 방식으로 원본에서 유도된 훨씬 작은 값을 이용한다. 이 짧은 값을 메시지 다이제스트(message digest) 또는 암호 해시(cryptographic hash)라고 한다. 이 값은 어떤 입력이라도 그 비트들을 뒤섞어서 고정 길이의 비트 시퀀스(다이제스트 또는 해시)를 만드는 알고리즘에 의해 생성된다. 이 알고리즘의 속성은 같은 다이제스트를 가진 또 다른 입력을 찾기가 계산적으로 실행 불가능하다는 것이다. 게다가 입력이 조금이라도 변경되면 다이제스트에 있는 비트의 약 절반이 변경된다. 따라서 원본 다이제스트와 문서의 다이제스트 또는 해시를 비교함으로써 문서가 변조되었는지 효율적으로 검출할 수 있다.

아스키코드로 문자 x와 X는 한 비트만 차이가 난다. 십육진수로는 78과 58이고 이진수로는 01111000과 01011000이다. 다음은 MD5라는 알고리즘을 사용하여 구한 x와 X에 대한 암호 해시다. 첫 번째 행은 x의 첫 번째 절반이고, 두 번째 행은 X의 첫 번째 절반이다. 3행과 4행은 각각의 두 번째 절반이다. 나는 프로그램을 사용했지만, 손으로도 몇 개의 비트가 다른지 간단하게 셀 수 있다(128개 중 66개).

```
10011101 11010100 11100100 01100001 00100110 10001100 10000000 00110100
00000010 00010010 10011011 10111000 01100001 00000110 00011101 00011010
11110101 11001000 01010110 01001110 00010101 01011100 01100111 10100110
00000101 00101100 01011001 00101110 00101101 11000110 10110011 10000011
```

이 중 하나와 같은 해시 값을 가진 또 다른 입력을 찾는 것은 계산적으로 실행 불가능하며, 해시에서 원래 입력으로 돌아갈 방법은 없다.

몇 가지 메시지 다이제스트 알고리즘이 널리 사용된다. 위에서 예를 들어 설명한 MD5는 로널드 리베스트가 개발했다. MD5는 128비트의 결과를 생성한다. NIST에서 만든 SHA-1은 160비트의 결과를 만든다. MD5와 SHA-1 모두 약점이 있는 것으로 나타났으며 이제는 사용되지 않는다. NSA에서 개발한 같은 계열의 알고리즘인 SHA-2에는 알려진 약점이 없다. 그럼에도 불구하고 NIST는 새로운 메시지 다이제스트 알고리즘을 만들기 위해 AES가 태어나게 했던 것과 비슷한 공개 공모를 했고, 지금은 SHA-3로 알려진 승자가 2015년에 선발됐다. SHA-2 및 SHA-3는 224~512비트의 다이제스트 크기 범위를 제공한다.

최신 암호 기법은 놀라운 속성을 가지고 있지만, 실제로는 아직 어느 정도의 신뢰가 필요하고, 신뢰할 수 있는 제3의 기관이 존재해야 한다. 예를 들어, 내가 책을 주문할 때 교묘한 사기꾼이 아닌 아마존과 이야기하고 있다는 것을 내가 어떻게 확신할 수 있을까? 내가 사이트를 방문하면 아마존은 나에게 인증서(certificate)를 보내어 자신의 신원을 입증한다. 인증서란 독립적인 인증 기관(certificate authority)에서 발급하고 아마존의 신원을 입증하는 데 사용할 수 있는 디지털 서명된 정보의 더미다. 브라우저는 인증 기관의 공개 키를 사용하여 이를 확인하고 사이트가 다른 누군가가 아닌 아마존의 것이 맞는지 입증한다. 이론상으로야 인증 기관이 아마존의 인증서라고 말하면 정말로 그렇다는 것을 확신할 수 있다. 하지만 나는 인증 기관을 신뢰해야만 한다. 만약 인증 기관이 엉터리라면 나는 그 인증 기관을 사용하는 누구도 신뢰할 수 없다.

일반적으로 사용되는 브라우저는 놀라울 정도로 많은 인증 기관에 대해 알고 있다. 내가 사용하는 파이어폭스에는 약 100개, 크롬에는 200개가 넘게 있다. 대다수는 내가 한 번도 들어 본 적이 없고 멀리 떨어진 곳에 있는 단체인데, 예를 들면 대만의 청화 텔레콤(Chunghwa Telecom), 슬로바키아의 디시크 a.s.(Disig a.s.) 등이다. 2011년 8월에 해커가 네덜란드의 인증 기관인 디지노타(DigiNotar)를 해킹하여 구글을 비롯한 여러 사이트에 대한 사기성 인증서를 만들 수 있었다는 사실이 밝혀졌다. 만일 사칭하는 자가 디지노타에 의해 서명된 인증서를 내게 보냈다면 나는 그 자가 진짜 구글이라고 믿었을 것이다.

12.2 익명성

인터넷을 사용하는 동안에 여러분에 대한 많은 정보가 드러난다. 가장 낮은 레벨에서는 여러분의 IP 주소가 모든 상호작용에 필요한 부분이며, 이는 여러분이 사용하는 ISP를 드러내서 누구나 여러분이 어디에 있는지 추측해 보게 한다. 여러분이 인터넷에 연결하는 방법에 따라서 차이가 있는데, 예를 들어 작은 대학의 학생이라면 그런 추측은 정확할 수도 있고, 대규모 기업 네트워크 내부에 있는 경우에는 위치가 드러나지 않을 수도 있다.

브라우저를 사용하면서(대부분의 사람에게 가장 흔한 상황이지만) 더 많은 정보가 드러난다. 브라우저는 참조하는 페이지의 URL과 함께 브라우저의 종류와 처리할 수 있는 응답의 종류(예를 들어, 압축된 데이터의 처리 여부 또는 허용되는 이미지 종류)에 대한 자세한 정보를 보낸다. 적당한 자바스크립트 코드를 사용하면 브라우저는 로딩되는 글꼴의 종류와 함께 다른 속성들을 보고하는데, 이것들을 종합해 보면 말 그대로 수백만 명 중에서 특정 사용자를 식별하는 것이 가능할 수도 있다. 이러한 종류의 브라우저 핑거프린팅이 보편화되고 있으며, 이것을 이겨 내기는 어렵다.

지난 장에서 보았듯이, panopticlick.eff.org를 이용하여 자신이 얼마나 고유하게 식별되는지 추정해 볼 수 있다. 내가 한 대의 노트북을 사용하여 실험한 결과 크롬을 사용하여 사이트에 접속하면 600만 명이 넘는 사용자 중 유일했다. 나와 파이어폭스 설정이 같은 사람은 대여섯 명, 사파리를 사용할 때는 세 명이 있었다. 이 값들은 광고 차단 프로그램 같은 방어 수단에 따라 달라지지만, 차이점 대부분은 자동으로 전송되는 사용자 에이전트(User Agent) 헤더와 설치된 글꼴과 플러그인에서 비롯되는데, 이러한 정보들은 내가 거의 통제할 수 없다. 브라우저 공급업체는 이러한 잠재적 추적 정보를 더 적게 보낼 수 있겠지만, 상황을 개선하기 위해 이루어진 조치는 거의 없는 것 같다. 다소 실망스럽게도, 만약 내가 쿠키를 비활성화하면 나는 좀 더 분명하게 구별돼서 명확하게 식별하기가 더 쉬워진다.

일부 웹 사이트는 익명성을 약속한다. 예를 들어, 휴대 전화 앱인 익 약(Yik Yak)을 사용하면 반경 8km 이내에서만 볼 수 있는 익명의 토론 스레드에 참여할 수 있다. 이 앱은 대학 캠퍼스에서 인기가 있는데, 익명을 약속했기 때문에 사용자들이 작성자가 드러난다면 쓰지 않을 댓글을 달 용기를 얻는다. 익 약은 정말로 익명인가? 어떤 법적 기관으로부터 자료 제출 요구를 받으면 맞설 것인가? 10대들에게 인기가 있는 스냅챗(Snapchat)은 어떨까? 스냅챗 사용자는 지정된 짧은 시간 내에 콘텐츠가 사라질 것이라는 약속을 믿고 친구들에게 메시지, 사진, 비디오를 보낼 수 있다. 스냅챗은 법적 조치의 위협에 저항하겠는가? 스냅챗의 개인 정보 보호 정책에 다음 같은 부분이 있다. "우리도 때때로 법 집행 기관으로부터 특정 정보에 대한 일상적인 서버 삭제 관행을 보류하도록 법률적으로 요구하는 요청을 받습니다." 물론 이러한 종류의 표현은 모든 개인 정보 보호 정책에 공통으로 나타나며, 여러분의 익명성이 별로 강하지 않다는 것을 시사한다.

12.2.1 Tor와 Tor 브라우저

여러분이 누군지 들키지 않으면서 어떤 부정행위를 알리려는 내부 고발자라고 가정해 보자(에드워드 스노든(Edward Snowden)을 생각하라). 압제 정권에 대한 반체제 인사이거나 동성애자가 박해를 받는 국가에 사는 동성애자이거나 어쩌면 잘못된 종교의 지지자라고 가정해 보자. 또는 아마도 나처럼, 항상 감시당하지는 않으면서 인터넷을 사용하고 싶을 뿐일지도 모른다. 자신을 식별하기 어렵게 하려면 여러분은 무엇을 할 수 있을까? 10장 끝부분에 있는 제안들이 유용하겠지만, 한 가지 다른 기술 하나가 매우 효과적이다(약간의 수고가 들기는 한다).

연결의 최종 수신자가 연결이 시작된 위치를 알 수 없을 정도로 대화를 숨기기 위해 암호 기법을 사용할 수 있다. 그런 시스템 중 가장 널리 사용되는 것은 Tor(토어)라고 하는데, 원래는 '양파 라우터(The Onion Router)'를 뜻한다. 이것은 대화가 한 곳에서 다른 곳으로 전달될 때 그것을 겹겹으로 둘러싸고 있는 암호화를 비유적으로 재미있게 표현한 것이다. 그림 12.3의 Tor 로고는 그 기원을 암시해 준다.

그림 12.3 Tor 로고

Tor는 암호 기법을 사용하여 인터넷 트래픽을 일련의 중계 노드를 통해 전송하여 각 중계 노드가 경로상의 바로 인접한 중계 노드의 정체만 알고 있고 나머지 중계 노드의 정체는 모르도록 한다. 경로상의 첫 번째 중계 노드는 발신자가 누구인지 알고 있지만, 최종 수신지는 알지 못한다. 경로상의 마지막 중계 노드('출구 노드')는 수신지를 알고 있지만, 누가 연결을 시작했는지 알지 못한다. 중간에 있는 중계 노드는 자신에게 정보를 제공한 중계 노드와 자신이 정보를 보내는 중계 노드만 알고 있고 그 이상은 모르며, 정보가 암호화되어 있다면 실제 콘텐츠도 알 수 없다.

메시지는 여러 겹의 암호화로 둘러싸여 있는데, 중계 노드마다 한 겹씩이다. 각 중계 노드는 메시지를 앞으로 전송하면서 한 겹의 암호화를 제거한다(이러한 이유로 양파에 비유한 것이다). 반대 방향으로도 같은 기법이 사용된다. 일반적으로 세 개의 중계 노드가 사용되므로 중간에 있는 중계 노드는 발신지 또는 수신지에 대해 아무것도 모른다.

어느 때든지 전 세계적으로 약 6,000개의 중계 노드가 있다. Tor 애플리케이션은 임의의 중계 노드 집합을 선택하고 경로를 설정하며, 그 경로는 심지어 단일 세션 중에도 이따금 변경된다.

대부분의 사람이 Tor를 사용하는 가장 일반적인 방법은 Tor 브라우저를 사용하는 것이다. Tor

브라우저는 비트를 전송하기 위해 Tor를 사용하도록 구성된 파이어폭스의 한 가지 버전이며, 파이어폭스 개인 정보 설정도 적절하게 설정한다. torproject.org에서 다운로드하여 설치하고 다른 브라우저와 마찬가지로 사용하되, 안전하게 사용하는 방법에 대한 경고문에 유의하라.

브라우징 경험은 파이어폭스와 거의 같지만 어쩌면 약간 더 느릴 수 있는데, 추가적인 라우터와 암호화 층을 통과하는 데 시간이 걸리기 때문이다. 일부 웹 사이트는 Tor 사용자를 차별 대우하기도 하는데, 때로는 자기방어를 위한 것이다. 왜냐하면 공격자들이 익명성을 유지하려고 Tor를 자주 사용하기 때문이다.

보통의 사용자에게 익명화가 어떻게 나타날지에 대한 간단한 예로서 그림 12.4는 Tor(왼쪽)와 파이어폭스(오른쪽)에서 본 프린스턴의 날씨를 보여 준다. 각각에 대해 나는 weather.yahoo.com을 방문했다. 야후는 내가 어디에 있는지 알고 있다고 생각하지만, 내가 Tor를 사용할 때는 야후가 틀렸다. 실험을 시도할 때마다 거의 매번 출구 노드는 유럽 어딘가에 있다. 1시간 후에 페이지를 다시 로딩하면 내가 룩셈부르크에 있는 것으로 나타난다. 내가 잠깐 망설이게 되는 유일한 점은 기온을 항상 화씨로 알려 주는데, 이는 미국 밖에서는 별로 사용되지 않는다는 사실이다. 야후는 어떻게 이렇게 결정했을까? 다른 날씨 사이트는 실제로 섭씨로 알려 준다.

그림 12.4 **작동 중인 Tor 브라우저**

파놉티클릭에 따르면, 내가 Tor 브라우저를 사용할 때 그들의 600만 명의 표본 중에서 약 6,000명의 다른 사람들이 나와 같은 특징을 가지고 있으므로 브라우저 핑거프린팅으로 식별하기가 더 어렵고 직접적인 브라우저 연결을 사용할 때보다 확실히 덜 구별된다. 그렇긴 하지만, Tor는 결코 만병통치약이 아니며 함부로 사용하면 여러분의 익명성이 손상될 수 있다.

Tor는 NSA나 비슷한 능력을 지닌 조직으로부터 정말로 안전한가? 스노든이 공개한 문서 중 하나는 2007년의 NSA 발표 자료로, 그중 한 슬라이드(그림 12.5)에는 "우리는 결코 매번 모든 Tor 사용자의 익명화를 해제해서 식별할 수는 없을 것이다"라고 되어 있다. 물론 NSA는 그냥 포기하지 않을 것이지만, 지금까지 Tor는 평범한 사람들이 사용할 수 있는 최고의 개인 정보 보호 도구인 것 같다(미국 기밀 통신의 보안을 강화하는 데 도움을 주려고 미국 정부 기관인 해군 연구소(Naval Research Laboratory)에서 Tor를 처음으로 개발했다는 점은 다소 아이러니하다).

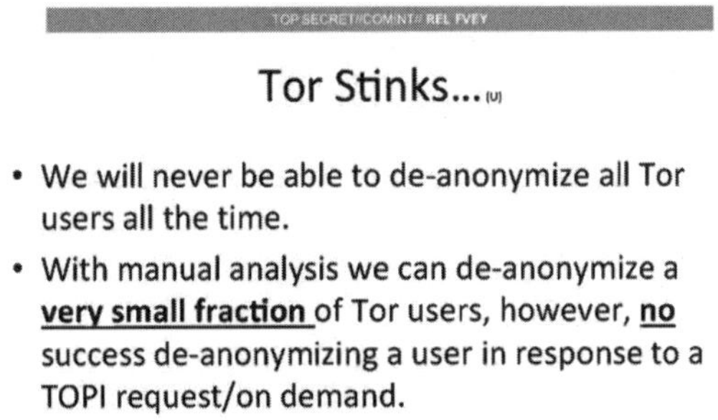

TOP SECRET//COMINT// **REL FVEY**

Tor Stinks... (u)

- We will never be able to de-anonymize all Tor users all the time.
- With manual analysis we can de-anonymize a **very small fraction** of Tor users, however, **no** success de-anonymizing a user in response to a TOPI request/on demand.

그림 12.5 **Tor에 대한 NSA 발표 자료(2007)**

브라우저와 출구 노드가 공격받을 수 있으며 해킹된 중계 노드가 문제가 될 수 있으므로 Tor는 무적이 아니다. 게다가 Tor를 사용한다면 군중 속에서 눈에 띌 것이라는 것도 사실이며, 이 점은 문제가 될 수도 있지만 더 많은 사람들이 Tor를 사용하면 나아질 수 있다.

자신이 보안에 매우 편집증적으로 신경 쓴다고 느낀다면 TAILS('The Amnesic Incognito Live System')라는 시스템을 사용해 보라. TAILS는 DVD, USB 드라이브, SD 카드 같은 부팅 가능한 장치에서 실행되는 리눅스의 변종이다. 그것은 Tor와 Tor 브라우저를 실행하며, 자신이 실행되는 컴퓨터에 흔적을 남기지 않는다. TAILS에서 실행되는 소프트웨어는 인터넷에 연결하기 위해 Tor를 사용하므로 여러분은 익명이 될 것이다. TAILS는 또한 로컬 하드 디스크에는 아무것도 저장하지 않고 RAM에만 저장한다. TAILS 세션 후에 컴퓨터가 종료되면 RAM의 내용은 지워진다. 이로 인해 호스트 컴퓨터에 어떤 기록도 남기지 않고 문서 작업을 할 수 있다. TAILS는 메일, 파일 및 나머지 개체를 암호화하도록 해 주는 OpenPGP를 비롯한 다른 암호 도구 묶음도 제공한다. TAILS는 오픈 소스이며 웹에서 다운로드할 수 있다.

12.2.2 비트코인

돈을 보내고 받는 것은 익명성이 매우 중요시되는 또 다른 영역이다. 현금은 익명이다. 즉, 현금으로 지불하는 경우 기록이 남지 않고 관련된 당사자를 식별할 방법이 없다. 이제는 자동차 연료와 식료품 같이 소규모로 동네에서 구매하는 것을 제외하고는 현금을 사용하기가 점차 어려워지고 있다. 렌터카, 항공권, 호텔, 그리고 물론 온라인 쇼핑은 모두 구매자를 식별하는 신용카드 또는 직불 카드의 사용을 강력히 권장한다. 신용카드는 편리하지만, 사용하면 흔적을 남긴다.

기발한 암호 기법을 사용하여 익명 화폐를 만들 수 있는 것으로 드러났다. 가장 성공적인 사례는 비트코인(Bitcoin)으로, 나카모토 사토시(Nakamoto Satoshi)가 창안하고 2009년에 오픈 소스 소프트웨어로 공개한 처리 방식이다(나카모토의 진짜 정체는 알려지지 않았는데, 성공적인 익명성의 보기 드문 예다).

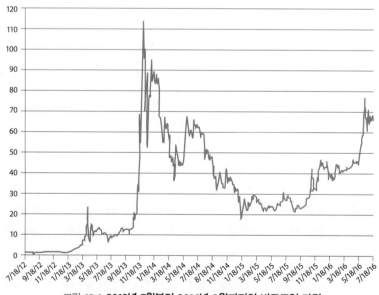

그림 12.6 **2012년 7월부터 2016년 9월까지의 비트코인 가격**

비트코인은 분산화된 디지털 화폐다. 정부 또는 다른 당사자가 발행하거나 통제하지 않으며, 전통적인 돈인 지폐와 동전과 달리 물리적 형태가 없다. 그 가치는 정부가 발행한 돈처럼 명령에 의해 정해지거나, 금 같은 일부 희소 자원의 영향을 받아 정해지지 않는다.

비트코인은 중개인이나 신뢰할 수 있는 제3의 기관을 사용하지 않고 두 당사자가 '비트코인'을 교환할 수 있도록 해 주는 P2P 프로토콜을 사용하는데, 이는 현금을 모방하는 방식이다. 비트코인 프로토콜은 비트코인이 정말로 교환되고(즉 소유권이 이전되고), 거래 과정에서 비트코인이 만들어지거나 없어지지 않고, 거래를 뒤집을 수 없다는 것을 보장한다. 그런데도 당사자는 서로에게 그리고 외부 세상에도 모두 익명으로 남을 수 있다.

비트코인은 모든 거래에 대해 **블록 체인**(block chain)이라고 하는 '공개' 장부를 유지 관리하는데, 거래 배후에 있는 당사자들은 익명으로 유지되고 사실상 암호 기법에서 공개 키에 해당하는 주소로만 식별된다. 비트코인은 공개 장부에 지불 정보를 입증하고 저장하기 위해 일정량의 계산적으로 어려운 작업을 수행함으로써 생성된다('채굴된다'). 블록 체인의 블록들은 디지털 방식으로 서명되고 이전 블록들을 다시 참조하므로, 블록들을 만들기 위해 원래 투입된 작업을 다시 수행하지 않고서는 이전 거래를 수정할 수 없다. 따라서 맨 처음부터 이루어진 모든 거래의 상태가 블록 체인에 함축되어 있으며, 이론상으로는 다시 생성할 수 있다. 그 모든 작업을 다시 수행하지 않고서는 아무도 새로운 블록 체인을 위조할 수 없을 텐데, 이것은 계산적으로 실행 불가능할 것이다.

블록 체인은 완전히 공개되어 있다는 점에 유의해야 한다. 따라서 비트코인의 익명성(anonymity)은 오히려 '가명성(pseudonymity)'에 더 가깝다. 모든 사람이 특정 주소와 연관된 모든 거래에 대해 모든 것을 알고 있지만, 그 주소가 여러분의 것인지는 모른다. 하지만 주소를 적절히 관리하지 않으면 여러분은 여러분이 했던 거래와 연계될 수도 있다.

거래 배후의 당사자들이 조심스럽게 행동하면 익명을 유지할 수 있으므로 비트코인은 마약 거래, 랜섬웨어 몸값 지불과 다른 불법 행위용으로 인기 있는 화폐다. 실크로드(Silk Road)라는 온라인 시장은 불법 마약 판매를 위해 널리 이용되었으며, 지불 수단으로 비트코인을 사용했다. 이 회사의 소유주는 결국 익명성의 결함 때문이 아니라 온라인 댓글로 드물게 흔적을 남겼기 때문에 부지런한 정보원이 거슬러 추적해서 현실 세계의 정체를 밝혀낼 수 있었다. 작전 보안(정보 요원의 전문 용어로는 'opsec')은 제대로 수행하기가 매우 어렵고, 사소한 실수 하나만으로도 비밀이 새어 나갈 수 있다.

비트코인은 '가상 화폐'지만 전통적인 화폐와 서로 변환할 수 있다. 역사적으로 비트코인의 환율은 변동성이 높았다. 내가 이 책을 집필해 온 한 해 동안 미국 달러에 대한 비트코인의 가치는 두 배 범위에서 오르락내리락했다. 그림 12.6은 4년간의 비트코인 가격을 보여 준다.

비트코인 기술은 간단하게 실험해 볼 수 있다. bitcoin.org는 시작하기에 좋은 곳이며, coindesk.com에는 훌륭한 사용 지침 정보가 있다. 또한, 관련 서적과 온라인 강좌도 있다.

12.3 요약

암호 기법은 최신 기술에서 필수적인 부분이다. 그것은 우리가 인터넷을 사용할 때 보안과 프라이버시를 보호하는 기본 메커니즘이다. 하지만 불행하게도 암호 기법은 선한 사람뿐만 아니라 모든 사람을 돕는다. 즉, 범죄자, 테러리스트, 아동 포르노물 제작자, 마약 범죄 조직과 정부는 모두 여러분의 이익을 훼손시키면서 자신의 이익을 늘리기 위해 암호 기술을 사용할 것이다.

암호의 요정을 병에 도로 넣을 방법은 없다. 세계적 수준의 암호학자는 소수에 불과하며 전 세계에 흩어져 있다. 더욱이 암호 기법 코드는 대부분 오픈 소스이므로 누구나 구할 수 있다. 따라서 특정 국가에서 강력한 암호 기법을 불법화하려는 시도가 있더라도 그 사용을 막지 못할 것이다.

이 글을 쓰고 있는 2016년에는 암호화 기술이 테러리스트와 범죄자를 돕고 있어서 불법화되어야 하는지, 아니면 더 현실성 있게 암호 체계에 '백도어'가 있어서 적합하게 인가된 정부 기관이 그것을 통해 적이 암호화한 무엇이든 해독할 수 있어야 하는지에 대한 열띤 논쟁이 진행되고 있다.

대부분의 전문가는 이것이 나쁜 아이디어라고 생각한다. 특히 공신력 있는 전문가 그룹 중 하나가 2015년 중반에 〈현관 매트 아래의 열쇠: 모든 데이터와 통신에 대한 정부의 접근을 요구함으로써 불안감을 의무화하기〉라는 보고서를 발표했는데, 제목이 그들이 숙고한 의견을 암시해 준다.

암호 기법은 우선 제대로 진행하기가 대단히 어렵다. 의도적인 약점을 추가하는 것은 그 약점이 아무리 신중하게 설계됐다고 해도 더 큰 실패를 불러오는 방법이다. 우리가 반복하여 보았듯이 정부(나의 정부와 당신의 정부)는 국민의 안위를 지키는 데 서투르다(스노든과 NSA에 대해 생각해 보라). 따라서 백도어 키를 비밀로 유지하기 위해 정부에 의존하는 것은 '선험적으로(a priori)' 나쁜 아이디어다.

근본적으로, 테러리스트들이 사용할 것으로 보이는 어떤 암호 기술의 암호화를 약화시켰다가는 모든 사람에 대해 그 기술의 암호화가 약화된다는 문제가 있다. 애플의 CEO인 팀 쿡(Tim Cook)은 2015년 말에 다음과 같이 말했다. "현실은 이렇습니다. 만약 제품에 백도어를 넣으면 그 백도어는 모든 사람들, 즉 좋은 사람과 나쁜 사람 모두를 위한 것이 됩니다." 물론 사기꾼, 테러리스트, 다른 국가의 정부는 그래도 약화된 버전을 사용하지 않을 것이므로 우리는 이전보다 못한 상황에 처하게 된다.

애플의 소프트웨어는 사용자가 제공한 키를 사용하여 iOS 9를 실행하는 아이폰의 모든 콘텐츠를 암호화한다. 정부 기관이나 판사가 애플에 전화의 암호를 풀라고 명령하면 애플은 그렇게 할 능력이 없다고 솔직하게 말할 수 있다. 애플이 취한 태도에 대해 정치인이나 법 집행 기관 어느 쪽도 편을 들지는 않았지만, 애플의 입장은 옹호할 만하다. 물론 이윤 추구 관점에서도 말이 되는데, 상식 있는 고객이라면 정부 기관이 쉽게 콘텐츠와 전화 통화를 스누핑할 수 있는 휴대 전화를 구매하기를 꺼릴 것이기 때문이다(안드로이드폰은 최신 모델에서 비슷한 기능을 제공하지만, 아직 기본 작동 방식은 아니다).

2016년 초에 FBI는 2015년 말에 캘리포니아 주 샌버너디노에서 14명을 살해한 후 사살된 테러리스트들이 사용하던 아이폰의 암호화를 해제하도록 애플에게 강요하려고 했다. FBI는 휴대 전화 중 하나에 들어 있는 모든 정보에 접근하고 싶어 했다. 애플은 정보에 접근하기 위한 특수 목적의 메커니즘까지 만들면 모든 휴대 전화의 보안을 심각하게 약화시킬 전례를 만들 것이라고 주장했다.

이 특정 사례가 좋은 시험대가 될 만한 사건이었는지는 확실하지 않고 FBI가 정보를 복구하는 다른 방법을 찾았다고 주장하면서 결국 고려할 가치가 없어졌지만, 이 문제는 다시 나타날 것이다. 논쟁은 격렬하고, 양측 모두 일부 타당한 주장을 펼친다. 나의 개인적인 입장을 이야기하자면 강력한 암호화는 일반 사람들이 정부의 과도한 간섭과 범죄적 침해에 대해 쓸 수 있는 몇 가지 방어책 중 하나이며, 우리는 그것을 포기해서는 안 된다는 것이다. 앞서 메타데이터에 관해 이야기할 때 언급했듯이 법 집행 기관에서 정보를 얻을 수 있는 많은 방법이 있으며, 그들은 그 정당성만 적절하게 입증하면 된다. 소수의 사람들을 조사하기 위해 모든 사람의 암호화를 약화시켜서는 안 된다. 하지만 이것들은 어려운 문제이며, 단기적으로는 만족스러운 해결책을 찾지 못할 것이다.

모든 보안 시스템에서 가장 약한 연결 고리는 관련된 사람들이며, 그들은 너무 복잡하거나 사용하기 어려운 시스템을 우발적으로 또는 의도적으로 와해시킬 것이다. 비밀번호를 변경하라는 요구를 받을 때 여러분이 어떻게 하는지 생각해 보라. 특히 새로운 비밀번호를 바로 만들어 내야 하는데, 대소문자와 숫자를 포함하고 일부 특수 문자가 있어야 하지만 다른 문자는 허용되지 않는 이상한 제약 사항을 충족해야 하는 경우를 고려해 보자. 사람들은 대부분 일정한 공식에 의존하고 그것을 적어 두는데, 이는 둘 다 잠재적으로 보안을 약화시킨다. 자신에게 물어보라. 상대방이 여러분의 비밀번호 중 두 개를 보았다면 그 또는 그녀가 다른 비밀번호도 추측할 수 있겠는가? 스피어 피싱에 대해 생각해 보라. 무엇인가를 클릭하거나 다운로드하거나 열도록 요청한 거의 그럴듯한 이메일을 몇 번이나 받아 보았는가? 설득당했는가?

모든 사람이 보안을 철저히 하고자 열심히 노력하더라도, 단단히 결심한 적수는 접근하기 위해 네 가지 B(뇌물 수수(bribery), 협박(blackmail), 절도(burglary), 잔혹 행위(brutality))를 언제든지 사용할 수 있다. 정부는 요청을 받고도 비밀번호를 알려 주는 것을 거부하는 사람에게는 감옥에 보낸다고 위협할 수 있다. 그럼에도 불구하고 여러분이 주의를 기울이면 자신을 적절히 보호할 수 있는데, 항상 모든 위협으로부터는 아니겠지만 현시대에서 자기 역할을 수행하기에는 충분할 것이다.

13

마무리

> "예측하기란 어렵다. 특히 미래에 대해서라면."
> "Making predictions is hard, especially about the future."
>
> 대표적으로 요기 베라(Yogi Berra), 닐스 보어(Niels Bohr),
> 새뮤얼 골드윈(Samuel Goldwyn), 마크 트웨인(Mark Twain)이 말한 것으로 여겨짐.

우리는 많은 분야를 다루었다. 그 과정에서 여러분은 무엇을 배워야 했을까? 장차 무엇이 중요해질까? 5년에서 10년이 지나서 우리는 어떤 컴퓨팅 문제와 여전히 씨름하고 있을까? 어떤 것이 구식이 되거나 상관없는 것이 될까?

피상적인 세부 사항은 항상 변하고, 내가 이야기한 기술적으로 상세한 내용 중 많은 부분은 기술이 어떻게 작동하는지를 이해하는 데 도움을 주는 구체적인 방법이라는 점을 제외하면 그렇게 중요하지는 않다. 사람들은 대부분 추상적 개념보다는 특정 사례에서 더 잘 배우는데, 컴퓨팅에는 전체적으로 추상적인 아이디어가 너무 많다.

하드웨어 측면에서는 컴퓨터의 구성 방식, 컴퓨터가 정보를 표현하고 처리하는 방법, 일부 용어 및 숫자의 의미와 그 의미가 시간이 흐르면서 어떻게 바뀌었는지를 이해하는 것이 도움이 된다.

소프트웨어의 경우, 계산 과정을 정확하게 정의하는 방법을 아는 것이 중요하며, 여기에는 추상적인 알고리즘(계산 시간이 데이터의 양에 따라 어떻게 증가하는지에 대한 감각과 함께)과 구체적인 컴퓨터 프로그램 둘 다 해당된다. 소프트웨어 시스템이 어떻게 구성되는지, 어떻게 다양한 언어로 된 프로그램으로 작성되고 보통은 구성 요소를 토대로 만들어지는지를 알고 있으면 우리 모두가 사용하는 주요한 소프트웨어의 배후에 무엇이 있는지 이해하는 데 도움이 된다. 운이 좋다면 몇 개 장에 있는 약간의 프로그래밍을 해 보면서 더 많은 코드를 직접 작성하는 것을 적절히 고려해 볼 수 있을 것이고, 그렇게 하지 않더라도 관련 내용을 아는 것은 유익하다.

통신 시스템은 지역적으로, 그리고 전 세계적으로 작동한다. 정보가 어떻게 흘러가는지, 누가 정보에 접근할 수 있는지, 어떻게 그 모든 것들이 제어되는지를 이해하는 것이 중요하다. 시스템이 상호작용하는 방법을 위한 규칙인 프로토콜 역시 매우 중요한데, 오늘날 인터넷에서의 인증 문제에서 볼 수 있듯이, 프로토콜의 속성이 깊은 영향을 미칠 수 있기 때문이다.

어떤 컴퓨팅 아이디어는 세상에 대해 생각하는 유용한 방법이 된다. 예를 들어, 나는 논리적 구조와 물리적 구현을 자주 구분 지었다. 이 핵심적인 아이디어는 무수히 많은 모습으로 나타난다. 컴퓨터는 좋은 사례다. 컴퓨터가 어떻게 만들어지는지는 빠르게 변하지만, 그 아키텍처는 오랫동안 거의 비슷하게 유지됐다. 더 일반적으로 말하자면 컴퓨터는 모두 같은 논리적 속성을 가지고 있다. 즉, 이론상으로 컴퓨터는 모두 같은 것을 계산할 수 있다. 소프트웨어에서 코드는 구현을 숨기는 추상화를 제공한다. 구현은 자신을 사용하는 것들을 바꾸지 않고 변경될 수 있다. 가상 머신, 가상 운영 체제, 그리고 사실 실제 운영 체제도 모두 논리적 구조를 실제 구현에서 분리하는 인터페이스의 사용 예다. 프로그래밍 언어도 이러한 기능을 제공한다고 볼 수 있는데, 마치 컴퓨터가 모두 같은 언어를 쓰고 그것이 우리도 이해할 수 있는 언어인 것처럼 우리가 컴퓨터에 이야기할 수 있게 해 주기 때문이다.

컴퓨터 시스템은 엔지니어링 트레이드오프의 좋은 예이며, 무엇인가를 거저 얻을 수는 없다는 점을 상기시켜 준다. 뭐든 공짜는 없는 것이다. 우리가 본 것처럼 데스크톱, 노트북, 태블릿, 휴대 전화는 동등한 컴퓨팅 장치이지만, 크기, 무게, 전력 소모, 비용에 대한 제약 사항을 처리하는 방법이 현저히 다르다.

컴퓨터 시스템은 또한 크고 복잡한 시스템을 나눠서 독립적으로 생성될 수 있는 작고 관리 가능한 조각으로 만드는 방법에 대한 좋은 예다. 소프트웨어의 계층화, API, 프로토콜, 표준은 모두 이에 대한 실례다.

머리말에서 언급한 네 가지 '범용적인 것들'은 디지털 기술을 이해하는 데 계속 중요하게 유지될 것이다. 다시 요약해 보자면 다음과 같다.

첫 번째는 **정보의 범용 디지털 표현(universal digital representation of information)**이다. 화학에는 100개 이상의 원소가 있다. 물리학에는 여남은 개의 기본 입자가 있다. 디지털 컴퓨터에는 0과 1의 두 가지 요소가 있으며, 그 밖의 모든 것들이 이 요소로 구성된다. 비트는 어떤 종류의 정보라도 표현할 수 있는데, 참과 거짓 또는 예와 아니오 같은 가장 간단한 이진 선택에서부터 숫자와 문자, 그리고 그 이상의 어떤 것이든 나타낼 수 있다. 대형 데이터 개체(예를 들면, 여러분의 웹 브라우징과 쇼핑, 휴대 전화 사용 이력, 언제 어디서든 작동하는 감시 카메라를 통해 얻어진 여러분 삶의 기록)는 개별 비트 수준에 이르기까지 더 단순한 데이터 항목들이 모인 것이다.

두 번째는 **범용 디지털 처리 장치(universal digital processor)**다. 컴퓨터는 비트를 다루는 디지털 장치다. 프로세서에 수행할 작업을 지시하는 명령어는 비트로 인코딩되며, 일반적으로 데이터와 동일한 메모리에 저장된다. 명령어를 변경하면 컴퓨터가 다른 작업을 수행하게 되는데, 이것이 컴퓨터가 범용 기계인 이유다. 비트의 의미는 맥락에 따라 다르다. 어떤 이의 명령어는 다른 이의 데이터다. 복사, 암호화, 압축, 오류 검출 같은 처리는 비트에 대해 그 의미와는 무관하게 수행될 수 있는데, 어쩌면 특정 기법은 알려진 종류의 데이터에 대해 더 잘 작동할 것이다. 전문화된 장치를 범용 운영 체제를 실행하는 범용 컴퓨터로 교체하는 추세는 계속될 것이다. 미래에는 바이오 컴퓨터나 양자 컴퓨터, 또는 아직 발명되지 않은 무엇인가에 기반을 둔 다른 종류의 처리 장치가 생겨날 수 있겠지만, 디지털 컴퓨터는 오랫동안 우리와 함께할 것이다.

세 번째는 **범용 디지털 네트워크(universal digital network)**로, 세계 어느 곳에서나 하나의 처리 장치에서 다른 처리 장치로 데이터와 명령어 모두 비트로 전송한다. 인터넷과 전화 네트워크는 오늘날 휴대 전화에서 볼 수 있는 컴퓨팅과 통신의 융합을 모방하여 더 진정한 범용 네트워크로 한데 섞일 가능성이 있다. 인터넷은 분명히 발전하겠지만, 그토록 생산성이 높았던 자유분방한 서부 개척 시대 같은 성격을 유지할 것인지는 여전히 답이 없는 문제로 남아 있다. 혹은 인터넷이 사업체와 정부에 의해 더 제한되고 통제되는 여러 개의 '담장이 쳐진 정원(walled garden)'이 될 수도 있다. 한편으로는 끌리는 면도 분명히 있지만, 그래도 담장이 쳐져 있을 것이다. 나의 짐작에는 불행하게도 후자가 될 것 같다.

마지막으로, **디지털 시스템의 범용 가용성**(universal availability of digital systems)이다. 디지털 장치는 기술적 향상을 통합하면서 계속 더 작아지고, 저렴해지고, 빨라지고, 생활 곳곳에 더 스며들 것이다. 저장 밀도 같은 하나의 기술이 향상되면 흔히 모든 디지털 장치에 영향을 미친다. 점점 더 많은 장치가 컴퓨터를 포함하고 네트워크로 연결됨에 따라 사물 인터넷이 우리 주변 어디나 존재할 것이다.

디지털 기술의 핵심적인 한계와 발생 가능한 문제는 계속 모습을 드러낼 것이고, 여러분은 이를 인식하고 있어야 한다. 기술은 많은 긍정적인 요소를 안겨 주지만, 새로운 형태의 어려운 문제를 제기하고 기존의 문제를 악화시킨다. 다음은 그중 가장 중요한 것들이다.

프라이버시(Privacy)는 상업, 공권력, 범죄 목적을 위해 프라이버시를 와해시키려는 시도로 인해 계속 위협받고 있다. 우리에 대한 개인 데이터의 광범위한 수집은 빠른 속도로 진행될 것이고, 그로 인해 개인의 프라이버시는 지금까지보다 많이 줄어들 것이다. 원래 인터넷은 주로 나쁜 일을 실행에 옮기려고 익명으로 사용하기가 너무 쉬웠지만, 오늘날에는 좋은 의도로도 익명을 유지하기가 거의 불가능하다. 시민들의 인터넷 접속을 통제하고 암호 기법을 약화시키려는 정부의 시도는 선량한 사람들에게는 도움이 되지 않지만, 악한 사람들에게는 도움과 편의를 줄 뿐만 아니라 악용할 단일 장애 지점을 제공할 것이다. 정부가 자국 시민들은 쉽게 식별하고 감시하기를 바라고 있지만, 다른 국가의 반체제 인사들의 프라이버시와 익명성을 지원한다고 냉소적으로 말하는 사람도 있을 것이다. 기업은 현재 고객과 잠재적인 고객에 대해 최대한 많은 것을 알고 싶어 한다. 일단 정보가 웹상에 올라가면 영원히 거기에 있는 것이다. 그것을 회수할 방법은 실제로 없다.

언제 어디서나 작동하는 카메라부터 웹 추적과 휴대 전화 위치 기록에 이르는 **감시**(Surveillance)는 계속 증가하고 있고, 기하급수적으로 감소하는 저장 및 처리 비용으로 인해 우리 삶 전체에 대한 완전한 디지털 기록을 유지하는 것이 점점 더 실행 가능해지고 있다. 지금까지 살면서 듣고 말한 모든 것을 기록하려면 얼마나 많은 디스크 공간이 필요하며 그렇게 저장하는 데 비용이 얼마나 들까? 스무 살이라면 대답은 약 10TB이고, 글을 쓰는 오늘 기준으로 가격은 기껏해야 300달러인데 이 책을 읽을 때쯤엔 틀림없이 더 저렴할 것이다. 완전하게 비디오로 기록하는 데 필요한 용량은 그보다 10배 또는 20배 미만이다.

개인, 기업, 정부에 대한 **보안**(Security) 또한 계속 진행 중인 문제다. 사이버 전쟁, 또는 사이버 무엇무엇과 같은 용어가 도움이 되는지는 확신할 수 없지만, 민족 국가와 조직화된 범죄자들에 의한 일종의 사이버 공격에 대해 개인과 더 큰 집단이 잠재적 공격 대상이 되거나 흔히 실제로 공격을 받는 것은 확실하다. 보안 수칙을 잘 지키지 않으면 정부와 상업적 데이터베이스에서 우리 모두에 대한 정보가 쉽게 도난당할 수 있다.

디지털 자료를 무제한으로 복사하여 비용을 들이지 않고 전 세계에 배포할 수 있는 세상에서 **저작권**(Copyright)은 다루기가 매우 어렵다. 전통적 저작권은 디지털 시대 이전의 창작물에는 그런대로 잘 작동했는데, 서적, 음악, 영화, TV 프로그램의 제작과 배포에 전문 기술과 전문 장비가 필요했기 때문이다. 그런 시절은 지나갔다. 저작권과 공정 사용은 라이선싱과 DRM(디지털 저작권 관리)으로 대체되고 있는데, 이는 진짜 저작권 침해자들을 저지하지는 않고 그 대신 보통 사람들을 불편하게 한다. 어떻게 하면 작가, 작곡가, 연기자, 영화 제작자, 프로그래머의 저작물이 영원히 제한을 받지는 않도록 하면서 그들의 권리를 보호할 수 있을까?

특허(Patents)도 어려운 문제다. 점점 더 많은 장치에 소프트웨어로 제어되는 범용 컴퓨터가 들어감에 따라, 너무 범위가 넓거나 뒷받침하는 연구가 불충분한 특허의 소유권자가 부당한 이익을 얻는 것을 방지하면서 혁신적인 발명가의 합법적인 이익을 보호하려면 어떻게 해야 할까?

자원 할당(Resource allocation), 특히 스펙트럼과 같이 부족하지만 귀중한 자원의 경우 항상 논쟁거리가 될 것이다. 큰 통신 회사처럼 이미 할당을 받은 기득권 회사는 이 부분에서 크게 유리하며, 자신의 위치를 이용하여 자금, 로비 활동, 자연스러운 네트워크 효과를 통해 할당받은 자원을 유지할 수 있다.

정보가 어디든 이동할 수 있는 세상에서는 **법적 관할권**(Jurisdiction) 또한 까다로운 문제다. 어떤 관할권에서 합법적인 사업적, 사회적 관행이 다른 관할권에서는 불법일 수도 있다. 법률 제도는 이것을 전혀 따라가지 못했다. 이 문제는 미국에서 주 경계를 건넜을 때 과세 문제, 그리고 EU와 미국의 상반되는 데이터 개인 정보 보호 규칙 같은 문제에서 볼 수 있다. 포럼 쇼핑(forum shopping)에서도 볼 수 있는데, 이는 위법 행위가 발생한 위치나 피고의 위치와 관계없이 원고가 유리한 결과를 기대하는 관할권에서 특허 소송이나 명예 훼손 소송 같은 법적 조치를 시작하는 것이다. 인터넷의 법적 관할권 그 자체는 자신의 이익을 위해 더 많은 통제권을 원하는 단체들로 인해 위협에 처해 있다.

통제(Control)는 아마도 가장 큰 문제일 것이다. 정부는 자국의 시민들이 인터넷에서 말하고 행동할 수 있는 범위를 통제하기를 원한다. 물론 이러한 경향은 모든 매체에 대해서 점점 더 마찬가지로 적용되고 있다. 국가 방화벽이 더 일반화되고 회피하기가 더 어려워질 것이다. 기업들은 빠져나가기 힘든 담장이 쳐진 정원에 고객을 가둬 두기를 원한다. 여러분이 사용하는 장치 중 몇 개가 공급 업체에 의해 제재를 받아 여러분만의 소프트웨어를 실행할 수 없는지, 그리고 해당 장치가 무엇을 하는지조차 확신할 수 없는지 생각해 보라. 개인은 정부와 기업 모두의 접근을 제한하려고 하지만, 맞서기에는 조건이 전혀 공평하지 않다. 앞서 언급한 방어책들이 도움이 되겠지만, 결코 충분하지 않다.

마지막으로, 오늘날 기술은 매우 빠르게 변화하고 있지만, 사람들은 그렇지 않다는 것을 항상 기억해야 한다. 대부분의 면에서 우리는 수천 년 전과 거의 비슷하고, 좋은 동기와 나쁜 동기로 인해 행동하는 선한 사람과 악한 사람의 비율은 비슷하다. 사회적, 법적, 정치적 메커니즘은 기술적 변화에 적응하기는 하지만, 이는 느린 과정이며 세계의 다양한 지역마다 다른 속도로 진행되고 서로 다른 해결책에 이른다. 앞으로 몇 년 동안 상황이 어떻게 전개되는지를 보는 것은 흥미로울 것이다. 여러분이 불가피한 변화 중 일부를 예측하고, 거기에 대처하며, 그런 변화에 긍정적인 영향을 주는 데 이 책이 도움이 되기를 바란다.

주석

이 절에는 내가 재미있게 보았고 여러분도 그럴 것으로 생각되는 책을 포함해서, (절대 완벽하지는 않지만) 내용의 출처에 대한 주석을 모아 두었다. 언제나 그렇듯이 위키피디아(Wikipedia)는 거의 어떤 주제든 빨리 조사해야 할 때 기본적인 사실을 얻을 수 있는 훌륭한 정보 출처다. 검색 엔진도 관련 자료를 찾아내기에 좋다. 온라인에서 쉽게 찾을 수 있는 정보에 대해서는 직접적인 링크를 군이 제공하지 않았다.

xvi IBM 7094에는 약 150KB의 RAM이 장착되어 있었고, 클록 속도는 500kHz였으며, 거의 300만 달러였다: http://en.wikipedia.org/wiki/IBM_7090.

xix 리처드 뮐러(Richard Muller), 《미래 대통령을 위한 물리학(Physics for Future Presidents)》, 노턴(Norton) 출판사, 2008. 훌륭한 책으로, 이 책을 쓰는 데 영감을 주었다.

xix 할 에이벌슨(Hal Abelson), 켄 레딘(Ken Ledeen), 해리 루이스(Harry Lewis), 《Blown to Bits: Your Life, Liberty, and Happiness After the Digital Explosion》, 애디슨-웨슬리(Addison-Wesley) 출판사, 2008. 많은 중요한 사회 정치적 주제를 언급하며, 특히 인터넷에 대해 다

룬다. 이 책의 내용은 하버드 대학의 비슷한 강의에서 유래했는데, 내가 강의하는 프린스턴 대학 과목에 좋은 소재가 될 것이다.

xxviii http://www.npr.org/sections/thetwo-way/2014/03/18/291165247/report-nsa-can-record-store-phoneconversations-of-whole-countries.

xxix 제임스 글릭(James Gleick), 《인포메이션: 인간과 우주에 담긴 정보의 빅히스토리(The Information: A History, A Theory, A Flood)》, 팬씨언(Pantheon) 출판사, 2011. 정보 이론의 아버지인 클로드 섀넌(Claude Shannon)을 중심으로 통신 시스템에 대한 흥미로운 내용을 제공한다. 역사와 관련된 부분은 특히 흥미진진하다.

xxxi 브루스 슈나이어(Bruce Schneier), 《당신은 데이터의 주인이 아니다: 빅데이터 시대의 생존과 행복을 위한 가이드(Data and Goliath: The Hidden Battles to Collect Your Data and Control Your World)》, 노턴 출판사, 2015 (p. 127). 권위 있는 서적으로, 충격적인 내용을 담고 있고 잘 쓰여졌다. 여러분을 정당한 이유로 화나게 할 것이다.

2 제임스 에싱어(James Essinger), 《Jacquard's Web: How a Hand-loom Led to the Birth of the Information Age》, 옥스퍼드 대학 출판부(Oxford University Press), 2004. 자카르 직기(Jacquard's loom)에 이어 배비지(Babbage), 홀러리스(Hollerith), 에이컨(Aiken)까지 알아본다.

3 차분 기관(Difference Engine) 사진은 위키피디아에서 공개된 이미지다: https://commons.wikimedia.org/wiki/File:Babbage_Difference_Engine_(1).jpg.

3 도런 스웨이드(Doron Swade), 《The Difference Engine: Charles Babbage and the Quest to Build the First Computer》, 펭귄(Penguin) 출판사, 2002. 스웨이드는 1991년에 진행된 배비지의 기계 중 하나를 만드는 과정에 관해서도 기술하고 있으며, 이 기계는 현재 런던의 과학박물관에 보관되어 있다. 2008년도 복제품(8페이지 그림)은 캘리포니아 주 마운틴 뷰의 컴퓨터 역사 박물관에 있다. http://www.computerhistory.org/babbage도 참고하라.

4 음악 작곡에 대한 인용문은 루이지 메나브레아(Luigi Menabrea)의 《해석 기관에 대한 요약문(Sketch of the Analytical Engine)》, 1843에 있는 에이다 러브레이스(Ada Lovelace)의 번역문과 주석에서 온 것이다.

4 매스매티카(Mathematica)를 만든 스티븐 울프럼(Stephen Wolfram)은 러브레이스의 이력에 대한 길고 유익한 블로그 게시물을 작성했다: http://blog.stephenwolfram.com/2015/12/untangling-the-tale-of-ada-lovelace.

4 에이다 러브레이스의 초상화는 위키피디아에서 공개된 이미지다: https://commons.wikimedia.org/wiki/File:Carpenter_portrait_of_Ada_Lovelace_-_detail.png.

5 스곳 매카트니(Scott McCartney), 《ENIAC: The Triumphs and Tragedies of the World's First Computer》, 워커 & 컴퍼니(Walker & Company) 출판사, 1999.

7 벅스(Burks), 골드스타인(Goldstine), 폰 노이만(von Neumann), 〈전자식 컴퓨팅 기구의 논리적 설계에 관한 예비 논고(Preliminary discussion of the logical design of an electronic computing instrument)〉, http://www.cs.unc.edu/~adyilie/comp265/vonNeumann.html.

15 《오만과 편견(Pride and Prejudice)》의 온라인 카피: http://www.gutenberg.org/ebooks/1342.

18 찰스 펫졸드(Charles Petzold), 《CODE, 하드웨어와 소프트웨어에 숨어 있는 언어(Code: The Hidden Language of Computer Hardware and Software)》, 마이크로소프트 프레스(Microsoft Press), 2000. 논리 게이트에서 컴퓨터가 만들어지는 방법. 이 책보다 하나 혹은 두 계층 아래 내용을 다룬다.

20 고든 무어(Gordon Moore), '집적 회로에 더 많은 부품을 집어넣기(Cramming more components onto integrated circuits)', ftp://download.intel.com/museum/Moores_Law/Articles-Press_Releases/Gordon_Moore_1965_Article.pdf.

43 도널드 커누스(Donald Knuth), 《컴퓨터 프로그래밍의 예술 2: 준수치적 알고리즘(The Art of Computer Programming, Vol 2: Seminumerical Algorithms)》, 4.1절, 애디슨-웨슬리 출판사, 1997.

60 슈퍼컴퓨터의 속도는 부동 소수점 연산(floating point operation) 또는 플롭(flop)의 수, 즉 초당 수행할 수 있는 분수 부분을 포함한 수에 대한 연산으로 측정된다. 따라서 top500.org 목록의 최상위 컴퓨터는 125페타플롭스로 작동한다.

61 앨런 튜링(Alan Turing), 〈계산 기계와 지능(Computing machinery and intelligence)〉, http://loebner.net/Prizef/TuringArticle.html. 《디 애틀랜틱(The Atlantic)》에 튜링 테스트에 대한 유익하고 재미있는 글이 있다: http://www.theatlantic.com/magazine/archive/2011/03/mind-vs-machine/8386.

62 캡차(CAPTCHA)는 다음 위치에서 공개된 이미지다: http://en.wikipedia.org/wiki/File:Moderncaptcha.jpg.

62 튜링의 홈페이지는 앤드루 호지스(Andrew Hodges)가 관리하고 있다: http://www.turing.org.uk/turing. 호지스는 거의 완벽한 전기인 다음 책도 저술했다: 《앨런 튜링의 이미테이션 게임(Alan Turing: The Enigma)》. 갱신판, 프린스턴 대학 출판부(Princeton University Press), 2014.

62 ACM 튜링상: http://awards.acm.org/homepage.cfm?awd=140.

65 http://www.economist.com/news/leaders/21694528-era-predictable-improvement-computer-hardware-ending-what-comes-next-future.

69 https://events.ccc.de/congress/2015/Fahrplan/system/event_attachments/attachments/000/002/812/original/32C3_-_Dieselgate_FINAL_slides.pdf.

69 폴크스바겐이 미국에서 받은 벌금: http://money.cnn.com/2016/06/28/news/companies/volkswagen-fine.

69 http://www.cnn.com/2016/02/03/politics/cyberattack-ukraine-power-grid.

71 '약간의 쇼맨십, 온통 천재성(Part Showman, All Genius)', 제임스 글릭, 〈뉴욕 타임스(New York Times)〉, 1992년 9월 20일. http://www.nytimes.com/1992/09/20/magazine/part-showman-all-genius.html/?pagewanted=2

71 리버 카페 요리책(The River Cafe Cookbook), '최고의 초콜릿 케이크(The best chocolate cake ever)', https://books.google.com/books?id=INFnzXj81-QC&pg=PT512.

84 윌리엄 쿡(William Cook), 《In Pursuit of the Traveling Salesman》, 프린스턴 대학 출판부, 2011. 해당 문제에 대한 역사와 최신 기술을 이해하기 쉽게 설명하고 있다.

85 〈엘리멘트리(Elementary)〉 시리즈의 2013년 에피소드는 P=NP 문제를 중심으로 전개된다: http://www.imdb.com/title/tt3125780/.

86 존 매코믹(John MacCormick), 《미래를 바꾼 아홉 가지 알고리즘: 컴퓨터 세상을 만든 기발한 아이디어들(Nine Algorithms That Changed the Future: The Ingenious Ideas That Drive Today's Computers)》, 프린스턴 대학 출판부, 2011. 검색, 압축, 오류 정정, 암호 기법을 포함한 몇 가지 주요 알고리즘에 대해 이해하기 쉽게 설명한다.

92 스티브 로어(Steve Lohr), 《The Story of the Math Majors, Bridge Players, Engineers, Chess Wizards, Maverick Scientists and Iconoclasts—the Programmers Who Created the Software Revolution》, 베이직 북스(Basic Books) 출판사, 2001.

95 커트 베이어(Kurt Beyer), 《Grace Hopper and the Invention of the Information Age》, MIT 출판부(MIT Press), 2009. 호퍼는 뛰어난 인물로, 영향력이 큰 컴퓨팅 개척자이자 79세에 퇴역할 당시 미국 해군에서 가장 나이 많은 장교였다. 그녀가 이야기할 때 즐겨 썼던 레퍼토리 중 하나는 양손을 뻗어서 30cm 간격으로 벌린 다음 "이게 나노초입니다"라고 하는 것이었다.

101 NASA 화성 기후 궤도선(Mars Climate Orbiter) 보고서: ftp://ftp.hq.nasa.gov/pub/pao/reports/1999/MCO_report.pdf.

101 http://www.wired.com/2015/09/google-2-billion-lines-codeand-one-place.

104 벌레 사진은 다음 위치에서 공개된 이미지다: http://www.history.navy.mil/our-collections/photography/numerical-list-of-images/nhhc-series/nh-series/NH-96000/NH-96566-KN.html.

106 http://www.theregister.co.uk/2015/09/04/nsa_explains_handling_zerodays.

106 https://www.mozilla.org/en-US/security/known-vulnerabilities/firefox/#firefox41.0.2.

108 1998년 소니 보노(Sonny Bono) 저작권 기간 연장법(Copyright Term Extension Act)의 합헌성을 확인하는 대법원 판결. 이미 충분히 긴 미키 마우스와 다른 디즈니 캐릭터에 대한 저작권 보호 기간을 연장했기 때문에 비꼬는 투로 미키 마우스 보호법(Mickey Mouse Protection Act)으로 알려짐. http://en.wikipedia.org/wiki/Eldred_v._Ashcroft.

108 래리 레식(Larry Lessig), 《코드 2.0(Code 2.0)》, 베이직 북스(Basic Books) 출판사, 2005. 이 책은 크리에이티브 커먼즈(Creative Commons) 라이선스를 따르는 http://codev2.cc에서 온라인으로도 접할 수 있다.

109 아마존(Amazon) 원클릭 특허: http://www.google.com/patents?id=O2YXAAAAEBAJ.

110 위키피디아에는 특허 괴물에 대한 좋은 논고가 있다: https://en.wikipedia.org/wiki/Patent_troll.

111 http://www.apple.com/legal/internet-services/itunes/appstore/dev/stdeula.

113 https://en.wikipedia.org/wiki/Oracle_America,_Inc._v._Google,_Inc.

113 오라클(Oracle) 대 구글(Google) 소송의 법정 조언자에 의한 의견서: https://www.eff.org/document/amicus-brief-computer-scientistsscotus.

116 내가 모는 차에 사용되는 소스 코드: http://www.fujitsu-ten.com/support/source/oem/14f.

125 최초의 리눅스(Linux) 원본 소스 코드는 여기서 찾아볼 수 있다: https://www.kernel.org/pub/linux/kernel/Historic.

144 1999년 법원의 사실 확정(Findings of Fact) 154절: http://www.justice.gov/atr/cases/f3800/msjudgex.htm. 이 소송은 마이크로소프트(Microsoft)의 자율 준수에 대한 최종 감독이 끝난 2011년에 마침내 종료됐다.

147 유튜브에서 방송된 오바마(Obama) 대통령이 장려하는 발언은 컴퓨터 과학 교육 주간(Computer Science Education Week) 캠페인의 일부였다: https://www.whitehouse.gov/blog/2013/12/09/don-t-just-play-your-phone-program-it.

149 jsfiddle.net과 w3schools.com은 자바스크립트(JavaScript)를 배우는 데 유용한 많은 사이트들 중 일부다.

167 제라드 홀즈만(Gerard Holzmann)과 비욘 페어손(Bjorn Pehrson), 《The Early History of Data Networks》, IEEE Press, 1994. 광학 전신의 역사를 상세하고 매우 흥미롭게 이야기하고 있다.

167 광학 전신 그림은 다음 위치에 공개된 이미지다: http://en.wikipedia.org/wiki/File: Telegraph_Chappe_1.jpg.

168 톰 스탠디지(Tom Standage), 《19세기 인터넷 텔레그래프 이야기(The Victorian Internet: The Remarkable Story of the Telegraph and the Nineteenth Century's On-Line Pioneers)》, 워커(Walker) 출판사, 1998. 대단히 흥미롭고 재미있는 책이다.

169 회전식 다이얼 전화기 사진은 드미트리 카레트니코프(Dimitri Karetnikov)가 제공해 주었다.

169 나만 휴대 전화가 나오기 이전의 생활을 그리워하는 것이 아니다: http://www.theatlantic.com/technology/archive/2015/08/why-people-hate-making-phone-calls/401114.

170 에드워드 펠튼(Edward Felten), 〈망 중립성에 대한 기초적인 사실(Nuts and Bolts of Network Neutrality)〉, http://citp.princeton.edu/pub/neutrality.pdf.

173 알렉산더 그레이엄 벨(Alexander Graham Bell)의 문서들은 온라인에 있고, 인용문은 다음 위치에 있다: http://memory.loc.gov/mss/magbell/253/25300201/0022.jpg.

183 가이 클레멘스(Guy Klemens), 《Cellphone: The History and Technology of the Gadget that Changed the World》, 맥팔랜드(McFarland) 출판사, 2010. 휴대 전화의 발전에 대한 자세한 이력과 기술적 사실을 다룬다. 어떤 부분은 어렵지만, 대부분 꽤 쉽게 이해할 수 있다. 우리가 당연시하는 시스템이 얼마나 놀랄 만큼 복잡한지를 잘 묘사해 준다.

186 미국 연방 법원 판사가 스팅레이를 이용하여 획득한 증거의 제출을 막았다: http://www.reuters.com/article/us-usacrime-stingray-idUSKCN0ZS2VI.

198 NSA와 GCHQ 둘 다 해안 지면에 올라와 있는 광섬유 케이블을 도청하고 있었다: http://www.theatlantic.com/international/archive/2013/07/the-creepy-long-standing-practice-of-undersea-cable-tapping/277855.

200 조류 전달자(Avian carriers)에 대한 RFC: http://tools.ietf.org/html/rfc1149.

201 최상위 도메인의 현재 목록은 다음 위치에 있다: http://www.iana.org/domains/root/db.

203 법 집행 기관은 IP 주소가 어떤 개인을 명확하게 식별해 주지 않는다는 점을 자주 인식하지 못한다: https://www.eff.org/files/2016/09/22/2016.09.20_final_formatted_ip_address_white_paper.pdf.

204 http://root-servers.org/news/events-of-20151130.txt.

206 많은 인터넷 익스체인지 포인트(IXP)들과 마찬가지로, LINX도 트래픽에 대한 흥미로운 그래픽 표시를 제공한다. 다음 주소를 참고하라. https://linx.net.

214 SMTP 세션에 대한 설명이 다음 주소에 나와 있다: http://technet.microsoft.com/en-us/library/bb123686.aspx.

220 브루스 슈나이어(Bruce Schneier)의 기사, '어떻게 사물 인터넷이 소비자의 선택을 제한하는가(How the Internet of Things Limits Consumer Choice)'《디 애틀랜틱(The Atlantic)》, 2015년 12월)는 반경쟁적 DMCA 사례에 대한 명쾌한 설명이다. http://www.theatlantic.com/technology/archive/2015/12/internet-of-things-philips-hue-lightbulbs/421884.

221 http://arstechnica.com/security/2016/01/how-to-search-the-internet-of-things-for-photos-of-sleeping-babies.

221 http://news.softpedia.com/news/script-kiddies-can-now-launch-xss-attacks-against-iot-wind-turbines-497331.shtml.

236 마이크로소프트의 '10가지 불변의 보안 법칙(10 Immutable Laws of Security)': http://technet.microsoft.com/en-us/library/cc722487.aspx.

239 킴 제터(Kim Zetter), 《Countdown to Zero Day》, 크라운(Crown) 출판사, 2014. 손에서 놓을 수 없을 정도로 흥미진진하게 스턱스넷(Stuxnet)에 관해 서술하고 있다.

244 제임스 팰로우즈(James Fallows)가 《디 애틀랜틱(The Atlantic)》에 기고한 매우 훌륭한 기사는 어떻게 누군가가 자기 아내의 지메일(Gmail) 계정을 탈취해서 똑같은 신용 사기를 치려고 했는지 설명하고 있다: http://www.theatlantic.com/magazine/archive/2011/11/hacked/308673.

244 2016년에 시게이트(Seagate)는 CEO 이메일을 도용한 피싱에 당해서 모든 직원에 대한 W-2를 넘겨줬다: https://krebsonsecurity.com/2016/03/seagate-phish-exposes-all-employee-w-2s.

246 http://blog.trendmicro.com/trendlabs-security-intelligence/banking-trojan-dridex-uses-macros-forinfection.

247 미국 정부 인사관리처(OPM) 보안 위반: http://www.theatlantic.com/technology/archive/2015/09/opm-hack-fingerprints/406900.

247 http://www.theguardian.com/news/2016/apr/03/what-you-need-to-know-about-the-panama-papers.

249 스티븐 벨로빈(Steven M. Bellovin), 《생각하는 보안(Thinking Security)》, 애디슨-웨슬리 출판사, 2015. 위협 모델에 대한 광범위한 논고가 담겨 있다.

249 비밀번호를 고르는 일과 관련한 유명한 xkcd 만화가 있다: https://xkcd.com/936.

250 RSA 해킹에 대한 RSA의 공식 성명: http://www.rsa.com/node.aspx?id=3891.

253 일라이 파리저(Eli Pariser), 《The Filter Bubble: What the Internet Is Hiding from You》, 펭귄 출판사, 2011.

256 시스코(Cisco)의 예측은 인터넷 트래픽이 많이 증가할 것으로 예상하는 몇몇 예측 중 하나다: http://www.cisco.com/c/en/us/solutions/collateral/service-provider/ip-ngn-ip-next-generation-network/white_paper_c11-481360.html.

256 최초의 구글(Google) 논문: http://infolab.stanford.edu/~backrub/google.html 시스템의 처음 형태에서는 실제로 '백럽(BackRub)'이라고 불렸다.

257 https://www.washingtonpost.com/news/the-intersect/wp/2015/05/18/if-you-could-print-out-thewhole-internet-how-many-pages-would-it-be.

257 스티븐 레비(Steven Levy), 《0과 1로 세상을 바꾸는 구글 그 모든 이야기(In the Plex: How Google Thinks, Works, and Shapes our Lives)》, 사이먼 & 슈스터(Simon & Schuster), 2011.

257 에릭 슈밋(Eric Schmidt)과 조너선 로젠버그(Jonathan Rosenberg), 《구글은 어떻게 일하는가 (How Google Works)》, 그랜드 센트럴(Grand Central) 출판사, 2014.

261 시바 베이더나던(Siva Vaidhyanathan), 《당신이 꼭 알아 둬야 할 구글의 배신(The Googlization of Everything)》, 캘리포니아 대학 출판부(University of California Press), 2011.

262 라타냐 스위니(Latanya Sweeney)는 이름 검색 시 '인종적으로 연관성이 있는' 이름으로 검색했을 때 '체포를 암시하는 광고'가 훨씬 더 많이 생성된다는 점을 알아냈다: http:// papers.ssrn.com/sol3/papers.cfm?abstract_id=2208240.

266 스티브 로어(Steve Lohr), 《Data-ism: The Revolution Transforming Decision Making, Consumer Behavior, and Almost Everything Else》, 하퍼 비즈니스(Harper Business) 출판사, 2015. 세심한 조사 내용과 잘 쓰여진 이야기를 담고 있다.

267 넷플릭스(Netflix) 개인 정보 보호 정책: https://help.netflix.com/legal/privacy?locale=en&docType=privacy, March 2016.

268 브라우저 핑거프린팅: https://securehomes.esat.kuleuven.be/~gacar:persistent.

269 여러분의 '스마트' TV 같은 음성 인식 가능 장치: http://www.cnn.com/2015/02/11/opinion/schneiersamsung-tv-listening.

270 마크 저커버그(Mark Zuckerberg)의 말을 인용한 것이다: http://www.bbc.com/news/world-us-canada-34082393.

270 페이스북(Facebook)의 개인 정보 보호 정책의 복잡성은 진지하게 연구되고 있다. 예를 들어, 다음 사이트를 참조하라: http://techscience.org/a/2015081102.

270 https://www.swirl.com/products/beacons.

271 위치 정보 프라이버시: http://www.eff.org/wp/locational-privacy. 전자 프런티어 재단 (Electronic Frontier Foundation, eff.org)에서 프라이버시 및 보안 정책 정보를 많이 얻을 수 있다.

271 http://www.cs.princeton.edu/~felten/testimony-2013-10-02.pdf.

272 코신스키(Kosinski) 외, '개인의 특징과 속성은 인간 행동의 디지털 기록에서 예측할 수 있다(Private traits and attributes are predictable from digital records of human behavior)', http://www.pnas.org/content/early/2013/03/06/1218772110.full.pdf+html.

277 클라우드(Cloud) 이미지는 다음 위치에서 가져온 것이다: clipartion.com/free-clipart-549.

279 2016년 4월에, 마이크로소프트는 이러한 종류의 요구 사항에 대해 미국 법무부에 소송을 제기했다: https://blogs.microsoft.com/on-the-issues/2016/04/14/keeping-secrecy-exception-not-rule-issue-consumers-businesses.

281 https://en.wikipedia.org/wiki/Petraeus_scandal. 이 이야기에서 사용된 메일 시스템은 밝혀지지 않았다.

281 http://www.theguardian.com/commentisfree/2014/may/20/why-did-lavabit-shut-down-snowdenemail.

282 정부에서 문서의 보안 편집 과정에서 일어난 실수로 인해 스노든(Snowden)이 대상이었다는 것이 드러났다: https://www.wired.com/2016/03/government-error-just-revealed-snowden-target-lavabit-case.

282 투명성 보고서: aws.amazon.com/compliance/amazon-information-requests, www.google.com/transparencyreport, govtrequests.facebook.com.

287 사이먼 싱(Simon Singh), 《비밀의 언어(The Code Book)》, 앵커(Anchor) 출판사, 2000. 일반적인 독자가 즐겁게 읽을 만한 암호 기법의 역사. 배빙턴 음모 사건(Babington Plot, 스코틀랜드의 여왕(Queen of Scots) 메리(Mary)를 왕위에 올리려는 시도)은 매우 흥미진진하다.

287 에니그마(Enigma) 기계의 사진은 위키피디아에서 공개된 이미지다: https://commons.wikimedia.org/wiki/File:EnigmaMachine.jpg.

288 브루스 슈나이어(Bruce Schneier)는 왜 아마추어 암호 기법이 통하지 않는지에 대한 몇 개의 짧은 글을 썼다. 다음 글에는 이전에 작성된 글에 대한 링크도 있다: https://www.schneier.com/blog/archives/2015/05/amateurs_produc.html.

288 로널드 리베스트(Ronald Rivest)가 말했다. "이 표준은 (다른 누구도 아닌) NSA에 사용자의 주요 정보를 명시적으로 유출하도록 NSA가 설계했을 가능성이 매우 크다. Dual-EC-DRBG 표준은 분명히(말하자면 거의 틀림없이) NSA가 비밀리에 접근할 수 있게 해 주는 '백도어'를 포함하고 있다." http://www.nist.gov/public_affairs/releases/upload/VCAT-Report-on-NIST-Cryptographic-Standards-and-Guidelines-Process.pdf.

291 앨리스(Alice), 밥(Bob), 그리고 이브(Eve): http://xkcd.com/177.

293 RSA 인수 분해 대회: http://www.rsa.com/rsalabs/node.asp?id=2092.

296 스냅챗(Snapchat) 개인 정보 보호 정책: https://www.snapchat.com/privacy.

298 Tor(토어)를 사용할 때 하지 말아야 할 일들의 목록: https://www.whonix.org/wiki/DoNot.

299 https://www.washingtonpost.com/news/the-switch/wp/2013/10/04/everything-you-need-to-knowabout-the-nsa-and-tor-in-one-faq.

299 스노든(Snowden) 문서는 특히 다음 위치에서 찾아볼 수 있다: https://www.aclu.org/nsa-documents-search, http://www.cjfe.org/snowden.

299 TAILS 웹 사이트: https://tails.boum.org.

301 존 랭캐스터(John Lancaster)가 《런던 서적 리뷰(London Review of Books)》에 쓴 글은 적절한 개요다: http://www.lrb.co.uk/v38/n08/john-lanchester/when-bitcoin-grows-up.

301 해킹당한 불륜 서비스인 애슐리 매디슨(Ashley Madison) 사이트에서 신원이 드러난 일부 사람들은 비트코인으로 2,000달러를 요구하는 협박을 받았다: https://www.grahamcluley.com/2016/01/ashley-madison-blackmail-letter.

302 비트코인 가격 이력은 coindesk.com에서 가져온 것이다.

302 아르빈드 나라야난(Arvind Narayanan) 외, 《Bitcoin and Cryptocurrency Technologies》, 프린스턴 대학 출판부, 2016.

302 〈현관 매트 아래의 열쇠(Keys under doormats)〉: https://dspace.mit.edu/handle/1721.1/97690. 저자들은 정말로 뛰어난 암호 기법 전문가 그룹이다. 나는 이들 중 절반을 개인적으로 알고 그들의 전문 지식과 작성 동기를 신뢰한다.

308 조너선 지트레인(Jonathan Zittrain), 《인터넷의 미래: 우리는 무엇을 멈춰야 하나?(The Future of the Internet—And How to Stop It)》, 펭귄 출판사, 2008. 인터넷은 좋은 아이디어를 가진 사람이 기여할 수 있는 완전한 개방형 환경에서 서비스 공급 업체가 통제하는 폐쇄적인 '가전제품화된(appliancized)' 시스템으로 바뀌고 있다.

용어 해설

용어 해설은 책에 나오는 중요한 용어에 대한 간단한 정의 또는 설명을 제공하며, 일반적인 단어로 되어 있지만 특별한 의미가 있고 자주 보게 될 용어에 중점을 둔다.

컴퓨터와 인터넷 같은 통신 시스템은 매우 큰 수를 처리하며, 수는 익숙하지 않은 단위로 자주 표현된다. 아래 표는 이 책에 나오는 모든 단위와 국제 단위계(SI)에 포함되는 다른 단위를 함께 정의한다. 기술이 발전함에 따라 큰 수를 나타내는 단위들을 더 많이 보게 될 것이다. 아래 표는 또한 가장 가까운 2의 거듭제곱을 보여 준다. 오차는 10^{24}에서 21%에 불과하며, 이는 곧 2^{80}은 약 1.21×10^{24}임을 뜻한다.

SI 이름	10의 거듭제곱	일반적인 이름	가장 가까운 2의 거듭제곱
욕토(yocto)	10^{-24}		2^{-80}
젭토(zepto)	10^{-21}		2^{-70}
아토(atto)	10^{-18}		2^{-60}
펨토(femto)	10^{-15}		2^{-50}
피코(pico)	10^{-12}	1조 분의 1	2^{-40}
나노(nano)	10^{-9}	10억 분의 1	2^{-30}
마이크로(micro)	10^{-6}	100만 분의 1	2^{-20}
밀리(milli)	10^{-3}	1,000 분의 1	2^{-10}
-	10^{0}		2^{0}
킬로(kilo)	10^{3}	1,000배	2^{10}
메가(mega)	10^{6}	100만 배	2^{20}
기가(giga)	10^{9}	10억 배	2^{30}
테라(tera)	10^{12}	1조 배	2^{40}
페타(peta)	10^{15}	1,000조 배	2^{50}
엑사(exa)	10^{18}	100경 배	2^{60}
제타(zetta)	10^{21}		2^{70}
요타(yotta)	10^{24}		2^{80}

4G 4세대. 아이폰(iPhone) 및 안드로이드(Android)폰 같은 스마트폰의 대역폭을 나타내는 다소 모호한 용어로, 3G의 후속 용어다. 예상할 수 있듯이 5G가 곧 나올 예정이다.

802.11 노트북과 홈 라우터에 사용되는 것 같은 무선 시스템을 위한 표준. 와이파이(Wi-Fi)라고도 한다.

add-on(애드온) 추가 기능 또는 편의를 위해 브라우저에 추가된 작은 자바스크립트(JavaScript) 프로그램. 애드블록 플러스(Adblock Plus)와 노스크립트(NoScript) 같은 개인 정보 보호 추가 기능이 그 예다.

AES(Advanced Encryption Standard, 고급 암호화 표준) 매우 폭넓게 사용되는 비밀 키 암호화 알고리즘이다.

algorithm(알고리즘) 계산 과정에 대한 정확하고 완전한 명세서이지만, 프로그램과 달리 추상적이며 컴퓨터가 직접 실행할 수는 없다.

AM(Amplitude Modulation, 진폭 변조) 신호에 음성이나 데이터 같은 정보를 추가하는 메커니즘. 보통 AM 라디오의 맥락에서 볼 수 있다.

analog(아날로그) 온도계 내부에 있는 액체의 높이처럼 어떤 변화에 비례하여 부드럽게 변하는 물리적 특성을 사용하는 정보 표현의 총칭. 디지털과 대조를 이룬다.

API(Application Programming Interface, 애플리케이션 프로그래밍 인터페이스) 라이브러리나 다른 소프트웨어 집합에서 제공하는 서비스에 대해 프로그래머에게 설명해 주는 것이다. 예를 들어, 구글 지도(Google Maps) API는 자바스크립트로 지도 표시를 제어하는 방법을 설명한다.

app(앱), application(애플리케이션) 어떤 작업을 수행하는 프로그램 또는 프로그램군. 예로는 워드(Word) 또는 아이포토(iPhoto)가 있다. 앱은 달력과 게임 같은 휴대 전화 애플리케이션을 나타내는 데 가장 흔히 사용된다. 예전에는 앱이 '킬러 앱(Killer app)'이라는 용어에서만 사용됐다.

architecture(아키텍처) 컴퓨터 프로그램이나 시스템의 조직 또는 구조를 나타내는 모호한 단어다.

ASCII(American Standard Code for Information Interchange, 아스키코드) 문자, 숫자, 구두점의 7비트 인코딩이다. 거의 항상 8비트인 바이트 단위로 저장된다.

assembler(어셈블러) CPU의 명령어 레퍼토리에 있는 명령어를 컴퓨터의 메모리에 직접 로딩하기 위한 비트로 변환하는 프로그램. 어셈블리 언어(assembly language)는 여기에 상응하는 수준의 프로그래밍 언어다.

backdoor(백도어) 암호 기법에서 추가적인 지식을 가진 사람이 암호화를 깨뜨릴 수 있게 해 주는 메커니즘이다.

bandwidth(대역폭) 통신 경로가 정보를 전송하는 속도로, 초당 전송 비트 수(bps)로 측정된다 (예를 들어, 전화 모뎀의 경우 56Kbps, 이더넷의 경우 100Mbps다).

base station(기지국) 무선 장치(휴대 전화, 노트북)를 네트워크(전화 네트워크, 컴퓨터 네트워크)에 연결하는 무선 설비다.

binary(이진) 상태 또는 가능한 값이 두 개만 있는 것. 또한, 이진수(binary number)는 기수를 2로 하는 수를 나타낸다.

binary search(이진 검색) 정렬된 목록을 검색하는 알고리즘으로, 다음에 검색할 부분을 똑같은 두 개의 절반으로 반복하여 나누는 방식을 사용한다.

bit(비트) 켜짐 또는 꺼짐 같은 이진 선택에서 정보를 표현하는 이진 숫자(0 또는 1)다.

BitTorrent(비트토런트) 대용량의 인기 있는 파일을 효율적으로 배포하기 위한 피어 투 피어 프로토콜. 다운로더들도 업로드해야 한다.

Bluetooth(블루투스) 핸즈프리 휴대 전화, 게임, 키보드 등을 위한 단거리 저전력 무선 기술이다.

bot(봇), botnet(봇넷) 나쁜 사람의 통제를 받는 악성 프로그램을 실행하는 컴퓨터. 봇넷은 같이 통제를 받는 봇들이 모인 것이다. 로봇에서 나온 말이다.

browser(브라우저) 대부분의 사람에게 웹 서비스를 이용하는 주된 인터페이스를 제공하는 크롬(Chrome), 파이어폭스(Firefox), 인터넷 익스플로러(Internet Explorer), 사파리(Safari) 같은 프로그램이다.

browser fingerprinting(브라우저 핑거프린팅) 서버가 사용자의 브라우저 속성을 사용하여 해당 사용자를 어느 정도 고유하게 식별할 수 있는 기법이다.

bug(버그) 프로그램 또는 다른 시스템의 오류다.

bus(버스) 전자 장치를 연결하는 데 사용되는 전선의 집합. 또한, USB를 참조하라.

byte(바이트) 8비트로, 문자, 작은 수, 또는 더 큰 값의 일부를 저장할 수 있는 용량이다. 최신 컴퓨터에서 하나의 단위로 취급된다.

cable modem(케이블 모뎀) 케이블 TV 네트워크를 통해 디지털 데이터를 전송하기 위한 장치다.

cache(캐시) 최근에 사용된 정보에 대한 빠른 접근을 제공하는 로컬 기억 장소다.

CDMA(Code Division Multiple Access, 코드 분할 다중 접속) 미국에서 사용되는 호환되지 않는 두 가지 휴대 전화 기술 중 하나. 다른 하나는 GSM이다.

certificate(인증서) 웹 사이트가 진짜인지를 확인하는 데 사용할 수 있는 하나의 암호 데이터다.

chip(칩) 소형 전자 회로로, 평평한 실리콘 표면에서 제조되고 세라믹 패키지에 장착된다. 집적 회로, 마이크로칩이라고도 불린다.

Chrome OS(크롬 OS) 구글(Google)에서 만든 운영 체제로, 애플리케이션 및 사용자 데이터가 로컬 컴퓨터 대신 주로 클라우드에 있다.

client(클라이언트) 클라이언트-서버 모델에서처럼 서버에 요청을 하는 프로그램으로, 흔히 브라우저다.

cloud computing(클라우드 컴퓨팅) 서버에 저장된 데이터로 서버에서 수행되는 컴퓨팅으로, 데스크톱 애플리케이션을 대체하고 있다. 메일, 달력, 사진 공유 사이트가 그 예다.

code(코드) 소스 코드에서처럼 프로그래밍 언어로 된 프로그램의 텍스트. 혹은 아스키코드에서처럼 인코딩을 의미한다.

compiler(컴파일러) C 또는 포트란(Fortran) 같은 고수준 언어로 작성된 프로그램을 어셈블리 언어 같은 저수준 형식으로 변환하는 프로그램이다.

complexity(복잡도) 계산 작업이나 알고리즘의 난이도의 척도로, N 또는 $\log N$처럼 N개의 데이터 항목을 처리하는 데 걸리는 시간으로 표현된다.

compression(압축) 디지털 표현을 더 적은 비트로 줄이는 것으로, 디지털 음악의 MP3 압축 또는 이미지의 JPEG 압축 등이 있다.

cookie(쿠키) 서버에 의해 전송되는 텍스트로, 컴퓨터상의 브라우저에 저장됐다가 다음에 서버에 접근할 때 브라우저에 의해 반환된다. 웹 사이트 방문을 추적하는 데 널리 사용된다.

CPU(Central Processing Unit, 중앙 처리 장치) 프로세서를 참조하라.

declaration(선언) 계산 중에 정보를 저장할 변수와 같은 컴퓨터 프로그램의 일부분의 이름과 속성을 명시하는 프로그래밍 언어의 구성체다.

DES(Data Encryption Standard, 데이터 암호화 표준) 최초로 널리 사용된 디지털 암호화 알고리즘. AES로 대체됐다.

digital(디지털) 불연속적인 수 값만 취하는 정보의 표현. 아날로그와 대조를 이룬다.

directory(디렉터리) 폴더와 동일하다.

DMCA(Digital Millennium Copyright Act, 디지털 밀레니엄 저작권법) 저작권이 있는 디지털 자료를 보호하는 미국 법률로, 1998년부터 시행됐다.

DNS(Domain Name System, 도메인 네임 시스템) 도메인 네임을 IP 주소로 변환하는 인터넷 서비스다.

domain name(도메인 네임) www.cs.nott.ac.uk처럼 인터넷에 연결된 컴퓨터에 대한 계층적 이름 지정 체계다.

driver(드라이버) 프린터 같은 특정 하드웨어 장치를 제어하는 소프트웨어. 일반적으로 필요에 따라 운영 체제에 로딩된다.

DRM(Digital Rights Management, 디지털 저작권 관리) 저작권이 있는 자료의 불법 복제를 방지하기 위한 기술. 대개 성공적이지 않다.

DSL(Digital Subscriber Loop, 디지털 가입자 루프) 전화선을 통해 디지털 데이터를 전송하는 기술이다. 케이블과 비슷하지만 덜 자주 사용된다.

Ethernet(이더넷) 가장 일반적인 근거리 통신망 기술로, 대부분의 가정과 사무실 무선 네트워크에 사용된다.

EULA(End User License Agreement, 최종 사용자 라이선스 동의) 소프트웨어 및 다른 디지털 정보로 할 수 있는 작업을 제한하는 작은 활자로 된 긴 법적 문서다.

exponential(지수) 각 정해진 단계의 크기 또는 기간마다 정해진 비율로 증가하는 관계. 예를 들어, 한 달에 6%씩 증가하는 것. 흔히 '빠르게 증가하는'의 의미로 함부로 사용된다.

fiber(섬유), **optical fiber**(광섬유) 장거리로 빛 신호를 전송하는 데 사용되는 매우 순수한 유리의 가느다란 가닥. 신호는 디지털 정보를 인코딩한다. 대부분의 장거리 디지털 트래픽은 광섬유 케이블을 통해 전송된다.

file system(파일 시스템) 디스크와 다른 저장 매체상에 정보를 조직화하고 정보에 접근하기 위한 운영 체제의 일부분이다.

filter bubble(필터 버블) 온라인 정보를 제한된 출처에 의존해서 구하는 데서 발생하는, 정보의 출처와 범위가 좁아지는 현상이다.

firewall(방화벽) 컴퓨터 또는 네트워크에서 들어오고 나가는 네트워크 연결을 제어하거나 차단하는 프로그램으로, 어쩌면 하드웨어도 포함할 수 있다.

Flash(플래시) 웹 페이지에 비디오와 애니메이션을 표시하기 위한 어도비(Adobe)의 소프트웨어 시스템이다.

flash memory(플래시 메모리) 전력을 소모하지 않고 데이터를 보존하는 집적 회로 메모리 기술. 카메라, 휴대 전화, USB 메모리 스틱, 디스크 드라이브 대용품으로 널리 사용된다.

FM(Frequency Modulation, 주파수 변조) 무선 신호의 주파수를 변경하여 정보를 전송하는 기술. 보통 FM 라디오라는 표현에서 볼 수 있다.

folder(폴더) 파일과 폴더에 대한 정보(크기, 날짜, 사용 권한, 위치 포함)를 저장하는 파일. 디렉터리와 동일하다.

function(함수) 프로그램에서 특정 용도에 중점을 둔 계산 작업을 수행하는 구성 요소. 예를 들면, 제곱근을 계산하거나 자바스크립트의 prompt 함수처럼 대화 상자를 띄운다.

gateway(게이트웨이) 하나의 네트워크를 다른 네트워크에 연결하는 컴퓨터. 종종 라우터라고 부른다.

GIF(Graphics Interchange Format, 그래픽 교환 포맷) 색상이 있는 블록으로 이루어진 단순한 이미지를 위한 압축 알고리즘. 사진용은 아니다. JPEG, PNG를 참조하라.

GNU GPL(GNU General Public License, GNU 일반 공중 라이선스) 소스 코드에 무료로 접근할 수 있게 함으로써 오픈 소스 코드를 보호하고, 이를 통해 특정 개인이나 집단이 소유하는 것을 방지하는 저작권 라이선스다.

GPS(Global Positioning System, 위성 항법 시스템) 인공위성에서 오는 시간 신호를 사용하여 지구 표면 위의 위치를 계산한다. 한 방향으로만 작동한다. 자동차 내비게이터 같은 GPS 장치는 위성에 신호를 브로드캐스팅하지 않는다.

GSM(Global System for Mobile Communications, 글로벌 이동 통신 시스템) 전 세계의 약 80%에서 사용되는 휴대 전화 시스템. 미국에서 사용되는 두 시스템 중 하나다(다른 하나는 CDMA임).

hard disk(하드 디스크) 자성을 띠는 소재로 된 회선하는 디스크에 데이터를 저장하는 장치. 하드 드라이브라고도 부른다.

hexadecimal(십육진) 16을 기수로 하는 표기법으로, 유니코드(Unicode) 표, URL, 색상 명세에서 가장 흔히 볼 수 있다.

HTML(Hypertext Markup Language, 하이퍼텍스트 마크업 언어) 웹 페이지의 내용과 형식을 기술하는 데 사용된다.

HTTP(Hypertext Transfer Protocol, 하이퍼텍스트 전송 프로토콜), HTTPS(HTTP Secure) 브라우저 같은 클라이언트와 서버 간에 사용된다. HTTPS는 종단 간 암호화되므로 비교적 안전하다.

IC(Integrated Circuit, 집적 회로) 평평한 표면 위에 제조되고, 밀폐된 패키지에 장착되며, 회로 내의 다른 소자에 연결되는 전자 회로 부품. 대부분의 디지털 장치는 주로 IC로 구성된다.

ICANN(Internet Corporation for Assigned Names and Numbers, 국제 인터넷 주소 관리 기구) 도메인 네임과 프로토콜 주소같이 유일무이해야 하는 인터넷 자원을 할당하는 단체다.

intellectual property(지적 재산권) 저작권과 특허로 보호받을 수 있는 창조적 또는 독창적인 활동의 산물. 여기에는 소프트웨어와 디지털 미디어가 포함된다. 간혹 혼동의 여지가 있게 IP로 축약 표기된다.

interface(인터페이스) 두 개의 독립적인 개체 사이의 경계를 뜻하는 모호한 일반적인 용어. 프로그래밍 인터페이스는 API를 참조하라. 또 다른 사용법은 사용자 인터페이스(user interface)로, 컴퓨터 프로그램에서 사람이 직접 상호작용하는 부분을 의미한다.

interpreter(인터프리터) 실제 또는 가상의 컴퓨터를 위해 명령어를 해석해서 컴퓨터의 작동 방식을 모방하여 작동하는 프로그램. 브라우저의 자바스크립트 프로그램은 인터프리터에 의해 처리된다.

IP(Internet Protocol, 인터넷 프로토콜) 인터넷을 통한 패킷 전송을 위한 기본 프로토콜. 그 대신 지적 재산권을 나타낼 수도 있다.

IP address(IP 주소) 인터넷 프로토콜 주소. 인터넷상의 컴퓨터와 현재 결부된 고유한 수로 이루어진 주소. 전화번호와 어느 정도 비슷하다.

IPv4, IPv6 현재 사용되는 IP 프로토콜의 두 가지 버전. IPv4는 32비트 주소를 사용하고 IPv6은 128비트 주소를 사용한다. 다른 버전은 없다.

ISP(Internet Service Provider, 인터넷 서비스 제공 업체) 인터넷 연결을 제공하는 기업이나 단체. 예로는 대학, 케이블 회사, 전화 회사가 포함된다.

JavaScript(자바스크립트) 주로 웹 페이지에서 시각 효과와 추적을 위해 사용되는 프로그래밍 언어다.

JPEG(Joint Photographic Experts Group) 디지털 이미지를 위한 표준 압축 알고리즘과 표현이다.

kernel(커널) 운영 체제의 핵심 부분으로, 운영 및 자원의 제어를 담당한다.

library(라이브러리) 관련된 소프트웨어 구성 요소를 프로그램의 일부로 사용될 수 있는 형태로 모은 것이다. 예를 들면, 브라우저 접근을 위해 JavaScript가 제공하는 표준 함수가 있다.

Linux(리눅스) 오픈 소스 유닉스 계열 운영 체제로, 서버에서 널리 사용된다.

logarithm(로그) 수 N이 주어졌을 때, N을 산출하기 위해 밑수에 붙는 지수. 이 책에서 밑수는 2이고 로그는 정수다.

loop(루프) 프로그램에서 명령어 시퀀스를 반복하는 부분. 무한 루프는 명령어 시퀀스를 무수히 반복한다.

malware(악성코드) 악의적인 속성과 의도가 있는 소프트웨어다.

man-in-the-middle attack(중간자 공격) 적수가 두 당사자 간의 통신을 가로채서 수정하는 공격이다.

microchip(마이크로칩) 칩이나 집적 회로를 뜻하는 또 다른 단어다.

modem(모뎀) 변조기(modulator)/복조기(demodulator). 아날로그 표현(음향 등)을 비트로 변환하고 다시 아날로그 표현으로 변환하는 장치다.

MD5 메시지 다이제스트 또는 암호 해시 알고리즘이다.

MP3 디지털 오디오에 대한 압축 알고리즘과 표현으로, 비디오용 MPEG 표준의 일부다.

MPEG(Moving Picture Experts Group) 디지털 비디오용 표준 압축 알고리즘과 표현이다.

net neutrality(망 중립성) 인터넷 서비스 제공 업체가 경제적 또는 다른 비기술적인 이유로 한쪽에 치우쳐 처리하기보다는 (아마도 과부하가 걸린 경우는 제외하고) 모든 트래픽을 같은 방식으로 처리해야 한다는 일반적인 원칙이다.

object code(오브젝트 코드) RAM에 로딩될 수 있는 이진 형식의 명령어 및 데이터로, 컴파일과 어셈블리를 거쳐 만들어진 결과다. 소스 코드와 대조를 이룬다.

open source(오픈 소스) 자유롭게 사용할 수 있는 소스 코드(즉, 프로그래머가 읽을 수 있는 형태). 보통은 같은 조건으로 자유롭게 사용할 수 있게 유지하는 GNU GPL 같은 라이선스를 따른다.

operating system(운영 체제) CPU, 파일 시스템, 장치, 외부 연결을 포함하여 컴퓨터의 자원을 제어하는 프로그램. 예로는 윈도우(Windows), 맥오에스(macOS), 유닉스(Unix), 리눅스(Linux)가 있다.

packet(패킷) 지정된 형식으로 된 정보의 모임으로, IP 패킷 등이 있다. 표준화된 배송 컨테이너와 어느 정도 비슷하다.

PDF(Portable Document Format, 이동 가능 문서 형식) 원래 어도비(Adobe)에서 만든 인쇄용 문서의 표준 표현이다.

peer-to-peer(피어 투 피어) 동등한 사용자 간 정보의 교환, 즉 클라이언트-서버 모델과 달리 대칭 관계를 이룬다. 파일 공유 네트워크에 가장 흔히 사용된다.

peripheral(주변 장치) 디스크, 프린터, 스캐너같이 컴퓨터에 연결된 하드웨어 장치다.

phishing(피싱), spear phishing(스피어 피싱) 대상의 개인 정보를 얻거나, 대상과 어떤 관계가 있는 척하여 대상이 악성코드를 다운로드하거나, 자격 증명 정보를 드러내도록 하는 시도로, 대개 이메일을 통해 행해진다. 스피어 피싱이 더 정확하게 대상을 겨냥한다.

pixel(픽셀) 화소. 디지털 이미지에서 단일 점이다.

platform(플랫폼) 기반 서비스를 제공하는 운영 체제 같은 소프트웨어 시스템을 막연하게 가리켜 이르는 용어다.

plug-in(플러그인) 브라우저의 콘텍스트에서 실행되는 프로그램. 플래시(Flash)와 퀵타임(Quicktime)은 흔히 사용되는 예다.

PNG(Portable Network Graphics, 이동 가능 네트워크 그래픽) 무손실 압축 알고리즘. GIF와 JPEG에 대한 비특허 대체 기술이다.

processor(프로세서) 컴퓨터에서 산술 및 논리 연산을 수행하고 컴퓨터 나머지를 제어하는 부분. CPU라고도 한다. 인텔(Intel)과 AMD 프로세서는 노트북에 널리 사용된다. ARM 프로세서는 대부분의 휴대 전화에서 사용된다.

program(프로그램) 컴퓨터가 작업을 수행하게 하는 일련의 명령어. 프로그래밍 언어로 작성된다.

programming language(프로그래밍 언어) 컴퓨터를 위한 일련의 작업을 표현하기 위한 표기법으로, 궁극적으로 RAM으로 로딩할 비트로 변환된다. 그 예로는 어셈블리 언어, C, C++, 자바, 자바스크립트를 들 수 있다.

protocol(프로토콜) 시스템이 상호작용하는 방식에 대한 합의. 인터넷에서 가장 흔히 볼 수 있는데, 인터넷에는 네트워크를 통해 정보를 교환하기 위한 수많은 프로토콜이 있다.

quadratic(2차) 어떤 것의 제곱에 비례해서 수가 증가하는 관계. 예를 들어, 정렬할 항목의 수와 선택 정렬의 실행 시간의 관계, 또는 원의 반지름과 면적의 관계가 있다.

RAM(Random Access Memory, 임의 접근 기억 장치) 컴퓨터의 주기억 장치다.

registrar(도메인 네임 등록 대행 기관) 개인과 회사에 도메인 네임을 판매할 수 있는 권한(ICANN에서 얻은)이 있는 회사. 고대디(GoDaddy)가 가장 눈에 띄는 부류 중 하나다.

representation(표현) 정보가 디지털 형식으로 표현되는 방법에 대한 일반적인 단어.

RFID(Radio-Frequency Identification, 무선 주파수 식별) 전자 도어록, 애완동물 식별 칩 등에 사용되는 매우 낮은 전력의 무선 시스템이다.

RGB(Red/Green/Blue, 적색/녹색/청색) 컴퓨터 디스플레이에서 색상이 세 가지 기본 색상의 조합으로 표현되는 표준 방식이다.

router(라우터) 게이트웨이를 나타내는 또 다른 단어. 한 네트워크에서 다른 네트워크로 정보를 전달하는 컴퓨터다.

RSA 가장 널리 사용되는 공개 키 암호화 알고리즘이다.

SDK(Software Development Kit, 소프트웨어 개발 키트) 프로그래머가 휴대 전화와 게임 콘솔 같은 어떤 장치나 환경을 위한 프로그램을 작성할 수 있도록 도와주는 도구를 모은 것이다.

search engine(검색 엔진) 웹 페이지를 수집하고 그에 대한 쿼리에 응답하는 빙(Bing)이나 구글(Google) 같은 서버다.

server(서버) 클라이언트의 요청에 따라 데이터에 대한 접근을 제공하는 컴퓨터 또는 컴퓨터들. 검색 엔진, 쇼핑 사이트, SNS가 그 예다.

SHA-1, SHA-2, SHA-3 보안 해시 알고리즘. 임의의 입력에 대한 암호 다이제스트를 만드는 데 사용된다.

simulator(시뮬레이터) 어떤 장치나 다른 시스템인 것처럼 (모방하여) 작동하는 프로그램이다.

smartphone(스마트폰)　프로그램(앱)을 다운로드할 수 있는 아이폰(iPhone) 및 안드로이드(Android) 폰 같은 휴대 전화다.

social engineering(소셜 엔지니어링)　서로 아는 친구가 있거나 같은 회사에 다니는 등의 관계가 있는 척해서 정보를 공개하도록 희생자를 속이는 기법이다.

SSD(Solid State Disk)　플래시 메모리를 사용하는 비휘발성 저장 장치. 디스크 드라이브를 대체 하는 기술이다.

source code(소스 코드)　프로그래머가 이해할 수 있는 언어로 작성된 프로그램 텍스트. 오브젝트 코드로 컴파일된다.

spectrum(스펙트럼)　시스템이나 장치의 주파수 범위. 예를 들어, 휴대 전화 서비스 또는 라디오 방송국의 주파수 범위가 있다.

spyware(스파이웨어)　자신이 설치된 컴퓨터에서 발생하는 일을 자신이 만들어졌던 곳에 보고 하는 소프트웨어다.

stingray(스팅레이)　휴대 전화가 일반 전화 시스템 대신 자신과 통신하도록 휴대 전화 기지국인 척 작동하는 장치다.

system call(시스템 콜)　운영 체제가 프로그래머에게 자신의 서비스를 이용할 수 있게 하는 메커 니즘. 시스템 콜은 함수 호출과 매우 비슷해 보인다.

standard(표준)　무언가가 작동하거나 구축되거나 제어되는 방식에 대한 공식 사양 또는 설명. 상호 운용성을 보장하고 독립적인 구현을 가능하게 할 수 있을 정도로 정확하다. 예로는 아스 키코드와 유니코드 같은 문자 집합, USB 같은 플러그와 소켓, 프로그래밍 언어 정의가 있다.

TCP(Transmission Control Protocol, 전송 제어 프로토콜)　양방향 스트림을 만들기 위해 IP를 사용하 는 프로토콜. TCP/IP는 TCP와 IP의 조합이다.

tracking(추적)　웹 사용자가 방문하는 사이트와 그 사이트에서 수행하는 작업을 기록하는 일 이다.

Trojan horse(트로이 목마) 어떤 일을 할 것이라고 약속하지만 사실은 다른 것, 보통 악의적인 일을 하는 프로그램이다.

Turing machine(튜링 머신) 어떤 디지털 계산이라도 수행할 수 있는 추상적 컴퓨터로, 앨런 튜링(Alan Turing)이 고안했다. 범용 튜링 머신은 어떤 다른 튜링 머신이라도 모방하여 작동할 수 있고, 따라서 어떤 디지털 컴퓨터라도 모방하여 작동할 수 있다.

Unicode(유니코드) 세계 모든 표기 체계의 모든 문자에 대한 표준 인코딩이다.

Unix(유닉스) 오늘날의 많은 운영 체제의 기반이 되는 벨 연구소(Bell Labs)에서 개발된 운영 체제. 리눅스(Linux)는 같은 서비스를 제공하지만, 다르게 구현된 비슷한 운영 체제다.

URL(Uniform Resource Locator, 균일 자원 지시자) 웹 주소의 표준 형식으로, http://www.amazon.com 같은 형식을 띤다.

USB(Universal Serial Bus, 범용 직렬 버스) 외장형 디스크 드라이브, 카메라, 디스플레이, 휴대 전화 같은 장치를 컴퓨터에 연결하기 위한 표준 커넥터다.

variable(변수) 정보를 저장하고 있는 RAM의 위치. 변수 선언은 변수의 이름을 지정하고 초깃값이나 담고 있는 데이터 유형같이 변수에 대한 다른 정보를 제공할 수 있다.

virtual machine(가상 머신) 컴퓨터인 것처럼 작동하는 프로그램. 인터프리터라고도 한다.

virtual memory(가상 메모리) RAM이 무제한인 것 같은 환상을 만들어 내는 소프트웨어 및 하드웨어다.

virus(바이러스) 컴퓨터를 감염시키는 주로 악성인 프로그램이다. 바이러스는 웜과 달리 한 시스템에서 다른 시스템으로 전파되는 데 도움이 필요하다.

VoIP(Voice over IP) 음성 대화 용도로 인터넷을 사용하는 방법으로, 일반 전화 시스템에 액세스하는 방법을 흔히 사용한다. 스카이프(Skype)는 널리 사용되는 예다.

VPN(Virtual Private Network, 가상 사설망) 양방향의 정보 흐름을 보안 처리하는, 컴퓨터 간의 암호화된 통신 경로다.

walled garden(담장이 쳐진 정원)　사용자를 시스템의 시설에 가둬 두는 소프트웨어 생태계로, 시스템 외부에 있는 어떤 것도 접근하거나 사용하기가 어렵게 된다.

web beacon(웹 비컨)　특정 웹 페이지가 다운로드되었는지 추적하는 데 사용되는 작고 대개 보이지 않는 이미지다.

web server(웹 서버)　웹 애플리케이션에 중점을 둔 서버다.

Wi-Fi(Wireless Fidelity, 와이파이)　802.11 무선 표준의 마케팅용 이름이다.

wireless router(무선 라우터)　컴퓨터 같은 무선 장치를 유선 네트워크에 연결하는 전파 장치다.

worm(웜)　컴퓨터를 감염시키는 악성 프로그램이다. 웜은 바이러스와 달리 도움 없이 하나의 시스템에서 다른 시스템으로 전파될 수 있다.

zero-day(제로 데이)　방어하는 쪽에서 문제를 수정하거나 방어 태세를 취할 시간이 없이 공격이 실시되는, 이전에 알려지지 않은 소프트웨어 취약점이다.

찾아보기